LTE FOR PUBLIC SAFETY

재난안전망을 위한 PS-LTE기술

Liebhart · Chandramouli · Wong · Merkel 저
권용석 · 육영수 · 이성준 · 조봉열 역

Lte™

WILEY

홍릉과학출판사

LTE FOR PUBLIC SAFETY

저자 서문

LTE는 기술적 측면 외에도 상업적으로도 큰 성공을 거둔 것으로 판명되었다. 책 저술 시점에서 전 세계적으로 300개 이상의 LTE 네트워크가 구축되었다. GSA의 자료에 따르면 LTE를 지원하는 단말의 종류도 1900여 개에 이른다. LTE 기술은 잠재적으로는 GSM, UMTS와 CDMA 사업자와 또한 유무선 통합 사업자에 이르는 광범위한 시장으로 확대될 수 있다. LTE는 GERAN(GSM/EDGE 무선 네트워크), UMTS, CDMA, WLAN 및 고정 광대역 접속 시스템과의 연동을 자체적으로 지원한다. LTE는 3GPP를 통해서 강력한 표준화의 지원을 받는다. LTE 시스템의 수정 및 개선은 매우 빠르게 제공되며, 모든 주요 단말 및 네트워크 제조사의 합의를 통해서 이루어진다. 게다가, LTE는 매우 넓은 다양한 주파수 대역에서 동작할 수 있다. 앞으로는 비면허 대역에서의 동작도 지원할 것으로 예상된다. 이 모든 것들이 모여서 LTE 기술 자체, 표준화 과정, 그리고 사업자 및 제조사와 같은 모든 플레이어들이 부담할 비용의 적정성 등에 대한 강한 확신을 제공하게 되었다. 그러므로, LTE는 미국과 유럽과 같은 특정 시장에서 뿐만 아니라 전세계를 걸쳐 공공 안전 네트워크를 위한 광대역 무선 통신 기술로서 가장 자연스러운 선택으로 여겨진 것이다. LTE는 음성 서비스를 넘어 새롭고 정교한 다양한 서비스를 공공 안전 서비스 사용자에게 제공함으로써, 현재 사용되고 있는 기존의 협대역 LMR(Land Mobile Radio) 시스템을 대체할 수 있는 잠재력을 가지고 있다.

이 책의 목적은 LTE가 어떻게 공공 안전 네트워크의 실현을 위한 기술로 사용될 수 있는 지를 설명하는 것이다. 이와 같은 목적을 위해, 우리는 3GPP Release 12에서 LTE 상에서 표준화된 공공 안전 관련 기술을 설명하는 것에 중점을 두었다. 모든 독자가 LTE와 그 기본 개념에 대해 익숙해질 필요는 없으므로, 우리는 LTE 기술과 LTE에서 제공하는 가장 중요한 서비스의 개요를 보여줌으로써 왜 LTE가 미래 공공 안전 네트워크에 적합한지에 대한 근거를 제공한다. 이 책의 내용에 대한 보다 자세한 설명은 개요에 기술되어 있다.

이 책은 학생, LTE 네트워크를 통해 공공 안전 서비스를 제공하고자 하는 네트워크 운영자, 공공 안전 서비스를 위한 전용 LTE 네트워크를 구축하는 네트워크 사업자와 같은 다양한 독자에 맞춰져 있다. 이 책은 또한 자사의 제품에 공공 안전 기능을 구현하고자 하는 단말 및 장비 제조사와 LTE 기술과 공공 안전 영역에서 적용 사례에 대해 학습하고자 하는 규제 당국을 위해서도 적합하게 쓰여졌다. 이 책에서 제공하는 내용이 이 주제에 대해 관심을 가진 모든 이에게 도움이 되기를 기대한다.

2015년 12월
저자 일동

추천사

한국에서 재난안전통신망이 재추진 되던 2010년부터 연을 맺어 왔던 국가 통합공공통신망이 2014년 7월 PS-LTE 방식으로 최종 결정되었습니다. 이 후, ISP 사업이 추진되었고 현재 시범사업 발주를 목 전에 두고 있습니다. 그 간 3GPP LTE 기술에 대한 연구와 강의 및 강연을 해 오고 있지만, PS-LTE에 특화된 기술에 대한 전문서적의 필요성을 느끼고 있던 차에 글로벌 이동통신 제조사인 노키아의 네 분 표준 전문가들께서 마침 PS-LTE 관련 기술로 구성된 책을 출간하였고, 이의 번역본 또한 출간을 앞두고 있습니다. LTE/SAE에 대한 기본적인 사항부터 Regulation, 그리고 Proximity 및 Group Communication 서비스를 위한 기술을 모두 적절한 수준에서 다루어서, PS-LTE 분야를 연구/개발하는 대학원생이나 연구/개발 현장에서 유용하게 활용할 수 있는 서적으로 판단됩니다. 단순히 LTE 기술의 틈새 시장이 아닌 5세대 이동통신으로 발돋움하는 진화기술로의 PS-LTE 분야에서 노키아는 3GPP Release 12 GCSE표준 제정 시 에디터(rapporteur)로 활동하는 등, 3GPP의 재난안전망 표준을 주도하는 회사들 중의 하나이며, 국내에서는 재난안전통신망 포럼의 일원으로 국내의 재난안전망 토대를 확립하는 제반 활동에 적극적으로 참여하고 있음은 주지의 사실입니다. 이번 번역본 출간이 특히 국내에서 재난안전통신망 기술의 저변을 확대하는데 기여할 것으로 기대하고 있습니다. 국가재난안전통신망이 동일주파수대역을 사용하는 LTE-R, 그리고 LTE-M 시스템과 함께 대한민국 전역에 최적화된 망으로 구축됨으로서, 재난안전 중추 망으로의 본연의 임무를 다할 것이라고 믿어 의심치 않으며, 공공안전분야의 산업 생태계를 공고히 하여 국가 경쟁력을 한 단계 도약시키는 역할을 할 것이라고 확신합니다. 다시 한 번 PS-LTE 전문서적의 번역본 출간을 축하합니다.

2015년 8월 10일

인하대학교 전자공학과 교수 장경희

재난안전통신망포럼 전문가협의회장

추천사

사람들은 LTE(Long-Term Evolution)에 열광한다. 2014년 10월 기준으로 전세계 2억8천만 명의 가입자를 확보한 LTE는 이전 세대의 어떤 이동전화 기술보다 빠르게 확산되고 있다. 10억 가입자에 도달하기까지 7년이 걸릴 것으로 예상되는데 반해 3G(3rd Generation)과 GSM(Global System for Mobile Communication)은 같은 숫자에 도달하는 데 11년과 12년이 각각 소요됐다. 또한 LTE는 가장 크고 빠르게 성장하는 단말기 생태계를 가지고 있다. 오늘날 112개국에 331개의 LTE 상용 네트워크가 도입되었으며 600여 개의 이동통신 사업자들이 도입을 약속함으로써 LTE는 명실상부하게 '이동통신 사업자들의 선택을 받은 기술'로 자리매김했다. 다채로운 기능과 폭넓은 주파수 대응성, 규모의 경제 등에 힘입어 여타 기술을 넘어서고 마침내 타의 추종을 불허하는 광대역 이동통신 기술로 성장할 것임을 믿어 의심치 않는다.

LTE 기술은 기본적인 광대역 이동통신 서비스 이상의 것들을 제공할 수 있는 고유의 특성을 갖추고 있다. 최고속도 150Mbps 이상, 확장 가능한 대역폭, 단축된 지연시간 등 향상된 무선기술을 기반으로 할 뿐 아니라 노드 구성이 훨씬 간결해지면서 인터넷 프로토콜(IP) 기반과 인터넷 기반의 두 가지 노드 구성이 가능해졌다. 그 결과 공공안전과 TV 방송, 비허가 · UHF 대역, M2M, 기기간(Device-to-Device) 통신, 커넥티드 카(Connected Car) · 항공기용 LTE 등 수많은 애플리케이션을 위한 서비스 플랫폼을 제공할 수 있어 이동통신의 지평이 더욱 넓어질 것이다.

특히 공공안전 네트워크에 LTE를 적극 활용하면 로버스트니스(robustness) 확보, 지연시간 단축 등 긴급구조 서비스 통신에 필요한 요소를 충족하면서도 현재 전세계적으로 사용 중인 상용 셀룰러 시스템에서까지 폭넓게 사용할 수 있다. 한가지 중요한 사실이 더 있다. 공공안전 네트워크는 3GPP(3rd Generation Partnership Program)에서 이뤄낸 전세계 LTE 표준화 작업 덕분에 많은 혜택을 누릴 수 있다. LTE가 이미 최초 도입 단계에서부터 사용자의 기대에 부응했고 표준 기술을 통해 최대의 속도와 안정성을 선보였기 때문이다.

노키아네트웍스는 3GPP에서 공공안전 LTE 표준화를 위해 활발한 활동을 펼쳤으며 공공안전 부문에 꼭 필요한 그룹 통신(Group Communication) 기능을 위해 3GPP SA/CT WG에서 표준 주관사(라포쳐, Rapporteur)로 활약한 바 있다. 이 책의 저자인 Rainer Liebhart, Devaki Chandramouli, Curt Wong, Jürgen Merkel 등은 공공안전 LTE를 논란 많은 틈새 기술에서 3GPP Release 12중 가장 널리 지원되는 시스템 레벨 기술로 격상시키는 데 혁혁한 공을 세웠다.

단언컨대 LTE야말로 광대역 이동통신이 공공안전 네트워크로 진화하는 데 가장 적합한 기술이다. 가장 새롭고 효율적인 방식으로 공공안전 부문 종사자들의 통신을 책임질 것이기 때문이다. 공공안전 LTE 기술 및 스펙트럼, 아키텍처, 기능, 연동, 구축 시나리오 등 관련 제반사항에 대한 지식과 정보를 제공할 훌륭한 책을 펴낸 저자들에게 이 글을 빌어 감사의 인사를 전한다.

호세인 모인(Hossein Moiin)
EVP, Technology & Innovation(노키아, 네트웍스 부문)

추천사

공공안전 부문을 위한 기술로 3GPP LTE가 채택됐다는 사실은, 공공안전이 과거의 틈새 기술(LMR, Land Mobile Radio)에서 벗어나 시장이 채택한 고도의 기술로 발돋움하게 된 근본적인 변화의 시작을 알린다. 이 첫걸음을 계기로 공공안전은 LMR 시장보다 몇 배나 더 큰 혜택을 안겨줄 것이다. 그 중 가장 중요한 혜택은 과거 협대역 음성시스템에서는 불가능했던 끊임없는 기술의 진보에 있다. 3GPP 커뮤니티는 공공안전이 LTE로 나아갈 수 있도록 막대한 지원을 아끼지 않았다. 공공안전의 미션 크리티컬(Mission Critical) 음성 요구사항과 LTE 기능 간 격차를 해소한 일대 진보를 보아도 뚜렷이 알 수 있다. 특히 3GPP 내 ProSe(Proximity Services)를 추가함으로써 공공안전 사용자 단말이 장비를 거치지 않고도 통신할 수 있게 된다. 이는 미국의 공공안전 커뮤니티가 미션 크리티컬이 가능한 기술에 있어 가장 중시하는 부분이다. 이와 마찬가지로 공공안전 요원들이 통신하는 데 가장 중요한 기술인 GCSE_LTE (Group Communications Systems Enablers for LTE)를 추가함으로써 효율적인 그룹 통신이 가능해진다.

3GPP는 MCPTT(Mission Critical Push To Talk)와 같은 애플리케이션과 서비스를 전담할 작업 그룹 신설에도 노력을 기울이고 있다. 최초로 범세계적 공공안전 커뮤니티가 하나의 표준개발 단체로서 단 하나의 기술을 두고 이동통신 네트워크 사업자 및 장비업체들과 힘을 모으는 일이다. 귀중한 목숨과 재산을 보호하는 공공안전 요원들의 임무 수행을 효율적으로 지원할 통신 환경 구축에 나서는 것이다. 이 책에서는 이와 같이 중요한 임무를 추진하기 위한 3GPP의 최근 업적에 대해 자세히 다루고 있다. 공공안전 특화 기능인 ProSe와 GCSE_LTE에 대한 소개도 곁들인다. 저자들은 공공안전 LTE 작업에 활발히 참여하며 3GPP에서 체득한 생생한 경험담을 비롯해 관련된 기술적 내용을 들려줄 것이다.

앤드류 티이센(Andrew Thiessen)
Deputy 프로그램 매니저(Deputy Program Manager)
미국 상무성(U.S. Department of Commerce)
PSCR(Public Safety Communications Research Program)

저자에 관하여

라이너 리이브하트(Rainer Liebhart)는 통신 업계에서 20년 이상의 경험을 가지고 있다. 그는 과거 지멘스의 고정 및 모바일 네트워크 부문과, 현재 노키아 네트워크 부문의 여러 직책들을 역임하였다. 그는 SW 엔지니어로 시작하여, IMS(Protocol Multimedia Subsystem) 분야의 3GPP(3세대 파트너십 프로젝트) 및 ETSI(유럽 전기 통신 표준 협회)에서 표준화 전문가로 활동하였으며, WiMAX(Worldwide Interoperability for Microwave Access) 및 모바일 패킷 코어 시스템의 아키텍트 역할을 맡았고, 현재는 노키아 네트웍스에서 모바일 광대역 코어 네트워크 표준화 팀을 관리하고 있다. 그는 노키아 네트웍스의 3GPP SA2 대표로서 LTE/SAE(Long-Term Evolution/System Architecture Evolution)에 중점을 두고 있다. 그는 50개를 넘는 통신 분야 특허의 (공동) 저자이기도 하다. 라이너 리이브하트(Rainer Liebhart)는 독일 뮌헨의 루드비히 - 막시밀리안 대학에서 수학 석사 학위를 받았다.

데바키 찬드라모울리(Devaki Chandramouli)는 통신 업계에서 14 년 이상의 경력을 가지고 있다. 그녀는 경력의 초반에는 노텔 네트웍스에서 근무하고, 현재는 노키아의 네트워크 사업부에 근무하고 있다. 노텔에서 그녀는CDMA(Code Division Multiple Access)를 위한 내장형 소프트웨어의 설계 및 개발에 주력하였다. 그 후, 그녀는 와이맥스 포럼(WiMAX Forum)에서 노텔을 대표하였으며, WiMAX 아키텍처 및 프로토콜의 개발을 위해 일하였다. 노키아에서, 그녀는 3GPP 액세스를 위한5G 리서치와 표준의 개발을 포함한 분야, LTE/SAE관련 주제들에 중점을 두었다. 그녀는 또한 3GPP 표준화의 활발한 참가자이며 공헌자이기도 하다. 그녀는 무선 통신분야 특허에 40개 이상의 (공동) 저자이기도 하다. 그녀는 마드라스 대학 (인도)에서 컴퓨터 사이언스의 학사학위를 취득하고, 알링턴의 텍사스 대학 (미국)에서 컴퓨터 사이언스의 석사학위를 취득하였다.

커트 웡(Curt Wong)은 통신 업계에서 18년 이상의 경력을 가지고 있다. 그는 1995년부터 노키아 네트워크에서 근무하기 시작한 이후, 연구 개발, 상호 운용성 테스트, 제품 개발담당자, 신기술 표준화 분야 등 다양한 분야의 업무를 담당하였다. 근래에는 셀룰러 네트워크의 인프라 측면에 중점을 두고, 무선 시스템 레벨 개발 분야에

역점을 두고 있다. 그는 현재 IMS, 비상통화, LTE 상의 그룹통화, 기존의 2G 및 3G 망과의 연동을 포함한 LTE 상의 음성 서비스관련 활동에 주로 참가하고 있다. 그는 3GPP 표준화 활동에 적극적으로 참여하고 기여하고 있기도 하다. 그는 오스틴의 텍사스 대학에서 전자공학 학사학위를 취득하고, 텍사스 달라스의 남부 감리교 대학에서 통신학 석사를 취득하였다.

위르겐 메르켈(Jürgen Merkel)은 통신 업계에서 20년 이상의 경험을 가지고 있다. 그는 알카텔에서 경력을 시작하여, 시스템설계, 제품개발담당, 사업개발 및 전략 분야의 업무를 담당하였는데, ETSI SMG(Special Mobile Group) 및 3GPP의 표준화와 항상 밀접한 관계를 가진 분야였다. 노키아에서는, 모바일 광대역 표준화팀의 멤버로서, 서비스 및 서비스 요구사항들에 주력하였다. 그는 3GPP SA1에서 노키아 네트웍스를 대표하고 있으며, 3GPP에서 그룹통신 분야에서 활발히 활동하고 있다. 위르겐 메르켈은 독일의 슈튜트가르트 대학에서 전자공학 석사학위를 취득하였다.

감사의 글

이 책을 위해 많은 분야의 전문가들이 광범위한 검토와 개선을 위한 제안 등의 도움을 주었다. 저자들은 특히 다음의 분들의 검토와 공헌에 대해 감사를 전하고자 한다. Gerald Gormer, Vesa Hellgren, Silke Holtmanns, Peter Lei, Zexian Li, Cassio Ribeiro, Mani Thyagarajan, Gabor Ungvari, Gyorgy Wolfner, Steven Xu, Robert Zaus.

그러나 이 책의 내용에 대한 책임은 전적으로 저자의 몫이다.

또한, 책의 편집 과정에서 지속적인 지원을 아끼지 않으신 Sandra Grayson, Mark Hammond, Clarissa Lim, Liz Wingett, Lincy Priya 그리고 Wiley 출판사 편집팀에게도 감사를 전한다.

마지막으로, 저자들은 이 책의 저술을 위해 인내와 협력을 보내 준 가족들에게 감사를 전한다.

이 책의 향후 개정판을 위한 개선 및 수정에 대한 어떠한 의견이나 제안을 주신다면 감사하겠다. 의견은 직접 다음의 주소로 보내시면 된다.

rainer.liebhart@nokia.com, devaki.chandramouli@nokia.com, curt.wong@nokia.com, juergen.merkel@nokia.com.

또한, 다음의 책에 대한 저작권자의 요청에 따라 전체 저작권에 대한 다음의 공지를 포함한다.

개요

간단히 말해서, 이 책은 LTE가 어떻게 공공안전 네트워크를 실현하는 기술로 사용될 수 있는지 설명한다. 즉, 공공 안전 네트워크가 LTE 상에서 어떻게 구축되는 지를 설명한다. 이 책에서는 LTE라는 명칭을 무선 접속망과 EPS(Evolved Packet System)로 알려져 있는 코어망으로 구성된 하나의 전체 시스템과 같은 의미로 사용한다. 책의 전제 조건으로, 독자가 LTE와 같은 이동 통신 네트워크의 기본적인 개념에 어느 정도 친숙한 것을 가정한다. 1, 2장에서는 LTE의 개요, 역사, 네트워크 구조 및 주요 특징을 소개한다. 호의 흐름에 대한 자세한 내용에 관심있는 독자는 부록에 있는 기본적인 절차를 참고하면 된다. 1, 2장은 그 자체로 이해되도록 저술되었으나, LTE의 전체적이고 완전한 개요를 제공하지는 않는다. 이 책의 각 장에서는 독자의 추가적인 구독에 도움이 되도록 3GPP 표준에 대한 정보 등의 힌트를 제공하고 있다. 1장을 읽고 나면, 독자는 왜 LTE가 개발되었는지에 대한 이해를 가지게 될 것이며, 중요한 구조적 옵션들, 사용되는 인터페이스에 대해 알게 되며, 이동성 관리 절차의 목적, LTE QoS의 개념, 베어러의 개념, 그리고 그들이 어떻게 생성되는지를 알게 된다. 또한, LTE의 보안에 대한 이해를 가지게 될 것이다. 추가로, 1장은 LTE에서의 음성 및 SMS, LTE 기반 방송(MBMS: Multicast & Broadcast Multimedia System)과 네트워크 공유 등과 같은 공공 안전과 직간접적으로 관계가 있는 주요 특징들에 대해 설명한다.

2장은 LTE에서 제공하는 규제 관련 특징과 우선순위 서비스를 다룬다. 이러한 기능들에는 응급 통신 지원, 공공 경보 메시지, 합법적인 감청, 강화된 멀티미디어 우선순위 서비스 등이 포함된다. 이러한 서비스들은 잠재적으로 공공 안전망에서 중요한 특징들이기 때문에, 이 장에서 개요를 제공한다. 1장과 2장은 독자들에게 LTE 표준의 풍부한 특징을 쉽게 이해하도록 해줄 것이다.

3장은 공공 안전망의 특수한 특징과 왜 LTE가 차세대의 공공 안전망 기술로 선택되었는지 설명한다. 그리고, 4장, 5장은 이 책의 핵심이다. 4장은 소위 근접 통신(Proximity Service)과 그것이 LTE 무선 및 시스템에 미치는 영향을 기술한다. 이 기술은 2개의 LTE 단말이 서로의 존재를 인식하고 직접 통신, 즉 네트워 커버리지 밖에서의 통신을 가능하게 한다. 결국 이 근접 통신은, 지금까지는 2개의 단말이 오직

LTE 네트웍을 사용해서만 통신할 수 있도록 표준화된 LTE 기술을 사용하여, 근본적으로 새로운 형태의 통신을 제공한다.

5장은 어떻게 그룹통신이 LTE상에서 구현되는지 설명한다. 단말과 단말간의 직접 통신을 제외하고, 한 그룹 내에서의 효율적인 통신은 공공 안전망에서 두번째로 중요한 서비스이다. 그룹 통신은 그룹의 관점에서 많은 LTE 단말에게 동일한 내용을 동시에 전달하기 위한 여러가지 측면을 다룬다. 이 서비스는 주로 누르고 말하기(Push to talk, PTT) - 한명의 그룹멤버가 특정시간에 말을 하면 그 내용이 다른 그룹멤버에게 전달되는 - 응용프로그램에 의해서 사용된다. 5장은 1장에서 소개된 MBMS에 대한 일정 부분의 지식을 필요로 한다. 이런 특징을 사용하는 응용 프로그램은 지금까지는 3GPP나 다른 표준 단체에 의해서 정의되지 않았었다. 그러나, 이제 3GPP는 Release13에서 MCPTT(Mission Critical Push to Talk) 응용 프로그램에 대한 표준화 작업을 시작하였다.

6장에서, 최근에 시작된 MCPTT 표준화에서 우리가 기대하고 있는 점에 대해서 간단하게 언급한다. 추가적으로, 6장에서 공공안전망의 기술로서의 LTE의 선정이 올바른 선택이었다고 생각하는 이유와 예상되는 향후 3GPP 표준화 작업에 대해서 설명한다.

마지막으로, 부록은 가장 중요한 이동성 관리, 세션 관리, MBMS 절차 등에 관한 호절차(Call Flow) 그리고 이 책 전반에 걸쳐 사용되는 3GPP 기준점에 대한 자세한 내용을 제공한다.

차례

CHAPTER
01 LTE/SAE 소개

CHAPTER 02 규제기관 관련기능

CHAPTER

03 LTE 기반 공공 안전망

CHAPTER

04 근접통신(Proximity) 서비스

CHAPTER 05 LTE 상의 그룹통신

APPENDIX
A

CHAPTER

01 LTE/SAE 소개

1.1 3GPP의 역할

3GPP는 1998년 12월 설립된 국제 표준화 기구로서 미국의 ATIS(Alliance for Telecommunications Industry Solutions), 유럽의 ETSI(European Telecommunications Standards Institute), 일본의 ARIB(Association of Radio Industries and Businesses) 및 TTC(Telecommunication Technology Committee), 한국의 TTA(Telecommunication Technology Association), 그리고 중국의 CCSA(China Communication Standards Association)가 함께 참여하고 있다. 위와 같이 참여하는 단체를 조직파트너(Organizational Partner)라고도 부른다. 3GPP 이전에 유럽에는 GSM(Global System for Mobile Communications)이 있었고 북미에는 CDMA(Code Division Multiple Access)가 있었으나 이 둘은 서로 호환이 되지 않았다. 3GPP의 역할은 GSM의 진화인 GPRS(General Packet Radio Service)/EDGE를 기반으로 한 새로운 글로벌 이동통신 시스템을 규격화하는 것이다. 3GPP의 활동을 통하여 3세대 UMTS(Universal Mobile Telecommunications System)가 표준화되었는데, 여기서 무선 기술로는 WCDMA(Wideband CDMA)가 사용되었으며 코어망은 회선기반의 음성서비스와 패킷기반의 데이터서비스를 모두 지원한다. UMTS는 전세계적인 표준으로서 가입자는 UMTS 지원 단말 및 가입한 서비스를 이동통신사업자 간의 로밍 협약을 통하여 전세계 어디서든 사용할 수 있게 한다(로밍에 대한 설명은 1.13.1절 참조). UMTS는 현재까지 약 14억명의 WCDMA 가입자를 보유한 성공적인 표준 및 시스템이라 할 수 있다.

3GPP는 UMTS 이후에도 표준화를 지속하고 있으며, 이에 따라 HSPA(High Speed Packet Access)/HSPA+와 같은 UMTS를 개선한 기술 및 멀티캐스트/브로드캐스트(Multicast/Broadcast) 전송, 위치기반 서비스 및 IMS(IP Multimedia Subsystem)와 같은 새로운 서비스들이 도입되었다. 3GPP의 가장 최근의 결과물이라면 OFDM(Orthogonal Frequency Division Multiplexing) 기반의 무선 기술과 All-IP를 기반으로 한 코어망 구조의 LTE(Long Term Evolution)를 들 수 있다.

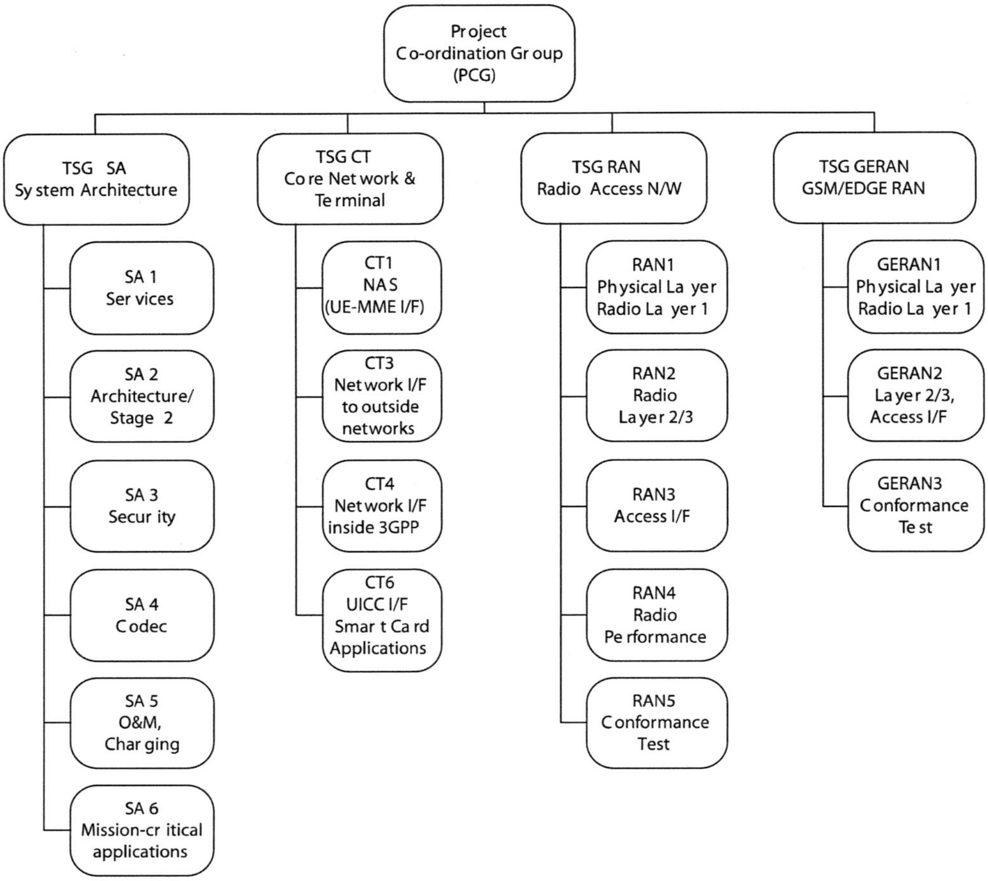

그림 1.1 3GPP 조직 구조

3GPP는 시스템의 서로 다른 분야를 담당하는 서로 다른 작업그룹(working group)으로 이루어져 있다(그림 1.1 참조). RAN(Radio Access Network Groups) 그룹은 UMTS/LTE 시스템의 무선 분야, 즉 물리계층 및 무선 프로토콜을 담당한다. GERAN(GSM/EDGE Radio Access Networks) 그룹은 GSM/EDGE 접속기술의 유지 및 추가적인 개발에 특정하여 일을 한다. SA(System Architecture) 및 CT(Core/Terminal) 그룹은 전체 시스템의 모든 부분(예, 구조(architecture), 보안, 과금(charging))에 대한 규격화를 담당하며(이동단말과 네트워크 사이의, 네트워크 내에서의, 그리고 네트워크 간의), 모든 비무선 프로토콜의 규격화를 담당한다. 새로운 작업 그룹인 SA6가 2015년 1월부터 MCPTT(Mission Critical Push To Talk)의 응용(application)에 대한 표준화를 위하여 활동을 시작하였다. MCPTT에 대한 보다 상세한 내용은 5장을 참조한다.

3GPP는 단계별 표준화를 진행하는데, 작업의 결과물은 소위 Release 내에서 기술명세서(Technical Specification)들의 형태로 제공된다. TS 문서는 칩셋(chipset), 단말(device), 네트워

크 장비 제조사들이 구현 시 따라야 하는 표준(normative) 요구사항들을 담고 있다. 3GPP 내에서 진행중인 작업에 대한 중간 결과물들은 대체로 비규정적인(non-normative) 기술보고서(Technical Reports)에서 다루어지게 된다. 3GPP는(주로 단말이 망에 통신을 하기 위한 시험사항들을 다루는) 시험명세서(Test Specification) 역시 작성한다. 한편, 3GPP는 오직 기능과 프로토콜만을 정의하며, 실제로 이러한 기능들이 어떻게 네트워크 노드에서 구현되는지 및 일부 기능들이 동일한 노드에서 구현되는 지의 여부 등을 다루지는 않으며, 이는 실제 구현을 하는 네트워크 제조사에 달려있다. 3GPP 표준화의 기본 설계 원칙 중 하나는 신규기능들이 기존 기능들에 대하여 후방위호환성(backward compatibility)을 보장해야 한다는 것이다. 이를 통해 신규 기능이 망에 도입될 때, 연결된 모든 네트워크 혹은 네트워크 내의 모든 다른 노드들이 업그레이드될 필요가 없도록 한다.

표 1.1 3GPP 표준화 연혁(Release 12까지)

Release	일정	주요 내용
Phase 1 및 2	1992년 및 1995년	GSM 기본 기능
Release 96, 97, 98, 99	1996년, 1997년, 1998년, 1999년	GPRS, HSCSD, EDGE, UMTS
Release 4	2001년	MSC 서버 분리 구조
Release 5	2002년	HSDPA, IMS
Release 6	2004년	HSUPA, MBMS, PoC(Push to Talk over Cellular)
Release 7	2007년	HSPA, EDGE 진화
Release 8	2008년	LTE/SAE
Release 9	2009년	LTE/SAE 개선, PWS(Public Warning System), LTE/HSPA 상의 IMS 긴급 세션(emergency sessions)
Release 10	2011년	LTE Advanced LIPA(Local IP Access) SIPTO(Selective IP Traffic Offload)
Release 11	2012년	HetNet(Heterogeneous Network) 지원 CoMP(Coordinated Multipoint Operation)
Release 12	2014년	공공안전(Public Safety) MTC(Machine Type Communication) HSPA/LTE carrier aggregation

표 1.1은 Release 12에 이르기까지의 3GPP의 공식 Release 일정 및 주요 내용들을 정리하여 보여주고 있다.

3GPP의 역사 및 구조에 대한 보다 많은 정보는 3GPP 공식 사이트에서 참고할 수 있다(http://www.3gpp.org/about-3gpp/about-3gpp).

1.2 LTE의 역사

이동통신망의 발전은 주로 무선인터페이스에서의 보다 높은 대역폭 및 속도와 보다 나은 주파수 효율(spectral efficiency) (예, 주어진 대역폭에서 가능한 정보 전달 속도)을 위하여 이루어졌다. WCDMA에 대하여 이러한 주요한 지표들을 수년간 향상시켜서 HSPA 및 이의 진화인 HSPA+의 표준화를 이루어낸 이후에, 3GPP는 2004년에 WCDMA의 뒤를 이은 새로운 무선기술에 대하여 논의를 시작하였다. 이 작업의 목표는 다른 성능 향상들과 함께, 최대 데이터속도(peak data rates)의 향상(하향링크 100Mbit/s 이상, 상향링크 50Mbit/s 이상) 및 더 낮은 지연(latency) 성능을 들 수 있다. 이 작업은 LTE(Long-term Evolution)라는 이름 하에 진행되었으며, 보다 멋진 명칭/약어 선정이 어려워지자 대부분의 공식적인 문서에서 LTE가 무선인터페이스의 이름으로 사용되고 있다. 3GPP에서 새로 개발된 무선접속망은 E-UTRAN(Evolved UMTS Radio Access Network)으로 불리는데, 이는 2세대 네트워크인 GERAN(GSM/GPRS/EDGE)에서 진화하여 3세대 네트워크 UTRAN(WCDMA/HSPA)로 발전하고 이것이 더욱 발전을 거쳐서 4세대 E-UTRAN(LTE)이 된 것을 표시하기 위해서이다. 최초의 LTE는, 공식적으로 네트워크 기술이 4G라고 불릴 수 있는 기준인 ITU(International Telecommunication Union)의 IMT(International Mobile Telecommunication) Advanced의 요구사항, 즉 1Gbit/s의 최대 데이터속도 요구조건을 만족시키지 못함에 유의한다. 오직 LTE-A(LTE-Advanced) 만이 이러한 데이터속도를 지원한다. 따라서 엄밀히 말하면 LTE를 4G로 명칭하는 것은 정확하지 않으나, 미국에서의 마케팅 전쟁에 의하여 LTE가 종종 4G로 칭해졌으며, 이에 결국 ITU는 IMT-Advanced로 진화할 수 있는 기술들도 4G라고 부를 수 있도록 허용하게 되었다. 새로운 무선인터페이스에 대한 작업과 병행하여, 3GPP는 GERAN과 UTRAN이 연결되어 있는(GPRS 코어라고 불리는) 2G/3G 패킷코어망을 새로운 LTE의 수요에 대응할 수 있도록 진화시키는 연구도 시작하였다. 이러한 코어망의 진화에 대한 연구는 SAE(System Architecture Evolution)로 불리며 TR 23.882에 정리되어 있다 [1]. 이 작업에 대한 최종 결과물은 3GPP의 Release 8의 새로운 패킷코어망 설계로 이어졌으며 이는 TS 23.401 [2] 및 TS 23.402 [3]에 기술되어 있으며 EPC(Evolved Packet Core)로 명명되었다. 아울러, GPRS에 특화된 부분은 TS 23.060 [4]에 기술되어 있다. 참고로 3GPP Release 8은 2009년 3월 공식적으로 완료되었다. EPC는 LTE, GERAN/UTRAN과의 연결을 제공하며, WLAN(Wireless Local Area Network), WiMAX, CDMA등과 같은 3GPP기술 이외의 망과의 연결도 지원하고 가정, 사무실, 캠퍼스 등에 사용되는 3GPP에 호환되는 소형 Femto AP(Access Point)의 연결도 지원한다(소형 Femto AP의 경우, 이러한 GERAN/UMTS/LTE 무선장비들은 DSL 혹은 TV케이블과 같은 사용자의 링크를 통하여 EPC에 연결된다). 또한, 2010년부터 매우 빠르게 LTE를 도입한 미국과 일본의 CDMA 네트워크 사업자의 요구사항에 의하여 LTE와

CDMA2000 eHRPD(Evolved High-Rate Packet Data) 사이에 최적화된 핸드오버 절차도 특별히 강조되었다. EPC와 여기에 연결된 무선접속 시스템과 단말을 묶어서 EPS(Evolved Packet System)라고 부르는데 LTE/SAE라는 용어 역시 같은 맥락으로 사용된다. 2G 및 3G 시스템과는 다르게 EPS는 전통적인 전화망 연결을 제공하는 CS(Circuit-Switched) 부분을 더 이상 포함하지 않으며(예, EPS는 CS 음성호를 위한 최적화되고 전용으로 할당된 무선베어러를 가지고 있지 않다), 데이터 연결을 제공하는 PS(Packet-Switched) 부분만을 포함하고 있다(CS 및 PS에 대한 상세설명은 1.13.2절을 참고한다). 이러한 이유로, EPS에서의 음성지원 및 2G/3G에서 사용되던 음성과 SMS(Short Message Service)를 EPS로 자연스럽게 옮겨가는 경로를 제공하는 것이 EPS라는 새로운 시스템이 시장에 안착하는데 매우 중요하다. 이러한 문제들을 해결하기 위한 솔루션들을 규격화하는데 Release 8, 9에서 많은 노력이 기울여졌으며, 이는 이후 Release에서도 이어지고 있다. 이에 대한 결과물들로는 CS Fallback, SMS over SGs, SMS in MME(Mobility Management Entity), IMS Centralized Services, Session Continuity, SRVCC(Single Radio Voice Call Continuity) 등을 들 수 있다.

앞서 언급했듯이, EPC는 3GPP 시스템 아키텍처의 진화에서 마침내 all-IP망의 비전을 이룬 것이다. IMS와 함께 EPC는 VoIP(Voice over Internet Protocol), SMS, 영상전화, 사진 공유, 인스턴트 메세징 및 프레젠스(presence) 등과 같은 다양한 서비스를 제공한다. EPC는 IMS와 더불어 사용되어 기존의 2G/3G 무선 네트워크 및 유선네트워크의 이동성을 지원하고 유연한 이들 네트워크 간의 연동 및 서비스 연속성을 제공한다.

그럼에도 불구하고, 순수한 IP기반의 네트워크로서, LTE/SAE의 주요한 애플리케이션은 인터넷이 될 것이며, 이는 더 넓은 대역폭과 더 낮은 지연에 대한 필요성이 증가하고 있는 P2P 형태의 서비스들 혹은 온라인 게이밍, 모바일 TV, 그리고 스마트 트래픽 관리(smart traffic control)나 스마트 그리드(smart grid)와 같은 M2M(Machine-to-Machine) 등의 애플리케이션들이 될 것이다.

LTE/SAE는 성장하고 있는 광대역 모바일 시장의 다음과 같은 도전들에 대응하기 위하여 설계되었다: 사용자 당 더 많은 데이터, 품질과 안정성에 대한 높은 기대를 포함한 올웨이즈온(always-on), 장소를 불문한 연결성, 네트워크의 효율성, 인간에 의해 운용되지 않는 더 많은 디바이스들, all-IP의 세상과의 연결에 대한 필요성 등.

현재까지 100개 이상의 국가에서 약 300여 개 이상의 통신사업자들이 LTE의 상용 서비스를 개시하였다. 전세계적으로 거의 1억 6천만 건에 가까운 LTE의 가입이 발생했으며, 그동안 거의 1900여 종의 LTE 지원 단말들이 출시되었다. 의심할 여지없이 LTE는 이동 광대역 통신의 실질적인(de facto) 세계 표준이며, 가까운 미래에 수억 명의 가입자들에게 광대역 멀티미디어 서비스를 제공하게 될 것이다. 인터넷 혹은 이동통신망에 의해 제공될 서비스들은 표준화된 단말들(스마트폰, 타블렛, 노트북)을 통해 세계 거의 모든 나라의 사용자들에 의해 광대역 유선망에 버금가는 품질로 접속 가능하게 될 것이다.

1.3 LTE 적용 동기

앞 절에서 설명한 바와 같이, 새로운 무선기술 및 LTE/SAE와 같은 코어 아키텍처에 대한 연구를 시작하게 된 주요한 동기들로는, 미래의 광대역, 고품질 서비스들을 지원하기 위해, 보다 높은 데이터 속도에 대한 필요성과 제어평면의 지연(control plane latency) 및 양방향 지연(round trip delay)에 대한 현저한 감소이다. LTE 작업이 시작된 후, 3G 표준도 또한 더욱 진척되었는데, 현재는 300Mbit/s를 넘어서는 피크 데이터 속도를 제공한다.

모바일 데이터 트래픽의 놀랄만한 증가를 인지한다면, 더 높은 데이터 속도는 반드시 필요하다: 예측에 의하면 모바일 데이터 트래픽이 2011년부터 2016년까지 18배 증가(유선 IP 트래픽 증가 속도의 세 배)하고, 또한 2016년까지 전체 IP 트래픽의 대략 60%를 차지할 것으로 전망하였다.

이메일, 브라우징, 채팅 및 커뮤니티 앱 같은 인터넷 서비스들의 이용률이 이동전화망 내에서 폭발적으로 늘어나면서, 근래에는 2G/3G 무선망 및 패킷 코어망의 제약점들이 명백하게 드러나고 있다.

고품질(네트워크 접속 및 핸드오버 시 최소화된 지연)의 "올웨이즈 온(always-on)" 경험을 사용자에게 제공하기 위해서는 제어평면 지연을 줄일 필요가 있다. 제어평면의 메시지 지연과 양방향 지연은 기존 2G/3G 시스템의 문제점으로서 통신사들에 의해 평가되고 있다.

플랫(flat)하고, 순수한 IP를 기반으로 하며, 적은 수의 무선 및 코어망 노드들을 가진 단순화된 아키텍처에 대한 또 다른 동기는 전체적인 비용(OPEX 및 CAPEX)을 절감하기 위한 바램에 있다. 결론적으로, 순수하게 IP를 기반으로 하는 아키텍처는 PS에 최적화된 시스템을 제공할 수 있는 가능성을 제공하였다. 반면에 3G 시스템은 패킷 기반의 서비스를 제공하기 위해 몇몇 절충안을 도입해야 하는데, 이는 무선 베어러들이 CS 음성호에 최적화되어 있기 때문이다.

또 다른 중요한 EPC의 설계 원칙은 후방위 호환성(backward compatibility)과 WLAN, WiMAX, 혹은 CDMA 2000 시스템과 같은 비 3GPP 시스템들과의 연결성이다. EPC 및 일반적으로 EPS는 단말이 2G, 3G, LTE 간의 무선 액세스를 변경할 때, GTP(GPRS Tunneling Protocol)

혹은 PMIP(Proxy Mobile IP) mobility 프로토콜을 기반으로 이동성을 지원하기 위해서, 고유의 메커니즘을 제공한다.

WLAN, WiMAX와 같은 비 3GPP 액세스 시스템을 위해서, LTE/SAE의 이동성은 IEFF에 의해 정의된 일반적인 이동성 프로토콜들을 재사용하여 지원되는데, 다시 말해서 IETF RFC 5231 [5]에 정의된 PMIPv6와 IETF RFC 5555 [6]에 정의된 DSMIPv6(Dual-Stack Mobile IP)들이 있다.

CDMA2000 eHRPD에서 LTE로의 핸드오버는, 전체 핸드오버 프로세스의 속도를 향상시키기 위하여, 실제 핸드오버가 발생하기 전에 한 액세스 시스템에서 다른 쪽으로 정보를 전달할 수 있도록 EPC에 대한 특별한 제어평면과 사용자 평면 인터페이스를 도입함으로써 개선되어 진다.

2G/3G, LTE, 그리고 비 3GPP 액세스 시스템들을 지원하는 이러한 조화된 코어망 아키텍처는 또한 EPC 설계 시 중요한 목표였다.

비용 절감이 망 사업자들이 LTE/SAE를 도입하는 주요한 동기가 되는 반면에, 지연 최적화(레이턴시 최소화, 라운드 트립 지연 최소화가 높은 TCP 트래픽 성능을 이루었고, UDP/RTP 트래픽의 jitter 개선을 통해 고성능 실시간 서비스를 가능하게 함) 및 짧은 베어러 설정 시간에 의한 빠른 서비스 가용성은 사용자들에 대한 혜택이다. 이러한 이득들은 새로운 기술의 도입을 증가시키고, 사업자, 단말 제조사 및 장비 제조사들의 투자를 회수하도록 할 것이다.

LTE/SAE는 광대역이고, 표준화되었으며, 무선 및 패킷을 기반으로 하는 시스템이며, 3GPP 표준화 활동을 통해 산업계의 요구를 만족시키기 위하여 끊임없이 진화하고 있다.

이는 공공안전 요원이 비상 시나 평상 시 활동 중에, 실시간 정보공유 및 협업에 있어서 선진의 공공안전(PS) 시스템과 창조적이고 새로운 애플리케이션들을 활용할 수 있도록 해 준다.

이는 또한, 긴급구조요원과 일반적인 대중의 상황인지(awareness)와 안전을 향상시킨다. LTE/SAE 기반의 공공 안전망은 모든 종류의 멀티미디어 서비스, 예를 들어 음성, 비디오, 문자, 사진/파일 공유, 위치기반 서비스를, 어떤 환경(이동 시 혹은 정지 시)에서건 고품질로, 또한 안정적인 방법으로 제공할 수 있다. 네트워크 공유 및 브로드캐스트 메세지 전송과 같은 LTE 고유의 기능들은 공공 안전망 구축에 어렵지 않게 재사용될 수 있다. 타 이동전화망 및 유선전화망에 쉽게 연동될 수 있고, 높은 수준의 규모경제를 제공할 수 있는, 완전한 표준화 및 호환성을 제공하는 공공 안전망을 구축하기 위한 다음 단계로는 PTT와 모든 종류의 멀티미디어 서비스를 제공하기 위한 IMS의 도입이 될 것이다.

1.4 GPRS 및 UMTS에 대한 EPS 비교

E-UTRAN을 UTRAN 혹은 GERAN과 비교했을 때 가장 뚜렷한 차이는(OFDM 무선 기술의 적용은 차치하더라도) E-UTRAN은 소위 Evolved NodeB(eNodeB 혹은 eNB) 하나의 구성요소만이 고려되었다는 점인데, 그 반면에 UTRAN의 경우에는 NodeB와 RNC(Radio Network Controller)로 구성되고, GERAN의 경우에는 BTS(Base transmitter Station)와 BSC(Base Station Controller)로 구성된다. 이와 같이 E-UTRAN의 아키텍처를 단순화한 이유는 복잡성, Latency, 비용을 줄이는 한편, 데이터의 속도를 증가시킬 수 있기 때문이다.

코어 네트워크 관점에서 GPRS 코어(즉, SGSN(Serving GPRS Support Node)와 GGSN(Gateway GPRS Support Node)을 포함한 2G/3G 코어 네트워크)와 EPC의 두드러지는 차이점으로는 EPC에서는 엄격하고 원천적으로 사용자 평면과 제어평면을 구분한다는 데 있다. GPRS에서도 역시 소위 Direct Tunnel이라는 기능을 사용함으로써 사용자 평면의 트래픽을 RNC에서 SGSN을 거치지 않고 직접 GGSN으로 전송할 수 있으나, EPC는 애초부터 이러한 방식으로 설계되었다.

사용자 평면과 제어(신호) 평면 트래픽을 분리한 가장 주요한 이유는, 사용자 트래픽의 제어를 담당하는 장치와 사용자 트래픽을 위한 장치를 각각 다르게 설계할 수 있도록 하는 것인데, 이로 말미암아 증가하는 사용자 트래픽의 요구에 쉽게 적응할 수 있다.

사용자 평면에는 두 개의 기능적 요소가 있는데, S-GW(Serving GW)와 P-GW(Packet GW 혹은 PDN-GW)이며, 제어평면에는 추가적인 구성요소로서 MME가 있다.

결과적으로, LTE/SAE가 구축되는 경우, EPS의 사용자 평면의 구성은 최소 두 개의 노드(eNodeB와 SP-GW) 혹은 최대 세 개의 노드(eNodeB, S-GW, P-GW)가 된다(2G/3G 대비 1-2 노드 감소). 이를 통해, 높은 수준의 단순화와 높은 속도(throughput), 낮은 지연이 얻어진다.

기존의 2G/3G 액세스 시스템 및 LTE의 지원 외에도, EPC는, EPC 관점에서 신뢰할 수 있거나 혹은 신뢰할 수 없는 비3GPP 액세스 시스템 또한 지원한다. 여기서 지원이라 함은, EPC가 비3GPP 액세스 시스템을 사용하는 가입자들을 인증하고, 권한을 부여하며, 과금을 하는 수단을 제공해 줌을 의미한다: 사용자 평면이 안전하게 EPC 코어장비를 경유하여 인터넷과 같은 PDN(Packet Data Network)에 전달되는 것 뿐만 아니라 EPC(P-GW) 내에 위치한 이동성 앵커(mobility anchor)를 통해 3GPP와 비3GPP 액세스 시스템 간의 이동성이 지원된다.

이러한 비3GPP 액세스 시스템과의 연동에 관한 확장된 지원은 전통적인 2G GPRS에서는 제공되지 않았다(즉, IP주소가 단말에게 할당되지 않았다).

2G/3G에서는 단말이 PDP(Packet Data Protocol) 컨텍스트 연결 없이 PS 네트워크에 접속될 수 있었다. 이러한 개념은 LTE가 소개되면서 단말이 네트워크에 등록할 때마다 단말에 always-on 연결성을 제공하기 위해 변경되었다.

LTE에서는 단말이 초기 접속(initial attach, 이 장의 뒤에서 설명)을 수행할 때 디폴트 베어러가 수립되고, 마지막 베어러가 비활성화될 때에 단말이 접속종료된다. 따라서, 기본적으로 단말은 최소한 하나의(단말이 LTE망에 접속되어 있을 때에 데이터를 송수신할 수 있는) 베어러 컨텍스트를 가진 것으로 상정된다.

명백하지 않은 한 가지 기술적인 사항은, 네트워크에 의한 베어러 설정(network-initiated bearer establishment)이라는 개념이다. 이는 2G/3G에는 뒤늦게 도입된 개념으로서, 일반적인 절차와는 다른 예외사항으로 간주된다. 이 개념이 소개되기 전까지는, 베어러/컨텍스트 설정은 항상 단말에 의해 시작되었다. 그러나, LTE/SAE에서는 전용의 베어러들(dedicated bearers)을 설정하는 것이 주요한 메커니즘으로 되어 있다. 그럼에도 불구하고, 단말이 시작하는 베어러 자원 요청 절차(UE-initiated bearer resource request procedure)는 LTE/SAE에 여전히 존재하며, 예외적인 경우로 간주된다.

단말과 코어 네트워크 간의 시그널링 메시지의 수를 줄이기 위해, 단말에 TA(Tracking Area) 리스트를 할당하는 개념이 도입되었다. 리스트의 각 TA는 하나 혹은 그 이상의 셀들로 구성되어 있다. 한 지역에 있는 다른 단말들에게 다른 TA 리스트를 할당하는데, 이는 굉장히 많은 단말들이 동시에 하나의 TA에서 다른 TA로 이동할 때(예, 사용자들이 한 열차를 타고 있는 경우) 동시다발적으로 발생할 수 있는 TA 업데이트들을 감소시키기 위해서이다. 게다가, 한 단말에 할당된 TA 리스트는 단말이 TA 업데이트들을 수행해야 하는 필요성을 자연스럽게 감소시킴에도 불구하고, 더 큰 페이징 지역을 가지게 하는 단점이 된다(TA 업데이트와 페이징에 대한 개념은 이 장의 후반에 설명한다).

1.5 주파수 고려사항

LTE를 전세계적인 성공사례로 만들기 위해서는 다양한 나라들의 스펙트럼 요구사항들에 대해 유연하게 대처함으로써 이를 채택하고 적용할 수 있게 해야 한다. 이러한 목적을 위해, LTE는, 특정 국가의 정부에 의해 모바일 광대역 시스템으로 할당될 수도 있는 다양한 주파수 밴드들에 적용될 수 있도록 설계되었다.

표 1.2는 3GPP TS 36.104 [7]에서 발췌된 표로서, 지원 가능한 FDD 및 TDD LTE 주파수 밴드들을 보여준다.

표 1.2 LTE FDD/TDD 주파수 밴드

밴드	상향(UL) 주파수밴드 BS 수신, UE 송신(MHz)		하향(DL) 주파수밴드 BS 송신, UE 수신(MHz)		듀플렉스 모드 (duplex mode)
1	1920	1980	2110	2170	FDD
2	1850	1910	1930	1990	FDD
3	1710	1785	1805	1880	FDD
4	1710	1755	2110	2155	FDD
5	824	849	869	894	FDD
6	830	840	875	885	FDD
7	2500	2570	2620	2690	FDD
8	880	915	925	960	FDD
9	1749.9	1784.9	1844.9	1879.9	FDD
10	1710	1770	2110	2170	FDD
11	1427.9	1447.9	1475.9	1495.9	FDD
12	699	716	729	746	FDD
13	777	787	746	756	FDD
14	788	798	758	768	FDD
15	Reserved		Reserved		FDD
16	Reserved		Reserved		FDD
17	704	716	734	746	FDD
18	815	830	860	875	FDD
19	830	845	875	890	FDD
20	832	862	791	821	
21	1447.9	1462.9	1495.9	1510.9	FDD
22	3410	3490	3510	3590	FDD
23	2000	2020	2180	2200	FDD
24	1626.5	1660.5	1525	1559	FDD
25	1850	1915	1930	1995	FDD
26	814	849	859	894	FDD
27	807	824	852	869	FDD
28	703	748	758	803	FDD
29	N/A	N/A	717	728	FDD[2]
30	2305	2315	2350	2360	FDD
31	452.5	457.5	462.5	467.5	FDD
…					
33	1900	1920	1900	1920	TDD
34	2010	2025	2010	2025	TDD
35	1850	1910	1850	1910	TDD
36	1930	1990	1930	1990	TDD
37	1910	1930	1910	1930	TDD
38	2570	2620	2570	2620	TDD
39	1880	1920	1880	1920	TDD
40	2300	2400	2300	2400	TDD
41	2496	2690	2496	2690	TDD
42	3400	3600	3400	3600	TDD
43	3600	3800	3600	3800	TDD
44	703	803	703	803	TDD

Note 1: 밴드 6은 해당사항 없음.

Note 2: Carrier Aggregation이 사용되는 경우에 한하여 E-UTRA 동작.

어떤 특정 국가의 상용목적의 필요성이 발생한다면, 더 많은 주파수들이 LTE에 채택될 수도 있을 것이다. 어떤 주파수들은 현재 다른 기술에 할당된 상태일 수 있으나, LTE는 이들과 함께 공존할 수 있다는 것에 유의해야 한다.

공공 안전망 구축을 위한 LTE 주파수 할당 절차는 현재 진행 중이다.

주파수의 특정 부분을 LTE와 같은 특정 기술에 할당하는 것은 기술적 요소뿐만 아니라 경제적이고 상용적인 결과를 동반하기 때문에, 주파수와 관련된 논의는 세계 각지에서 진행되고 있다. 그러나, 몇몇 국가들은 LTE에 기반한 공공안전 네트워크에 어떤 주파수를 할당할 것인지를 이미 결정하였다. 미국에서는, 2012년의 중산층 감세 및 일자리 창출법을 통해 공공안전에 700MHz D-블록 주파수를 할당하고, 긴급구조 요원들의 LTE 전국망을 위해 연방기금에 70억 달러를 추가적으로 배정하였다.

호주 공공안전 통신 관리자 협회(APCO: Australian Public-Safety Communications Officials)는 공공안전고시 제16호를 통해, 4.9GHz 대역의 LTE 기술을 기반으로 하는 전국적인 상호연동 공공안전 광대역 이동통신망을 구축할 것을 권고하였다. 호주 방송통신위원회 ACMA(Australian Communications and Media Authority)는 호주의 공공안전 기관들에 의해 사용되는 고속이며 전국에서 호환되는 이동 광대역 네트워크의 구축을 촉진하기 위하여, 몇몇 주파수 대역(예, 800MHz 주파수)에 걸쳐 총 60MHz의 주파수를 추가적으로 할당하였다.

지도 1.1 재난안전망을 위한 후보 주파수 밴드. 숫자는 MHz를 지칭.
Region 1(주로 아프리카, 유럽, 러시아): 380-385/390-395.
Region 2 North(미국, 캐나다) 3GPP band 14, 758-768/788-798.
Region 2 South(라틴 아메리카): 746-806, 806.869, 4940-4990.
Region 3(주로 아시아): 406.1430, 440-470, 806-824/851-869, 4940-4990, 5850-5925. 호주 및 다른 나라는 698-806 MHz band의 세그멘테이션인 APT700 band 고려 중(APT = Asia-Pacific Telecommunity)

유럽공동체(European Community)는 공공안전 용도의 주파수로서 400 혹은 700MHz 대역을 권고할 계획이다. 유럽 주파수공동체 관계자는, 2015년 11월에 개최될 예정인 세계전파통신회의(WRC: World Radio Conference)가 공공안전 LTE의 구축을 위한 전용 주파수를 할당 받기 위한 최적의 기회라고 언급하였다.

유럽과 다수의 아시아태평양 국가들, 그리고 남미의 일부에서 400MHz 대역은 현재 공공안전 기관들에 의하여 TETRA(Terrestrial Trunked Radio) 혹은 TETRAPOL 시스템에 사용되고 있다. 전세계에 걸쳐 LTE기반의 공공안전 네트워크에 동일한 주파수대역을 사용한다면, 기존의 사이트와 자산을 재활용함으로써 투자비용을 최소화할 수 있을 것이다. 요컨대, 지도 1.1은 전 세계에 걸쳐 공공안전을 위해 사용될지도 모르는 대역들의 표본을 보여주고 있다. 이러한 대역들은 ITU-R Res 646에 명시되어 있으며, 공공안전의 용도로 권고되었다. 실제로 어떤 주파수 대역이 어떠한 지역에 사용될 것인가는 결국 각 국가의 규정에 달려 있다.

1.6 네트워크 아키텍처

1.6.1 무선 접속망과 핵심망

이동통신 네트워크(또는 Public Land Mobile Network-PLMN)은 보통 무선접속망(RAN: Radio Access Network)과 핵심망(CN: Core Network)으로 구분된다. 기능적 구성요소는 3GPP에 의해 정의된다. LTE를 위한 기능적 구성요소는 본 장의 이후의 절에서 설명된다(1.6.5절 참고).

RAN은 단말과 네트워크 간의 무선 접속을 통한 연결을 생성, 유지, 해제하는데 필요한 모든 기능을 포함한다. RAN은 무선 기지국과 지역적으로 전국에 걸쳐 퍼져있는 기지국 안테나를 포함한다.

핵심망은 인증 및 사용자 허가, 음성 통화 및 데이터 연결 설정, 이동성 지원, 과금, 그리고 합법적인 도청을 지원하는 모든 기능을 포함한다. 핵심망은 다른 모바일 혹은 유선망으로의 연결을 지원하고, 인터넷 또는 기업 인트라넷과 같은 데이터망으로의 연결기능을 제공한다. 가입자 데이터는 핵심망 요소 중 하나인 HSS(Home Subscriber Server)라고 불리는 중앙 레지스터에 저장된다.

1.6.2 아키텍처 구성 원칙

LTE/SAE는 2G/3G의 PS 도메인에서 진화했으며, 특히 EPC는 GPRS의 핵심망을 그 기반으로 한다. EPC설계의 핵심은 제어평면과 사용자 평면의 분리이며, EPC는 기본적으로 세 개의 기능 구성요소를 가진다. 그 중 하나는 MME인데 EPC의 제어평면 상에 존재한다. MME는 GPRS의 SGSN 제어평면의 진화로 볼 수 있다. 서빙 게이트웨이(S-GW: Serving Gateway)는 GPRS의 SGSN 사용자 평면과 유사하다. 상하향 링크의 모든 사용자 평면 패킷은 S-GW를 거치며, S-GW는 또한 핸드오버 중에 하향링크 패킷을 버퍼링하는 모빌리티 앵커 역할을 한다.

마지막으로 P-GW는 글로벌 IP 모빌리티 앵커 포인트로서 GPRS의 GGSN으로 볼 수 있다. P-GW는 IP주소를 단말에 할당하고 인터넷 혹은 이동통신 사업자의 서비스 도메인과 같은 패킷 데이터 네트워크(PDN)에 대한 인터페이스 기능을 제공한다.

P-GW는 특정 서비스 데이터의 흐름을 감지하거나, 정책을 적용하거나(예를 들어, packet을 폐기), 과금(1.6.12절 참고)을 위한 정책 시행 기능(PCEF: Policy Enforcement Function)을 포함한다. 이 모든 네트워크 구성요소들은 논리적인 기능으로 실제 구현 시에는 두개 이상의(예를 들어, S-GW와 P-GW) 기능이 물리적으로 같은 하드웨어 상에 위치할 수 있다.

새로운 세션을 위해 eNodeB가 MME를 선택할 수 있듯이, MME 역시 통신사의 DNS(Domain Name System) 인프라를 통해 특수한 도메인을 설정하거나 해석하여 S-GW 및 P-GW를 선택할 수 있다.

다음 절에서는 로밍 및 비-로밍의 경우 EPS의 아키텍처 차이를 설명하고, 2G/3G 네트워크와의 연동을 위한 구조를 설명할 것이다. 네트워크 구성요소의 기능 설명은 1.6.5절에 나타나 있다.

1.6.3 비-로밍 아키텍처(Non-roaming Architecture)

그림 1.2는 LTE/SAE의 비 로밍인 경우, 즉, 단말이 HPLMN(Home Public Land Mobile Network)를 통해 서비스를 받는 경우에 대한 논리적인 아키텍처의 개요를 보여주고 있다. 이후에 나타나는 구조에 대한 그림들에서 제어평면 인터페이스는 점선으로 표시되고, 사용자 평면 인터페이스는 실선으로 표기된다.

EPS의 주요 참조점과 각각의 역할, 사용되는 프로토콜에 대한 개요는 부록에 나타나 있다.

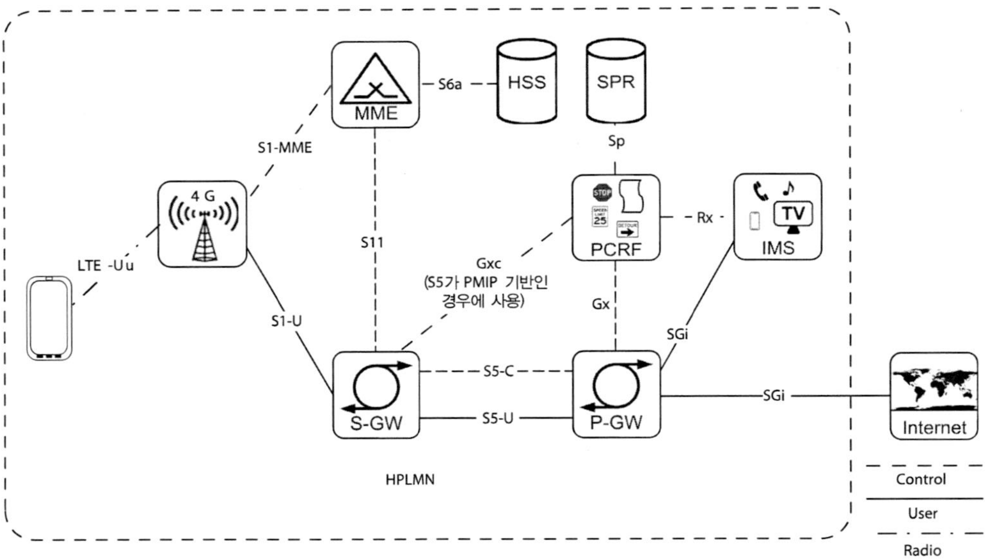

그림 1.2 LTE/SAE 비-로밍(non-roaming) 아키텍처

1.6.4 로밍 아키텍처(Roaming Architectures)

1.6.4.1 홈으로 라우팅되는 로밍 아키텍처(Home Routed Roaming Architecture)

로밍 아키텍처, 즉 단말이 VPLMN을 통해 서비스를 제공받는 경우는 비-로밍 아키텍처와 큰 차이가 없다. 비-로밍 아키텍처와 로밍 아키텍처의 주요 차이점은 로밍의 경우 S-GW가 VPLMN에 위치하고, 대부분의 트래픽이 홈으로 라우팅되기 때문에 일반적으로 P-GW는 HPLMN에 위치한다는 점이다.

로컬 브레이크아웃(Local Breakout)이 사용될 경우, P-GW는 VPLMN 내에 위치할 수 있으나 이 경우 통신사 간의 특별한 협약이 필요하며(예, 특별한 APN 사용, VPLMN에서 HPLMN 대한 과금 정보 제공) 사용자는 이 서비스에 가입되어 있어야 한다. 그러므로, 홈 내에서 라우팅되는 트래픽이 공공안전망 서비스에서 가장 많이 사용되는 사용례이며, 가까운 미래에도 그럴 것으로 보인다. 홈 라우팅 시나리오에서 로밍 아키텍처는 그림 1.3과 같다.

그림에서 보듯이 로밍의 경우 S5 인터페이스가 S8에 의해 대체되는데, 사실 두 인터페이스는 거의 동일한 기능을 제공한다. 이것은 2G/3G에서 Gn/Gp 인터페이스와 유사하다(TS29.060 [8] 참고). S8은 S5와 같이 GTP 또는 PMIP에 기반한다. 그러나 S8을 위해 PMIP를 사용하려면 통신사간 적절한 로밍 협약을 맺거나 또는 VPLMN 간 네트워크 경계에서 PMIP을 GTP로 변환하는 상호 연결 기능이 필요하다.

1.6.4.2 로컬 브레이크아웃 로밍 아키텍처(Local Breakout Roaming Architecture)

마지막으로 VPLMN을 통한 서비스 접속을 사용하기 위한 로컬 브레이크아웃(Local Breakout) 로밍 아키텍처를 소개한다. 이 시나리오에서 가장 중요한 것은 P-GW가 VPLMN 내에 위치하고, 방문 PCRF(V-PCRF) 역시 Gx 인터페이스를 종료(Gx는 사업자간인터페이스가 아님)하기 위해 VPLMN 내에 위치한다. 가입자 정보가 저장된 HPLMN으로부터 QoS 규칙을 수신하기 위해(예, 가입자의 최대 전송속도 등) S9 인터페이스가 소개되었고, 이는 VPLMN의 V-PCRF와 Home PCRF(H-PCR)를 연결한다.

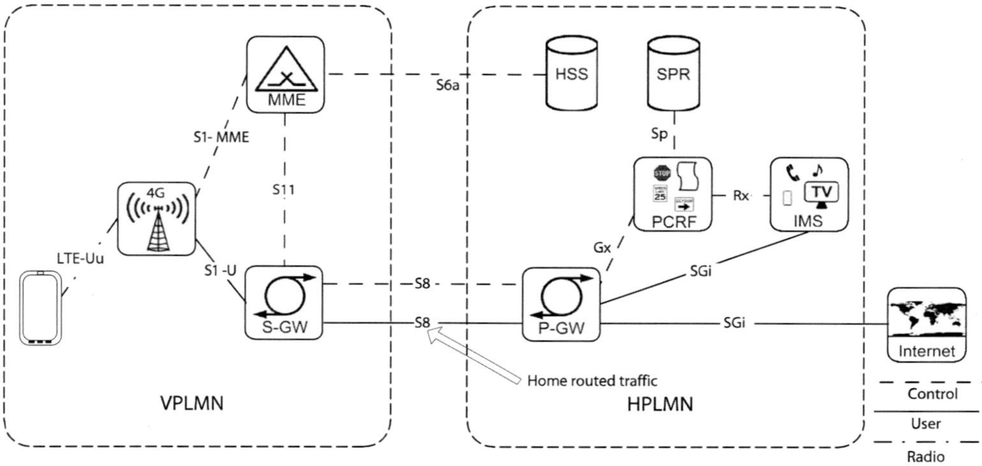

그림 1.3 Home으로 트래픽이 라우팅되는 로밍

VPLMN의 서비스를 획득하게 하는 또 다른 솔루션은 단말 내에 설정된 특별한 APN을 사용하는 것인데, 이 APN들은 VPLMN에서 해당 VPLMN의 특정 P-GW의 주소로 변환된다.

다른 가능한 솔루션은 단말이 IMS APN(1.7절 참고)과 같이 잘 알려진 표준화된 APN들을 사용하는 것인데, IMS APN은 GSM 협회(GSMA)에서 VPLMN에서 특정 P-GW의 연결을 획득하기 위해 정의한 것이다. 그림 1.4에서 알 수 있듯이, 로컬 브레이크아웃 기능이 구축되었을 때, 사용자는 잠재적으로 HPLMN과 VPLMN의 통신 서비스를 사용할 수 있다.

1.6.5 기능 블록 설명

1.6.5.1 사용자 단말(User Equipment), 모바일 장치(Mobile Equipment), USIM

3GPP에서 단말(UE)이라는 용어는 사용자가 네트워크와 통신하는 장치를 의미한다. 보통 스마트폰, 타블렛, 다수의 네트워크 접속이 가능한 LTE모뎀 등을 통칭하는 것으로 WLAN, cdma2000@1×RTT, UTRAN 및 GERAN에 접속할 수 있다. UE는 모바일 장치(ME)를 포함하는데, 이것은 디스플레이, 키보드, 배터리와 네트워크 접속 및 통신에 필요한 모든 전자장치 그리고 사용자 인터페이스를 제공한다. UE를 구성하는 또 다른 유일한 하드웨어는 범용 IC 카드(UICC: Universal Integrated Circuit Card)인데, 3GPP TS21.905 [9]에 나타나 있는 정의에 따르면, 단말로부터 삽입/분리가 가능한 물리적 보안 장치, IC 카드(또는 스마트 카드)이다. 이것은 하나 이상의 애플리케이션을 포함하는데, 그 중 한 가지는 USIM일 수 있다.

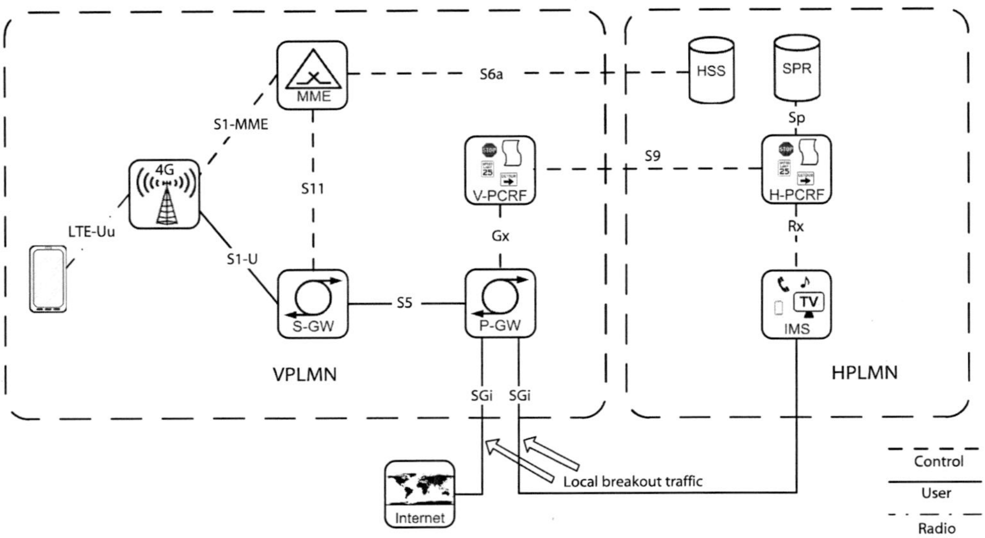

그림 1.4 로컬 브레이크아웃(local breakout) 방식의 로밍

가입자 식별 모듈(USIM: Universal Subscriber Identity Module)은 UE를 인증하고 네트워크의 확실성을 검증하기 위해 필요한 모든 데이터와 알고리즘을 저장하고 있다(UMTS 및 LTE의 경우). 종종 UICC와 USIM이 SIM(Subscriber Identity Module)으로 언급되기도 하는데, 이는 이 용어가 3GPP 이전의 ETSI SMG(Special Mobile Group)에서 사용되었기 때문이다.

USIM 이외에도 UICC는 UE가 IMS(IP Multimedia Service) 도메인에 접속하기 위해 필요한 모든 데이터를 제공하는 IMS SIM(ISIM)을 포함할 수 있다.

일반적으로 UE는 서비스 요청 및 관리를 위해 몇 가지 절차를 거쳐야 한다. 전원이 켜졌을 때, 아래의 절차를 진행해야 한다.

1. LTE Cell 검색, 네트워크 동기화 그리고 브로드캐스트 채널을 통한 시스템 정보 수신
2. 네트워크 접속을 위한 시그널링 연결 설정
3. 네트워크의 인증요청에 대한 회신

4. 네트워크 등록
5. 상시 연결을 위한 데이터 연결 설정
6. IP접속을 위한 IP 주소 수신

이후 UE는 하나 이상의 응용 프로그램 실행을 위해 필요한 특정 자원에 대한 요청을 할 수 있다.

1.6.5.2 E-UTRAN Node B(eNodeB/eNB)

eNodeB는 E-UTRAN 아키텍처의 핵심 구성 요소이다. 이 명칭은 UMTS의 NodeB에 유래된 것으로 진화된(evolved) 이란 의미를 부여한 'e'가 추가된 것이다. eNodeB는 기지국으로서 모든 라디오 관련 기능을 수행한다. 일반적으로 네트워크 커버리지 지역에 설치되며 각각의 eNodeB는 실제 라디오 안테나와 근접한 곳에 위치한다. eNodeB가 유일한 E-UTRAN 노드로 UMTS의 NodeB에 위치하던 기능과 RNC의 일부 기능을 담당한다(RNC의 다른 기능은 MME로 옮겨졌다).

eNodeB는 UE로부터 생성된 라디오 프로토콜의 종단으로 작동하고, UE와 EPC 간의 데이터를 중계한다. eNodeB는 주로 아래의 기능을 제공한다.

- 사용자 평면 트래픽의 암호화/복호화, IP 헤더 압축/해제
- 무선 자원 관리(RRM: Radio Resource Management) 기능(무선 베어러 제어 및 접근(admission) 제어)
- 할당된 QoS에 따른 트래픽 스케쥴링, 자원 사용 현황 모니터링 및 UE에 Uplink/Downlink 리소스 할당
- 이동성 관리 기능: UE의 무선 신호 레벨 측정 수행에 대한 제어 및 분석 측정 수행, 현재 무선 링크 성능에 기반한 UE의 Handover 수행 결정
- MME 선정 및 S-GW로의 데이터 트래픽 라우팅

eNodeB는 X2 인터페이스로 상호 연결되고, MME와는 S1-MME(제어평면) 인터페이스로 연결되며, S-GW와는 S1-U(사용자 평면)인터페이스로 연결된다. eNodeB는 로드 밸런싱 및 네트워크 공유 목적으로 다수의 MME 또는 다수의 S-GW와 연결될 수 있다.

1.6.5.3 Mobility Management Entity(MME)

MME는 EPC 내에서 중심 제어 노드이며 2G/3G의 SGSN의 제어평면 부분으로부터 파생된 것으로 , 3G RNC의 일부 기능이 개선되어 구성되었다. 일반적으로 MME는 통신사의 시설(premises) 내에서도 보안이 우수한 곳에 위치하게 된다.

MME는 제어평면 경로만을 담당하고 사용자 평면의 데이터는 S/P-GW를 통해 처리한다. 따라서 MME는 "MME 내 SMS" 기능 이외에는 과금 기능에서 제외된다(1.8.2절 참고). eNodeB와의 물리적인 연결 이외에도 UE와의 논리적인 연결을 가진다. 이 논리적 연결은 NAS (Nonaccess Stratum)이다(NAS 및 AS(Access Stratum)에 대한 설명은 1.13.3절을 참고). MME는 UE의 인증 및 인가를 위해 HSS와 연결되어 가입자 정보를 수신한다.

MME의 기능은 다음과 같다.

- 제어평면 트래픽 처리(UE 시그널링 종료)
- 세션 및 이동성 관리(IDLE 모드 이동성 및 핸드오버 제어)
- Paging(UE가 IDLE 모드일 때)
- TA 리스트 관리
- P-GW, S-GW 선택
- 핸드오버 중 MME 선택
- S-GW 간, MME간 재배치 조율
- 단말 인증 및 인가
- 베어러 관리(전용 베어러 연결 포함)
- 합법적인 시그널링 트래픽 인터셉트

1.6.5.4 Serving Gateway(S-GW)

S-GW의 주요 역할은 E-UTRAN과 P-GW 간의 사용자 평면 패킷의 라우팅이다. S-GW는 2G/3G SGSN의 사용자 평면 부분에서 도입되었고 네트워크 인프라의 일부로서 중앙집중화 혹은 분산형태로 구성될 수 있다. eNodeB 간의 이동성을 위한 로컬 앵커 포인트 역할을 담당한다. 베어러가 특정한 UE에게 할당되었고 해당 UE가 IDLE 모드일 때(UE와 네트워크 간 시그널링 연결이 없을 때), S-GW는 수신되는 데이터 패킷을 버퍼링 하고 MME에게 호출(Page)를 요청한다. S-GW는 다수의 P-GW와 연결될 수 있다. 각각의 UE 및 베어러에 대해 S-GW와 P-GW 간 터널이 생성된다.

S-GW는 다음의 기능을 제공한다.

- 2G/3G와 LTE 간, 또는 eNodeB 간의 이동성을 위한 사용자 평면 앵커포인트
- 합법적인 도청(Lawful interception)
- 패킷 버퍼링 및 페이징 프로세스 생성
- 패킷 라우팅 및 포워딩

- 전송 레벨 패킷 마킹
- 로밍 시 통신사 간의 상계를 위한 과금 이벤트 생성

1.6.5.5 Packet Data Network Gateway(P-GW)

P-GW는 단말 관점에서 최초의 IP hop 라우터이자 EPS와 외부 PDN 간의 경계 라우터이다. 또한, P-GW는 중앙 모빌리티 앵커로 단말의 IP 접속점(PoA: Point of attachment)으로 동작한다. 단말은 동일한 P-GW 또는 상이한 P-GW를 통해 동시에 다수의 PDN과 연결될 수 있다(다른 P-GW에 연결되는 것은 실제로는 매우 드물다). 핸드오버 프로세스 중에 P-GW는 변경되지 않는다. P-GW는 단말의 터널 및 S-GW로 향하는 베어러를 유지하여 사용자 평면에서 S-GW 간 이동성을 조정하는 기능을 담당한다. 또한 네트워크 인프라의 일부로 통신사의 시설에서 중앙관리 된다.

P-GW의 가장 중요한 기능 중 하나는 단말에 PDN 연결당 하나의 IP 주소를 할당하는 것이다. 특정 PDN의 상황에 따라 이 주소는 사설 IP, 공인 IPv4 또는 IPv6 prefix 일 수 있다. 동적 혹은 정적 정책의 규칙에 기초해 P-GW는 Shaping, Gating, Filtering, packet marking을 수행하게 된다. 정확히는, 정책 적용은 PCEF(Policy Enforcement Function) 내에서 수행되는데, 이것은 P-GW의 핵심 부분이다. 이것은 특정 사용자의 다운링크 데이터 전송 속도가 해당 요금제에서 허용된 최대 전송률을 넘지 않게 하고 다운링크 방향으로 수신된 데이터 패킷이 정확한 베어러/터널을 사용하여 전송되는 것(이것은 베어러 바인딩이라고 한다)을 보장한다. P-GW의 주요 기능은 다음과 같다.

- 다른 네트워크로의 엣지 라우터
- 단말에 IP 주소 할당
- 중앙 모빌리티 앵커
- 정책 및 과금 수행, 베어러 바인딩(PCEF)
- 패킷 필터링(옵션으로 Deep Packet Inspection(DPI) 포함)
- UE당 또는 베어리 당 사용량 계산(accounting)
- 합법적인 도청(Lawful Interception)

1.6.5.6 Policy and Charging Rules Function(PCRF)

PCRF는 동적 정책 및 과금 제어를 담당한다(PCC에 대한 자세한 정보는 섹션 1.6.7을 참고). 보통 통신사의 시설에 다른 코어 네트워크 엘리먼트와 함께 위치한다(예, P-GW 인근).

PCRF는 응용 계층(예, 멀티미디어 세션의 코덱 정보)을 통해 들어오는 세션 데이터를 접속에 특화된 파라미터로 변경한다(Access specific parameters). 이 파라미터들은 PCC rule에 의

해 생성되며 특정 IP 흐름에서 어떤 QoS를 적용할지 결정한다. 이 정책들은 설치된 이후 P-GW의 일부인 PCEF를 통해 실행된다. 이러한 정책들은 또한 P-GW가 리소스 요청을 허용할지 여부와 주어진 IP 데이터 흐름에 패킷을 처리해도 되는지를 명세한다.

PCRF는 가입자 프로파일 저장소(Subscriber Profile Repository-SPR)에 저장된 가입자 정보를 통해 정책 적용을 결정한다(예, 최대 허용 Bit rate). SPR은 보통 HSS에 포함된다. 3GPP 아키텍처에서 SPR은 Sp 인터페이스를 통해 PCRF와 연결되나 인터페이스는 규격화되지 않았다.

만약 S-GW와 P-GW가 GTP를 통해 연결되었을 경우, QoS 정책은 PCRF에서 P-GW로 제공 가능한데 이는 P-GW가 QoS 파라미터를 GTP를 통해 RAN으로 전송 가능하기 때문이다.

만약 통신사가 S/P-GW 간 PMIP를 사용할 경우, PMIP에는 베어러의 구현이 이뤄지지 않았기 때문에 S-GW에서 베어러가 종료된다. 이 경우, QoS 규칙이 PCRF에서 S-GW로 전송되며, 정책 및 과금 규칙은 여전히 P-GW에서 제공받는다.

1.6.5.7 Home Subscriber Server(HSS)와 Subscriber Profile Repository(SPR)

HSS는 네트워크의 모든 가입자가 저장된 데이터베이스이다. 가입자의 IMSI, MSISDN, APN, 우선순위, 가입된 통화 서비스(예, 콜 포워딩)와 같은 가입자 전용 데이터들을 저장한다. 보통 통신사의 내부시설에 위치한다. HSS는 논리적으로 기존 2G/3G 네트워크의 레지스터를 담당하는 HLR의 기능을 포함한다. 원래 HSS 기능은 3GPP Release 5에서 IMPI 및 IMPU(s)같은 IMS 가입자를 지원하기 위해 고안되었다.

SPR이 3GPP에 의해 추가 기능 블록으로 정의되었지만, 보통(실제 구현 시) HSS와 함께 위치한다. SPR은 PCRF가 정책을 결정하고 적합한 PCC 규칙을 생성할 수 있도록 지원하는 가입자 정보를 포함한다. 가입자 정보는 사용자당 최대 허용 Bit rate, Guaranteed 대역폭, 선불 혹은 후불제 여부, 가입자 등급(골드, 실버, 브론즈 등) 등이다. HSS는 사용자 인증과 허용 그리고 보안 관련 사항들, 키 생성/저장, 암호화 파라미터, 상호 인증, 메세지 무결성 확인에 관여하며 사용자의 물리적인 위치(사용자를 지원하는 MME, SGSN, MSC의 주소)를 기록한다. HSS 하드웨어 플랫폼 및 처리 용량, 가입자 수 등에 따라 하나 혹은 다수의 HSS가 필요하다.

MME가 사용자를 인증하고 네트워크 리소스 요청을 허용할 때(예, UE가 제공한 APN 등으로) HSS에 저장된 가입자 정보의 확인이 필요하며, HSS는 MME의 암호화키 및 UE와 MME 간의 주고 받은 NAS 메세지의 무결성을 검증할 수 있도록 K_{ASME} 보안키를 제공한다. 위치 관리를 위해 HSS는 특정 UE를 지원하는 MME의 주소를 저장한다.

1.6.5.8 AAA(인증, 권한검증 및 계정관리: Authenticate에 Authorization, Accounting) 기능

AAA 서버는 non-3GPP 액세스망을 통해 EPC에 접속하는 사용자를 인증하거나 검증하는 데(authenticate, authorize) 사용되거나 선택적으로 P-GW에 의해 제공된 APN의 사용을 검증, IP 주소를 UE에 할당하는데 사용된다(아키텍처 그림에는 잘 표시되지 않음).

P-GW의 AAA 서버 접속은 3GPP TS 29.061 [10]에 따라 SGi 인터페이스를 이용하여 RADIUS나 DIAMETER로 이뤄진다. 통신사의 AAA 서버는 AAA 프록시로 동작하거나 다른 PLMN(들)의 AAA 서버와 상호 연동할 수 있다. 보통 통신사의 내부에 위치하며 HSS와 직접 연결된다.

1.6.6 세션 관리(Session Management)

1.6.6.1 품질 및 서비스, EPS 베어러(Quality of Service and EPS Bearers)

EPS는 UE와 PLMN 외부의 데이터 네트워크 간의 IP 연결성을 제공한다. 이는 PDN 연결 서비스로 불린다. EPS 베어러는 QoS를 통해 트래픽을 제어할 수 있게하는 유일한 식별자이며 EPC/E-UTRAN에서 QoS 제어 세분화(granularity) 레벨이다. 동일한 EPS 베어러에 매핑(mapping)된 모든 트래픽은 동일한 베어러 레벨의 패킷 포워딩으로 처리된다. 다른 베어러 레벨의 패킷 포워딩의 경우 별도의 EPS 베어러를 필요로 한다.

EPS 베어러는 만약 EPS 베어러가 GBR(Guaranteed Bit Rate) 관련 전용 네트워크 리소스로 영구 할당되면 GBR 베어러로 지칭되며, 그렇지 않은 경우, EPS 베어러는 non-GBR 베어러로 지칭된다.

각각의 EPS 베어러는 QoS 프로파일과 관련이 있으며 아래의 데이터를 포함한다.

- QCI(QoS Class 식별자): P-GW와 eNodeB에서 사용되는 파라미터로 패킷 포워딩 제어 시 사용되는 베어러 레벨 값으로 노드 특정 파라미터로 매핑됨.
- ARP(Allocation and Retention Priority): 우선순위 레벨, 자원 선점 능력, 자원 선점 취약성등을 알려주는 정보. ARP 사용의 주된 이유는 리소스 제한으로 인해 베어러 연결 혹은 수정 요청이 수용되거나 거절되어야 하는지 결정하기 위함.
- GBR: GBR 베어러를 통해 제공 가능한 Bit rate.
- MBR(Maximum Bit Rate): GBR 베어러를 통해 제공되는 최대 전송 속도.

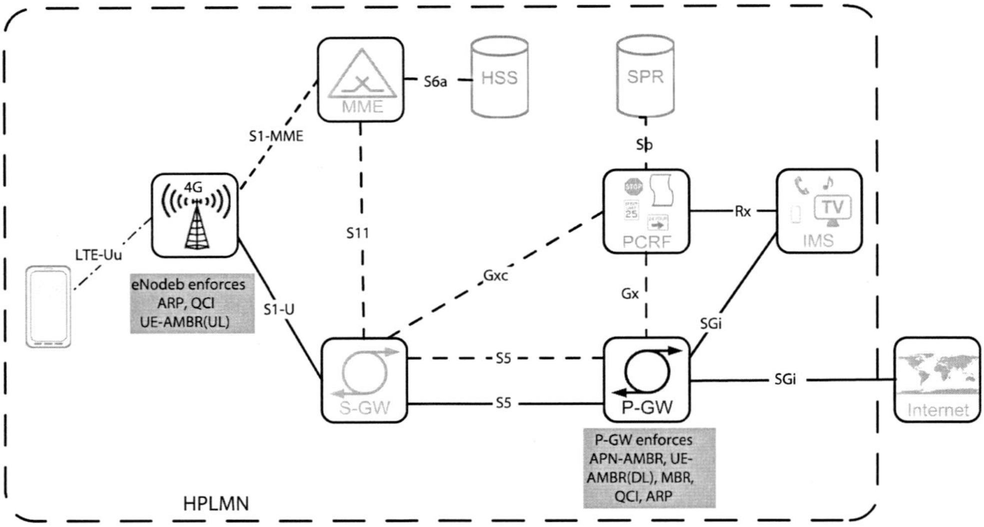

그림 1.5 EPS에서의 QoS 정책 적용

다음과 같은 QoS 파라미터는 한 묶음의 EPS 베어러들에 적용되며, 이는 가입자 정보의 일부이다.

- APN-AMBR(APN Aggregate Maximum Bit Rate): APN당 허용된 최대 합산 비트 전송 속도로서 특정 APN에 연관된 모든 non-GBR 베어러들과 모든 PDN 연결에 적용됨.
- UE-AMBR(UE Aggregate Maximum Bit Rate): 사용자당 허용된 최대 합산 비트 전송 속도로서 한 사용자의 모든 non-GBR 베어러들에 대해 적용됨.

단말은 베어러들에 적용된 업링크 패킷 필터에 기초하여 업링크 패킷을 다른 EPS 베어러로 보내는 반면 P-GW는 PDN 연결에 적용된 베어러들의 다운링크 필터에 기초하여 다운링크 패킷을 다른 EPS 베어러로 보낸다.

1.6.6.2 세션 및 베어러 관리(Session and Bearer Management)

세션 및 베어러 관리 프로시저를 통해 EPS 베어러는 특정 UE와 연결되고 관리된다. 디폴트 EPS 베어러 컨텍스트는 EPS Attach 과정 중 활성화된다. Attach가 성공하게 되면 UE는 추가 PDN과의 연결을 요청할 수 있게 되며, MME가 추가 PDN 연결에 대한 각각의 디폴트 EPS 베어러를 활성화시킨다.

디폴트 EPS 베어러 컨텍스트는 PDN 연결이 지속되는 동안 활성 상태를 유지한다. 각각의 PDN 연결은 이 연결을 통해 할당된 IP 주소를 통해 식별된다.

전용 EPS 베어러는 디폴트 베어러 상의 UL 트래픽이 항상 같은 소스 IP 주소를 가지도록 하는 IP 주소의 특성을 상속하는 것과 같이 항상 디폴트 베어러와 링크된다. 디폴트 베어러와 전용 베어러는 eNodeB에서는 구분되지 않는다. 예를 들어, VoLTE(1.8.1절 참고)의 경우 IMS/SIP 시그널링이 디폴트 EPS 베어러를 사용하고 음성 및 비디오 스트리밍이 IMS PDN과 관련된 전용 베어러들을 사용하는 것을 들 수 있다. 전용 Baerer는 전용 베어러 컨텍스트 활성화 프로시저를 통해 연결된다. 이는 Attach 프로시저 중 진행되거나 디폴트 EPS 베어러 컨텍스트 활성화 프로시저와 함께 진행될 수 있다. 해당 프로시저는 보통 네트워크에서 시작되지만 UE에 의해 요청될 수 있다. 만약 UE가 추가로 EPS 베어러 자원을 요청하면 네트워크에서 기존의 전용 혹은 디폴트 베어러의 수정으로 가능한지 추가로 전용 베어러를 할당할지 결정된다.

PCC 프레임워크를 사용함으로써 전용 EPS 베어러들을 활성화하면서 함께 디폴트 베어러를 활성화하거나, 혹은 추후 디폴트 EPS 베어러가 활성화 상태일 때 별도로 활성화를 요청할 수 있다.

디폴트 및 전용 EPS 베어러들은 수정이 가능하다. 전용 EPS 베어러들은 디폴트 EPS 베어러에 영향을 주지 않으면서 해제될 수 있지만 디폴트 베어러가 해제되면 모든 전용 베어러들 역시 해제된다.

UE가 요청한 PDN 연결 요청과 네트워크에서 시작한 전용 베어러 활성화 프로시저에 대한 자세한 호처리 과정에 대해 좀더 관심 있는 독자는 부록을 참고하기 바란다.

1.6.6.3 IP 주소 할당

네트워크는 단말에 "사설/공인 IPv4 주소, IPv6 주소, 혹은 두 가지 모두"와 같은 세 종류의 IP 주소를 할당할 수 있다. IP 주소는 HPLMN, VPLMN(로컬 브레이크아웃의 경우), 또는 외부 서비스 제공자(예, 회사 네트워크)를 통해 할당 받을 수 있다.

IP 할당 방식은 PDN 연결 혹은 UE의 Capability에 의존한다. HSS는 가입자 정보에 APN별 하나 이상의 PDN 종류를 저장한다. Attach 과정 혹은 UE가 요청한 PDN 연결 프로시저에서 MME가 요청을 수신하고 가입된 PDN에 따라 연결에 사용될 최종 PDN 종류를 결정한다.

DHCPv4나 3GPP-specific 시그널링이 PDN 연결 설정 중에 IPv4 주소를 UE에 할당하는데 사용된다.

IPv6의 SLAAC(Stateless address Autoconfiguration – 상태비보존형 주소 자동설정)을 통해 세계적으로 유일한 64 bit prefix 주소를 UE에 할당할 수 있다.[1)]

---

1) 역자주: DHCPv6 서버 없이 주소 획득.

PDN 연결을 위해 64-bit 보다 짧은 Prefix를 할당 받기 위해서는 먼저 UE가 SLAAC를 통해 64-bit Prefix를 획득한 이후 DHCPv6의 Prefix delegation을 통해야 한다. DHCPv4와 DHCPv6 Prefix delegation은 현재 상용 네트워크에 널리 통용되고 있다. 대부분의 경우, AAA 서버가 IP주소를 부여하고 이를 P-GW의 SGi 시그널링을 통해 PDN 연결을 위한 IP 주소를 할당하게 된다(RADIUS 혹은 DIAMETER).

1.6.7 정책 및 과금제어(Policy and Charging Control)

PCC(Policy and Charging Control) 시스템은 통신 사업자로 하여금 특정 QoS 가지는 IP 베어러를 동적으로 유지하게하며, 단일 서비스 데이터 플로우에 대한 온-오프라인 과금의 수단을 제공한다(과금에 관해서는 1.6.12절 참고).

PCC는 서비스 데이터 플로우를 특정 베어러를 통해 전송되도록 지원한다. 서비스 데이터 플로우는 5-tuple 필터에 의해 정의되는 IP 패킷 플로우의 집합이다(특정 서비스 데이터 플로우는 여러 개의 IP 패킷 플로우로 이루어 짐). 하나의 베어러는 UE로부터 eNodeB를 거쳐 GGSSN/P-GW로 향하는 일종의 전송 채널로 그 안에서 전송되는 모든 서비스 데이터 플로우에 대해 특정 용량, 지연, 비트 에러율이 제공된다. QoS는 단말과 eNodeB 간 무선 링크, eNodeB와 GGSN/P-GW 간 전송 링크, 마지막으로 GGSN/P-GW 이후에 대해서 각 구간에 맞게 적용된다. GGSN/P-GW 이후에 대한 QoS 적용은 3GPP 표준 영역이 아니며, 설정 방식에 따라 달라진다.

그림 1.6은 간략한 PCC 아키텍처를 보여주며 보다 자세한 정보는 3GPP TS 23.203 [11]을 참고한다.

PCC 아키텍처에서 핵심 제어기능은 PCRF(Policy and Charging Rules Function)이다. 기본적인 개념은 PCRF가 신규 혹은 진행 중인 미디어 세션에 대한 정보를 응용 계층(소위 Application Function(AF))에서 획득하고 이를 PCEF에서 적용되는 소위 정책 규칙(Policy rule)으로 변환하는 것이다. AF와 PCRF는 DIAMETER 기반의 Rx 인터페이스로 상호 통신한다(3GPP TS 29.214 [12] 참고). LTE 네트워크에서 PCEF는 P-GW 내에 구현된다. PCEF는 서비스 데이터 플로우를 베어러로 연결하는 역할을 담당한다. 즉, 특정 플로우가 어떤 베어러로 할당되는지를 결정한다. 상하향 링크에서 P-GW를 통과하는 IP 플로우는 정책 규칙에 의해 처리된다. 정책 규칙은 PCRF에 의해서 DIAMETER기반으로 Gx 인터페이스를 통해 PCEF 내로 설치된다. PCC 규칙은 허용된 QoS(이것은 eNodeB에도 전송됨), 특정 베어러에 대해 온라인/선불제, 혹은 오프라인/후불제 적용이 가능한지 여부 그리고 해당하는 온-오프라인 과금 서버의 주소를 결정한다. 정책 규칙은 베어러 상의 특정 목적지로 오고 가는 트래픽을 제어할 수 있으며 이를 통해 다른 목적지로 가는 것을 방지할 수 있다. QoS과 연계된 가입자 정보(예, 사용자당 수신 가능한 최대 대역폭)는 SPR에 저장되며, 이것은 보통 HSS의 일부로 구현되지만, 단독 기능으로 구현될 수 있다. PCRF는 비표준 Sp 인터페이스를 통해 SPR에 접속한다. P-GW는 DIAMETER 기반의 Gy/Gz 인터페이스를 통해 OCS/OFCS(Online and Offline Charging Systems)와 연동된다. 다른 방법으로 Gz 인터페이스는 GTP 프로토콜과 유사한 GTP′ 프로토콜을 이용한다. 이 경우 P-GW는 오프라인 과금 기록을 OFCS를 거치지 않고 직접 청구(Billing) 시스템으로 전송할 수도 있다. OCS는 시간 또는 볼륨 사용량 기반의 선불 과금 구조를 구축하는 것을 허용한다. Sy 인터페이스는 OCS가 Policy rule을 현재 리소스 사용량 기준으로 변경하는 것을 허용한다. 예를 들어, 월 4GB 이상의 데이터를 소진한 사용자의 Bit rate를 낮추는 것이다.

트래픽 감지 기능(Traffic Detection Function – TDF)는 DPI(Deep Packet Inspection) 노드의 3GPP 식 표현으로 IP 5-tuples 혹은 응용프로그램 특정 메시지와 같은 여러 기준에 따라 응용프로그램을 검출하는 것을 허용한다. PCRF가 Sd 인터페이스를 통해 TDF에게 특정 사용자의 응용프로그램을 검출하도록 명령할 수 있으며, TDF는 응용프로그램 검출을 PCRF에 알려줄 수 있다. 이 정보를 기반으로 정책 규칙은 PCEF에 설치될 수 있다(예, 특정 서비스를 막거나 다른 과금 규칙 적용하는 등). TDF는 P-GW와 함께 위치하거나 별도로 구축될 수 있다.

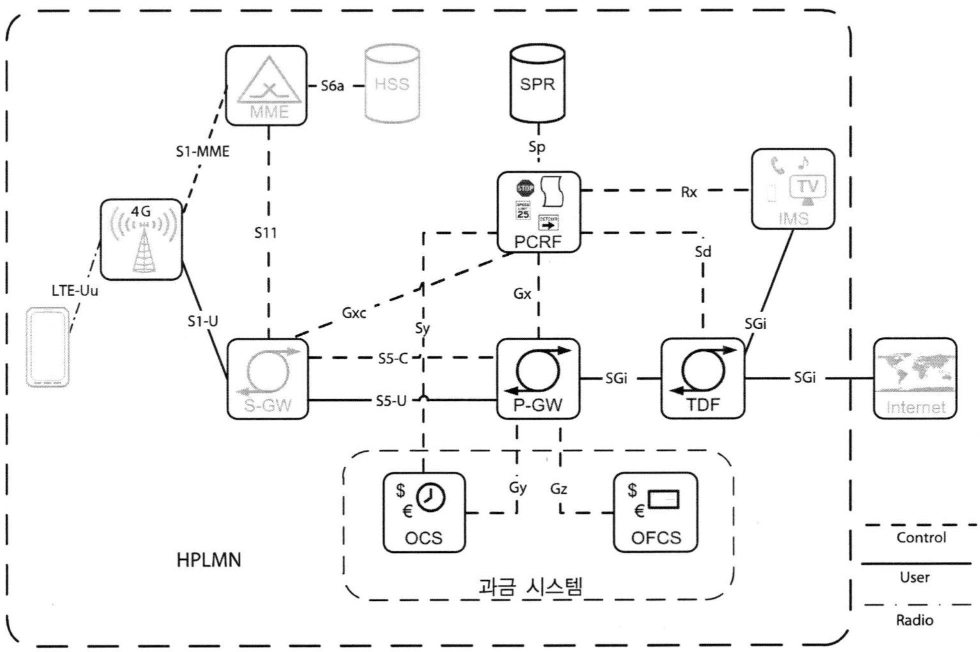

그림 1.6 PCC 아키텍처

1.6.8 EPS 인터페이스 및 프로토콜(Interfaces and Protocols in EPS)

1.6.8.1 제어평면(Control Plane)

제어평면은 UE와 네트워크 간 또는 두 개의 네트워크 구성요소 간의 시그널링을 위해 사용된 모든 프로토콜을 포함한다.

UE – eNodeB – MME

그림 1.7은 UE, eNB, MME 간의 제어평면 프로토콜 스택을 나타낸다. 3GPP가 정의한 프로토콜에 대한 설명(흰 배경)과 관련된 참조 스펙이 제시되었다. IETF 표준 기반의 프로토콜은 설명되지 않았다.

Non Access Stratum(NAS)

NAS는 라디오 인터페이스에서 UE와 MME 간의 제어평면 중 최상위 계층이다. NAS 프로토콜의 주요 기능은 UE의 이동성(mobility) 지원과 세션 관리 프로시저 지원으로서 UE와 P-GW 간의 IP 연결 및 관리를 담당한다(보다 자세한 정보는 3GPP TS 24.008 [13], 3GPP TS 24.301 [14] and 3GPP TS 23.122 [15]를 참고). 또한 섹션 1.13.3의 NAS와 AS를 비교를 참고하라.

Radio Resource Control(RRC)

RRC는 UE와 eNB 간의 인터페이스로서 LTE-Uu 인터페이스의 가장 주된 제어 프로토콜이며 Broadcast channel을 통한 시스템 정보, Radio configuration(셋업, 관리, 라디오 리소스 종료), measurements, mobility를 포함하는 다양한 시스템 기능을 담당한다(자세한 정보는 3GPP TS 36.600 [16]을 참고).

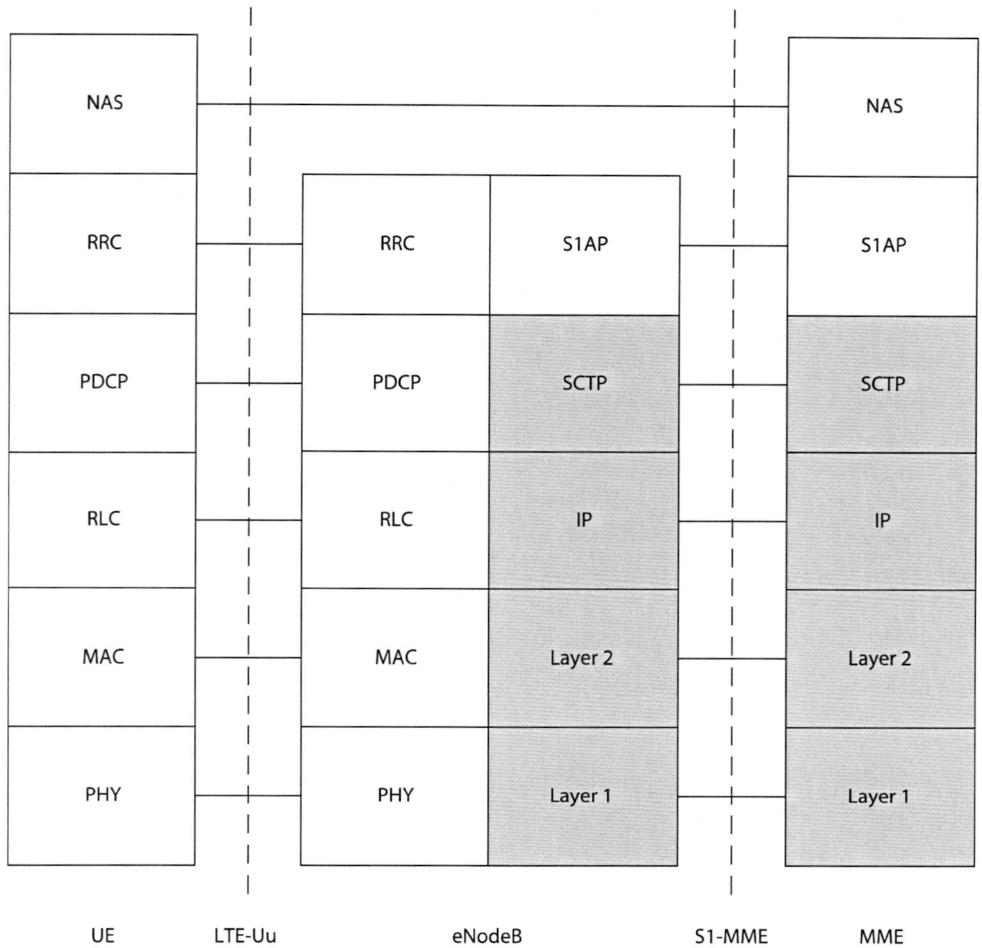

그림 1.7 제어평면 스택(UE-eNB-MME)

Packet Data Convergence Protocol(PDCP)

PDCP는 무선 인터페이스를 통해 전송되는 패킷의 무결성 및 기밀성의 보장을 담당한다. 또한 PDCP 계층은 데이터 패킷의 IP 헤더를 압축한다(자세한 정보는 3GPP TS 36.600 [16] 참고).

Radio Link Control(RLC)

RLC는 무선 인터페이스를 통한 논리적인 링크 제어 메커니즘을 제공한다. RLC의 주요 업무는 PDCP 패킷을 무선을 통해 전송할 수 있도록 분리(segmentation)하는 것이다(자세한 정보는 3GPP TS 36.300 [16] 참고).

Medium Access Control(MAC)

MAC 계층은 데이터 전송을 위한 전송 채널을 선택하고 논리적인 채널을 전송 채널로 매핑하고 관리한다. 추가적으로, 다중 데이터를 공통/공유된 채널로 멀티플렉싱하는 기능을 담당한다. (자세한 정보는 3GPP TS 36.300 [16] 참고)

Physical Layer(PHY)

PHY는 LTE-Uu 인터페이스의 제 1 계층이다. 물리적인 채널은 전송 소스와 목적지에 의해서 구분된다. 특정한 메시지는 특정 단말로 향하게 하거나 또는 모든 활성 단말로 System broadcast하게 할 수 있다(보다 자세한 정보는 3GPP TS 36.300 [16] 참고).

S1-Application Protocol(S1AP)

S1AP는 E-UTRAN(eNB)와 EPC(MME) 사이의 시그널링 서비스를 제공하며 다음과 같이 두 그룹으로 구분된다.

- **단말이 연계되지 않은 서비스**(Non-UE-associated services): eNB와 MME 간의 S1 인터페이스로 일반 시그널링 연결을 이용한다.
- **단말이 연계된 서비스**(UE-associated services): 한 단말과 관련된 서비스이며, 이 서비스를 제공하는 S1AP 기능은 해당 단말을 위해 유지되는 단말 연관 시그널링 접속에 연계되어 있다.

보다 자세한 정보는 3GPP TS 36.413 [17]을 참고할 수 있다.

eNodeB - eNodeB

그림 1.8은 두 개의 eNB 간의 제어평면 프로토콜을 표시한다(X2 제어 레퍼런스 포인트).

X2-Application Protocol(X2AP)

X2AP는 Handover 준비를 포함한 두 개의 eNB 간의 이동성 관리를 위해 사용된다. 일반적으로 두 개의 eNB 간의 관계를 관리하기 위해 사용된다(자세한 정보는 3GPP TS 36.423 [18]을 참고).

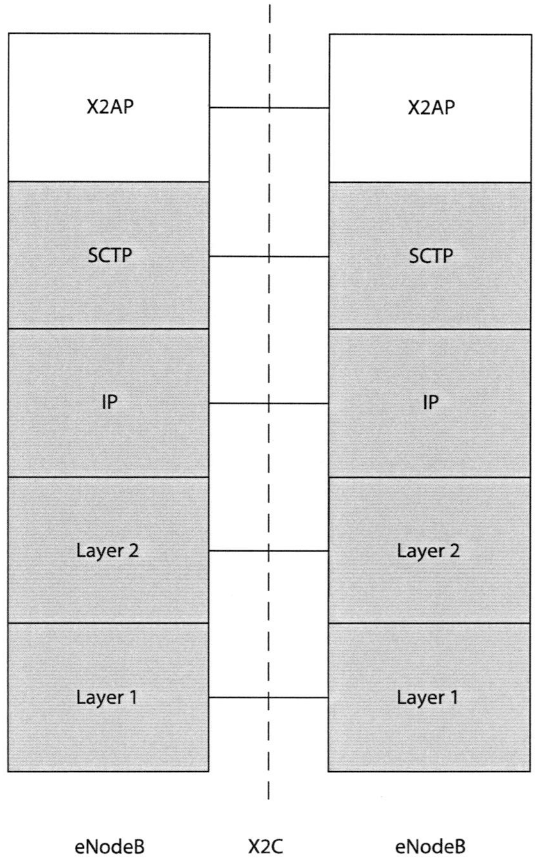

그림 1.8 제어평면 스택(eNB-eNB)

MME – S-GW – P-GW

그림 1.9는 GTP-C 프로토콜을 지원하는 두 네트워크 구성요소 간의 제어평면 프로토콜 스택을 나타낸다. 이는 MME-S-GW 간(S11 인터페이스), MME-MME 간(S10 인터페이스), S-GW-P-GW 간(S5/S8-GTP-C 기반 인터페이스)에 적용된다.

GTP-C(3GPP 정의 프로토콜)에 대한 간략한 설명은 아래에 제시된다. 다른 프로토콜은 IETF 기술 표준 기반이다.

GPRS Tunneling Protocol for the Control Plane(GTP-C)

GPP-C는 특정 수준의 QoS를 필요로 하는 LTE/SAE 사용자 세션의 베어러 context와 관련된(associated) 베어러 터널(GTP-U)의 연결 및 관리를 담당한다. 이를 위해 GTP-C는 연결된 두 개체 간에 터널 식별자 및 주소(IP 주소, 포트번호) 교환을 가능하게 한다. 이러한 터널은 무선 및 핵심망 간에 있을 수 있으며 혹은 핵심망 내에 있을 수 있다. EPC에서 GTP 터널은 eNB와 S-GW 간, S-GW와 P-GW 간 생성된다.

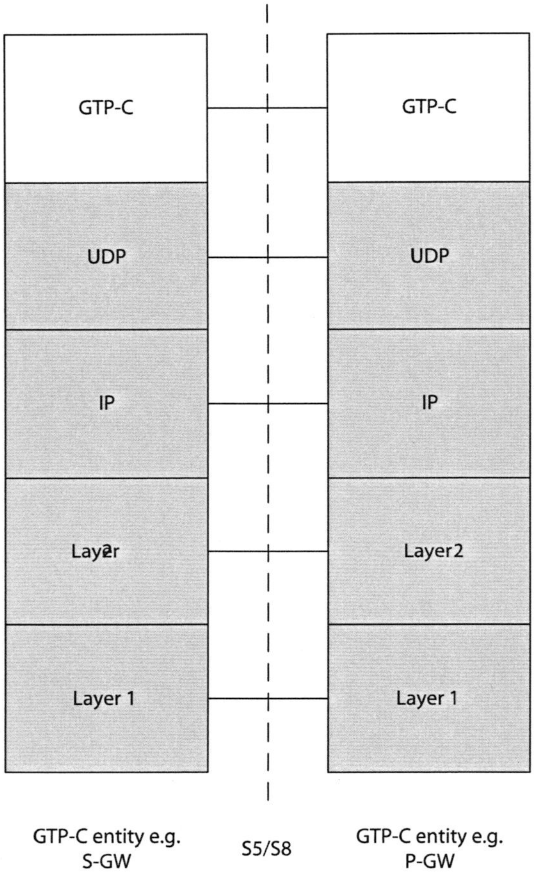

그림 1.9 GTP-C 제어평면 프로토콜 스택

단말과 eNB 간 무선 인터페이스 상의 베어러와 함께 단말에서 P-GW까지 특정 QoS를 지원하는 종단 간 베어러를 구성한다. GTP-C는 위치 재설정 혹은 핸드오버 시 이동성 관리(mobility management) 메시지를 전송하는 데 사용된다(보다 자세한 정보는 3GPP TS 29.274 [19] 참고).

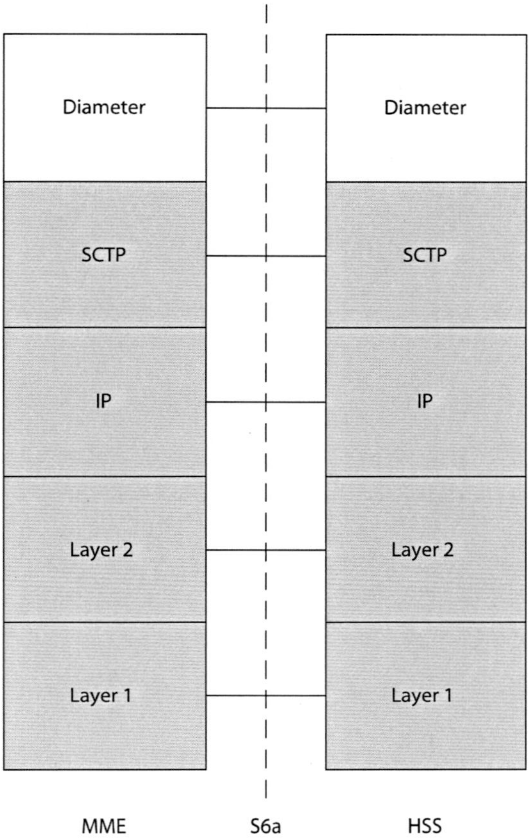

그림 1.10 MME-HSS 제어평면 스택

MME – HSS

그림 1.10은 MME와 HSS 간의 제어평면 프로토콜 스택을 나타낸다.

S6a DIAMETER Application

S6a의 주요 기능은 MME와 HSS 간의 사용자 인증 및 허가를 위한 가입/인증데이터의 전송을 지원하는 것이다. DIAMETER는 RFC 3588 [20]에 정의되었고, S6a DIAMETER 어플리케이션은 3GPP TS 29.272 [21]에 정의되었다.

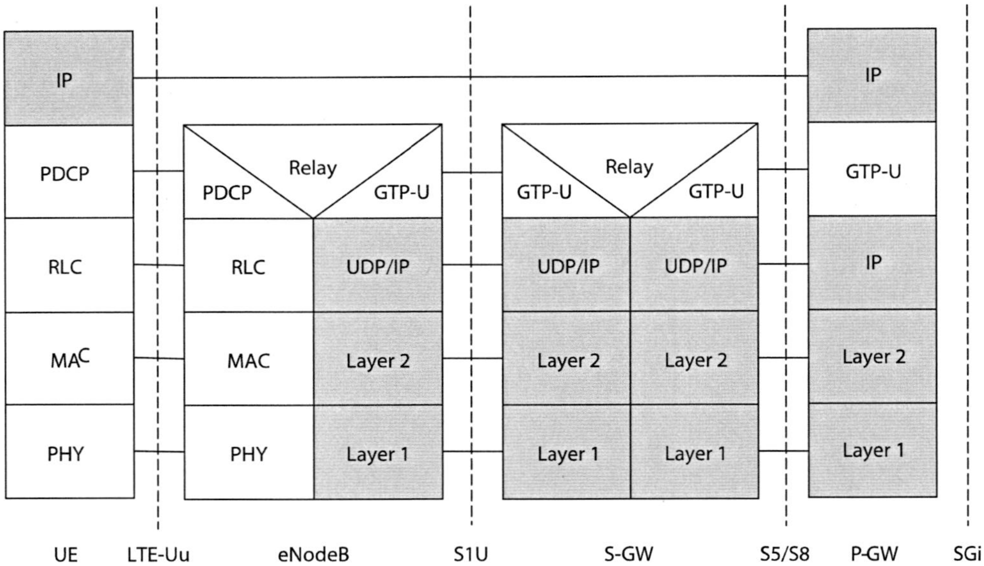

그림 1.11 UE-P-GW 사용자 평면 스택

1.6.8.2 사용자 평면(User Plane)

그림 1.11은 EPS의 P-GW로 연결되는 UE의 E2E 사용자 평면 스택을 나타낸다. 프로토콜 스택은 제어평면 스택과 유사하며 GTP-U만이 추가 되었다.

GPRS Tunneling Protocol for the User Plane(GTP-U)

GTP-U는 eNodeB-eNodeB, eNodeB S-GW, S-GW PGW의 구간에서 사용자 데이터를 터널링 한다. GTP-U는 모든 사용자 평면 패킷을 캡슐화한다. 보다 자세한 정보는 3GPP TS 29.281 [22]에서 참고할 수 있다.

1.6.8.3 참조점과 프로토콜 요약

표 1.3은 LTE/SAE와 PCC의 참조점과 프로토콜의 요약이다.

표 1.3 LTE/SAE와 PCC에 대한 참조점과 프로토콜

참조점	프로토콜	표준 규격
LTE-Uu	CP:PHY/MAC/RLC/PDCP/RRC UP:PHY/MAC/RLC/PDCP	TS 36.300 [16]
UE – MME	NAS (EMM, ESM)	TS 24.301 [14]
X2	CP: X2AP UP: GTP-U	TS 36.423 [18] TS 29.274 [19]
S1-MME	S1-AP	TS 36.413 [17]
S1-U	GTPv1-U	TS 29.281 [22]
S5	GTPv2-C/GTPv1-U PMIPv6	TS 29.274 [19]/TS 29.281 [22] TS 29.275 [23]
S8	GTPv2-C/GTPv1-U PMIPv6	TS 29.274 [19]/TS 29.281 [22] TS 29.275 [23]
S6a	DIAMETER	TS 29.272 [21]
S9	DIAMETER	TS 29.215 [24]
S11	GTPv2-C	TS 29.274 [19]
Sp	3GPP에서 규격화되지 않음.	3GPP에서 규격화되지 않음.
Gx	DIAMETER	TS 29.212 [25]
Gxa	DIAMETER	TS 29.212 [25]
Gxb	3GPP에서 규격화되지 않음.	3GPP에서 규격화되지 않음.
Gxc	DIAMETER	TS 29.212 [25]
SGi	IPv4, IPv6, RADIUS, DIAMETER, DHCP	TS 29.061 [10]
Rx	DIAMETER	TS 29.214 [12]

1.6.9 이동성 관리(Mobility Management)

넓은 의미에서, "이동성 관리(Mobility Management)"는 UE의 등록과 이동성을 지원하기 위해 사용되는 모든 절차를 포함한다.

- 네트워크 선택
- 네트워크로의 접속(Attach)과 네트워크로부터의 해제(detach)
- 이동 중인 UE에 대한 네트워크로의 연결을 유지(일반적으로 "handover"라 불림)
- 네트워크로의 연결이 해제된 이후에도 Paging이 가능하도록 지속적으로 단말의 현재 위치를 네트워크로 통보
- 단말이 상향링크 시그널링 혹은 사용자 데이터를 전송하거나, 혹은 네트워크가 하향링크 시그널링 혹은 사용자 데이터를 전송하기 위해 네트워크가 단말을 호출하는 경우에, 단말과 네트워크 간의 연결을 재설정

그 뿐만 아니라, 보안과 관련된 특정한 절차들이 일반적으로 이동성 관리 절차들의 일부로서 수행된다: 인증(authentication), 가입자 아이디의 비밀 보호, 시그널링 메시지 및 사용자 데이터 비밀유지 및 무결성 보호. 본 장에 제공된 개요보다 상세한 내용의 Attach, Detach, TA 업

데이트, 페이징, 서비스 요청, 핸드오버 절차에 대한 호처리 과정에 관심이 있는 독자는 부록을 참고할 수 있다.

1.6.9.1 접속(Attach)

각각의 단말은 EPS 서비스를 제공받기 위해 네트워크에 등록되어야 한다. 이러한 등록을 "네트워크 접속"이라 부른다. 단말에 대한 Always-on IP 연결(connectivity)은 네트워크 접속 중 EPS가 소위 디폴트 EPS베어러를 수립함으로써 가능케 한다. 단말은 접속 절차 중 IP 주소를 요청할 수 있다. 접속 절차는 단말이 네트워크로 접속요청(Attach Request) 메시지를 송신함으로써 시작된다. 이 메시지는 MME에서 종료된다. 접속요청(Attach Request) 메시지는 eNB로의 RRC 메시지에 압축되고, 또한 MME로의 S1-MME 제어 메시지로 압축된다. Attach Request 메시지를 종료시키는 MME를 "serving MME"라 부른다. 그 주소는 HSS에 저장된다.

접속 절차의 목적은 단말을 인증하고, 무결성 보호(integrity protection) 및 단말과 MME 간에 교환되는 NAS 메시지의 암호화를 활성화시키는 것이다. 특정 단말의 인증을 위해 필요한 정보는 HSS를 통해 획득된다. 이 정보는 가입자 데이터에 저장된 키들을 이용해 HSS가 생성하는 인증벡터(authentication vector)로 구성된다.

만약 동적인 정책 제어(policy control)가 적용된 경우에는, 접속 절차 중에 P-GW가 단말의 PCC의 규칙을 PCRF로부터 획득한다. 만약 동적인 정책 제어가 적용되지 않은 경우에는, P-GW는 로컬 QoS 정책을 따를 수 있다. 이를 통하여 단말에 대해, 기본(default) 베어러와 함께 다수의 전용 베어러를 생성할 수 있다.

마지막으로, 단말은 EPS 서비스를 받기 위해 네트워크에 등록된다. 단말은 특정 응용프로그램을 수행하거나 무선 커버리지 조건이 변경되었을 때 핸드오버를 수행하기 위한 특정 자원들을 요청할 수 있다.

1.6.9.2 접속해제(Detach)

접속해제 절차는, 단말이 네트워크에 더 이상 접속되어 있기를 원하지 않음을 알리고, 네트워크가 단말에게 더 이상 접속될 수 없음을 알리도록 한다. 단말의 접속해제는 모든 PDN 연결과 연관된 베어러들이 해제됨을 의미한다.

단말은 명시적이거나 혹은 은연중에 접속이 해제된다. 명시적으로 접속이 해제되는 경우, 네트워크 혹은 단말은 명시적으로 접속해제를 요청하고 서로 알린다. 암묵적 접속해제의 경우, 네트워크는 단말에게 알리지 않고 접속을 해제한다. 이는 보통 네트워크가 더 이상 단말과 통신할 수 없다고 추정하는 경우에 수행되는데, 예를 들면 무선 커버리지의 부족 등이 원인이 된다.

1.6.9.3 TA 업데이트(Tracking Area Update)

단말이 성공적으로 접속되면, 단말이 "idle mode"(즉, 단말과 네트워크 간의 시그널링 연결이 해제된) 상태인 경우에도 하향 시그널링과 사용자 데이터를 수신할 수 있도록 네트워크에 자신의 현재 위치를 지속적으로 알려야 하는데, Idle mode로 들어가고, 자신의 현재 위치를 네트워크에 지속적으로 알리는 것은 일반적으로 "Idle Mode mobility"라 불린다. 비록 idle mode에서 단말은 능동적이지 않은 것이 일반적이나, 유입되는 시그널링 혹은 데이터 트래픽에 관한 정보를 수신하기 위하여 주기적으로 깨어나서 브로드캐스트 채널을 모니터링한다.

E-UTRAN의 셀들은 TA로 결합된다. idle mode 상태인 E-UTRAN cell 상에 camp on한 단말은, 그 셀이 속한 TA의 ID를 포함한 시스템 정보 브로드캐스트(system information broadcast)를 청취한다.

단말이 다른 셀로 이동하는 경우, 그리고 수신된 TA ID가 현재 단말이 등록되어 있지 않은(즉, 그 TA는 단말 내에 저장된 등록된 TA들의 목록에 포함되지 않음) 새로운 셀임을 알린다면, 단말은 TA 업데이트 절차를 개시한다.

가장 단순한 경우, 만일 단말이 이미 등록된 동일한 MME에 의해 새로운 셀과 새로운 TA가 지원된다면, 두 개의 NAS 메시지들인 TA Update Request와 TA Update Accept만 단말과 MME 간에 교환될 필요가 있다. 그렇지 않다면, 만약 새로운 MME에 의해서 새로운 셀이 지원되거나, 혹은 MME가 S-GW를 변경하기로 결정했다면, 추가적인 개체들(HSS, 이전 MME 혹은 이전 SGSN, 이전 S-GW, P-GW)이 절차 상으로 포함될 필요가 있다.

단말로의 시그널링 연결은 해제되어 있지만 네트워크가 하향 시그널링 혹은 사용자 데이터를 송신해야만 하는 경우, TA업데이트 절차 혹은 접속절차 중에 MME에 의해 할당된 TA혹은 TA들의 목록은 특정 지역 내에서 MME가 단말을 호출하는 데에 사용될 수 있다. MME는 우선 마지막으로 알려진 TA에서 단말을 호출할 수 있는데, 만약 단말이 응답하지 않으면, MME가 TA 목록의 모든 TA들에서 단말을 호출하기에 앞서, 페이징은 더 넓은 지역(예, 이웃하는 TA들 내)에서 수행될 수도 있다. MME는 TA의 단위까지만 단말의 위치를 알고 있으며, TA의 어떤 특정 셀 내에 단말이 현재 camp on하고 있는지 알지 못한다.

1.6.9.4 페이징(Paging)

페이징 절차는 일반적으로, idle mode 상에 있는 단말에 대해 NAS 시그널링 연결의 수립을 요청하기 위해 네트워크에 의해 시작된다. 게다가, RRC-IDLE 혹은 RRC-CONNECTED 모드 상의 단말에게 시스템 정보의 변경을 알리거나, 단말에게 임박한 경보(2장에 기술된 바와 같이 CMAS와 ETWS와 같은)를 알리기 위해서, 네트워크가 페이징을 시작할 수 있다. 또한 네트워크가 실패 상황으로 인하여 단말 context를 잃었을 경우, 네트워크가 단말에 재접속(reattach)을 요청함으로써 시작될 수도 있다.

단말을 호출하기 위한 트리거는 일반적으로 하향 데이터, 유입되는 SMS나 음성호와 같이 단말에서 종료되는 트랜잭션이 된다.

단말을 어떤 방법으로 그리고 어떤 우선순위로 호출할 것인가 결정하는 것은 네트워크(즉, MME)에 달려 있다. 페이징은 예를 들면 마지막으로 알려진 셀에서 비롯되고, 그 뒤에 TA나 TA목록 같은 더 넓은 지역으로까지 확대된다. 페이징의 우선순위는 베어러 QCI나 ARP에 의해 결정될 수 있다.

단말이 RRC-IDLE 상태에 있을 때, 단말은 네트워크로부터의 페이징 메시지를 주기적으로 모니터링한다. 단말 내의 모니터링 주기는 "idle mode의 DRX(Discontinuous Reception) 주기"에 의해 결정된다. 이 idle modeDRX 값은 BCCH(Broadcast Control Channel)와 NAS 레이어를 통해 설정될 수 있다. 만약 단말이 페이징을 주기적으로 모니터링해야만 한다면, 단말에서 어느 정도의 전력(예, 배터리 시간)을 소모한다. 그래서, 3GPP는 Release-12에서 "PSM(Power Saving Mode)"라 불리는 새로운 모드를 도입하였는데, 이는 이동국 발신의 트랜잭션만을 요청하는 이동국에 대한 배터리 시간을 절약하는 추가적인 방법을 제공하기 위함이다. 단말이 PSM 상태에서는 idle mode 절차를 적용하지 않는데, 즉 단말은 페이징도 듣지 않고 측정도 수행하지 않는다. 그러므로, 이동국 착신 트랜잭션에 대해서는 단말에 도달되지 않는다. 이는 이동국 착신 트랜잭션이 매우 드물거나 혹은 최종사용자 경험(end user experience)에 영향이 없어서 이동국 착신 트랜잭션에 어느 정도의 지연이 허용되는 단말들에 주로 해당된다(예, 하루에 두 번 전송하는 정도의 주기, 하루에 8바이트의 전송).

1.6.9.5 서비스 요청(Service Request)

서비스 요청(SR, Service Request) 절차의 목적은, 사용자 혹은 시그널링 데이터가 송신되어야 하는 경우에, 단말을 ECM-IDLE에서 ECM-CONNECTED 상태로 천이시키고, EPS 베어러들을 수립(establish)시키는 데에 있다. 또 다른 목적들로는, 뒤에서 설명될 MO/MT CS Fallback(CSFB)과, Proximity Service 절차들(4장 참조)을 시작하도록 하는 것이다.

만약 단말이 E-UTRAN에 camping할 때에, 보류 중인 이동국 발신 트랜잭션을 가지고 있다면, 그 단말은 네트워크에 대해 서비스 요청절차를 시작한다. 만약 네트워크가 보류중인 이동국 착신 트랜잭션을 가지고 있다면, 네트워크는 우선 페이징 절차를 시작한다. 만약 페이징 메시지가 단말에 의해 성공적으로 처리된다면, 단말은 서비스 요청 메시지와 함께 네트워크에 응답하여 필요한 베어러들을 수립한다.

NAS 서비스 요청 메시지는 NAS 시그널링 연결과 사용자 평면 베어러들의 신속한 재수립에 사용된다. EPS 무선 상으로 송신되는 NAS 서비스 요청 메시지는 무선 인터페이스 상에서 분할되지 않도록 한 개의 RTB(Radio Transport Block) 내에 적합하도록 면밀히 설계되었는데, 이는 페이징 메시지의 응답으로 보내질 때에 EPS에 대한 엄격한 성능 요구사항을 만족시키기 위함이다.

새로운 기능들이 IE(Information Element)들의 추가를 유발하는 경우, 이 요구사항은 더 이상 만족되지 못한다. 이러한 연유로, 새로운 ESR(Extended Service Request: 확장된 서비스 요구) 메시지가 정의되었다. ESR은 추가적인 파라메터들이 보내져야 하는 특수한 경우들(예, CS Fallback 절차를 유발시키기 위해)에 사용된다. ESR은 일반적인 EMM 메시지들의 배열을 따른다.

그러므로, 서비스 요청절차는 일반적인 서비스 요청(regular Service Request) 혹은 확장된 서비스 요청(Extended Service Request)을 사용하여 시작할 수 있다. 언제 서비스 요청을 사용하고 언제 확장된 서비스 요청을 사용할 것인가에 대한 상세한 조건들은 3GPP TS 24.301 [14]에 명시되어 있다. 서비스 요청절차의 성공적인 완료는 성공적인 무선베어러들의 수립(단말이 E-UTRAN 내에 계속 남아있는 경우)이나 혹은 성공적인 시스템 간 변경(CS fallback의 경우)을 바탕으로 밝혀진다.

1.6.10 E-UTRAN 내의 핸드오버

1.6.10.1 개요

"핸드오버"는 단말이 네트워크와의 시그널링 연결을 유지하면서 한 셀에서 다른 셀로 이동하는 상황을 일컫는다. E-UTRAN 내의 핸드오버의 경우, 단말은 한 LTE 셀에서 또 하나의 LTE 셀로 이동한다. RAT 간(Inter-RAT)의 핸드오버는 source와 target셀이 서로 다른 라디오 기술에 속한 경우를 일컬으며 예를 들어, 단말이 E-UTRAN에서 UTRAN 셀로의 이동하는 경우를 들 수 있다.

E-UTRAN 내의 핸드오버의 경우, 단말은 현재 서비스를 받고 있는 eNB("source eNB")로부터 새로운 eNB("target eNB")로 핸드오버될 수 있다. 이 핸드오버 절차는 이미 체결된 데이터

연결을 고려하는데, 다시 말하면 데이터 연결이 소스 eNB로부터 타겟 eNB까지 이동된다. 핸드오버 절차는, 단말이 기존의 S-GW 그리고/혹은 MME에 의해 더 이상 서비스 되지 않는 서비스 지역으로 이동하는 경우, Serving S-GW 그리고/혹은 MME의 변경을 일으킬 수도 있다. 오직 P-GW만이 모빌리티 앵커 역할을 하며 핸드오버과정에서 변경되지 않는다.

두 가지의 시그널링 절차들이 핸드오버를 위해 정의되었다: 핸드오버 준비단계에서 시그널링 메시지들의 교환에 사용되는 인터페이스의 이름을 따서 X2 기반과 S1기반의 핸드오버로 명명되었다.

1.6.10.2 X2기반 핸드오버(X2-Based Handover)

만약 양편의 eNB들이 같은 MME에 연결되어 있으면, 소스 eNB와 타겟 eNB는 직접 X2 인터페이스를 통해 핸드오버 준비와 실행을 위한 S1AP 시그널링을 교환할 수 있다(상세 정보는 3GPP TS 36.300 [16] 참고).

MME는 단말이 이미 타겟 eNB로 핸드오버가 된 이후의 핸드오버 완료 단계(handover completion phase)에서만 관여한다. 핸드오버 중에는 타겟 eNB가 S1AP 메시지(Path Switch Request)를 MME로 전송하여, S1인터페이스가 소스 eNB에서 타겟 eNB로 변경되어야 함을 알린다. 이 메세지를 통해서, MME는 단말이 새로운 셀로 이동하였다는 사실도 인지하게 된다. MME는 S-GW를 하향링크 사용자 데이터에 대한 새로운 주소정보로 업데이트하고, 타겟 eNodeB로 향하는 S1 인터페이스의 재배치를 확정한다. 만약 MME가 다른 S-GW를 사용하기를 원한다면, 새로운 S-GW에 리소스를 할당하고 사용자 데이터의 상향링크를 위해 필요한 주소정보를 타겟 eNB에게 제공한다.

핸드오버가 수행되는 동안에 하향링크 패킷들은 소스 eNodeB에 의해서 타겟 eNodeB로 전달된다. S-GW가 타겟 eNodeB로 사용자 평면을 변환하라는 명령을 받으면, S-GW는 하나 혹은 몇 개의 "End marker" 패킷(들)을 소스 eNodeB로 보내어 타겟 eNodeB가 패킷들을 재정렬할 수 있도록 돕는다.

핸드오버 완료 후, 단말은 타겟 셀에서 시스템 정보 방송(System information broadcast)을 수신한다. 만약 타겟 셀이 단말이 등록되어 있지 않은 TA에 속한다면, 단말은 TA 업데이트 절차를 시작해야 한다.

1.6.10.3 S1 기반 핸드오버(S1-based Handover)

X2 기반의 핸드오버를 사용할 수 없는 모든 경우에는, S1 기반의 핸드오버가 사용된다. 예로서, 소스 eNB와 목적지 eNB가 서로 다른 MME들에 연결(타겟셀의 TA 식별자로 구별)되는

경우가 있다. 핸드오버 준비 절차중, 시그널링 정보는 연결된 MME(들)을 거쳐 소스 eNB와 타겟 eNB 간에 교환되는데, 다시 말하면 S1 인터페이스를 거쳐 메시지들이 보내지는 것이며, MME들 간의 S10 인터페이스를 통해서 보내질 수도 있다. MME 변경과는 독립적으로, S-GW 역시 S1 기반의 핸드오버 중에 변경될 수 있다.

MME가 변경되는 경우, 소스 MME는 단말에 관한 컨텍스트 정보를 타겟 MME로 전달하는데, 여기에는 EPS 보안 컨텍스트, 이동성 관리, 세션 관리 정보를 포함한다. 상향링크 데이터 패킷들의 정확한 라우팅을 위해, MME는 S-GW 주소를 타겟 eNB에 제공한다.

핸드오버가 수행되는 동안 하향링크 패킷들은 소스 eNB에서 타겟 eNB로 직접 혹은 간접적으로 전달되는데, 다시 말하면, 타겟 S-GW를 거쳐간다.

핸드오버 종류 후, 단말은 타겟 셀에서 시스템 정보 방송(System information broadcast)을 수신한다. 만약 핸드오버의 타겟 셀이 단말이 등록되어 있지 않은 TA에 속한다면, 단말은 TA 업데이트 절차를 시작한다.

1.6.11 보안(Security)

라디오 인터페이스를 통한 통신은, 감청, 중간자 공격(man-in-the-middle attack, MITM) 또는 가입자 추적과 같은 다양한 보안 공격에 취약하다.

감청으로부터 가입자를 보호하기 위해서, EPS는 시그널링 및 사용자 데이터의 암호화를 지원한다.

중간자 공격(man-in-the-middle attack, MITM)에서는, 단말에 대해 "허위 기지국"을 "실제 기지국"으로 가장하거나, 네트워크에 대해 허위 단말을 가장함으로써, 단말과 네트워크 간의 시그널링을 릴레이하거나 변경도 가능하다. 중간자 공격을 회피하기 위해서, EPS는 시그널링 데이터의 무결성을 지원한다.

네트워크에서 암호화를 사용하는 것은 통신사의 선택이다. 반면에 데이터 위변작 방지를 위한 무결성은 필수이다. 무결성의 활성화 없이는, 단말은 네트워크에 성공적으로 접속하거나 서비스를 제공 받을 수 없다. 예외적으로, 미인증(unauthenticated), (U)SIM-less, 응급전화에 대한 응급 접속 과정에서, 네트워크는 무결성 제공 알고리즘을 비활성화(activate null integrity protection algorithm)(3GPP TS 33.401 [26] 참조)시킬 수 있다. 무결성 제공 알고리즘의 비활성화 시에는 사실상 아무런 보호도 제공되지 않는다.

암호화 및 무결성 보호의 활성화 이전에, 단말과 네트워크는 EPS 보안 컨텍스트를 설정해야 한다. 이 보안 컨텍스트는 단말의 초기 인증과정 중에 생성되거나, 혹은 GERAN/UTRAN에서 E-UTRAN으로 시스템 변경이 이루어지는 경우 UMTS 보안 컨텍스트에서 얻어질 수 있다.

보안 모드 제어 절차(security mode control procedure)의 일환으로 MME에 의해 EPS 보안 컨텍스트가 사용되면, 단말이 보내는 모든 NAS 메시지에는 무결성 보호가 적용된다. 여기서 NAS 메시지는 네트워크 접속을 위한 초기 NAS 메시지와 단말이 일시적으로 네트워크를 이탈 후 재접속을 위한 초기 NAS 메세지를 포함한다. 하향링크 방향의 무결성 보호와 NAS 메시지의 암호화는, 단말이 성공적으로 인증된 후, 혹은 이미 가용할 수 있는 EPS 보안 컨텍스트를 사용하여 단말이 보낸 NAS 메세지의 무결성 보호를 네크워크가 검증했을 때 MME에 의해 시작된다. 매번 UE가 네트워크에 접속할 때와 새로운 신호 연결(singaling connection)을 설정할 때마다 MME는 NAS 메세지의 암호화와 무결성 보호를 재시작해야 한다.

사용자 데이터의 암호화를 포함한 AS 레벨의 보안은 AS 시그널링 절차에 의해 개별적으로 제어된다. 매번 UE가 네트워크에 접속할 때와 새로운 신호 연결을 설정할 때마다 MME는 AS 보안을 재시작해야 한다.

가입자 보안의 추가적인 내용은 제 3자(third parties)에 의한 사용자 위치 추적으로부터의 보호다. 특정 상황에서, 가입자 식별정보를 포함하고 있는 시그널링 메세지는 암호화되지 않은 채로 전송될 필요가 있다. 추적으로부터 가입자를 보호하기 위해 UE와 네트워크는 가능한 한 임시 식별자를 사용해야 한다. 최초의 접속절차에서 UE는 영구적인 가입자 식별정보인 IMSI를 이용해 식별되어야 하지만 이후의 접속부터 UE는 접속절차에서 MME로부터 할당받은 GUTI(Globally Unique Temporary Identity)를 사용하거나 GUTI의 일부인 S-TMSI를 사용해야 한다. GUTI는 보안된 시그널링을 통해 MME에 의해 정기적으로 재할당 된다.

하향의 경우 일반적으로 가입자를 호출(page)하기 위해 S-TMSI를 이용한다. UE와 관련된 영구적인 식별자인 IMEI는 오직 무결성 보호된 시그널링을 통해서만 MME에 의해 검색될 수 있다. 즉 IMEI는 오직 인증된 네트워크 구성요소에 의해서만 요청될 수 있고 보통 암호화되어 전송된다.

사용자별 보안 이외에도, S1(eNB - MME - SGW)과 X2(eNB - eNB)와 같은 링크들을 지나는 모든 콘트롤과 사용자 트래픽에 무결성과 기밀성을 제공하기 위한 보안 요소(security associations)가 있다. 그림 1.12는 전반적인 EPS 보안 아키텍처를 나타낸다.

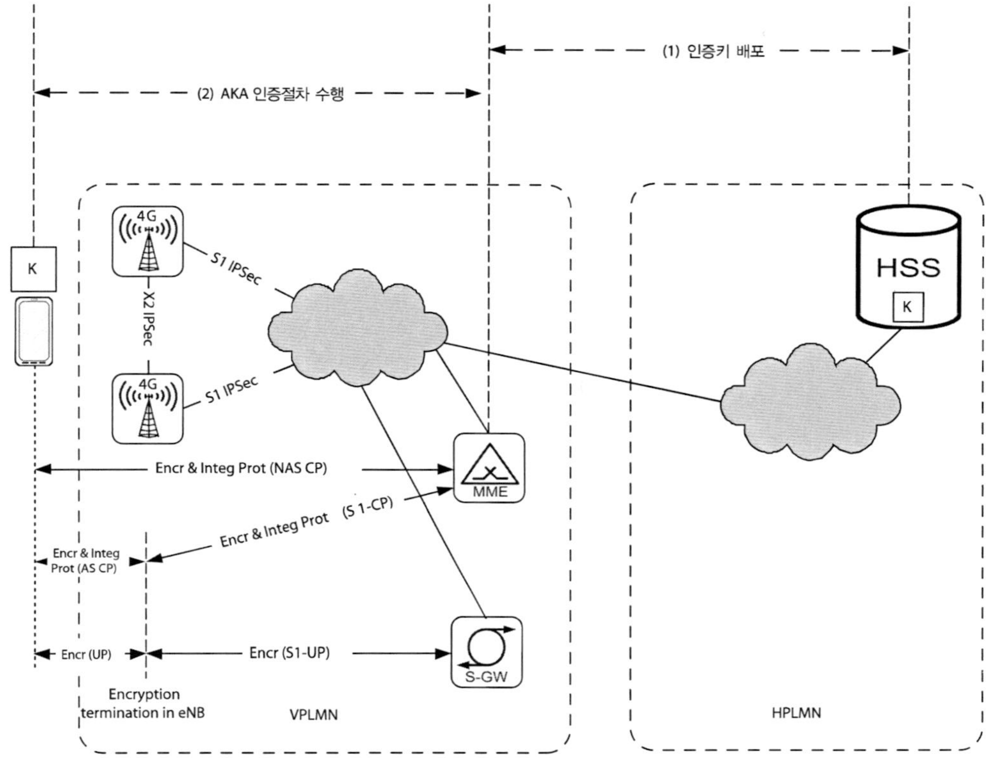

그림 1.12 EPS 보안 아키텍처

아래는 각 사용자 별 보안에 대한 리스트이다.

1. UE - eNB 간 RRC 시그널링 무결성 및 기밀성
2. UE - eNB 간 유저 플레인 데이터의 기밀성
3. UE - MME 간 NAS 시그널링 무결성 및 기밀성

아래는 사용자 독립적인 보안 요소들이다.

1. eNB - MME 간 S1-C(signaling) 무결성 및 기밀성
2. eNB - S-GW 간 S1-U(user data) 무결성 및 기밀성
3. eNB - eNB 간 X2(signaling and user data) 무결성 및 기밀성
4. 코어망의 내부 인터페이스의 다양한 시그널링 프로토콜들은 무결성 및 기밀성

보안에 관련된 보다 많은 정보는 3GPP TS 33.401 [26]과 3GPP TS 33.402 [27]를 참고할 수 있다.

1.6.12 과금(Charging)

EPC 네트워크에서의 논리적인 과금 기능은 과금과 청구를 위한 데이터를 수집하는데 있다. 과금 기능, 과금 이벤트의 전송, 과금 기능들 간의 과금 정보의 취합을 위한 참조점에 대한 내용은 3GPP TS 32.240 [28]에 명시되어 있다. EPC 아키텍처에서의 논리적 과금 매핑은 3GPP TS 32.251 [29]에 기술되어 있다.

1.6.12.1 과금 원리(Charging Principles)

EPC 노드는 베어러 레벨에서의 온라인/오프라인 과금 메커니즘을 구성하는 기능을 제공하며 특히 PDP 컨텍스트/IP-CAN 베어러 그리고 SDF(Service Date flow) 레벨 기능을 제공한다. 온라인 과금은 실시간으로 트래픽을 감시하고 오프라인 과금은 리소스의 사용을 기록한다(예, 송/수신 패키지 또는 양(volume), 음성통화 시간). 모아진 리소스 사용량 데이터는 개별 가입자의 청구, 사업자 간의 정산 그리고 일반 통계 목적으로 사용될 수 있다.

오프라인 과금은 네트워크 사용량에 대한 과금 정보가 사용과 동시에 수집되는 과정이다. 이 과금 정보는 CTF(Charging Trigger Function)에서 빌링 시스템으로 전달된다. 오프라인 과금은 제공된(rendered) 서비스에는 실시간으로 영향을 끼치지 않는다.

반면 온라인 과금의 경우, 네트워크 자원 사용량이 즉시 수집됨과 동시에 사용 허가가 반드시 실제 사용 이전에 이뤄져야 한다. 이 허가는 GGSN이나 P-GW/PCEF의 요청에 의해 OCS (Online Charging System)에 의해 이뤄진다. OCS 아키텍처에 대한 보다 자세한 정보는 3GPP TS 32.296 [30]에서 찾을 수 있다.

온라인, 오프라인 과금은 음성통화 혹은 패킷 데이터 전송과 같은 과금 가능한 이벤트와 동시적으로 그리고 독립적으로 진행될 수 있다.

1.6.12.2 EPC 과금(EPC Charging)

EPC 과금의 경우 아래의 기능 요소들이 과금 데이터를 제공한다.

- SGSN, S-GW, ePDG가 사용자의 VPLMN 리소스에 접속을 기록한다. 추가적으로 SGSN은 사용자의 이동성 관리 활동, SMS 그리고 MBMS 사용량을 기록한다.
- P-GW, GGSN이 인터넷과 같은 사용자의 외부 네트워크 접속을 기록한다.
- MME는 "SMS in MME" 기능이 지원될 경우 SMS 사용량을 기록한다.

감독하고 보고할 수 있는 과금 정보에 따라 EPC의 기능요소가 달라진다. HSS에 저장된 과금 특성 프로파일(Charging Characteristic profiles)은 어떤 조건에서 특정 과금 이벤트가 발생했는지 정의한다. 세 종류의 기본 프로파일이 있으며 각각 비로밍(non-roaming), 로컬 브레이크 아웃 로밍(local breakout roaming), 홈 라우팅(Home routed) 로밍이다. HSS에 저장된 프로파일 이외에도 SGSN/S-GW와 GGSN/P-GW/TDF는 자체에(locally) 설정되어 있는 프로파일을 사용할 수 있다.

1.6.12.3 오프라인 과금(Offline Charging)

가입자가 EPS 네트워크 자원을 사용하면 관련된 과금 정보가 수집된다. SGSN과 S-GW는 라디오 네트워크 자원 사용량 및 이동성 관리에 관계된 사용량을 수집하고 반면 GGSN, ePDC, P-GW는 외부 네트워크 자원 사용량을 수집한다. 가입자 별 EPC 네트워크 리소스 사용량은 각각 기록된다. EPC 네트워크 리소스에 대한 접속은 사용자에게 특정 QoS의 서비스를 위한 논리적인 연결을 제공하는 PDP 컨텍스트/IP-CAN 베어러에 의해 제공된다. APN은 어떤 서비스가 제공되는 지와 어떤 네트워크 리소스가 사용되는 지 식별한다. 이러한 서비스의 예로는 IMS 또는 인터넷 접속이다.

EPC 요소들은 PDP 컨텍스트/IP-CAN 베어러를 통해 사용된 정보와 그 사용에 수반되는 리소스 사용률을 수집하고 활용한다. EPC 과금은 전송되는 data에 대한 정보 수집으로 구성된다. 이 때 수집 되는 정보는 상/하향으로 구분된 그리고 QoS 및 프로토콜 별로 분류된 데이터 볼륨, 리소스 사용 시간(예, 얼마나 오랫동안 PDP 컨텍스트/IP-CAN 베어러가 활성화되었는지) 목적지 및 소스 주소, UE의 위치 및 APN 즉 현재 UE가 접속되어 있는 네트워크 등이다. GGSN과 P-GW의 경우, 이 위치 정보의 정확성은 SGSN의 주소로 제한되고 SGSN과 S-GW 내에서는 E-UTRAN의 셀 식별자를 활용할 수 있다. MME는 "SMS in MME" 기능이 제공될 때 SMS 오프라인 과금을 위해서만 과금 관련 역할을 수행한다.

사용자의 활동은 CDF(Charging Data Function)에 의해 과금 이벤트로 기록되고 최종적으로 CDR(Charging Data Records)로 구성된다. CDR은 다음 처리를 위해 CGF(Charging Gateway Function)로 전송되고 그 곳에서 BD(Billing Domain)로 전송된다.

EPC 과금을 위한 CDR 생성은 PDP 컨텍스트/IP-CAN 베어러가 활성화가 되는 시점에 시작된다(예, P-GW에서). 따라서 EPS 베어러 컨텍스트의 활성화 자체는 과금 가능한 이벤트이다. 이와 동시에 해당 컨텍스트에 대한 볼륨 카운터가 초기화되고 상/하향 데이터 볼륨을 카운트하기 시작한다. QoS 변경 또는 라이오 액세스 타입 변경과 같은 과금 관련 이벤트가 발생하면 해당 볼륨 카운터가 타임스탬프, QoS와 함께 수집된다. PDP 컨텍스트/IP-CAN 베어러의 비활성화나 통신사가 정의한 수준(시간, 볼륨)을 초과하게 되면 CDR을 닫는다. 만약 IP-CAN 베어러가 지속적으로 활성화 상태이면 새로운 과금 기록이 생성된다. CDR에는 사용된 볼륨 또는 소요 시간 이외에도 사용자의 IP 주소, 프로토콜, APN등을 기록한다.

모든 CDR에 공통되는 정보는 IMSI 값이고 선택적으로 MSISDN과 IMEI를 통해 가입자와 UE를 구분한다.

과금 기록을 송신하는 노드와 연동되어 있지 않으면, CGF가 Ga 참조점을 통해 과금 기록을 수신한다. CGF는 BD의 일부이거나 별도로 구성될 수 있다. BD는 가입자에게 청구할 최종 청구서를 생성한다(예, 월별). 모든 경우에 과금 기록은 CDF에서 CGF로 GTP 프로토콜을 이용해 전송된다. CGF에서 BD로의 CDR 파일 전송은 Bp 참조점을 사용한다.

1.6.12.4 온라인 과금(Online Charging)

오프라인 과금과는 대조적으로 SGSN/S-GW와 GGSN/ePDG/P-GW에서의 온라인 과금 절차는 크게 다르다.

SGSN은 전통적인 non-IP 기술을 사용하지만 GGSN, ePDG, P-GW에서의 EPC 온라인 과금은 DIAMETER를 사용한다. 온라인 과금은 PDP 컨텍스트/IP-CAN 베어러 레벨 또는 개별 서비스 레벨로 적용할 수 있다. P-GW/PCEF에서의 온라인 과금은 Gy 인터페이스와 DIAMETER Credit-Control 응용프로그램을 활용한다.

P-GW(예, P-GW에 속하는 PCEF)는 사용자별로 상/하향으로 구분하여 IP-CAN 베어러 레벨로 과금 정보를 수집한다. 오프라인 과금의 차감(debiting)에 해당하는 과금 가능한 이벤트는 PDP 컨텍스트/IP-CAN 베어러의 시작/종료, 시간 또는 볼륨 제한에 도달, QoS나 요금제 시간 변경이다. 이러한 이벤트가 발생하면 P-GW/PCEF에 의해 OCS에게 알려지고 새로운 베어러가 생성될 수 있는지 여부가 사전에 승인되어야 한다.

PDP 컨텍스트/IP-CAN 베어러가 연결되면 P-GW/PCEF는 OCS로 승인 요청을 보낸다. OCS는 해당 요청을 볼륨의 여분이 있거나 시간 여분이 있을 때 허가하고 그렇지 않을 경우 컨텍스트 연결을 거부한다. OCS 인증이 완료되면 볼륨 카운터와 시간 측정이 P-GW/PCEF에서 허가되어 PDP 컨텍스트/IP-CAN 베어러를 통해 전송된 트래픽 전송량 만큼 차감된다. 생성된 PDP 컨텍스트/IP-CAN 베어러에 제공된 만큼의 용량(Quota)을 사용하고 나면 OCS는 재승인을 요청한다. 이 경우 사용된 볼륨카운트가 P-GW/PCEF에 의해 OCS로 보고된다. 과금 조건의 변경 시 이 정보는 얼마만큼의 용량이 이전 QoS와 요금제 내에서 소진되었는지 확인하기 위해 사용된다.

일반적으로 OCS는 용량(Quota)정보와 P-GW/PCEF의 다음 절차(사용중인 서비스의 허용 혹은 종료)에 대한 정보를 P-GW/PCEF에게 응답한다.

1.6.12.5 플로어 기반 베어러 과금(Flow-Based Bearer Charging)

베어러 레벨 이하의 서비스 기반의 과금을 위해 3GPP Release 6(3GPP TS 23.203 [4])에서 FBC(Flow-based Charging)이 소개되었다. 단일 PDP 컨텍스트/IP-CAN 베어러에서 서로 다른 SDF(Service Data Flows)를 식별할 수 있게 하는 P-GW의 기능 확장을 포함한 EPC 네트워크의 새로운 기능들을 추가하였다. 과금 정보 수집의 관점에서 FBC는 PDP 컨텍스트/IP-CAN 베어러의 총 데이터 볼륨을 그 베어러 내의 다른 여러 데이터 플로어로 세분화함으로써 과거의 EPC 과금의 확장으로 볼 수 있다. 이러한 SDF는 상/향별 각각의 볼륨 카운터를 필요로 한다.

FBC를 통해 선불제, 후불제 구분 없이 오프라인 및 온라인 과금에 동일한 과금 모델을 가능하게 한다. FBC는 어떤 SDF를 고려해야 하는 지와 과금 규칙에 따라 어떻게 FBC를 식별하는 지에 대한 높은 수준의 유연성을 제공한다.

전반적인 FBC의 개념은 세 개의 기능 항목으로 구성된다: PCRF(the Policy and Charging Rules Function), AF(the Application Function), PCEF(the Policy and Charging Enforcement Function). 전반적인 PCC 아키텍처는 1.6.7절에 기술하였다.

PCRF는 PCEF에 Gx 참조점을 통해 과금 규칙을 제공하고, PCEF로부터 받은 사용자 -베어러 - 관계된 정보와 AF로부터의 세션-미디어- 관계된 정보에 기반하여 어떤 규칙이 적용될 지를 결정한다. 그런 규칙들은 특정 QoS 상황에서 하나의 플로우에 속한 패킷을 식별할 수 있는 정보와 해당 패킷을 어떻게 처리해야 하는 지에 대한 정보를 담고 있다. 과금 규칙은 서비스 별로 각각 명시되어야 한다.

AF는 PDP 컨텍스트/IP-CAN 베어러 리소스가 필요한 사용자에게 서비스를 제공한다. 또한 AF는 과금 규칙의 선택과 생성을 위해 PCRF에게 추가적인 정보를 제공할 수 있다(예, 응용 프로그램 식별자, 특정 사용자 정보, 각각의 SDF에 속한 패킷 식별을 가능하게 하는 패킷 필터).

PCEF는 PCRF에서 수신한 과금 규칙을 기반으로 사용자 데이터 트래픽을 식별하는 역할을 하며 온라인, 오프라인 과금에 모두 사용된다. 온라인 과금의 경우, PCEF는 Quota 관리와 같은 크레딧 제어(Credit control)와 OCS와의 통신을 담당한다. PCEF는 P-GW 내에, 비신뢰 WLAN 환경에서는 ePDG에 위치한다.

오프라인 과금의 경우, PCEF에 의해 수집관 과금 정보는 PGW-CDR로 기록된다. 플로어 기반 오프라인 과금이 P-GW에 활성화되어 있으면, 고전적인 IP-CAN 베어러 과금은 이뤄지지 않는다.

온라인 과금의 경우, PCEF가 SDF에 의한 리소스 사용 허가를 요청하기 위해 과금 이벤트를 생성한다.

IP-CAN 베어러 활성화 시에 FBC 크레딧 제어 세션이 시작된다. OCS는 '초기 용량 부여' 또는 '서비스 요청 거부' 중 하나의 과금 이벤트로 응답한다.

가입자가 새로운 서비스 사용을 시작했을 때, 즉, PCEF가 하나 혹은 하나 이상의 새로운 SDF 요청을 받았거나 허가된 용량을 다 사용했을 때, OCS에 대한 추가적인 요구가 트리거된다. 과금 세션은 IP-CAN 베어러가 비활성화되거나 가입자가 지정된 크레딧을 다 소진하여 OCS가 세션의 종료를 명시할 때 종료된다.

1.6.12.6 과금 규칙(Charging Rules)

FBC는 과금 규칙을 통해 SDF를 식별하고 과금한다. 하나의 SDF는 하나 혹은 하나 이상의 IP flow로 구성되고 한번에 과금된다.

SDF는 SDF 필터를 통해 식별된다. 그러한 SDF 필터는 목적지/소스 IP 주소, 목적지 소스 포트번호와 프로토콜(TCP, UDP, SCTP)과 같은 IP 5-tuple이거나 와일드카드와 함께 사용 가능하다 - 응용프로그램 프로토콜과 내용 식별을 위한 다른 필터 등이 하나의 과금 규칙을 구성한다. 와일드카드는 모든 트래픽으로 구성된 디폴트 SDF를 의미한다. PCEF에 단 하나의 SDF만 있을 경우, FBC의 결과적인 동작은 전통적인 베어러 레벨의 EPC 과금에 해당된다. 그렇지 않을 경우, 디폴트 SDF는 어떠한 플로어 필터에도 일치하지 않는 모든 트래픽을 캡쳐한다.

PCEF의 과금 규칙은 수신된 패킷을 과금 규칙의 일부인 SDF 필터와 비교하면서 적용된다. 사전 정의된 과금 규칙은 전체적으로 설정된다. 즉 적용할 모든 필요한 정보를 포함한다. 과금 규칙은 PCEF에 사전 설치되어 있거나 필요 시 Gx 참조점을 통해 PCRF에 의해 제공받을 수 있다. 이와 반대로 동적 과금 규칙의 경우 새롭게 생성되거나 SDF를 식별하는 응용프로그램 특화된 식별 방법을 통해 완전히 동적으로 제어된다. 이러한 정보는 요구 시에 AF에 의해서 Rx를 통해서 PCRF로 제공된다.

SDF 필터 이외에도 더 많은 과금 관련 정보를 과금 규칙에 포함할 수 있다. 이러한 정보는 과금 프로세스의 처리 방법(시간, 볼륨 기반의 사용량 기반), 규칙의 중복 상황에서 어떤 규칙을 우선 적용할 것인지, 온라인/오프라인 과금 중 어떤 것을 적용할지, 과금 연계와 서비스 식별을 위한 식별자 등이다.

과금 규칙은 Gx 참조점을 통해 프로비전되며 PCEF의 과금 규칙 요청이 있거나PCRF가 AF에 의해 새로운 정보를 수신하여 요청 없이 되거나 OCS로 부터 통지를 받아서 이뤄진다.

과금 규칙 할당은 Gx 참조점을 통해 이루어진다. 규칙 할당은 PCEF에 의한(베어러 생성, 베어러 변경 또는 QoS 변경에 따라 발생하는) 과금 규칙 요청이나 PCRF에 의해 AF로부터 받은 새로운 정보 또는 OCS로부터 받은 통지의 결과로서 이루어진다.

Rx 참조점은 동적 과금 규칙 생성과 완료에서 중요한 역할을 담당하며 PCRF와 AF간의 정보 교환에 사용된다. AF가 응용 프로그램에 의해 사용되는 새로운 미디어를 감지하면, 특별히 다른 플로우에 관련된 그리고 어떻게 그것들이 식별될 수 있는지에 대한 정보를 PCRF에 제공하며, PCRF는 SDF 필터를 추가함으로써 동적 과금 규칙을 생성하거나 완성한다. 이 과정은 과금 규칙을 요청하는 PCEF나 동적 규칙 할당을 위해 특별할 정보가 필요한 것을 인지하고 있는 PCRF에 의해서 시작될 수 있다. 그 PCRF는 필요한 정보를 얻기 위해 그에 해당하는 AF를 접촉한다.

1.6.12.7 MBMS 과금(MBMS Charging)

MBMS 과금의 경우, BM-SC가 그 MBMS 사용자 서비스를 통해 서비스를 제공받는 가입자와, MBMS 베어러 서비스를 이용하는 컨텐츠 제공자를 위한 과금 정보 생성을 담당하는 통합된 CTF를 포함한다. 컨텐츠 제공자와 관련된 트랜잭션의 경우 가입자당 별도로 기록된다. BM-SC의 온라인 과금의 경우 Ro 참조점을 사용하고 오프라인 과금은 BM-SC의 Rf 참조점을 사용한다.

MBMS GW는 모든 활성화된 MBMS 베어러 서비스의 과금 정보를 수집하며, 다음과 같은 정보가 MBMS GW에 의해 보고된다.

- MBMS 베어러 컨텍스트 시작: CDR이 생성되고 이 컨텍스트에 사용량이 저장된다.
- MBMS GW에 의한 MBMS 베어러 컨텍스트 종료
- 통신사가 설정한 MBMS 베어러 컨텍스트당 시간/데이터 볼륨 제한에 의한 만료. 이 이벤트는 MBMS 베어러 컨텍스트 CDR을 닫고 컨텍스트가 Active 상태이면 새로운 CDR를 연다.
- 과금 규칙 변경(예, 요금제 시간 변경). 이 경우 현재의 볼륨 카운터가 수집되고 새로운 볼륨카운터가 시작된다.
- 통신사가 설정한 MBMS 베어러 컨텍스트당 과금 조건 제한의 변경 만료는 MBMS 베어러 컨텍스트 CDR을 닫고, 만약 MSMS 베어러가 Active 상태이면 새로운 CDR을 연다.

MBMS에 대한 보다 자세한 정보는 3GPP TS 32.273 [31]에서 찾을 수 있다.

1.7 IP 멀티미디어 부시스템(IP Multimedia Subsystem)

2001년 발간된 3GPP Release 5에서 IMS의 기본 아키텍처와 처리 절차에 대한 표준이 정의되었다. 초기에는 통신사들이 기존의 음성, SMS 서비스를 대체하는 IMS의 상용망 도입을 꺼렸으나, CS 음성 컴포넌트가 없는 순수 패킷 기반의 LTE가 소개되고, GSMA IR.92에 의해서 VoLTE 프로파일이 정의되면서, IMS는 이동통신 사업자들에게 점점 더 중요한 기능으로 자리매김했다.

초기 단계의 IMS의 모바일 구축은 주로 비음성 애플리케이션(메세지, 프레젠스)이었지만 최근(2014년 말 현재) 상용 모바일 IMS는 VoIP와 여러 멀티미디어 서비스를 도입하면서 구축 예정이거나 이미 구축되고 있다.

IMS는 간단히 말해서 양단간 음성, 비디오, 메세지, 파일 등을 필요한 QoS 레벨로 주고 받기 위해 멀티미디어 세션을 생성, 변경 및 분해하는 범용 플랫폼으로 볼 수 있다. 원칙적으로 IMS는 적당한 데이터 전송률을 제공하는 어떠한 종류의 패킷 기반 네트워크에서도 동작할 수 있다. 주요한 설계 목표는 한편으로는 모바일 통신 시스템의 제약사항을 제어하면서 좀 더 유연한 통신 서비스를 "Internet Style"로 생성하도록 지원하는 것이다. 이를 위해 IETF RFC 3261 [32])에서 제정된 SIP(Session initiation Protocol)가 단말 간, 또는 단말과 서버 간의 세션 유지를 위해 선택되었다. SDP(Session Description Protocol – IETF RFC 4566 [33])은 SIP 메세지 바디(message body)에 포함되어 전달되며 종단간 멀티미디어 컨텐츠(예, 코덱)의 정보 교환을 가능하게 한다.

IMS는 응용프로그램 계층에서 동작하고 EPS 기능을 통해 IMS 지원 단말과 P-GW 간에 특정 QoS를 지원하는 IP bearer를 설정한다. IMS와 2G/3G와 같은 기존 CS 영역의 연동 또는 유선 전화망과의 연동은 MGCF(Media Gateway Control Funtion)/MGW(Media Gateway)를 통해 가능하다. MCGF는 SIP와 ISDN 사용자 부분(ISUP)과 같은 CS 프로토콜과 연동되고, MGW는 서로 다른 전송 평면과 연동된다(예, 서로 다른 코덱 간).

그림 1.13은 IMS 기본 아키텍처를 보여준다.

IMS의 주요 구성요소는 SIP 프록시로 볼 수 있는 CSCF(Call Session Control Functions)이다. 네 종류의 CSCF가 있으며 각각 P-CSCF, S-CSCF, I-CSCF, E-CSCF이다.

Proxy CSCF(P-CSCF)

서비스 중인 단말을 향해 가장 가장 외부에 존재하는 SIP 엔티티이다. IMS 로밍의 경우, P-CSCF는 방문 PLMN(VPLMN)에 위치한다. VPLMN에서 적절한 P-CSCF를 선택하기 위해

GSMA는 방문 MME를 로컬 P-GW 주소로 해석하는 잘 알려진 IMS APN을 규격화하였다. 로컬 P-GW는 VPLMN 내의 P-CSCF를 선택하고, 해당 주소를 단말에 제공한다(일반적으로 P-GW와 P-CSCF는 모두 HPLMN에 있거나 모두 VPLMN에 위치하여 항상 같은 네트워크에 위치한다). 그렇지 않으면, P-CSCF는 홈 네트워크에 위치하고 있다. UE가 등록되면 IMS 네트워크로의 접속 지점인 P-CSCF가 할당된다.

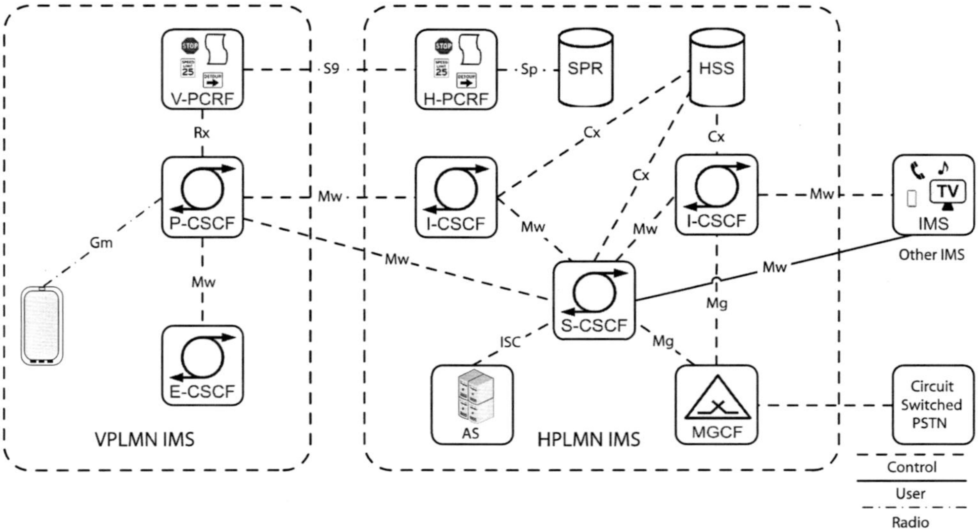

그림 1.13 IMS 로밍 아키텍처

P-CSCF는 서비스 중인 단말이 등록 상태인 동안 단말 관련 정보를 저장하고, Gm 인터페이스를 통해 SIP 메시지를 단말로 전송한다. P-CSCF는 SIP 메시지의 무결성과 보안성을 제공하고, 과금 기록의 생성 및 압축 기능을 제공한다. 또한 PCC와의 인터페이스와 합법적인 도청 인프라를 지원한다. PCC 입장에서 P-CSCF는 PCRF로 향하는 어플리케이션 기능(AF: Application Function)역할을 한다. IMS에서 등록을 위해서는 UICC 상의 특별한 응용프로그램인 ISIM(IMS SIM)이 필요하며 ISIM은 IMS에서 사용되는 가입자의 식별정보와 키를 저장한다.

Serving CSCF(S-CSCF)

IMS 가입자의 홈 네트워크에 위치한 중앙 IMS 엔티티이다. 이것은 단말의 SIP 등록을 담당하여, 단말이 IMS에 연결할 때 자신의 접속 주소(IP 주소)를 S-CSCF에 저장한다. S-CSCF는 HSS를 통해 IMS 사용자 프로파일을 검색한다. 사용자 프로파일은 사용자에 대한 인증 및 권한 허가에 사용되고, 사용자가 가입한 서비스를 실행하기 위해 사용된다. 서비스 자체는 S-CSCF를 통해 수행되지 않고 ISC 인터페이스를 통해 S-CSCF에 연결된 특별한 애플리케이션 서버(AS: Application Servers)를 통해 실행된다. AS의 예는 부가 음성 서비스(예, 통화 전달)를 위한 TAS(Telephony Application Server) 또는 전화회의, 메시징, 그리고 방송 서버 등이다. S-CSCF는 라우팅, 주소 해석 이외에 과금 정보를 생성하고, LI 엔티티와 연결을 담당한다.

Interrogating CSCF(I-CSCF)

네트워크 경계에서 SIP 메시지에 대한 첫 번째 접속 지점이다. 특정 사용자를 향하는 SIP 메세지를 수신하면 I-CSCF는 해당 사용자에 서비스할 수 있는 S-CSCF를 선택한다. I-CSCF는 사용자와 관련된 정보를 저장하지 않으며 다음 SIP 메시지의 전송 경로 상에 남아 있지 않는다. I-CSCF는 단말이 네트워크에 등록될 때와 홈 IMS에서 서비스 중인 사용자를 향하는 세션 설정이 수신될 때 사용된다.

표 1.4 IMS에 대한 참조점과 프로토콜

참조점	프로토콜	표준 규격
Gm	SIP	TS 24.229 [34]
Mw	SIP	TS 24.229 [34]
Cx	DIAMETER	TS 29.229 [35]
Mg	SIP	TS 24.229 [34], TS 29.163 [36]
ISC	SIP	TS 24.229 [34]

Emergency CSCF(E-CSCF)

응급전화를 처리하며 주요 목적은 발신자의 위치정보를 검색하고 응급 전화를 공공안전 응답센터(PSAP: Public Safety Answering Point)나 응급센터로 전달하는 것이다.

HSS

사용자의 홈네트워크에 위치한 중앙 데이터베이스로서 사용자 가입정보와 위치관련 정보를 저장한다. 이러한 정보로는 사용자 정보(예, SIP URI), IMS 레벨의 인증 및 권한 제어를 위해 사용된 보안 키, 사용자를 지원하는 S-CSCF의 주소, 가입 서비스 목록을 포함하는 사용자 프로파일 등이다.

MGCF(Media Gateway Control Function)

SIP 메세지를 PSTN이나 모바일망의 CS 도메인과 같은 회선 교환 네트워크에서 사용할 수 있는 메세지로 변환한다. 또한 MGCF는 MGW를 제어한다. MGW는 TDM(Time Division Multiplex)과 같은 CS 네트워크의 전송계층을 IMS에서 사용하는 RTP(Real Time Transport Protocol)로 변환한다. MGCF는 선택된 MWG 상의 자원의 할당과 관리를 책임지며, 전송 변환이 가능하도록 각 대상으로부터 MGW로 향하는 시그널링 메시지에서 수신되는 필수 정보를 제공한다.

1.7.1 참조점과 프로토콜 요약

표 1.4는 IMS에서 사용되는 참조점과 프로토콜의 요약을 보여준다.

1.8 LTE에서의 음성과 단문 메시지(SMS)

1.8.1 음성(Voice)

LTE/SAE는 GSM과 UMTS와 달리, 회선 교환 음성 서비스 구성요소가 없는 순수한 패킷 기반 시스템이다. 따라서 이 시스템에서 음성과 멀티미디어 서비스를 제공하는 바람직한 방법은 IMS를 이용하는 것이다. LTE기반 IMS가 전세계적으로 적용되고 상호 운용가능하도록, GSMA는 IR.92 권고를 통해 음성과 SMS를 위한 IMS 프로파일을 정의하였다. 예를 들어 GSMA IR.92는 IMS 로밍 지원을 위해 잘 알려진 APN 즉, IMS APN을 규정했다. 이 프로파일은 "Voice over LTE(VoLTE)"로도 알려져 있다. LTE/SAE 네트워크는 단말에게 LTE 상에서 VoIP의 지원 여부를 알려주는데, 좀더 정확히는, 현재 단말이 머무르고 있는 TA(Tracking Area)에서 VoIP를 위해 충분한 QoS가 지원되는 지를 알려준다. 따라서, IMS VoIP가 가능하도록 설정된 단말은 네트워크의 지시를 기반으로 현재 위치에서 IMS 음성 세션을 시작할 수 있다.

하지만 LTE 구축 초기단계에서 실제 LTE 커버리지는 지역단위로 확대되었기 때문에, 단말이 LTE/SAE에서 IMS 음성 세션을 시작하여 LTE 커버리지를 벗어나는 경우에도 음성 서비스를 지속해서 이용할 필요가 있다. 2G/3G의 CS 도메인(일반적으로 국가 전체의 서비스 영역을 지원)에서의 연속적인 음성 통화를 지원하기 위해, SRVCC(Single Radio Voice Call Continuity)기능이 도입 되었다(3GPP TS 23.216 [37] 참고). 이를 통해 음성 서비스 지역을 넓히고 LTE 구축 초기에 우수한 음성 서비스 제공이 가능하게 되었다. SRVCC는 회선 교환기반 핵심망(Circuit Switched Core)과 EPC 간 베어러 레벨의 핸드오버와 IMS와 CS 도메인 간의 진입로의 스위칭을 필요로 한다. 비음성 컴포넌트(예, 비디오 스트리밍, 파일 전송)는 LTE로부터 2G/3G의 PS 도메인으로 일반 핸드오버 절차를 통해 지원된다. 2G/3G CS 커버리지가 전국적인 음성 통화를 지원하지만, 음성과 멀티미디어 통화를 LTE/SAE에서 시작하고, 서비스가 가능한 지역에서 가능한 빨리 LTE/SAE로 전환하는 것은 매우 유용하다. 이것은 LTE/SAE와 같은 광대역 네트워크와 IMS와 같은 유연한 응용프로그램 플랫폼은 기존의

2G/3G CS 시스템에 비해 사용자에게 더 많은 부가서비스를 제공할 수 있기 때문이다. 사업자 측면의 이득은 사용자가 일반적인 음성 서비스에 추가하여 이러한 부가 서비스에 비용을 지불하는 것이다.

어떤 LTE/SAE 네트워크는 IMS 기반의 음성서비스를 제공하지 않을 수 있으며 이 경우, 음성서비스는 기존의 2G/3G 네트워크의 CS 도메인을 통해 제공된다. 이러한 기능을 구현하기 위해 CSFB(CS Fallback) 기능이 정의되었다(TS 23.272 [38] 참고). CSFB는 CS 음성 통화를 시작하기 위해 제어를 기반으로 단말이 LTE에서 2G/3G 네트워크로 변경하는 것을 허용한다. 데이터 연결은 2G/3G PS 도메인으로 핸드오버되거나, 자원 부족으로 인해 불가 시에는 LTE/SAE에서 연결이 일시중지될 수 있다. 음성 통화가 종료되면, 단말은 LTE로 복귀하고 데이터 연결은 재개된다.

1.8.2 단문 메시지 서비스(SMS: Short Message Service)

LTE에서 SMS는 기본적으로 IP 상에서 IMS를 통해 제공될 수 있다("SMS over IP"라고 불림) (3GPP TS 23.204 [39] 참고). LTE/SAE 측면에서 특별한 요구사항은 없으며, 단순히 IP 접속이 제공된다. 선행 조건들로는 단말이 성공적으로 IMS 등록을 수행하고, SMS over IP 기능을 지원하고 있으며, 해당 기능을 사용하도록 설정되어 있어야 한다. 이 경우, SMS는 네트워크 또는 단말에 의해 특별한 SIP 메시지 내에 인코딩되어 상대방에 전송된다.

LTE 사업자가 2G와 3G도 함께 운영하는 경우, LTE/SAE 상의 SMS는 CSFB 메커니즘을 사용하도록 규정되었다. 이 경우, 단말과 EPC는 CSFB를 위해 정의된 SMS 전용 절차를 지원해야 한다. CSCF의 음성신호와는 달리 SMS over EPC는 SMS를 사용하기 위해 단말이 2G/3G로 전환할 필요가 없다. EPC 네트워크는 SMS 전송을 위해 단말과 CS Core 간에 터널을 제공한다. SMS는 MME와 MSC 간에 전송된다. MSC는 기존의 SMS 인프라(SMSC: SMS 서비스 센터)와 일반적인 방법으로 연결되어 있다. 단말은 SMS 전송을 위해 EPS와 CS 네트워크 양쪽에 접속된다.

SMS는 SMS 인프라에 의해서 MME로 직접 전송되거나 또는 반대로 DIAMETER 기반 인터페이스를 통해 MSC를 우회할 수 있다. 이는 PS 전용 단말에 SMS 전송을 지원하기 위해 도입되었다. PS 전용이란 해당 단말이 HSS 내의 CS 가입 정보를 가지고 있지 않다는 의미이다. 이 기능은 "SMS in MME"이라고 알려져 있다. SMS in MME는 CS 코어를 구축하지 않은 사업자의 요구사항을 맞추기 위해 도입되었다. SMS over IP(예, SMS over IMS)가 이러한 통신사를 위한 하나의 솔루션이 될 수 있다. 그러나, SMS over IP는 단말 내부에 IMS/SIP 클라이언트가 필요한데, 이것은 스마트 미터나 동글과 같은 종류의 단말에 포함되기에는 매우 규모가 커서 구현되기 어려운 기능이다. 더욱이 자신이 가입된 사업자가 IMS를 지원하지 않는 로밍 사용자는 방문 네트워크에서 SMS over IP를 지원받을 수 없다.

1.9 2G/3G 네트워크와의 연동

1.9.1 개요

3GPP는 2G/3G의 SGSN 노드를 S4-SGSN 노드로 업그레이드 하는 방식으로 LTE/SAE와 기존의 2G/3G 네트워크 간의 연동 방식을 정의하였다. S4-SGSN은 EPC에 향해서 MME와 유사하게 동작하는데, 즉, 기존의 GPRS와 UMTS 인터페이스로 2G/3G 라디오 액세스 네트워크에 연결된 상태에서 MME(S3 인터페이스)와 S-GW(S4 인터페이스)와의 제어평면 인터페이스와 S-GW와의 사용자 평면 인터페이스(S4 인터페이스)를 가지고 있다. S-GW와의 S4 인터페이스는 베어러를 관리하고 사용자 평면 트래픽을 전송하는데 사용된다.

1.9.2 기존 네트워크와의 연동

모바일 사업자가 기존의 SGSN을 S4-SGSN으로 업그레이드를 원치 않더라도 기존 SGSN과 EPC의 연동이 가능하다(Gn/Gp-SGSN은 2G/3G 네트워크에서 SGSN - GGSN의 연결 인터페이스이다. 3GPP TS 29.060 [8] 참고). 이러한 시나리오는 기존 네트워크를 그대로 둔 상태에서 자연스럽게 LTE/SAE를 도입하는데 매우 중요하다. 기본 아이디어는 MME와 P-GW에서 Gn/Gp 인터페이스를 제공하는 것으로 Gn/Gp-SGSN 관점에서 MME는 SGSN 처럼 동작하고 P-GW는 GGSN처럼 동작하는 것이다. 따라서 MME와 P-GW는 Gn/Gp-SGSN 프로토콜을 지원하도록 구현되어야 하고 추가적으로 이동성과 세션관리 절차에 대한 일부 변경이 요구된다. 이러한 연동은 Gn/Gp-SGSN과 MME/S-GW간 PMIP 기반의 S5/S8 핸드오버가 지원되지 않기 때문에, GTP 기반의 S5/S8 인터페이스가 지원될 때만 가능함을 기억하기 바란다.

그림 1.14는 로밍 시의 Gn/Gp 연동 구조를 보여준다. 사용자 평면은 VPLMN의 Gn/Gp-SGSN을 통해 GERAN/UTRAN으로부터 HPLMN의 P-GW를 향해 연결된다. 기존의 HSS로 향하는 Gr 인터페이스는 MAP(Mobile Application Part) 기반으로 하고 있다.

로밍이 아닌 경우의 구조는 S-GW와 P-GW 간에 S5를 사용하고, Gn/Gp-SGSN와 P-GW 간에 Gn 인터페이스를 사용하는 차이 외에는 로밍 아키텍처와 유사하다. 만일, Gn/Gp-SGSN이 Direct Tunnel(3GPP Release 7 이후)을 지원하면 UTRAN과 P-GW 간의 사용자 평면의 직접 연결이 가능하다.

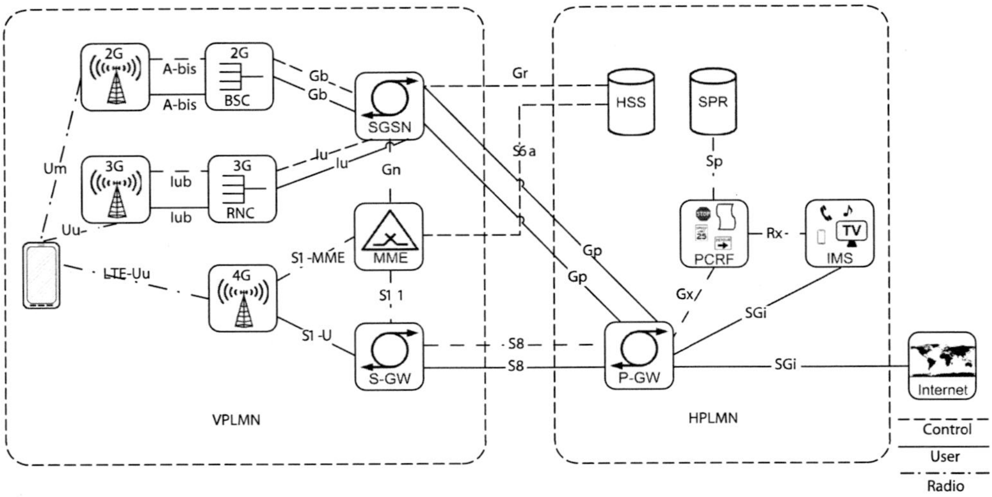

그림 1.14 Gn/Gp-SGSN 연동

1.9.3 기능 설명

1.9.3.1 단말 측면

3GPP의 기존 액세스 기술과 함께 동작할 수 있도록 단말은 복수의 무선기술을 지원해야 한다. E-UTRAN, UTRAN, GERAN 간에 IDLE 모드, Connected 모드에서 이동성이 지원되어야 한다. 싱글 라디오 및 듀얼 라디오의 두 가지 연동 모드가 정의되어 있다. 싱글 모드 동작에서 네트워크는 한번에 하나의 라디오만 동작하는 방식으로 단말의 송/수신기의 사용을 제어한다. 이것은 최적화된 연동 방식이며, 한 쌍의 물리적인 무선 송수신기로 구현된 단말 구현을 가능하게 한다. 듀얼 라디오 모드의 경우, 복수개의 라디오 송/수신기가 동작하는 것이다. 서로 다른 네트워크가 서로 근접해 있는 다른 주파수에서 동작하기 때문에 싱글 라디오 동작은 중요한 모드이다. 듀얼 라디오 동작의 경우 단말 내에서 높은 간섭을 발생시킬 수 있다. 게다가, 추가적인 전력을 소비하며, 전반적인 성능을 감소시키며 구현 측면에서 보다 많은 비용이 들 수 있다.

1.9.3.2 E-UTRAN 측면

eNB의 주요 추가 기능은 UTRAN과 GERAN 간의 이동성의 지원이다. eNB 관점에서 UTRAN 및 GERAN으로의 이동을 위한 유사 기능이 제공되어야 하는데, 예를 들어, 동일한 네트워크에 있는 인접한 GERAN 및 UTRAN 셀이 eNB에 설정되어야 한다. UTRAN/GERAN에서의 핸드오버는 MME를 통해 수행된다.

1.9.3.3 EPC 측면

S-GW는 3GPP 액세스 시스템의 이동성에 대한 앵커 역할을 한다. 이것은 SGSN에 대해서 GGSN과 같은 기능을 수행한다. 물론, GGSN의 기능들은 주로 P-GW에서 수행되지만 이것이 SGSN에게는 알려지지 않는다. S-GW는 UE가 접속한 네트워크의 종류(E-UTRAN 또는 GERAN/UTRAN)에 따라 MME 또는 SGSN에 의해 제어된다.

연동 지원을 위해 MME는 SGSN과의 시그널링 절차를 지원해야 하고 이는 MME 재배치(relocation)의 발생 시 MME에 의해 지원되는 핸드오버 절차와 유사하다. 기존 Gn/Gp-SGSN과의 연동을 위해서 MME는 SGSN과 유사하게 동작한다.

1.9.3.4 참조점 및 프로토콜 요약

표 1.5는 2G/3G 네트워크 연동을 위한 추가 참조점 및 프로토콜의 요약이다.

표 1.5 2G/3G 네트워크 연동을 위한 추가 참조점 및 프로토콜의 요약

참조점	프로토콜	표준 규격
Gn	GTP(v0 and v1)	TS29.060 [8]
Gp	GTP(v0 and v1)	TS29.060 [8]
S4	GTPv2-C	TS29.274 [19]

1.10 Non-3GPP 접속망과의 연동

Non-3GPP 액세스 네트워크는 GERAN, UTRAN, E-UTRAN과 같은 3GPP 액세스 기술을 사용하지 않는 네트워크를 의미한다. 가장 주요한 예로는 공공장소, 캠퍼스, 가정에서 WLAN 핫스팟으로 사용되는 IEEE 802.11b/g/n과 같은 라디오 기술을 들 수 있다. 이들 네트워크와의 연동은 해당 네트워크를 통한 EPC와 서비스로의 접속을 제공하고 3GPP 접속망과 Non-3GPP 접속망 간의 모빌리티를 제공하는 것으로(예, E-UTRAN과 WLAN 접속 간 핸드오버) 이러한 연동에 대한 내용은 3GPP TS 23.402 [3]에 기술되어 있다. 이 연동 아키텍처의 기본 원칙은 P-GW가 IP 모빌리티의 앵커포인트 역할을 하는 것인데, 즉, P-GW가 외부 네트워크에 대한 접속 지점("Point of attachment")으로 간주된다. 3GPP와 Non-3GPP 네트워크 간의 모빌리티에서 P-GW는 변경되지 않는다.

3GPP 관점에서 Non-3GPP 네트워크는 신뢰할 수 있거나 혹은 없을 수도 있다. 이것은 사업자의 결정에 따라 달라지며 접속 방식에 따라 달라지는 것이 아니라 사업자의 정책과 WLAN 핫스팟과 같은 Non-3GPP 액세스 네트워크 제공자와의 사업적 관계에 따라 달라진다. 이 특별한 사업적 관계는 특히 액세스 네트워크가 제공하는 보안의 레벨과 EPC 접근에 대한 허용 여부와 관계가 있다. Non-3GPP 액세스 네트워크는 특정 사업자에게는 신뢰받지만 또 다른 사업자에게는 신뢰받지 못할 수도 있다.

신뢰받은 Non-3GPP 액세스 네트워크는 코어 네트워크로 직접 연결이 가능하지만, 만약 신뢰할 수 없는 Non-3GPP 액세스 네트워크가 사용될 경우 UE는 SWu 참조점을 사용하는 IPSec 터널을 통해 ePDG(Evolved Packed Data Gateway)라 불리는 일종의 보안 게이트웨이를 통해 연결된다. ePDG는 EPC 내에 위치한다. 그림 1.15는 네트워크 기반의 이동성 지원 구조를 전반적으로 보여준다. S2a 인터페이스는 모바일 단말을 신뢰받은 non-3GPP 액세스 네트워크를 통한 코어 네트워크 연결하고 S2b 인터페이스는 비신뢰 네트워크를 위해 사용된다. S2a와 S2b의 기능은 상당히 유사하고 두 인터페이스 모두 GTP 또는 PMIP 핵심망 시그널링을 통해 구현될 수 있다.

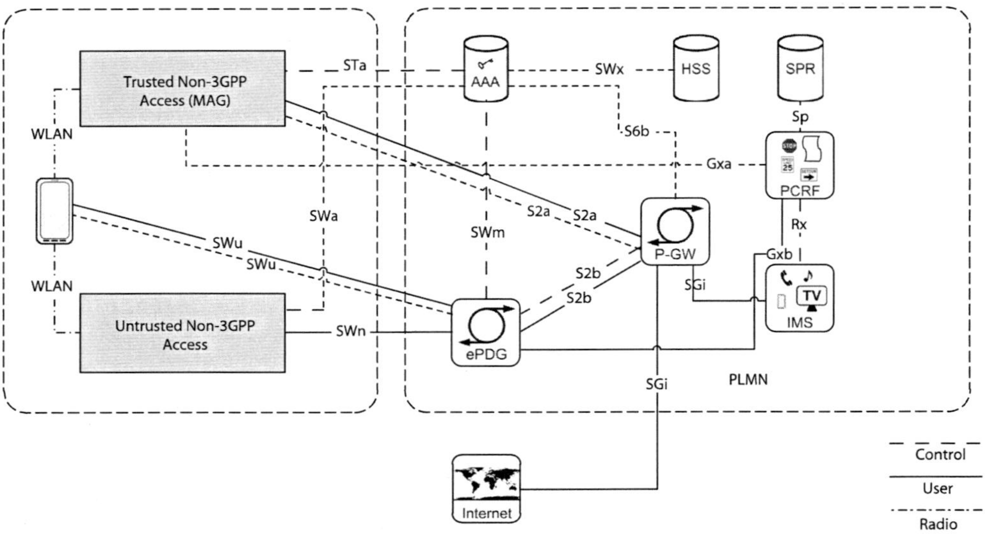

그림 1.15 Non-3GPP 연동 아키텍처(네트워크 기반 이동성)

표준에 따르면 S2a는 MIP Foreign Agent Mode로도 사용될 수 있지만 이러한 대안이 널리 구축되지는 않을 것으로 예상된다. PMIP가 S2a 또는 S2b를 통해 신뢰받은 non-3GPP 액세스 네트워크에서 사용되면 ePDG는 PMIP를 위해 필요한 MAG(Mobile Access Gateway) 기능을 지원하며, P-GW는 LMA(Local Mobility Anchor) 기능을 포함한다. PCRF – ePDG 간의 인터페이스는 정의되지 않았다. 로밍의 경우, 즉, non-3GPP 액세스 네트워크가 VPLMN에 접속되어 있으면, ePDG는 VPLMN에 위치한다. 로밍 시나리오에서 3GPP AAA 서버는 HPLMN에 위치하며, 3GPP AAA Proxy는 VPLMN에 위치한다.

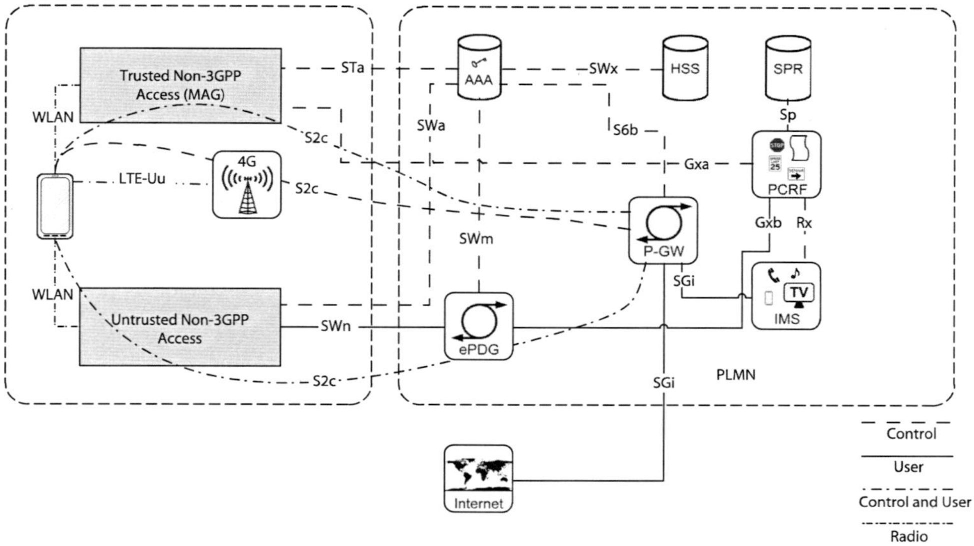

그림 1.16 Non-3GPP 연동 아키텍처(클라이언트 기반 이동성)

그림 1.16은 DSMIP(Dual-Stack Mobile IP)를 기반으로 한 클라이언트 기반(단말 기반) 모빌리티가 사용된 경우의 구조를 보여준다. 단순화를 위해 모든 인터페이스를 표기하지는 않았다. S2a, S2b, S2c를 제외하고는 그림 1.15와 1.16의 인터페이스는 동일하다. 단말과 P-GW 내의 LMA 간의 DSMIP는 S2c 인터페이스를 통해 구동된다. 3GPP 네트워크에서 사용자 평면 터널링 오버헤드를 피하기 위해 3GPP 액세스 네트워크는 Mobile IP 관점에서 항상 Home 링크이다. 따라서 3GPP 액세스로 시그널링하는데 S2c만이 사용된다.

단말은 DSMIP 클라이언트 기능을 제공하고 P-GW는 DSMIP Home agent 기능(LMA)을 포함한다. 로밍의 경우 3GPP AAA 서버는 HPLMN에 위치하고 3GPP AAA proxy는 VPLMN에 위치한다.

3GPP TS 23.402 [3]에서 정의된 기본적인 non-3GPP 액세스 네트워크 연동은 WLAN에 어떠한 추가 요구사항도 없이 non-3GPP 액세스 네트워크를 통해 EPC에 접속하는 방법에 대한 일반 프레임워크를 만들었다. 지난 몇 년간, 많은 3GPP 통신사들이 WLAN을 도입하였으나, 추가적인 표준화 없이 WLAN을 신뢰할 수 있는 non-3GPP 액세스 네트워크로 사용할 수는 없었다. 가장 중요한 기술적인 이슈는 현재의 WLAN에서 단말이 네트워크에 핸드오버와 APN 관련 정보를 전달할 수단이 없고, 다중 PDN 접속에 대한 지원이 빠져있다는 것이다.

Release-11 상에서 손쉬운 TWAN(Trusted WLAN Access Networks) 구현을 가능하게 하기 위해 단말에 변경을 초래하지 않는 방법이 고안되었다. 이 솔루션은 구조의 변경을 초래하지 않으며 S2a, STa, SWx 인터페이스의 일부 개선을 요구한다. AAA 인터페이스(STa, SWx)가 신뢰받은 WLAN 접속을 위한 권한 파라미터와 추가적인 가입자 정보를 신뢰받은 WLAN 액세스에 전달하도록 개선되었다. 추가적으로 S2a를 통한 신뢰받은 WLAN 연결을 지원하는 GTPv2가 정의되었는데 이는 단지 GTP 기반의 인터페이스만을 가진 사업자의 경우 GTP 기반 S2a를 구현하도록 하는 것이 PMIP 기반 S2a를 구축하는 것보다 쉽다고 인식되기 때문이다.

핸드오버와 APN 지시자가 없기 때문에, Release 11의 솔루션은 다음 기능을 지원하지 않는다.

- IP주소를 유지하면서 TWAN과 3GPP 접속 간의 핸드오버
- Non default APN으로의 접속(단말에 의해 시그널되지 않기 때문)
- 단말 기반의 추가 PDN 접속

또한, EPC로의 동시 접속 및 유연하지 않은(단말 IP 주소의 유지 없는) WLAN 오프로드는 지원하지 않는다.

이러한 제약을 극복하기 위해 3GPP는 릴리즈 12에서 UE와 신뢰받은 WLAN 액세스 네트워크(TWAG) 간 프로토콜을 정의하였다. 이 프로토콜은 WLCP(WLAN Control protocol)라고 불리우며, WLCP 시그널링은 UDP/IP 상에서 전송되며, TWAN을 통한 PDN 연결의 관리를 가능하게 한다. WLCP는 다음과 같은 기능을 제공한다.

- PDN 연결의 생성, 중단 및 핸드오버
- 단말에 의한 PDN 연결 해제 요청 또는 단말에게 연결 해제를 통지
- IP 주소 할당

1.10.1 참조점 및 프로토콜 요약

표 1.6은 non-3GPP 액세스 네트워크와의 연동을 위한 추가 참조점과 프로토콜을 보여준다.

표 1.6 non-3GPP 액세스 네트워크와의 연동을 위한 추가 참조점과 프로토콜

참조점	프로토콜	표준 규격
SWa	DIAMETER	TS29.273 [40]
SWm	DIAMETER	TS29.273 [40]
SWu	IPSec/IKEv2	TS24.302 [41]
SWw	WLCP EAP EAP-AKA'	TS24.244 [42] IETF RFC 3748 [43] IETF RFC 5448 [44]
SWx	DIAMETER	TS29.273 [40]
STa	DIAMETER	TS29.273 [40]
S2a/S2b	GTPv2-C/GTPv1-U PMIPv6	TS29.274 [19]/TS29.281 [22] TS29.275 [23]
S2c	DSMIPv6	TS24.303 [45]

1.11 네트워크 공유(Network Sharing)

사업자 측면에서 네트워크 구축 비용을 나누는 다양한 방법이 존재하며, 이 방법들은 전국적인 무선 커버리지를 증가시킨다. 초기 공공 안전망 구축 단계에서, 증대된 커버리지는 매우 중요한 사례이다. 이러한 방법은 기지국 사이트와 무선 네트워크 구성 요소, 스펙트럼/주파수 및 핵심망 노드를 공유하는 것을 가능하게 한다.

이 장에서 설명하는 네트워크 공유 솔루션은 단일 셀에서 다수의 PLMN ID가 방송되는(예를 들어, 서로 다른 사업자가 동일한 스펙트럼을 공유하는 것) 무선 주파수 공유 시나리오에 대한 기능이다. 이 기능은 원래 Release 6에서 UMTS를 위한 한 옵션으로 표준화되었고 Release 8에 적용되었다. Release 10과 11에서는 GERAN 액세스에 대해 표준화되었다. 이 기능은 3GPP TS 23.251 [46]에 정의되어 있고, 코어 네트워크 구성에 따라 다중 사업자 핵심망(MOCN: Multi Operator Core Network) 또는 관문 핵심망(GWCN: Gateway Core Network)으로 불린다. MOCN 구성에서는 통신사간 무선 엑세스 네트워크(eNB)는 공유하지만 서로 다른 코어 네트워크(MME, S-GW, P-GW, HSS)로 구성되며, GWCN 구성에서는 추가로 MME까지 공유된다(S-GW, P-GW, HSS 제외). 통신사의 비용 절감 측면에서 일부 CN 노드를 공유하는

것보다 RAN을 공유하는 것이 좀 더 이득인 것은 자명하다. MOCN과 GWCN 구성에서 라디오 액세스 네트워크에서의 eNB는 같은 방식으로 공유되고 단말의 동작방식에도 차이가 없다. MOCN 구성에서는 공유된 eNB가 각각 통신사의 핵심망으로 연결되지만 GWCN 구성에서는 MME가 공유되어 MME는 각각의 통신사의 GW와 HSS에 연결된다. eNB와 MME의 공유는 기본적으로 여러 통신사(최소 두 개)가 같은 HW, SW 자원을 사용할 수 있다는 의미이지만 공유된 노드가 개별적으로 일부만 설정될 수 있다(eNB/MME 벤더가 제공하는 기능에 의존).

그림 1.17은 MOCN과 GWCN의 구성을 보여준다.

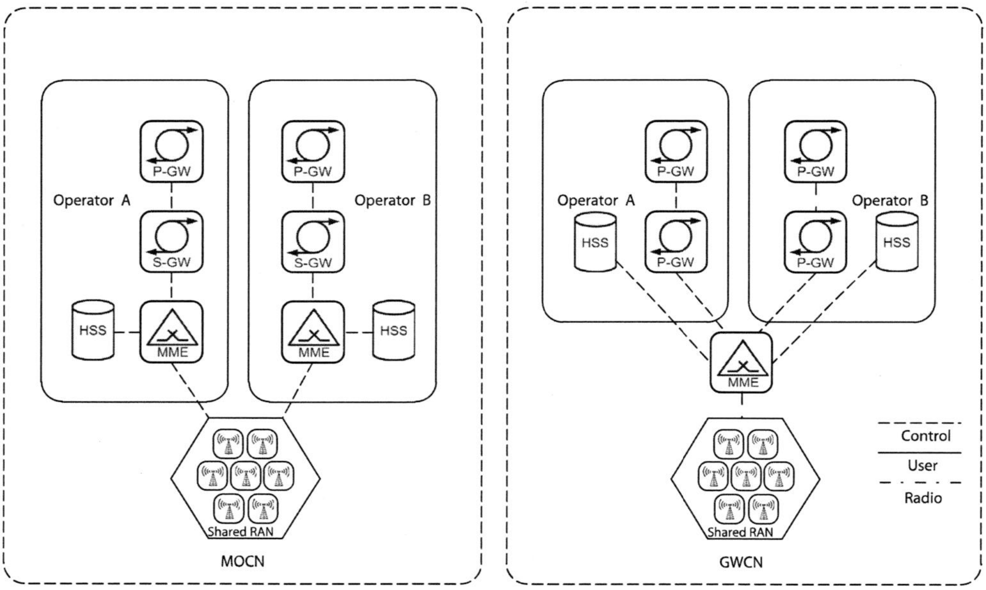

그림 1.17 MOCN과 GWCN 구성

1.11.1 단말 기반 네트워크 선택

공유 영역의 각각의 LTE셀은 리스트 내의 여러 PLMN 아이디(최대 5개)를 방송하는데, 이 목록의 가장 첫 번째 아이디를 프라이머리 PLMN이라고 한다. 모든 PLMN에게 TA 코드는 공통으로 사용된다. 단말은 방송된 시스템 정보를 수신하여 모든 가용한 핵심망 사업자와 관련된 정보를 취하고 네트워크 및 셀 재선택 과정에서 이를 고려한다.

단말은 공유 네트워크에 최초 접속을 시도할 때 방송된 네트워크 중 하나를 선택하고(일반적으로 홈 PLMN), 선택된 PLMN 아이디를 eNB에 알린다.

1.11.2 RAN 기반 네트워크 선택

단말은 선택된 핵심망에 대한 네트워크 아이디를 eNB에 알린다. 이 정보를 기반으로 eNB는 단말의 초기 접속 요청을 선택된 통신사의 MME로 경로를 설정한다. 단말이 승인을 얻으면 MME는 단말에 임시 아이디를 제공하는데, 이것은 eNB가 이후 메시지를 동일한 MME로 보내는 것을 가능하게 하는 충분한 정보를 포함한다.

1.12 Multimedia Broadcast Multicast Service

1.12.1 MBMS의 원리

MBMS(Multimedia Broadcast Multicast Service)는 단방향 일대다 전송 서비스로 단일 소스(컨텐츠 제공자)에서 나오는 데이터를 특정 지역에 위치한 한 사용자 그룹에 동시에 전송하는 것을 가능하게 한다. MBMS는 잠재적인 대규모 사용자에게 효율적인 방법으로 데이터를 전송하는 수단을 제공한다. 이와 같은 목적으로 MBMS는 무선 인터페이스 상에서 무선 멀티캐스트 채널을 사용하고 핵심망에서는 IP 멀티캐스트 기술을 사용한다. MBMS 전송 기능을 사용하는 서비스는 두 종류로 나뉠 수 있다.

- 연속적인 데이터 흐름을 제공하는 스트리밍 서비스
- 다운로드 및 재생 서비스.

서비스의 예는 아래와 같다.

- 스트리밍 & 다운로드를 통한 비디오 배포, 모바일 TV 및 모바일 게임
- 트래픽 방송(Traffic announcement)
- 단말로의 파일 다운로드, HTML 페이지, 비디오, 오디오 또는 이들의 조합과 같은 컨텐츠의 배포 또는 소프트웨어 업데이트

MBMS는 방송 모드와 멀티캐스트 모드로 동작하지만 LTE에서는 방송 모드만 지원된다. 방송 모드에서는 데이터 스트림이 단일 소스에서 연관된 방송 서비스 권역 내의 다수의 단말로 전송된다. 멀티캐스트 모드(2G/3G만)에서는 단일 소스에서 서비스 권역 내의 특정 멀티캐스트 그룹에 속단 단말들에 데이터 스트림이 전송된다. 멀티캐스트 모드에서는 단지 특정 멀티캐스트 서비스에 가입한 사용자와 해당 서비스와 연계된 특정 멀티캐스트 그룹에 참여한 사용자만이 데이터를 수신할 수 있다. 방송 모드에서는 데이터 수신을 위해 서비스에 가입하거나 활성화하는 것이 필요 없다.

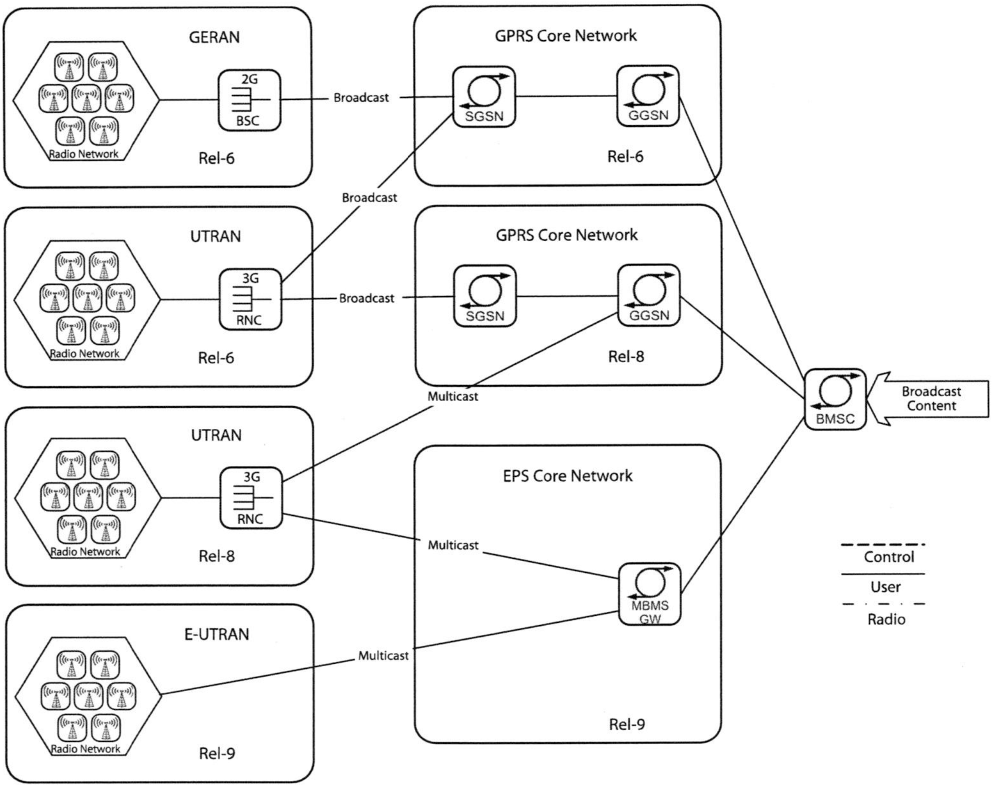

그림 1.18 MBMS 사용자 평면의 진화

MBMS는 GPRS/UMTS Release 6에서 처음 표준화되었다. 플랫 아키텍처 지원과 SGSN의 바이패스를 위해 Release 8에서는 백본망 내에서 GGSN과 RNC 간에 MBMS 데이터를 분배하기 위한 선택기능으로 IP 멀티캐스트가 도입되었다. MBMS 데이터의 수신을 원하는 각 RNC는 해당 멀티캐스트 그룹에 가입해야 한다. LTE/SAE에서의 MBMS 도입은 업계의 낮은 관심으로 인해 Release 8에 포함되지 않았다.

Release 9에서는 LTE/SAE를 위한 MBMS의 관심이 증대되어, 표준화가 시작되었다(3GPP TS 23.246 [47] 참고). 하지만 Release 9 기반 EPS 기능의 설계 목표는 모바일 TV와 예약 기반(scheduled) 파일 다운로드에 국한되었다. 그러므로 "MBMS for EPS"(Evolved MBMS 약자로 eMBMS)는 MBMS 방송 모드만을 지원한다.

그림 1.18은 Release 6 GPRS/UMTS에서 Release 8 UTRAN, Release 9 E-UTRAN까지 MBMS의 진화를 보여준다.

E-UTRAN 내에서 Release 9 E-UTRAN의 MBMS 방송 모드 기능은 E-UTRAN은 셀 내의 활성 사용자 수를 확인하는 기능을 제공하지 않는 점에서 GERAN/UTRAN과 차이가 있다. 결과적으로 데이터는 사전에 정의한 영역에 단말의 존재 여부와 관계없이 방송된다.

E-UTRAN 내에서 MBMS 데이터 스트림을 수신하는 유일한 방법은 E-UTRAN의 IP 멀티캐스트를 이용하는 것이다(그림 1.18 참고). UTRAN에서 RNC는 IP 멀티캐스트 배포를 허용하거나 거부할 수 있고 SGSN은 일반 MBMS 일대일 연결을 연관된 모든 RNC와 연결할 수 있다. eMBMS는 EPS를 위한 MBMS 기능을 의미하며 3GPP Release 9에서 표준화되었다. eMBMS에는 다음과 같은 새로운 기능 요소들이 도입되었다. 2G/3G의 GGSN은 MBMS GW로 대체되었고 다중 셀 조정 엔티티(MCE: Multicell Coordination Entity)는 E-UTRAN 내에서 하나의 셀 그룹의 균일한 MBMS 무선 자원의 할당 및 제어를 위해 사용된다.

그림 1.19는 새로운 기능 엔티티를 포함한 eMBMS의 아키텍처를 나타낸다.

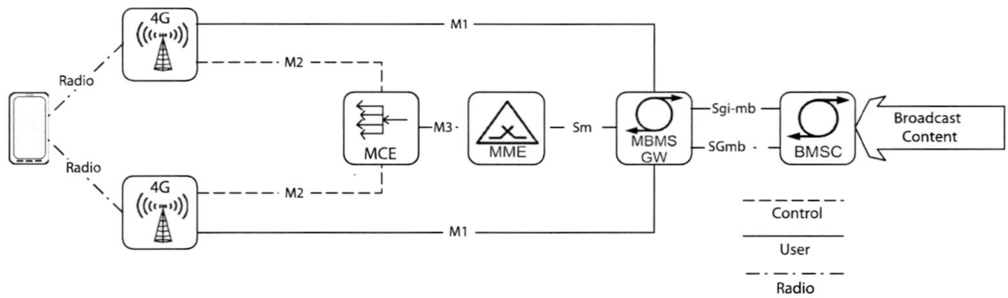

그림 1.19 진화된 MBMS 아키텍처

1.12.2 기능 블록 설명

1.12.2.1 Broadcast Multicast Service Center(BM-SC)

BM-SC(Broadcast Multicast Service Center)는 MBMS 사용자를 위한 서비스 프로비저닝과 전송 기능을 포함한다. BM-SC는 컨텐츠 제공자의 진입점(entry point)으로서 PLMN에서 SGmb 인터페이스를 통해 MBMS Bearer 서비스를 인증하고 시작하며, SGi-mb를 통해 데이터의 전송을 계획하고 실행한다. BM-SC는 컨텐츠 제공자로부터 수신된 접속 요청을 인증, 허가, 과금한다. BM-SC와 컨텐츠 제공자의 인터페이스는 3GPP에서 정의되지 않는다(단, 공공안전 그룹 통화 제외, 5장 참고).

1.12.2.2 MBMS 게이트웨이(MBMS GW)

MBMS 게이트웨이는 설정된 MBMS 지역에 M1 인터페이스를 통해 eNodeB로 패킷을 전송할 수 있으며 MME의 Sm 인터페이스를 통해 MBMS 세션 제어 시그널링(세션 시작/종료/갱신)을 E-UTRAN(MCE)에 제공한다. MBMS GW는 제어평면 및 사용자 평면 부분으로 구성되어 있다(MBMS CP와 MBMS UP). MBMS GW는 독립적으로 배치될 수도 있고, BM-SC, S-GW 또는 P-GW와 함께 배치될 수도 있다. MBMS GW와 S4-SGSN 간의 Sn 인터페이스는 그림 1.19에 표기되지 않았는데, 이것은 Sm 인터페이스와 유사한 제어평면 시그널링을 제공하고 일대일 모드에서 GTP를 사용하여 MBMS 데이터를 전송하는데 사용된다.

1.12.2.3 Multicell/Multicast Coordination Entity(MCE)

MCE(Multicell/multicast Coordination Entity)는 MBMS 접근 권한 제어 및 MBMS 무선 자원의 할당 기능을 제공한다. 이것은 E-UTRAN에서 M2 인터페이스를 통해 eNodeB와 연동된다. MCE는 독립적인 엔티티로 구현되거나 eNB와 함께 위치할 수 있다. 이 경우 특정 eNodeB에 의해 제어되는 셀들만이 MBSFN 영역(1.12.4절 참고)을 구성할 수 있다. 원칙적으로 MCE는 MBMS GW와 함께 위치할 수도 있다.

1.12.2.4 MBMS 지원 MME

MME는 M3 인터페이스를 통해 MCE에 MBMS 세션 제어 시그널링을 전달하는 것을 지원하도록 기능이 개선되었다. 그림 1.19에는 HPLMN의 MB-SC와 VPLMN(로밍의 경우)에서의 BM-SC 간의 Mz 인터페이스는 생략되었다. Mz 인터페이스는 LTE/SAE에는 지원하지 않고, 현재 GPRS와 UMTS만 지원된다.

1.12.2.5 MBMS 지원 단말

MBMS가 지원되는 단말은 MBMS 베어러 서비스의 활성화, 비활성화, MBMS 보안 기능(예, MICKEY 프로토콜을 통한 키 분배)과 같은 추가 기능의 지원이 필요하다.

1.12.2.6 참조점 및 프로토콜 요약

표 1.7은 MBMS를 위해 사용되는 참조점의 요약을 보여준다.

1.12.3 MBMS 개선 사항(MBMS Enhancements)

Release 10에서 네트워크가 MBMS 서비스 사용을 원하는 사용자의 수에 따라 개별적으로 서비스를 관리할 수 있도록 개선되었다. 이는 서로 다른 MBMS 서비스간 우선순위를 가능하게 하여 자원 부족 시 우선순위에 따른 서비스를 제공할 수 있게 되었다.

표 1.7 MBMS에 관한 참조점 및 프로토콜

참조점	프로토콜	표준 규격
M1	GTPv1-U	TS 29.281 [22], TS 36.445 [48]
M2	M2AP	TS 36.443 [49]
M3	M3AP	TS 36.444 [50]
Mz(GPRS/UMTS)	DIAMETER	TS 29.061 [10]
Sm	GTPv2-C	TS 29.274 [19]
SGmb	DIAMETER	TS 29.061 [10]
SGi-mb	IP unicast 혹은 multicast	TS 29.061 [10]

추가적으로 MBMS 서비스를 수신중이거나 수신을 희망하는 접속(Connected) 모드의 단말의 수를 카운팅하는 기능이 추가되었다. 다만 Release 10을 지원하는 접속 모드 단말만 카운트된다. Release 10의 유휴(Idle) 모드 또는 Release 9 또는 그 이전버전은 카운트되지 않는다.

MBMS 카운팅 기능은 MCE에 의해 제어되며(MBSFN 전송 enable/disable), 이 기능은 MCE가 해당 서비스에 대한 MBSFN 전송을 시작하거나 중단하는 것을 가능하게 한다. 해당 MCE 기능 지원을 위해 Release 10에서 M2 인터페이스 절차가 도입되었다. 이 절차는 MBMS 서비스의 중단, 재개, MBMS 카운팅 요청 송신, MBMS 카운팅 결과 수신과 같은 기능을 지원한다. MCE가 MBSFN 전송을 위한 무선 자원을 할당하고 제어하기 때문에, 다양한 MBMS 서비스의 우선순위 제어도 MCE에 의해 수행된다. 따라서 여러 개의 MBMS 라디오 베어러의 ARP (Allocation and retention Priority)에 따라 MCE는 현재 제공되는 MBMS 서비스를 선점할 수 있다. LTE Release 11에서는 멀티캐리어 네트워크 환경에서도 MBMS 서비스 연속성을 보장하도록 진화되었다. MBMS 서비스는 서로 다른 지역의 서로 다른 주파수를 이용해 구축될 수 있다. Release 11의 개선은 네트워크로 하여금 캐리어 주파수나 서비스 영역 식별자와 같은 실제 MBMS 구축과 관련된 추가 정보를 MBMS 지원 단말에 보낼 수 있게 하였다. Release 11에서는 MBMS 지원 단말이 자신이 관심을 가지고 있는 MBMS 서비스에 연관된 캐리어의 주파수, MBMS와 유니캐스트에 대한 선호도 등을 알려주는 방법으로 MBMS 서비스에 대한 자신의 관심을 표시할 수 있다. 네트워크는 이 지명 정보를 이동성 관리에 대한 결정을 위해 사용하여 단말이 항상 적절한 주파수에 대한 정보를 수신하여 MBMS 서비스를 지속적으로 사용할 수 있게 한다. 유휴 모드에서는 MBMS 지원 단말이 셀 선택 단계에서부터 해당 주파수의 MBMS 서비스 가용 여부를 확인하여 주파수 우선순위를 매길 수 있게 된다. 접속 모드에서 MBMS 서비스 연속성의 지원을 위해 단말에서 수신된 MBMS 관심 표시(MBMS interest indication)가 핸드오버 준비 절차 중에 핸드오버 대상 셀(target cell)에 전송된다.

1.12.4 MBSFN과 MBMS 무선 채널

MBMS 방송 모드를 위해 E-UTRAN은 소위 MBSFN(Multimedia Broadcast Single Frequency Network) 기능을 지원하는데, MBSFN 영역의 셀들은 서로 동기화되어 동일한 데이터를 전송할 수 있게 된다. MBSFN 영역은 사전에 정의될 수 있다. MCE(Multicell Coordination Entity)는 동일한 무선 자원 할당과 동기화된 데이터 전송을 담당한다. 그 결과 생성된 신호는 시간 분산 무선 채널(time-dispersive radio channel)을 통해 한 번씩 전송된다. 다수의 셀은 한 MBSFN 영역에 속할 수 있고, 모든 셀은 최대 8개의 영역에 속할 수 있다. 최대 256개의 다른 영역이 정의될 수 있다. MBSFN 영역의 특정 셀이나 가장자리의 셀은 MBMS 전송을 지원하지 않을 수 있으며, 따라서 MBSFN 영역에 포함되지 않는다. 그러나, 저전력으로 다른 데이터를 전송하여 MBMS 시그널의 간섭을 초래하지는 않도록 한다. 이러한 셀은 "Reserved Cell"로 불린다. 그림 1.20은 MBMS 단일 주파수 네트워크 설정을 보여준다. E-UTRAN에서의 MBMS는 새로운 논리채널, 전송 전송, 물리 채널을 필요로 하며 두 개의 논리채널이 MBMS와 관련이 있다.

MTCH(Multicast Traffic Channel)는 MBMS 서비스의 데이터를 전송하며 MBSFN 영역에서의 MBMS 서비스는 여러 개의 MTCH를 사용할 수 있다. 상향에 대한 피드백이 없기 때문에 MTCH는 수신자로부터 ACK를 받지 않는 데이터 전송 모드(unacknowledged mode)를 사용한다. MCCH(Multicast Control Channel)는 MBMS 서비스를 위해 제어정보를 수신하며 MBSFN 영역당 하나의 MCCH를 가진다. 단일 혹은 다수의 MTCH와 단일 MCCH는 MAC 계층에서 MCH로 다중화되어 PMCH로 다중화된다. MCCH는 각각의 MCH에 대한 서브프레임 할당과 변조/코딩 방식에 대한 정보를 제공하며 수신자로부터 ACK를 받지 않는 데이터 전송 모드를 사용한다. MCCH 변경을 단말에게 알리기 위한 통지 방법이 사용된다. 단말에 통지되지 않은 MCCH 변경은 MCCH의 각 갱신 주기 마다 모니터링하여 감지할 수 있다.

전송 포맷은 MCE에 의해 결정되고 MCCH를 통해 단말로 전송된다. 하나의 MCH 스케줄링 주기(MSP: MCH Scheduling Period) 동안 다수의 MTCH와 선택적으로 하나의 MCCH가 하나의 MCH로 다중화된다. MCH 스케줄 정보(MSI: MCH Scheduling Information)는 MSP의 시작점에 eNodeB에 제공되어 MSP 동안 어떤 서브프레임이 각각의 MTCH에 사용되었는지를 알려준다.

시스템 정보 방송(System information broadcast) 메세지는 E-UTRAN 내의 공통, 공유 채널정보를 포함하고 MBMS 전송에 관련된 정보를 제공한다. 이것은 어떤 무선 프레임이 MBMS 서브프레임을 포함하고 있는지 알려준다.

BCCH(Broadcast Control Channel)의 역할은 MCCH 관련 자원 정보를 단말에 제공하는 것이다(셀 내의 각 MCCH에 대해 독립적으로). 이 정보는 MCH에서의 멀티셀 전송을 위한 MCCH의 스케줄링 정보이거나 MCCH 갱신 주기, 무선 프레임 오프셋의 반복 주기와 서브프레임 할당 정보일 수 있다.

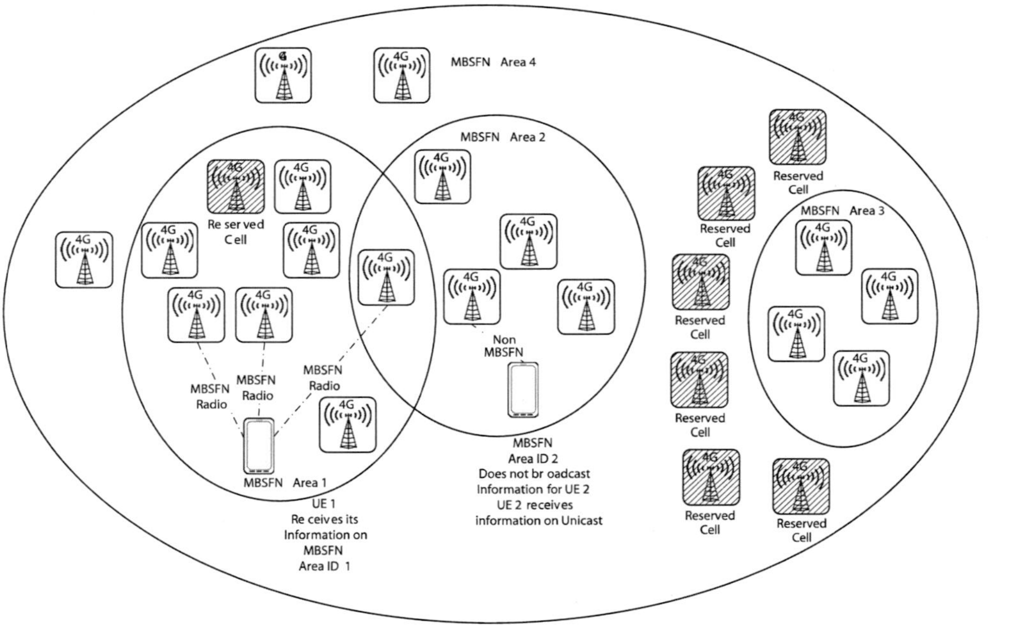

그림 1.20 MBMS 단일 주파수 네트워크

1.13 약어 및 정의(Terms and Definitions)

1.13.1 로밍

로밍을 통해 통신사 A의 가입자가 통신사 B의 네트워크 리소스를 사용할 수 있다. 통신사 A의 네트워크는 HPLMN으로 불리고 통신사 B의 네트워크는 VPLMN으로 명명된다. 보통 통신사 B의 네트워크는 통신사 A와 다른 국가에 설치된 것이다. 하지만 같은 나라에서의 로밍도 가능하다. 전자의 경우 국제 로밍, 후자의 경우 국내 로밍으로 부른다. 국가 내 로밍은

타 통신사의 망을 활용하여 무선 커버리지를 늘리고 해당 통신사는 로밍 요금을 받는다. 한 예로, LTE 표준 기반의 공공 안전망의 경우, 국내 로밍 합의에 서명함으로써 상용 통신사의 네트워크를 이용하여 커버리지를 늘릴 수 있다(또는 1.11절에 설명한 라디오 기지국 공유를 통해서도 가능).

로밍은 통신사 간의 정당한 합의(로밍 협약)가 필요하다. 이 협약은 통신사 A의 가입자가 통신사 B의 네트워크를 사용하는 방법, 가입자가 어떤 서비스를 사용할 수 있는지, 어떤 로밍 요금제로 지불되어야 하는지를 명확히 하게 된다.

로밍을 위한 사전 요구사항으로는, 외국 네트워크로 로밍하는 단말이 반드시 해당 네트워크의 무선 접속 기술과 주파수를 지원해야 하며, 사용자는 해당 무선 접속 기술을 제공받기 위한 서비스에 가입되어 있어야 한다. 일례로, 단말이 LTE 수신 기능이 있으며, 외국의 LTE 망에 로밍하는 경우, 국내에서 LTE 데이터 서비스에 가입되어 있지 않다면 단말 등록이 불가능할 수 있다.

외국 네트워크에 등록하기 위해서 단말에 접속가능/선호 로밍 네트워크에 대한 리스트가 제공되어야 한다. 이 제공 절차는 홈 네트워크 통신사를 통해 가능하다. 로밍 파트너 리스트를 기반으로 단말은 특정 국가에서 선호 네트워크를 선택할 수 있다. 등록 과정 중 HPLMN은 시그널링 연결을 통해 인증 및 가입 데이터를 VPLMN에 제공해야 한다. 데이터 트래픽은 VPLMN을 통해 목적지로 직접 라우팅될 수 있으나, 데이터가 최종 목적지에 도착 전, VPLMN을 통해 HPLMN로 라우팅 되는 것이 일반적인 예이다(예, 인터넷 서버). 이를 통해 가입 통신사는 해당 가입자에 대한 개별적인 과금 규칙을 적용할 수 있게 된다. 로밍을 위해서 가입자는 기본 서비스 이용료 이외에 로밍 요금을 추가로 지불해야 한다. 그러므로 VPLMN은 HPLMN 가입자의 네트워크 자원 사용량을 보고한다(예, 월 단위).

1.13.2 회선 교환(Circuit-Switched)과 패킷 교환(Packet-Switched) 네트워크

회선 교환(CS: Circuit-Switched) 네트워크에서는 일정한 데이터 속도의 전용 전송 채널을 사용한다. 이 전송 채널은 데이터의 전송 여부와 관계 없이 특정 연결에만 사용될 수 있다. CS 네트워크의 예로는 PSTN과 GSM 표준 기반의 네트워크이다. 패킷 교환(PS: Packet Switched) 네트워크에서는 CS와 달리 네트워크 상에서 데이터들이 패킷으로 분리되어 소스에서 목적지로 독립적으로 전송된다.

원칙적으로 서로 다른 데이터 패킷이 서로 다른 경로를 통해 라우팅될 수 있다. 전송은 연결지향(connection oriented) 또는 비연결형(connection less)으로 이뤄진다. PS 네트워크의 예로는 인터넷과 같은 IP 네트워크가 있다. UMTS 표준 기반의 네트워크는 CS, PS 두 방식을 모두 포함하지만(각각 CS 도메인, PS 도메인이라고 명명) LTE 표준은 오직 PS 도메인만 포함한다.

1.13.3 Access Stratum과 Nonaccess Stratum

스트라텀(Stratum)은 라틴어로서 '레이어(Layer)'를 의미하며 OSI(Open System Interconnection) layer와의 혼돈을 줄이기 위해 사용되었다. AS(Access Stratum) 레이어는 무선 접속 네트워크에 직접 관련된 모든 기능과 사용자 단말과 무선 네트워크 간의 연결 제어를 포함한다. AS 계층 상의 프로토콜은 무선 채널 유지 및 연결을 위해 단말 및 무선 기지국에서 구동된다.

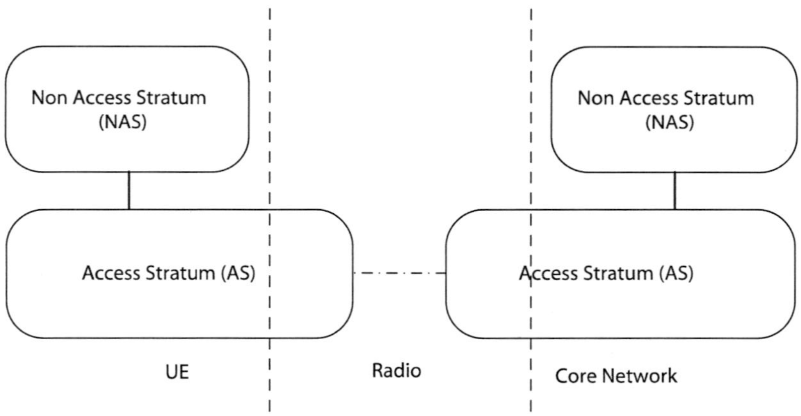

그림 1.21 AS 및 NAS 계층

NAS 계층은 이와 반대로 AS 계층 위에 존재하며 호출 제어, 이동성, 세션 관리와 관련된 기능을 포함한다. NAS 계층의 프로토콜은 단말과 핵심망 간에 교환되는데, 즉, NAS 계층은 무선 접속 네트워크 프로토콜에 영향 없이 투명하게 상위에서 바로 연결된다. 핵심망 및 단말 상의 NAS 및 AS 계층은 각각 상호 통신이 가능하고 이를 통해 NAS 계층이 시그널링과 사용자 데이터를 교환하는데 사용되는 라디오 베어러의 생성 및 중단을 시작할 수 있게 한다.

그림 1.21은 두 계층의 간략화된 개요를 보여준다.

References

[1] 3GPP TR 23.882: "3GPP System Architecture Evolution: Report on Technical Options and Conclusions".

[2] 3GPP TS 23.401: "GPRS Enhancements for E-UTRAN Access".

[3] 3GPP TS 23.402: "Architecture Enhancements for Non-3GPP Accesses".

[4] 3GPP TS 23.060: "General Packet Radio Service(GPRS); Service Description".

[5] IETF RFC 5213: "Proxy Mobile IPv6".

[6] IETF RFC 5555: "Mobile IPv6 Support for Dual Stack Hosts and Routers".

[7] 3GPP TS 36.104: "Base Station(BS) Radio Transmission and Reception".

[8] 3GPP TS 29.060: "General Packet Radio Service(GPRS); GPRS Tunnelling Protocol(GTP) across the Gn and Gp Interface".

[9] 3GPP TS 21.905: "Technical Specification Group Services and System Aspects; Vocabulary for 3GPP Specifications".

[10] 3GPP TS 29.061: "Interworking between the Public Land Mobile Network(PLMN) Supporting Packet-Based Services and Packet Data Networks(PDN)".

[11] 3GPP TS 23.203: "Policy and Charging Control Architecture".

[12] 3GPP TS 29.214: "Policy and Charging Control over Rx Reference Point".

[13] 3GPP TS 24.008: "Mobile Radio Interface Layer 3 Specification; Core Network Protocols".

[14] 3GPP TS 24.301: "Non-Access-Stratum(NAS) protocol for Evolved Packet System(EPS)".

[15] 3GPP TS 23.122: "Non-Access-Stratum(NAS) Functions Related to Mobile Station(MS) in Idle Mode".

[16] 3GPP TS 36.300: "Evolved Universal Terrestrial Radio Access(E-UTRA) and Evolved Universal Terrestrial Radio Access(E-UTRAN); Overall Description".

[17] 3GPP TS 36.413: "S1 Application Protocol(S1AP)".

[18] 3GPP TS 36.423: "X2 application protocol(X2AP)".

[19] 3GPP TS 29.274: "Evolved General Packet Radio Service(GPRS) Tunnelling Protocol for Control Plane(GTPv2-C)".

[20] IETF RFC 3588: "Diameter Base Protocol".

[21] 3GPP TS 29.272: "Evolved Packet System(EPS); Mobility Management Entity(MME) and Serving GPRS Support Node(SGSN) Related Interfaces Based on Diameter Protocol".

[22] 3GPP TS 29.281: "General Packet Radio System(GPRS) Tunnelling Protocol User Plane(GTPv1-U)".

[23] 3GPP TS 29.275: "Proxy Mobile IPv6(PMIPv6) Based Mobility and Tunnelling protocols; Stage 3".

[24] 3GPP TS 29.215: "Policy and Charging Control(PCC) Over S9 Reference Point; Stage 3".

[25] 3GPP TS 29.212: "Policy and Charging Control(PCC); Reference Points".

[26] 3GPP TS 33.401: "3GPP System Architecture Evolution(SAE); Security Architecture".

[27] 3GPP TS 33.402: "3GPP System Architecture Evolution(SAE); Security Aspects of Non-3GPP Accesses".

[28] 3GPP TS 32.240: "Charging Architecture and Principles".

[29] 3GPP TS 32.251: "Packet Switched(PS) Domain Charging".

[30] 3GPP TS 32.296: "Online Charging System(OCS) Applications and Interfaces".

[31] 3GPP TS 32.273: "Multimedia Broadcast and Multicast Service(MBMS) Charging".

[32] IETF RFC 3261: "SIP: Session Initiation Protocol".

[33] IETF RFC 4566: "Session Description Protocol".

[34] 3GPP TS 24.229: "IP Multimedia Call Control Protocol Based on Session Initiation Protocol(SIP) and Session Description Protocol(SDP); Stage 3".

[35] 3GPP TS 29.229: "Cx and Dx Interfaces Based on the Diameter Protocol; Protocol Details".

[36] 3GPP TS 29.163: "Interworking between the IP Multimedia(IM) Core Network(CN) Subsystem and Circuit Switched(CS) Networks".

[37] 3GPP TS 23.216: "Single Radio Voice Call Continuity(SRVCC)".

[38] 3GPP TS 23.272: "Circuit Switched(CS) fallback in Evolved Packet System(EPS)".

[39] 3GPP TS 23.204: "Support of Short Message Service(SMS) over Generic 3GPP Internet Protocol(IP) Access".

[40] 3GPP TS 29.273: "Evolved Packet System(EPS); 3GPP EPS AAA Interfaces".

[41] 3GPP TS 24.302: "Access to the 3GPP Evolved Packet Core(EPC) via Non-3GPP Access Networks; Stage 3".

[42] 3GPP TS 24.244: "IP Multimedia Call Control Protocol Based on Session Initiation Protocol(SIP) and Session Description Protocol(SDP); Stage 3".

[43] IETF RFC 3748: "Extensible Authentication Protocol(EAP)".

[44] IETF RFC 5448: "Improved Extensible Authentication Protocol Method for 3rd Generation Authentication and Key Agreement(EAP-AKA′)".

[45] 3GPP TS 24.303: "Mobility Management Based on Dual-Stack Mobile IPv6; Stage 3".

[46] 3GPP TS 23.251: "Network Sharing; Architecture and Functional Description".

[47] 3GPP TS 23.246: "Multimedia Broadcast/Multicast Service(MBMS); Architecture and Functional Description".

[48] 3GPP TS 36.445: "Evolved Universal Terrestrial Radio Access Network(E-UTRAN); M1 data transport".

[49] 3GPP TS 36.443: "Evolved Universal Terrestrial Radio Access Network(E-UTRAN); M2 Application Protocol(M2AP)".

[50] 3GPP TS 36.444: "Evolved Universal Terrestrial Radio Access Network(E-UTRAN); M3 Application Protocol(M3AP)".

CHAPTER

02 규제기관 관련기능

2.1 긴급호(emergency call)

2.1.1 개요

특수한 긴급 센터(emergency center)로 전화를 하는 긴급호를 지원하는 것은 모든 셀룰러 무선망의 필수적인 요구사항이다. 엄밀히 말하면, 사용자 단말(UE: User Equipment)에서 긴급호를 지원하는 것은 사용자 단말이 음성호를 지원하는 경우에만 요구된다. 따라서, 음성호가 없는 데이터 카드 UE는 긴급호를 지원할 필요 없다. 이론적으로는 긴급 서비스는 통신을 위하여, 예를 들면 장애인을 위하여 문자메시지를 사용한다든지 혹은 영상호를 사용한다든지, 등의 다른 방법을 사용할 수도 있다.

긴급호는 PSAP(Public Safety Answering Point)라고 불리는 콜센터로 연결된다. 일반적으로, 전화를 건 번호(예, 911 혹은 112)에 따라서 그리고 각 나라의 규제에 따른 사용자의 위치에 따라서, 긴급호는 특정한 PSAP로 연결된다. 긴급상황의 종류에 따라서, 경찰, 구급차, 소방부대, 해상구조대 및 산악구조대 등에 대하여 서로 다른 긴급 콜센터가 있다. 긴급 콜센터는 PSTN(Public Switched Telephone Network), 회선교환(Circuit-Switched, CS) 영역, 패킷교환(Packet-Switched, PS) 영역 혹은 기타 다른 패킷망과 연결되어 있을 수 있다. 역사적인 이유로 긴급 콜센터는 여전히 PSTN에 연결되어 있으나, 일부 나라에서는 IP기반의 PSAP로의 전환이 이루어지고 있다. LTE IP기반의 망 위에서의 긴급호는 최상위 애플리케이션으로서 IMS(IP Multimedia Subsystem)을 사용한다. LTE 및 IMS는 공히 규제적인 요구사항을 만족하고 긴급호를 지원하기 위하여 일정부분 조정이 필요하다.

2.1.2 요구사항

각 나라의 규제에 따라서, 망에서 긴급호는 비긴급호보다 우선하여 처리된다. 또한, 특정 나라의 규제에 의하여 무선망이 긴급호를 건 사람의 위치를 관리자에게 알려주어야 하는 경우도 있다. 긴급호는 긴급상황과 관련된 데이터가 더해질 수도 있다. PSAP callback 세션이라는 것이 있는데, 이는 망이 특정 호가 예를 들면 사고에 대한 보다 자세한 정보를 알기 위하여 PSAP로부터 긴급호의 발신자로 향하는 callback임을 알게 되면 이를 일반호들과는 다르게 처리해줄 수 있는데, 이 역시 각 나라의 규제에 따라 다를 수 있다.

특정 나라의 규제에서는 망이 승인되지 않은 단말로부터의 긴급호 혹은 USIM(Universal Subscriber Identity Module)이 없는 단말로부터의 긴급호를 허용할 것인지 허용하지 않을 것인지를 구분할 수 있는 능력이 필요하기도 하다. 과거에 USIM이 없는 긴급호가 이동전화를 시험하는데 사용되거나 가짜로 긴급호를 거는 등 오용되는 일들이 많았기에, 대부분의 나라에서는 이것이 허용되지 않는다. 어쨌든, USIM이 없는 긴급호를 지원하기 위하여 혹은 현재 접속이 허용되지 않는 망에 위치한 단말로부터의 긴급호를 처리하기 위하여, LTE에는 특수한 긴급호 등록 및 망 접속(attach) 절차가 추가되었다. 이를 통하여 단말은 비록 일반적인 등록이 망으로부터 거부되더라도 긴급호는 할 수 있게 된다. LTE 상으로 긴급호를 하는데 만족해야 하는 요구사항에 따라서 단말들은 다음과 같이 분류될 수 있다.

a. **정상 서비스 단말**. 첫 번째 단말 부류는 적법한 가입을 가지고 있으며 인증이 되고 PS(Packet Switched) 서비스를 사용할 수 있으며, 추가적으로 등록된 위치에서 IMS 등록을 수행할 수 있는 단말들이다. 만약 아직 망에 접속이 안 된 경우라면, 이러한 단말들은 다른 어떤 호를 할 때 하는 것과 동일하게 정상적인 망 접속 절차를 수행한다. 그리고 사용자가 긴급호를 하려고 할 경우에는, 긴급 서비스를 위하여 단말이 요청하는 PDN(Packet Data Network) 연결 절차를 요청 종류는 긴급(emergency)을 사용하여 시작한다. 긴급호 접속의 경우에는 단말이 긴급 서비스만 사용할 수 있는 것에 비하여, 정상적인 망 접속은 단말이 긴급 서비스뿐만 아니라 일반적인 서비스들도 사용할 수 있도록 한다.
b. **인증이 되는 단말만 허용되는 경우**. 이러한 단말들은 반드시 적법한 USIM을 가지고 있어야 한다. 이러한 단말들은 인증은 되지만, 현재 정상적인 서비스가 허용되지 않는 위치에 있기 때문에 제한적인 서비스만 제공되는 상태에 있게 된다. 인증이 되지 않는 단말들은 거부된다.
c. **단말의 신원이 파악되며 인증은 선택사항인 경우**. 이러한 단말들은 반드시 USIM을 가지고 있어야 한다. 어떠한 이유에서든 인증이 실패하게 되면 단말은 제한적인 서비스 상태에 있게 된다. 하지만 접속은 허용이 되며, 기록을 위하여 비인증된 IMSI(International Mobile Subscriber Identity)는 망에서 유지된다. 망은 반드시 단말에게 IMEI(International Mobile Equipment Identity)를 요청하여야 하며 이를 단말의 신원으로 사용한다. USIM이 없는 단말 혹은 잠금이 해제된 USIM이 없는 단말은 거부된다.

d. **모든 단말이 허용되는 경우**. 인증이 되는 단말들과 함께, 이 부류는 IMSI는 가지고 있으나 (예를 들면, 가입이 만료되었거나 혹은 로밍 협약이 되어있지 않아서) 인증이 되지 않는 단말들을 포함한다. 또한, 오직 IMEI만을 가진 단말들(USIM이 아예 없거나, 아니면 PIN 코드 입력으로 USIM 잠금이 해제되지 않아서)도 포함한다. 이 경우에도 단말들은 제한적인 서비스 상태에 있게 된다. 만약 비인증된 IMSI가 단말로부터 제공된다면, 비인증된 IMSI는 기록을 위하여 망에서 유지된다. 망에서는 IMEI를 사용하여 단말의 신원을 확인한다.

2.1.3 긴급호 아키텍처

LTE에서의 긴급호는 IMS 혹은 CS(Circuit-Switched) fallback(CSFB)을 통하여 지원된다. 긴급호를 지원하기 위한 IMS 아키텍처는 3GPP 기술 규격(TS: Technical Specification) 23.167에 정의되어 있으며 [1], EPS(Evolved Packet System) 레벨은 3GPP TS 23.401에 정의되어 있다 [2]. CS fallback 구조는 3GPP TS 23.272에 정의되어 있다 [3]. 현재의 GSM/WCDMA/CDMA 망에서는 긴급호가 CS 영역을 통하여 지원된다. LTE를 위한 CS fallback 절차는 3GPP Release 8에서부터 정의되었으며, LTE에서의 긴급호는 GSM/WCDMA/CDMA망으로의 CS fallback을 통하여 지원될 수 있다. 만약 CS fallback이 지원되지 않는다면, 단말은 자율적으로 인접한 GSM/WCDMA/CDMA망으로 옮겨가서 긴급호를 시도할 수 있다. LTE에서의 IMS VoIP(Voice over IP) 긴급호의 지원은 3GPP Release 9에서 규격화되었다.

2.1.3.1 IMS 긴급호

긴급 서비스는 해당 지역에서 서비스를 제공하는 망을 통하여 제공된다. 즉, 사용자가 외국으로 로밍을 한 경우에 잘 알려진 긴급 전화번호로 전화를 하면 그 나라의 가장 가까운 PSAP로 연결이 된다. LTE 상의 음성 서비스는 IMS(VoLTE로 알려진)를 사용하기 때문에, IMS와 LTE는 규제적인 요구사항을 만족하기 위하여 긴급호를 지원해야 한다. 이 절에서는 LTE 상의 IMS 긴급호에 대한 아키텍처 및 관련 절차에 대하여 알아보도록 한다. 상위 레벨의 구조는 그림 2.1과 같다.

IMS 상의 정상적인 음성호와 달리, IMS 상의 긴급호는 단말, 망(LTE 및 SAE: System Architecture Evolution) 및 응용계층(IMS)에서 특수한 처리를 필요로 한다. 이러한 특수한 요구사항에 대하여 앞에서 간략하게 다룬 바 있으나, 이를 다시 정리하면 다음과 같다.

- 긴급호는(방문한 혹은 로밍중인) 망 내에서 지역적으로 가용한 가장 가까운 PSAP 혹은 긴급 서비스센터로 연결된다.
- 일부 나라에서는, PSAP가 긴급호 발신자에게 다시 전화를 거는 callback이 지원되어야 한다.

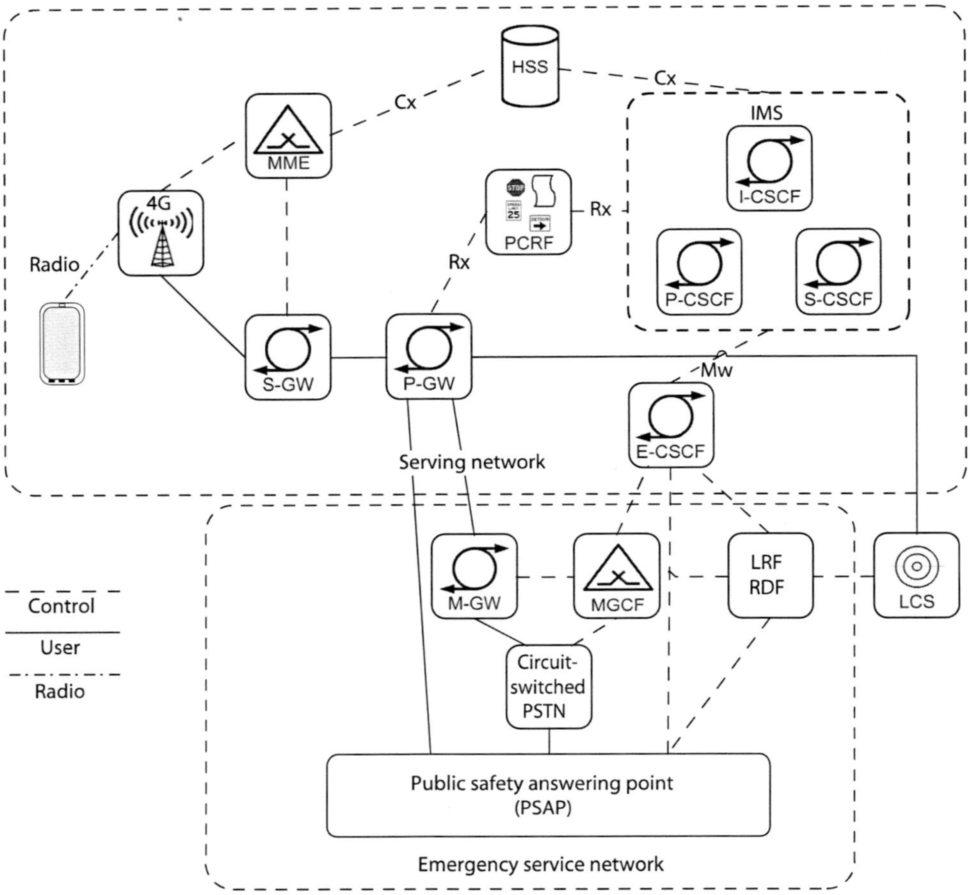

그림 2.1 LTE IMS VoIP 긴급호 아키텍처

- 망은 발신자의 위치에 대한 정확한 정보를 PSAP에 제공할 수 있어야 한다.
- 지역적인 규제에 따라서, 전체 망으로의 접속은 허용되지 않는 제한적인 서비스 상태에 있는 단말 혹은 정상적인 서비스는 지원되지 않는 위치에 있는 단말도 긴급호는 사용할 수 있어야 한다.
- 지역적인 규제에 따라서, USIM이 없는 단말들도 긴급호는 사용할 수 있어야 한다.
- 망이 혼잡한 상황이거나 과부하 상태인 경우에도, 긴급호는 우선적으로 처리되어야 한다.
- 긴급 서비스와 기타 서비스들에 대한 비용을 확실하게 구분하기 위하여, 긴급 서비스를 위해 할당된 자원은 정상적인 음성호와 같이 다른 서비스에 사용되어서는 안된다. 이를 통하여 사업자는 긴급호에 대하여 어떻게 과금을 할 지를 결정할 수 있다. 예를 들어, 특정 나라에서는 서비스가 국가에 의하여 보조를 받거나 무선통신 서비스 사업자에 의하여 보조를 받기도 한다. 또 다른 경우에는, 무선통신 서비스 사업자가 긴급호의 비용을 사용자에게 부과하기도 한다.

열거된 일반적인 요구사항들은 다음과 같이 긴급호 설정 동안 단말 및 망 요소들에서의 역할 및 책임(roles and responsibilities)으로 해석할 수 있다.

단말

단말은 정상적인 서비스가 제공되는 적합한 셀(suitable cell)에서 정상적으로 camp할 수도 있으며 선택된 셀에서 제한적인 서비스(limited service) 상태로 camp할 수도 있다. 단말이 camp on할 적합한 셀을 찾지 못할 경우(예를 들어, 가입되어 있지 않거나, 로밍 협약이 되어 있지 않는 등으로 정상적인 서비스가 제공되지 않는 등)에는 제한적인 서비스 상태에 들어간다. 단말에 대한 자세한 셀 선택 원칙 및 idle 모드 camping 절차는 3GPP TS 36.304 [4] 및 TS 23.122 [5]에 규격화되어 있다.

적합한 셀에서의 정상적인 UE camping은 다음의 두 가지 주요 기능을 수행해야 한다.

1. 아직 접속되어 있지 않다면, 정상적인 접속을 시작한다.
2. 긴급 서비스에 대하여 특수한 UE-requested PDN 연결 절차를 시작한다. PDN 연결 요청은 긴급이라는 특수 요청 타입을 담고 있어서 망이 긴급 연결을 위한 요청임을 쉽게 알 수 있다. 또한, 요청이 긴급 서비스를 위한 경우 단말은 APN(Access Point Name)을 포함하지 않아야 한다.

선택된 셀에서 제한적인 서비스 상태에서의 UE camping은 다음의 두 가지 주요 기능을 수행해야 한다.

1. 특수한 긴급 접속 절차를 시작한다. 망이 혼잡한 경우에는 긴급 서비스 용 접속에 우선순위를 부여하며 가입에 대한 확인 및 인증(authentication/authorization) 절차들을 수행하지 않는다.
2. 긴급 서비스에 대하여 긴급 요청 타입으로 특수한 UE-requsted PDN 연결 절차를 시작한다. 이 경우 APN은 포함하지 않는다(이 단계는 정상적인 UE camping과 동일하다).

eNodeB

기지국은 커버리지 내의 모든 단말들에게 IMS 긴급호에 대한 지원을 방송한다. 긴급 지시자에 따라서 요청들에 대한 무선 자원의 설정에 우선순위를 부여한다. 자원에 대하여 경쟁이 발생하는 경우에는 QCI(QoS Class Identifier) 및 ARP(Address Resolution Protocol)에 기반하여 긴급 서비스들에 대하여 사용자평면(user plane) 설정에 우선순위를 부여하며 기존의 사용자 영역은 유지한다.

MME

MME(Mobility Management Entity)는 단말로부터의 요청이 긴급 서비스로 표시된 경우에는 접속 및 PDN 연결에 우선순위를 부여한다. 단말이 긴급 베어러 서비스들을 요청한 경우에는 사용을 위하여 MME는 긴급 설정 데이터를 저장한다. 또한 과부하가 발생한 경우에는 긴급 베어러 서비스들을 유지하며 긴급 서비스로 접속된 단말들에 대한 일부 제한을(예를 들면, 단말의 위치에 기반하여) 무시한다.

PDN-GW

필요한 경우, IMS VoIP 긴급호가 연결되어 있을 때 PDN-GW(Packet Data Network Gateway)는 dedicated 베어러 설정을 지원할 수 있어야 한다. PCRF(Policy and Charging Rules Function)로부터 긴급 서비스 세션에 대하여 통보를 받은 경우, PDN-GW는 PDN 연결에 대하여 설정 가능한(예를 들면, PSAP callback을 지원하기 위한) inactivity 타이머를 시작한다.

PCRF

P-CSCF(Proxy Call Session Control Function)로부터 새로운 세션이 긴급 서비스 용도임을 통보 받으면 PCRF는 default 베어러 QCI 및 IMS signaling을 위한 QCI를 제외한 나머지 QCI에 대한 모든 PCC 규칙들을 제거한다. 또한 PDN-GW를 업데이트한다.

MGCF/MGW

긴급호 내에서 SIP(Session Initiation Protocol)를 ISUP(ISDN User Part) 메시지로 변환하는 경우, MGCF(Media Gateway Control Function)는 ISUP 메시지(예를 들어, 호를 설정하는 최초 메시지)가 높은 우선순위라거나 혹은 긴급호 용도라고 알려줄 수 있다. 이와 같이 알려주는 기능은 대체적으로 국가마다 다르다.

P-CSCF

Proxy CSCF는 특정 국가에서의 긴급 서비스 번호 리스트 혹은 설정된 나라들에 대한 긴급 서비스 번호 리스트를 가지고 있다. 수신된 SIP URI 혹은 Tel URI를 통하여 IMS 긴급호가 검출되면, P-CSCF는 해당 호를 E-CSCF로 포워딩하고 새로운 세션은 긴급 서비스 용도로 사용됨을 PCRF에 알려준다.

S-CSCF

Serving CSCF는 인증을 포함하는 IMS 긴급 등록에 대하여 레지스터(register)의 역할을 수행한다. S-CSCF는 긴급호 자체의 일련의 절차에는 포함되지 않는다.

E-CSCF

Emergency CSCF는 S-CSCF로부터 긴급 서비스에 대한 호 처리 역할을 가져온 특정 CSCF이다. 왜냐하면 위치 정보를 뽑아내거나 콜 포워딩과 같은 사용자 특정의 서비스 기능을 억제하는 등과 같이 특정한 처리 규칙만을 요구하기 때문이다. E-CSCF는 위치 정보를 토대로 올바른 PSAP를 결정하고 긴급호를 해당 PSAP로 연결한다.

LRF

LRF(Location Retrieval Function)는 위치서버(location server)로부터 단말의 위치를 가져와서 저장한다. E-CSCF는 LRF에 단말의 위치를 문의하며 이에 따라서 해당 긴급호를 가장 가까운 PSAP로 전달하며 긴급서비스 인력을 적합한 위치로 보내게 된다.

RDF

RDF(Routing Determination Function)는 대체적으로 LCS 혹은 LRF에 통합되어 있으며, 긴급호를 연결하기 위하여 E-CSCF에 적합한 PSAP 목적지 주소를 제공하는 역할을 한다. 즉, RDF가 PSAP의 라우팅 SIP URI를 직접 E-CSCF에 제공한다. 만약 RDF가 없다면 E-CSCF가 위치 정보 및 긴급호 번호를 라우팅이 가능한 SIP 주소로 변환하여야 한다.

LCS

LCS(Location Server)는 MME 및/혹은 eNodeB와 같은 장비들과 상호작용하여 단말의 위치를 획득한다. 위치정보는 가장 간단한 경우에는 단말이 망에 접속되어 있는 셀의 셀 ID일 수도 있으며, 이보다 더 정확한 X-Y 좌표일 수도 있다.

PSAP

PSAP는 긴급 전화번호가 목적지인 호들을 대하여 응답을 하는 일종의 콜센터이다.

IMS 긴급호 절차

정상적으로 접속되어 있는 단말들에 대하여 긴급호를 설정하는 시그널링 절차는 정상적인 호 설정 절차와 크게 다르지 않다. 정상적인 서비스 상태의 단말들에게 긴급호를 설정하는 절차는 그림 2.2와 같다.

그림 2.3과 같이 제한적인 서비스 상태의 단말들에 대한 긴급호 설정 절차는 당연히 정상 서비스 상태의 경우와 다르다.

망에 정상적으로 접속할 수 있는 단말은 긴급호를 실행하기 위하여 PDN 연결 요청 절차를 시작한다(그림 2.2 참조). 긴급호를 실행하려고 하지만 로밍 제약 혹은 유효한 증명서(credential)가 없어서 혹은 USIM이 없어서 정상적인 접속을 수행할 수 없는 단말은, 요청에 접속 타입을 긴급으로 설정하여 긴급호를 위한 별도의 접속을 수행한다(그림 2.3 참조).

정상적인 접속이든 긴급호를 위한 별도의 접속이든지, 단말은 접속 절차 중 반드시 자신의 신원을 확인시켜 주어야 한다. 단말의 신원은 망으로부터 할당되는 일시적인 신원이거나 혹은 USIM으로부터 읽혀지는 가입에 기반한 IMSI일 수 있다. 만약 일시적인 신원이 없으면, 보안 목적을 위하여 IMSI만이 사용되게 된다.

만약 단말이 USIM이 없어서 위에 설명한 어떠한 방법도 사용할 수 없는 경우에는, 마지막 수단으로 긴급호를 위한 접속에 단말기계 자체의 신원(IMEI)을 사용할 수 있다. (예를 들어, 해당 나라의 규제에 따라서) 만약 MME가 IMEI를 사용한 긴급호 접속을 지원하는 경우에는 MME는 보안을 위한 증명서가 없는 이러한 단말들에 대해서는 인증(authentication), 암호화(ciphering) 및 무결성(integrity) 보호 절차를 생략하고 접속을 받아준다.

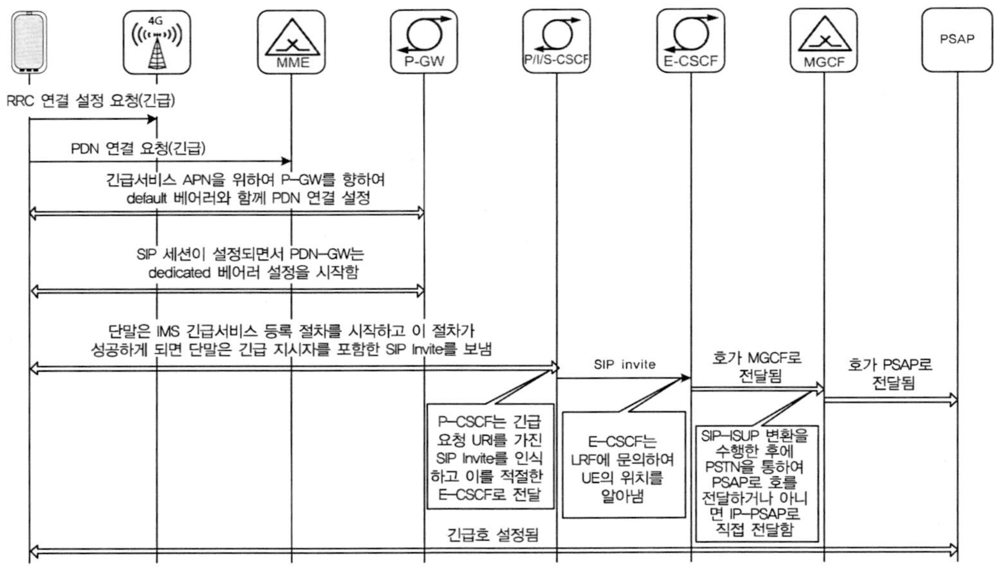

그림 2.2 정상적인 단말들에 대한 LTE IMS VoIP 긴급호 절차

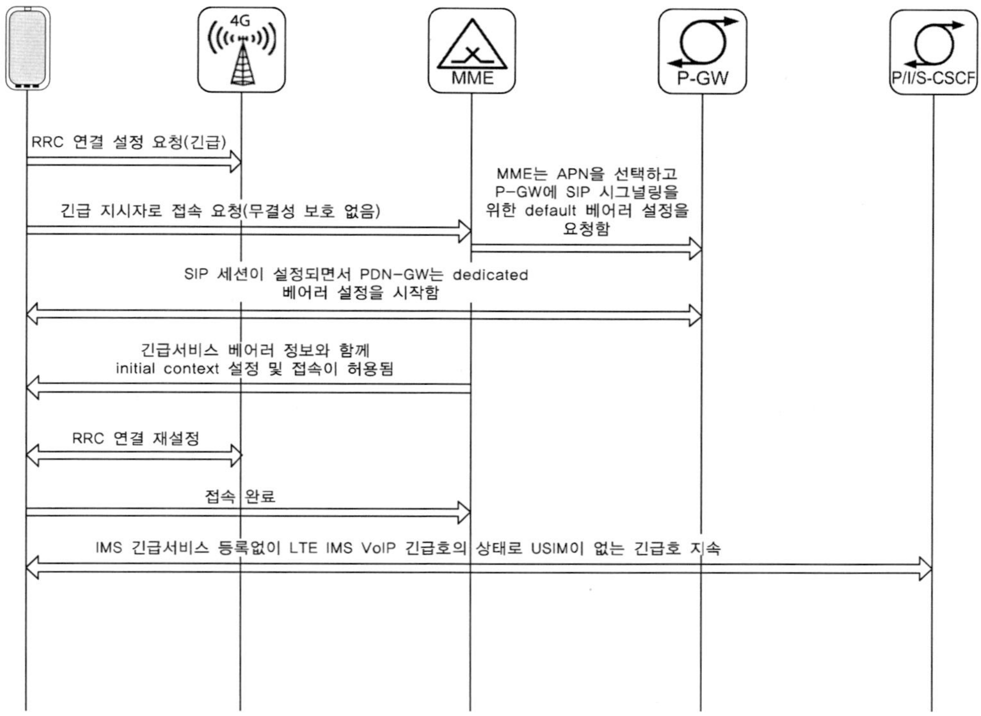

그림 2.3 제한적인 서비스 상태의 단말들에 대한 LTE IMS VoIP 긴급호 절차

MME가 USIM이 없는 상태의 긴급호를 지원하지 않는다면(예를 들어, 해당 나라의 규제가 이를 허용하지 않아서), MME가 IMEI를 단말 신원으로 수신한 경우에는 MME는 IMEI 기반의 접속은 허용되지 않음을 알리면서 해당 긴급호 설정을 거부한다.

망은 QoS 프로파일, APN-AMBR(Access Point Name-Aggregate Maximum Bit Rate), 긴급서비스 APN, 고정적으로 설정된 P-GW등으로 이루어진 긴급호 설정 데이터를 저장한다. 사용자의 가입 데이터는 긴급서비스 베어러에 대해서는 무시된다. 인증되지 않은 사용자는 그 어떠한 가입 데이터도 가지고 있지 않을 수 있다.

특정 단말에 대하여 정상적인 서비스는 허용이 되지 않는 지역으로부터의 EPS 접속 혹은 TAU(Tracking Area Update)를 긴급 용도에 대해서는 망이 허용할 수 있다.

가입 정보에 의해서는 정상적인 서비스가 허용되지 않는 지역에서 단말이 망에 성공적으로 등록되고 긴급서비스 베어러 자원을 획득한 경우에는, 망은 TAU 이후에 긴급서비스 베어러 자원만 남기고 모든 정상서비스 베어러 자원들은 없애야 한다. 이러한 경우는 단말이 허용되는 PLMN(Public Land Mobile Network) 내의 지역적으로 준비가 된 지역을 벗어나서 로밍을 하여 로밍에 제약이 있는 경우에 해당된다. 즉, 긴급호는 사용자가 허용되지 않는 다른 서비스를 사용할 수 있도록 해주지 않는다.

긴급서비스를 위하여 설정된 그 어떤 PDN 연결에 대해서도 베어러 자원 변경은 허용되지 않는다. 망이 만약 이러한 요청을 단말로부터 수신하게 되면, 반드시 이를 거부해야 한다. 긴급서비스 APN과 관련된 PDN 연결의 default 및 dedicated 베어러들은 항상 긴급서비스 세션들에만 한정되어야 한다. 정상적인 망 접속이 아니라 별도의 긴급서비스 접속으로 연결된 단말에 대해서는 (긴급서비스 PDN 연결 이외에는) 추가적인 PDN 연결이 허용되지 않는다. 이는 정당한 것으로서 해당 사용자는 해당 사업자에 대하여 적절한 가입을 하지 않았으며, 따라서 해당 사업자는 국가적인 규제에 의하여 강제된 긴급서비스를 제외하고는 해당 사용자에게 다른 서비스를 제공할 의무가 없다.

긴급호는 망에 의하여 시도되는 접속해제로부터 보호된다. 만약 단말이 현재 활동상태인 긴급서비스 베어러를 가지고 있는 경우에 HSS(Home Subscriber Server)로부터 망에 의하여 시도되는 접속해제가 발생하게 되면, 이는 긴급서비스를 제외한 베어러들을 해제하게 된다. 또한 망은 과부하 상태에서도 긴급서비스 베어러들에 대한 지원은 유지하려고 한다.

긴급서비스 베어러를 성공적으로 설정하게 되면 단말은 IMS 긴급서비스 등록을 수행할 수도 있다(3GPP TS 23.167 [1] 참조) (물론 여기에는 IMS 등록을 위한 필요한 증명서들을 단말이 보유하고 있어야 한다). 단말은 다음과 같은 시나리오에서 IMS 긴급서비스 등록을 수행한다.

- 단말이 현재 자신이 가입한 home 사업자망(HPLMN: Home PLMN)에 접속되어 있고 IMS가 등록되어 있으나 망이 긴급서비스 베어러에 대한 지원을 알려주는 경우
- 단말이 현재 자신이 가입한 home 사업자망에 접속되어 있으나 IMS 등록은 되어 있지 않은 경우
- 단말이 자신의 국가 혹은 다른 나라에서 home 사업자가 아닌 망(VPLMN: Visited PLMN)에 접속되어 있는 경우. 이 경우에는 단말은 자신의 HPLMN을 가지고 IMS 등록이 될 수도 있고 아닐 수도 있다.

다음과 같은 경우에는 단말은 IMS 긴급서비스 등록을 수행하지 않는다.

- 단말이 증명서를 가지고 있지 않은 경우에는 단말은 IMS 등록 없이 IMS 긴급호를 설정한다(이의 지원 여부는 해당 국가의 규제에 따른다).
- 단말이 현재 자신이 가입한 home 사업자 망에 접속되어 있고 IMS 등록이 되어 있으나 망이 긴급서비스 베어러를 지원하지 않는 경우(이 시나리오는 home 사업자의 정책에 따라 결정되는데 긴급호가 EPS 관점에서는 정상적인 호와 같이 취급될 수도 있다). 이 경우에는 단말은 현재의 일반적인 IMS 등록을 사용하여 긴급호를 설정한다.

P-CSCF는 긴급호 세션을 인지하도록 설정되어 있으며, 이에 따라 호 설정을 적절한 E-CSCF로 전달한다. 가능한 경우 E-CSCF는 LRF에 위치 정보를 문의할 수 있으며, 이에 따라서 E-CSCF는 해당 호를 적절한 PSAP로 직접 혹은 MGCF를 통하여 전달하게 된다.

2.1.3.2 CSFB 긴급호

모든 LTE망이 IMS를 구축하고 VoIP 음성서비스를 지원하지 않을 수도 있으므로, 3GPP에서는 음성을 지원하기 위하여 GERAN(GSM/EDGE Radio Access Network) 및 UTRAN(Universal Terrestrial Radio Access Network)으로의 CS fallback을 정의하였다. CS fallback은 PS 핸드오버 혹은 망-지원의 셀 변경(NACC: network-assisted cell change)을 사용하여 지원된다. UTRAN으로의 CS fallback은 PS 핸드오버 방식만 지원이 되지만 GERAN으로의 CS fallback은 PS 핸드오버 및 NACC 둘 다 지원이 된다. 이러한 방식들이 그림 2.4에 설명되어 있다.

긴급호가 시작되면 단말은 긴급을 알리면서 망에 연결된다(TS 36.331 [6] 참조). 성공적으로 연결된 이후에, 단말은 CSFB 긴급호 요청을 망에 보낸다. MME는 eNodeB에게 해당 단말을 2G/3G망으로 보낼 것을 알려준다. 옮겨가는 목표 셀에 따라서, eNodeB는 PS 핸드오버 혹은 NACC 절차를 시작한다. 만약 eNodeB가 PS 핸드오버를 사용하도록 결정하였다면, eNodeB는 CSFB 지시자와 함께 LTE에서 UTRAN 혹은 GERAN으로의 정상적인 PS 핸드오버 절차를 시작한다. 만약 eNodeB가 NACC를 사용하도록 결정하였다면, eNodeB는 단말에게 LTE에서 GERAN으로 이동할 것을 명령한다. PS 핸드오버 혹은 NACC 절차가 완료되면 단말은 UTRAN 혹은 GERAN에 연결된다. 그 이후, 단말은 UTRAN/GERAN CS 영역에서 CS 긴급호 설정을 시도한다.

2.1.4 PSAP callback

(예를 들어 긴급호 연결이 중간에 어떤 이유로 중단된 상황에서, PSAP의 사람이 단말로 전화를 걸 수 있는 callback의 능력에 대해서는 3GPP에서 완전하게 기술되어 있지 않다) 따라서, PSAP callback은 망에 의하여 일반호처럼 다루어진다. 그러나, PSAP callback에 대한 서비스 요구사항은 3GPP TS 22.101에 3GPP release 7부터 있어 왔다 [7]. 실제적인 stage 3 정의 및 이러한 요구사항에 대한 구현은 IETF(Internet Engineering Task Force)의 관련 작업들이 완료될 때까지 대기되어 있는 상태이다. 참조문헌 [8]의 IETF draft에 따르면 psap-callback을 SIP Priority 헤더의 또 하나의 값으로 도입하고 있다. 이 값은 관련된 SIP 요청이 PSAP로부터 발신되어 최초에 PSAP로 전화를 했던 단말로 향하는 것임을 알려준다.

만약 특별한 PSAP callback 지시자를 수신하지 않았다면 호는 일반 음성호로 처리된다.

PSAP 혹은 긴급센터는 이전에 긴급호가 있었으며 유효한 증명서로 등록하였던 단말로 호를 설정하는 것이 허용된다. 해당 국가 규제에 의하여 요구되는 경우에는 해당 호가 PSAP callbak이라고 알려주는 지시자가 지원되어야 한다. 만약 들어오는 호가 PSAP callback 지시자를 가지고 있다면, 단말은 이를 감지할 수 있어야 한다.

2.1.5 긴급서비스 번호

만약 사용자가 해당 지역의 긴급서비스 번호를 누르고 단말기가 해당 번호를 알고 있다면, 단말은 이 호가 긴급호임을 인지할 수 있다. 그러므로 단말은 112와 911을 긴급서비스 번호로 반드시 저장하고 있어야 한다. 세계적으로는 나라마다 복수 개의 긴급서비스 번호를 가지고 있다. 따라서, 로밍 중인 단말의 경우에는 모든 긴급서비스 번호를 인지하지 못할 수 있다. 만약, 현재 사용자가 누른 번호에 대하여 단말이 긴급서비스 번호임을 인지하지 못하였다면, IMS망(P-CSCF)이 반드시 해당 번호가 긴급서비스 번호임을 인지하고 해당 호를 인접한 PSAP로 연결하여야 한다. 하지만, 이 호는 IMS 음성 서비스를 위하여 정상적인 PDN 연결을 사용한다.

사업자들은 단말들에게 긴급서비스 번호들의 리스트를 추가하는 것이 허용된다. 이 리스트는 해당 국가 혹은 지역에서 필요한 번호들을 포함하고 있다. 기본적으로 단말은 3GPP TS 22.101 [7]에 의하여 반드시 아래의 번호들을 긴급서비스 번호로 인식하여야 한다.

1. 112 및 911은 항상 긴급서비스 번호로 인식된다.
2. USIM 상에 긴급서비스로 명기되어 있는 어떠한 추가적인 긴급서비스 번호들도 긴급서비스 번호로 인식된다.
3. 000, 08, 110, 118, 119, 999는 USIM이 없이도 단말에 의하여 긴급서비스로 인식된다.
4. 현재 서비스 중인 PLMN(VPLMN)에 의하여 단말로 다운로드되는 어떠한 추가적인 긴급서비스 번호들도 긴급서비스 번호로 인식된다.

그리고, 비록 일부 나라에서는 112 혹은 911을 긴급서비스 번호로 사용하지 않더라도, 단말은 반드시 이 번호들을 긴급서비스로 인식하여 이 번호들이 다른 어떠한 용도로 사용되지 않도록 하여야 한다. 만약 해당 국가의 긴급서비스 번호가 예를 들어, 999이더라도 112 및 911 역시 긴급서비스 번호로 동작하여야 한다. 자신의 나라에서 잘 알려진 번호들인 112 및 911을 사용하던 사람들이 로밍을 해서 다른 나라로 오더라도 해당 방문 국가에서 역시 이 번호들을 사용할 수 있어야 한다.

추가적인 긴급서비스 번호들이 사용되는 국가들에서는, 사업자들이 추가적인 번호들을 가입자들의 USIM에 설정할 수 있다.

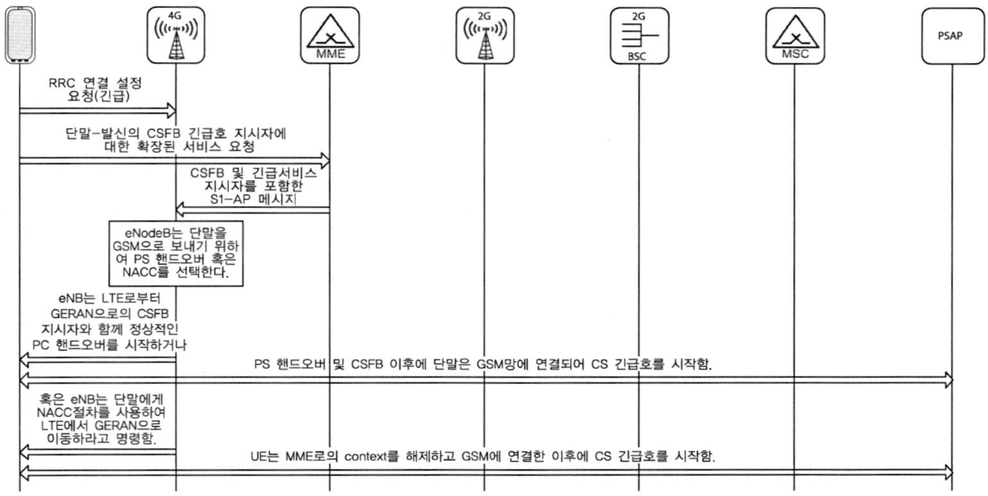

그림 2.4 CSFB 긴급호 - PS 핸드오버/NACC

2.1.6 음성 이외의 긴급서비스

전형적인 긴급서비스로는 음성이 발신자와 PSAP 사이에서 정보를 전달하는데 사용된다. 그러나, 장애인(예, 청각장애 혹은 말하는데 장애가 있는 경우) 혹은 어떤 제약이 있는 상황하에 있는 경우에는(예, 용의자로부터 숨어서 연락을 하는 경우) 음성 이외에 다른 매체(예, 채팅 메시지, 비디오, 파일 등을 보냄)를 사용하고자 하는 요구가 있다.

음성 요소를 가지지 않은 IMS 내의 긴급서비스 세션 역시, 매체 종류가 음성이 아니라고 알려주는 것 이외에는, 음성 세션과 동일한 구조 및 절차를 따른다. IMS 긴급서비스 세션에 대하여 허용되는 다른 종류의 매체 종류로는 실시간 비디오(단방향(simplex) 혹은 동시 양방향(full-duplex)), 문자 기반의 메시지, 파일 전달, 비디오 클립 공유, 사진 공유, 오디오 클립 공유, TTY(Global Text Telephony)가 있다.

긴급 음성 세션과 동일하게, 음성 이외의 매체를 사용하는 것 역시 가입을 기반으로 한 서비스가 아니다. 따라서, IMS 긴급서비스 세션을 설정할 수 있으면서 다른 매체 종류들도 지원하는 단말은 음성 이외의 다른 매체를 가지고 IMS 긴급서비스 세션을 시작할 수도 있어야 한다.

IMS 긴급서비스 세션은 음성과 음성 이외의 매체가 동시에 사용되어 시작될 수도 있다. 만약 IMS가 아닌 음성망(예, GSM)으로의 핸드오버가 필요한 경우에는, 음성 매체는 CS 긴급호로 유지가 되지만 다른 매체들은 제거된다.

2.1.7 자동화된 긴급호

eCall 서비스는 EU(European Union) 내의 어디에서나 사고가 발생하였을 경우에 운전자들에게 빠른 지원을 해주기 위하여 만들어진 서비스이다. eCall 발안은 자동차 내에 단말기를 넣어서 만약 심각한 사고가 발생한 경우에는 긴급서비스 전화번호(예, 112)로 자동으로 걸어서 가장 가까운 긴급센터로 에어백 정보, 센서 정보, GPS 좌표 등을 무선으로 보내주는 것을 목표로 한다. eCall 서비스는 E112 긴급호를 기반으로 한다. EC(European Commission)는 2015년까지 EU에 걸쳐서 완전하게 동작하는 eCall 서비스를 갖추도록 하는 것을 목표로 하고 있다. eCall 서비스는 도심 및 시골 지역에서도 긴급서비스 응답 시간을 현격하게 줄일 수 있을 것으로 예상된다.

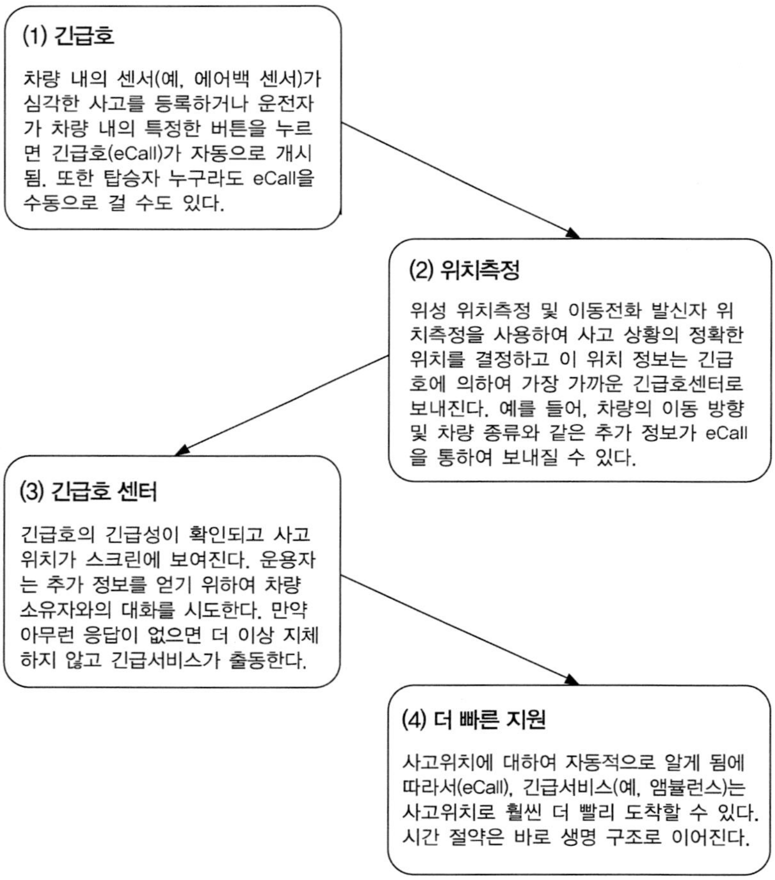

그림 2.5 eCall 정보 흐름도

현재의 eCAll 서비스는 GSM 및 UMTS망에서는 회선교환 긴급호를 기반으로 한다. eCall은 CS 영역을 사용하는 그 어떠한 GSM 및 UMTS망에서도 동작할 수 있도록 인위적으로 그와 같이 설계되었다. 따라서, 데이터는 특수한 대역내 코덱을 사용하여 긴급호의 초기 수초를 사용하여 CS 채널을 통하여 전달된다. 데이터가 전달된 이후에 PSAP과 차량의 탑승객 사이의 음성통신이 설정된다. eCall 정보의 흐름도는 그림 2.5과 같다.

차량의 사용 기간 동안에 과연 EU지역 내에서 GSM망이 영속할 것인지의 여부는 불확실하며 GSM 스펙트럼은 UMPS 및 혹은 LTE로 재할당될 수 있다. LTE에서의 긴급호는 CSFB을 사용하거나 IMS를 사용하여 이루어질 수 있다. ETSI(European Telecommunications Standards Institute) TC MSG(Technical Committee Mobile Standards Group)에서는 eCall 전송의 진화(migration) 작업 아이템(work item)을 가지고 있다. 이 연구의 일환으로 기술보고서(ETSI TS [9])가 만들어졌다. 이 문서의 범위는 eCall에서 현재 및 미래에 요구되는 기능들을 지원하기 위하여, IMS 긴급호 및 IMS 멀티미디어 긴급서비스에서 필요로 하는 변경에 대하여 분석하는 것이었다. 또한, 가능한 솔루션 옵션들에 대하여 분석하였는데, 이는 CS 베어러를 사용하지 않는 경우에는 대역내 모뎀 솔루션을 사용하거나, hybrid CS/IMS 솔루션 및 진화 옵션 등을 포함한다. IETF ECRIT(Emergency Context Resolution with Internet Technologies)에서는 현재 eCall에 대한 초안 [10]을 작성 중이며 ACN(Automatic Crash Notification) [11]은 유럽 밖에서의 활동들에 대한 정보를 포함하고 있다.

ETSI로부터의 입력을 바탕으로 [12], 3GPP는 VoLTE 상으로 eCall 서비스를 지원하는 것이 논의되어 왔다. 만약 3GPP 내에서 이러한 작업을 시작하는 것에 동의를 하면, eCall을 위한 현재의 기술적인 솔루션(대역 내 모뎀)의 적용여부가 이 작업의 일환으로 논의될 수 있다. 또한, UMTS 및 LTE와 같은 패킷교환망에 대하여 적합한 새로운 기술적인 솔루션을 개발하는 것이 논의될 수 있다.

2.2 공공경보 시스템

공공경보 시스템(Public Warning System, PWS)은 지역 혹은 국가기관에서 다수 대중들에게 곧 닥칠 긴급 상황에 대하여 경보를 해주는 서비스이다. 이러한 경보 메시지들은 다음과 같은 이유로 필요할 수 있다 [13].

- 토네이도, 눈 폭풍우, 허리케인, 태풍 등과 같은 날씨 관련된 긴급상황
- 지진 및 쓰나미와 같은 지역적인 재해
- 독가스 혹은 오염물의 방출과 같은 산업적인 재해

- 핵발전소 재해와 같은 방사능 재해
- 빠르게 확산되는 전염병과 같은 의학적인 재해
- 전쟁 혹은 테러 상황

또한 어떤 도시에서는 감옥에서 죄수들의 탈출, 아이들의 유괴, 긴급서비스 번호가 동작하지 않는 상황 및 기타 상황들에 대해서 알리는 데에도 긴급 경보를 사용한다.

LTE는 3GPP TS 23.041에 규격화된 것처럼 GERAN 및 UTRAN에서의 CBS(Cell Broadcast Service)와 유사하게 경보 메시지 전달을 지원하고 [14], 승인되지 않은 경보 메시지들이 특정한 서비스 지역 내의 단말들로 방송되는 것을 허용한다. 승인되지 않는다는 의미는 경보 메시지들에 대해서는 재전송이 없다는 것을 의미한다.

3GPP release 8은 일본의 요구사항을 바탕으로 ETWS(Earthquake and Tsunami Warning System)을 지원하는 기본적인 기능을 지원한다. 이는 한 순간에 오직 하나의 메시지를 허용하며, 새로운 메시지는 기존에 방송된 메시지를 즉시 대체한다. Release 9에서는 미국의 요구사항을 바탕으로 CMAS(Commercial Mobile Alert System)을 지원하도록 기능이 확장되었다.

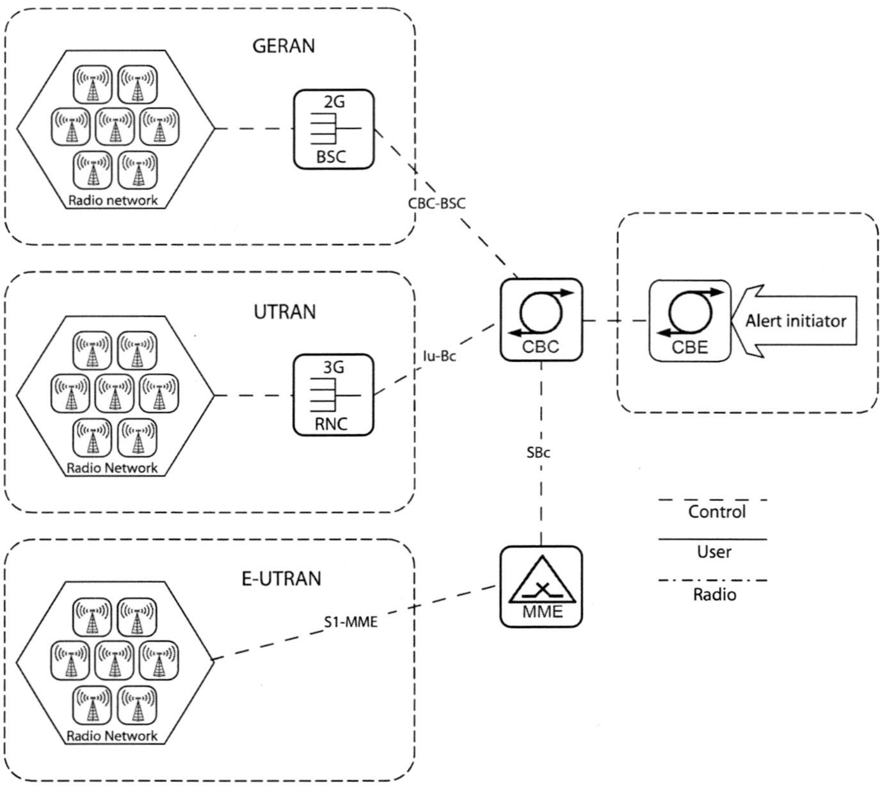

그림 2.6 경보시스템 아키텍처

Release 9는 복수 개의 경보 메시지의 동시 전송을 지원한다. 정해진 순서에 따라서, 새로운 지역적인 변경사항들이 도입되었으며 이에 따라 새로운 메시지 확인자들이 정의되었고, 또한 기존 기능들이 개선되었다. Release 10에서는 한국의 KPAS(Korean Public Alert System)가 규격화 되었으며, Release 11에서는 유럽의 공공경보 시스템인 EU-ALERT가 도입되었다. Release 12에서는 망의 강인성을 높이기 위한 추가적인 개선사항들이 도입되었다(예, 무선망이 망가졌을 경우를 다루는 기능들, CBC(Cell Broadcast Center)로 상태 보고하는 기능). 또한, CBC가 특정 지역 내에서 모든 메시지들의 방송을 중단할 수 있도록 하는 능력, 망 운용 및 관리를 보다 용이하게 하는 기능들도 추가되었다. 그림 2.6은 PWS의 구조다.

CBC는 현재 서비스를 제공하는 사업자의 영역에 귀속된다. SBc는 CBC와 MME 사이의 경보 메시지 전달을 위한 reference point이다. CBC와 CBE 사이의 인터페이스는 3GPP에서 다루지 않으며, 이는 각 나라의 공공안전을 담당하는 부서와 망 사업자들 사이에서 각 나라의 규격으로서 합의해야 하는 부분이다.

경보메시지 전달에 대하여 간단하게 기술하면 다음과 같다.

1. CBC는 어떠한 MME들과 연락을 해야 하는지를 파악한 이후에 해당 MME들에게 요청을 전달한다. 이 요청에는 방송되어야 하는 경보메시지, 경보 영역 정보 및 전달에 관한 속성 등이 포함되어 있다.
2. MME는 이 경보메시지를 eNodeB들에게 전달하고 Tracking Area ID를 사용하여 전달 영역 내에서 eNodeB들을 결정한다. 만약 이 리스트가 비어 있다면, 해당 메시지는 해당 MME에 연결된 모든 eNodeB들에게 전달된다.
3. eNodeB들은 경보 영역 정보를 활용하여 경보메시지가 방송되어야 하는 셀들을 결정한다. 만약 cell ID 정보가 없다면, eNodeB들은 모든 셀들로 경보메시지를 방송한다. eNodeB들은 경보메시지 방송에 대한 스케줄링 및 각 셀 내에서의 메시지 반복 등을 담당한다.

2.3 합법적인 감청(Lawful Interception, LI)

2.3.1 원리

공중 통신망에서의 합법적인 감청(Lawful or LI: Legal Interception)은 전세계 거의 모든 나라에서 규제적인 의무사항이다. 따라서, 감청이 가능하도록 하는 것은 현대 통신망에서 중요한 부분 중 하나이다. 감청을 지시하고 실행하는 프로세스는 이에 대한 오용을 방지하기 위하여 국가 법 및 통신규제에 따라서 매우 엄격하게 규제된다.

각 나라의 법이 감청 기능에 대하여 서로 다른 세부사항들을 요구하더라도 기본적인 구조는 모든 나라 및 망에 걸쳐서 동일하다.

3GPP LI 구조에서는 실제 법을 집행하는 정부 기관인 LEA(Law Enforcement Agency)를 정의한다. 여기에는 3개의 인터페이스가 있으며 이를 통하여 프로세스가 시작되며 데이터가 LEA로 전달된다. 이 인터페이스들은 핸드오버 인터페이스(Handover Interface) 1, 2, 3(HI1, HI2, HI3)으로 불린다(그림 2.7 참조). 여기서 핸드오버는 우리가 일반적으로 알고 있는 단말 이동성에 따라서 단말이 한 셀에서 다른 셀로 이동하는 것을 의미하는 것이 아니라, 데이터가 망 영역에서 LEA 영역으로 전달된다는 것을 의미한다.

핸드오버 인터페이스 1(HI1)은 통신 사업자에게 감청 허가 명령을 전달하고 특정 가입자에 대하여 LI를 시행하는데 사용된다. HI1 인터페이스는 일반적으로 팩스 혹은 문서를 기반으로 한 인터페이스로서 표준화되어 있지 않다. 허가서는 감청 대상(예, MSISDN: Mobile Subscriber IDSN Number, IMSI 혹은 IMEI), 감청 기간, 그리고 일반적으로 감청된 통신 및 이벤트들이 전달되어야 하는 주소를 포함한다. 이 전달 주소는 핸드오버 인터페이스 2(HI2) 및 핸드오버 인터페이스 3(HI3)에서, 다른 감청 인식자들과 함께 데이터를 LEA로 보내는데 사용된다. 추가적인 인식자들은 LEA가 HI2 및 HI3를 통하여 수신된 감청 데이터들을 동일한 통신 이벤트와 연관시키는 것을 도와준다.

HI2는 날짜, 시간, 감청 대상이 통신하는 상대방 신원, 통화 길이 등과 같이 통화와 관련된 데이터들을, 소위 IRI(Interception Record Information) 이벤트로, LEA로 전달한다. 통신 시에 IRI는 LEA가 적당한 HI3 감청 데이터를 인식할 수 있도록 연관성 정보들을 포함한다.

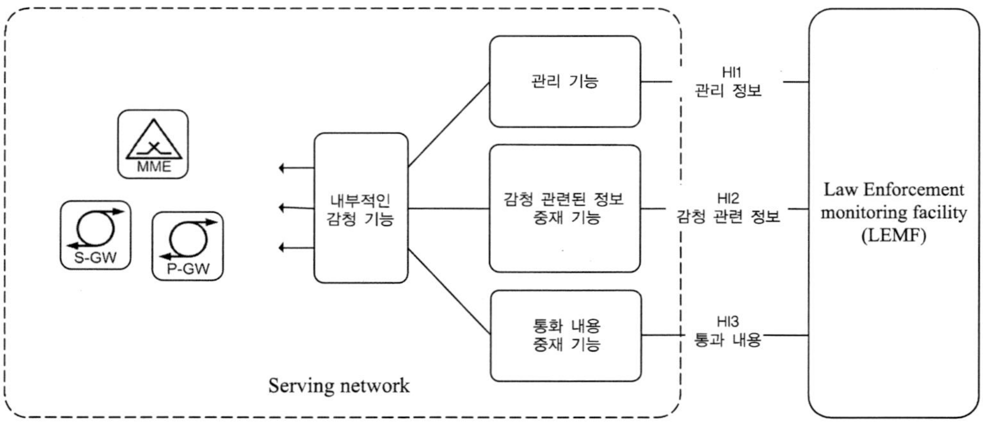

그림 2.7 합법적인 감청에서의 핸드오버 인터페이스

HI3는 실제 통신 내용(예, 음성 및 비디오 샘플 및 데이터)의 복사본을 LEA로 전달하는데 사용될 수 있으며, 이는 회선교환 통신 및 패킷교환 통신 모두에 유효하다. HI3 인터페이스에서는 연관성 정보들도 함께 LEA로 전달되어 HI2 IRI 이벤트 보고와 맞춰보도록 한다. LEA는 망에 오직 통화 관련된 데이터만 전달할지 아니면 실제 통화 내용도 전달할지 명령할 수 있다.

망 내의 추가적인 중재(mediation) 기능이 망 숨기기(network hiding) 및 IRI에 대한 후처리 기능들을 제공하며, 어떤 경우에는 감청된 통신 스트림에 대한 후처리 기능까지 제공한다. 이 기능은 복수 개의 LEA들이 동일 감청 대상을 동시에 감청할 경우에는 감청된 데이터를 복제하여 복수 개의 LEA들로 전달한다.

보안 상의 이유로 감청 허가 정보, 즉 누가 감청될 것인지에 대한 정보는 비밀로 다루어지는 것이 중요하다. 이 정보는 망 사업자의 운용관리 사람들에게서조차 접근이 되지 않는다. 따라서, eNodeB와 단말들은 모두 LI 프로세스에 관여하지 않는데, 이는 이 둘 모두 다 LI에 관해서는 신뢰성있는 엔티티로 간주되지 않기 때문이다.

LI 메커니즘은 공공안전 통신에도 적용이 됨에 유의한다.

2.3.2 EPS에 대한 합법적인 감청

EPS에 대한 합법적인 감청 기능은 3GPP Release 8에서 정의되었다. 통신의 내용(일반적으로 IP 패킷들) 및 감청 관련 정보들은 S-GW(Serving Gateway) 혹은 선택적으로 P-GW(Packet Data Network Gateway)에 의하여 제공된다. 감청된 패킷들에는 추가적인 해더 정보가 더해진다. 이 추가적인 해더에 의해 실제적인 감청을 확인하고 HI3 감청 데이터를 HI2 IRI 이벤트 보고와 연관시킬 수 있다.

추가적으로 MME와 HSS 들은 핸드오버(여기서는 실제 단말 이동성에 따른 핸드오버) 및 로밍 경우와 같은 이동성 관리에 중요한 역할을 하므로, 이들 역시 감청 관련된 정보를 LEA에 전달한다.

EPS 감청 설정 아키텍처는 3GPP TS 33.107 [15]을 참조하며, 감청된 내용의 인코딩 및 감청 관련 정보들은 3GPP TS 33.108 [16]을 참조한다.

2.4 개선된 멀티미디어 우선순위 서비스

eMPS(Enhanced Multimedia Priority Service)는 망이 혼잡할 경우에 정식으로 인가된 사용자들이 무선망 및 코어망 자원을 사용하는데 우선순위를 갖도록 해준다(3GPP TS 22.153 [17] 참조). 이 기능은 사용자의 요청에 대하여 서비스를 더 높은 성공 확률로 제공 및 완료할 수 있도록 해준다. 정식으로 인가된 서비스 사용자는 정식으로 인가된 기관(예, 지역 정부)으로부터 우선순위 레벨을 할당 받는데, 이는 eMPS를 지원하는 이동통신 사업자와 사전 협약이 된 것이다.

eMPS는 WPS(Wireless Priority Service)의 진화로 볼 수 있다. 왜냐하면 WPS는 오직 CS 음성/데이터 서비스들만 다루었던 것에 비하여, eMPS는 PS 서비스들 및 IMS 서비스들에 대한 우선순위 접속 메커니즘을 정의하기 때문이다.

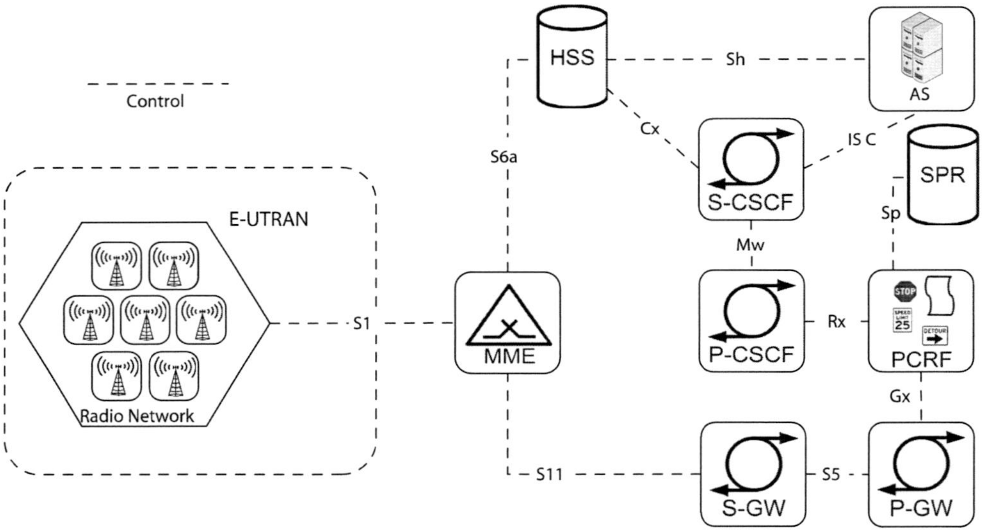

그림 2.8 eMPS 아키텍처

WPS는 오직 요청 방식만을 허용하는데 비하여, eMPS는 always-on 가입 방식 역시 허용한다. 그림 2.8은 전반적인 eMPS 구조 및 관련된 파라미터들과 인터페이스들을 보여준다.

HSS에 있는 가입데이터는 IETF RFC 4412 [18]에 의하여 규격화된 IMS 레벨 우선순위 파라미터 및 관련된 우선순위 레벨을 포함한다. 이 정보는 IMS 등록 절차 중에 S-CSCF에 의하여 P-CSCF로 전달되어 P-CSCF가 적절하게 서비스 사용자의 IMS 세션 우선순위를 설정하도록 해준다. 보통의 사용 시나리오는 다음과 같다: eMPS 가입자는 상대방 번호 앞에 어떤 prefix (예, *272)를 붙인다. MSC(Mobile Switching Center) 서버 혹은 P-CSCF의 설정에 따라서, 서비스를 제공하는 망은 해당 prefix를 인식하고 eMPS 가입자에 대하여 특수한 우선순위를 설정한다.

IMS 어플리케이션 서버는 Sh를 통하여 이 IMS 우선순위 설정을 뽑아낼 수도 있다. 이는 어플리케이션 서버 기반의 우선순위 서비스를 알아내는데 도움이 된다(예, 특정 800 번호에 전화 걸기). 또 다른 가입 레벨의 파라미터는 MPS-CS이다. MPS-EPS가 본래의 EPS 서비스에 대한 지시자인데 비하여, MPS-CS는 CSFB 서비스가 일어날 때에 해당 단말이 높은 우선순위 접속을 할 수 있는지의 여부를 알려준다. MME는 단말의 가입으로부터 얻어낸 이러한 지시자들을 통하여 해당 단말로부터 우선순위 요청이 적법한 것인지 결정하게 된다.

eMPS 관련된 가입데이터는 아래와 같이 분류될 수 있다.

- **EPS 우선순위**: 이것이 Yes로 설정되면 EPS 베어러는 더 높은 우선순위를 부여 받는다. 만약 이 파라미터가 항상 Yes로 설정되어 있으면 이는 always on 설정에 해당되며, 이는 EPS 베어러가 초기 접속 시에 더 높은 우선순위를 부여 받는 것을 의미한다. 만약 이 파라미터가 변경될 수 있다면, 이는 on demand를 의미하여 따라서 우선순위 관련 절차는 서비스 사용자로부터의 요청에 의하여 이루어진다. 예를 들어, 서비스 사용자가 어플리케이션을 시작하거나 중앙 기관이 원격으로 우선순위 상향을 요청한다.
- **IMS 시그널링 우선순위**: 이는 IMS 시그널링 베어러 및 default 베어러가 IMS 등록 시에 더 높은 우선순위를 가지는 것을 의미한다.
- **우선순위 레벨**: P-CSCF는 이 파라미터를 사용하여 관련된 ARP 값이 EPS 레벨에서 사용되도록 결정한다.

ARP 파라미터는 요청된(무선망 레벨 및 코어망 레벨의) EPS 자원이 시스템에 의하여 어떻게 처리될 것인지를 결정한다. 각 EPS 베어러는 하나의 ARP 설정과 연관되어 있으며, 이에 따라서 망 내에서 자원이 부족할 경우에, 자원을 더 낮은 우선순위의 베어러들로부터 빼앗아올 것인지 아니면 더 높은 우선순위 요청에게 내어줄 것인지를 지시한다.

References

[1] 3GPP TS 23.167: "IP Multimedia Subsystem(IMS) Emergency Sessions".

[2] 3GPP TS 23.401: "GPRS Enhancements for E-UTRAN Access".

[3] 3GPP TS 23.272: "Circuit Switched(CS) Fallback in Evolved Packet System(EPS)".

[4] 3GPP TS 36.304: "Evolved Universal Terrestrial Radio Access(E-UTRA); Radio Resource Control(RRC); Protocol Specification".

[5] 3GPP TS 23.122: "Non-Access-Stratum(NAS) Functions Related to Mobile Station(MS) in Idle Mode".

[6] 3GPP TS 36.331: "Evolved Universal Terrestrial Radio Access(E-UTRA); User Equipment (UE) Procedures in Idle Mode".

[7] 3GPP TS 22.101: "Service Principles".

[8] IETF draft: "deaft-ietf-ecrit-psap-callback".

[9] ETSI TR 103 140 "Mobile Standards Group(MSG), eCall for VoIP", http://www.etsi.org/deliver/etsi_tr/103100_103199/103140/01.01.01_60/tr_103140v010101p.pdf.

[10] Next-Generation Pan-European eCall; draft-gellens-ecrit-ecall-01.txt

[11] Internet Protocol-based In-Vehicle Emergency Calls; draft-gellens-ecrit-car-crash-01.

[12] 3GPP Tdoc: C1-141868, "Migration of eCall Transport", ETSI MSG, Chairman Mr.Esa Barck, http://www.3gpp.org/ftp/tsg_CT/WG1_mm-cc-sm_ex-CN1/TSGC1_87_phoenix/docs/C1-141868.zip.

[13] http://en.wikipedia.org/wiki/Public_warning_system

[14] 3GPP TS 23.041: "Technical Realization of Cell Broadcast Service(CBS)".

[15] 3GPP TS 33.107: "Lawful Interception Architecture and Functions".

[16] 3GPP TS 33.108: "Handover Interface for Lawful Interception(LI)".

[17] 3GPP TS 33.153: "Multimedia Priority Service".

[18] IETF RFC 4412: "Communications Resource Priority for the Session Initiation Protocol(SIP)".

CHAPTER 03 LTE 기반 공공 안전망

3.1 왜 공공 안전망을 LTE 기반으로 해야 하는가? (LTE 기반 공공 안전망의 필요성)

미국 연방 통신 위원회(Federal Communications Commission, FCC)가 LTE를 공공안전 통신을 위한 새로운 무선 통신 기술로 사용하기로 결정한 시점에는, LTE 기술이 전 세계적으로 확산될 것이라고 하는 가정 및 예상을 바탕으로 하였다. 그리고, 책을 쓰고 있는 지금 시점에서 GSA(Global Mobile Supplier Association)는 2014년 말까지 107개 국에서 약 350개의 LTE 네트워크가 구축될 것이라고 전망하고 있으며, 지금까지 약 1900여 개의 LTE 지원 단말이 출시되었다. 보다 자세한 시장 정보는 [1]을 참고하면 된다.

LTE 기반으로 공공안전 통신 방식을 사용하도록 이끄는 가장 중요한 요인 중 하나는, 기존 공공안전 통신 기술에 비해 규모의 경제(economy of scale)로 인한 비용 감소 측면에서 높은 가능성이 예상되었기 때문이다. 이는 인프라에 대한 투자 비용(CAPEX: Capital Expenditure) 뿐만 아니라, 운영 비용(OPEX: Operational Expenditure) 측면에서도 비용을 절약할 수 있기 때문이다. Project 25(P.25) 혹은 APCO-25(Association of Public Safety Communication Officials)와 같은 기존의 공공안전 표준 규격은 미국 통신산업협회(Telecommunications Industry Association, TIA)의 엔지니어링 위원회 TR-8 산하에서 표준이 개발되었으며, TETRA(Terrestrial Trunked Radio)는 ETSI의 TCCE(TETRA and Critical Communications Evolution) [3] 위원회에서 표준화되었다. 이러한 기존의 공공안전 기술들은 적은 수의 공급 업체만이 지원하는 상대적으로 작은 시장을 가지고 있기 때문에 공공안전용 네트워크 구축 비용 및 단말 구매 비용을 절감하기 어렵다(예를 들어, 일반적으로 잘 알려진 스마트폰 가격에 비해 공공안전 단말은 1000달러 이상의 고가의 제품이다). 반면, LTE는 글로벌 표준 규격이기 때문에 필요한 일부 기능 변경을 통해서 전세계 어디에서나 장비를 사용할 수 있으며, 이런 특징으로 인해 장비의 제조 및 구축에 있어서 상당한 수준의 비용 절감이 가능하다.

운영비용(OPEX)측면에서는, LTE 기술의 높은 저변으로 인해 공공과 민간 사이에 파트너십을 확보하는데 유리하며, 여러 연구를 통해 10년 이상의 운영 기간 동안 높은 비용 감소 효과가 기대되고 있다. 이와 같은 시나리오에서는 공공 안전망 사업자는 상용 3GPP 네트워크를 제공하는 사업자와 팀을 이루어, 필요 시 해당 사업자의 인프라를 이용하여 서비스 커버리지를 확장하는 것도 잠재적으로 가능하다.

또 다른 요인으로는, LTE 기술이 멀티미디어 특히 멀티미디어 기반 미션 크리티컬(mission critical) 서비스의 전제 조건인 빠른 속도, 낮은 지연, 빠른 호 셋업 시간과 높은 보안의 데이터 접속 기능을 제공할 수 있기 때문이다. 예를 들어, TETRA의 경우 타임 슬롯 당 단지 7.2 kbit/s의 전송률을 지원하며(P.25는 이 보다 더 낮은 전송률만을 지원함), 4개의 타임슬롯을 결합해도 28.8kbit/s를 지원한다. 새로운 TETRA 표준 규격도 최대 691.2kbit/s의 데이터 전송률을 지원한다.

LTE의 또 다른 장점은 어떠한 다양한 구축 시나리오에 대해서도 무선 장비의 지원이 가능하다는 점이다. LTE는 매크로(macro), 마이크로(micro), 피코(pico) 뿐만 아니라, 가정의 무선랜이나 케이블 모뎀의 크기 정도 수준인 펨토(femto) 셀 크기까지 다양한 크기의 기지국의 사용이 가능하여, 매크로 기지국이 서비스하지 못하는 농촌 지역에도 쉽고 빠르게 공공 안전망을 구축할 수 있다.

3.2 공공 안전망이란 무엇인가?(공공 안전망의 특징)

3GPP에서 정리한 역할 모델에 따르면, 공공 안전망은 경찰, 소방관 또는 도시 방역 및 방재 서비스 등의 공공안전 업무를 위한 통신 서비스를 제공하는 네트워크이다. 또한, 국가별 구축 상황에 따라서 공공 안전망은 공항이나 회사의 보안 업무를 제공하는 보안 업체 등과 같이 상업적인 보안 업체들에 의하여 사용될 수도 있다.

최초의 공공안전 통신망은 현장의 담당자(officer)와 인접한 관제센터에 위치한 지령자(dispatcher) 간의 직접 통신(direct communication)이었다. 이러한 네트워크들은 이러한 용도로 특정하게 개발되었으며 따라서 대체로 호환이 되지 않는 특별한 방식(proprietary)의 기술 및 특수한 주파수 대역을 통신에 사용하였다. 그들은 매우 고립적인 솔루션이었기 때문에 최악의 경우에는 인접 도시들 사이에서도 호환되지 않는 경우도 있었다. 이러한 기술의 또 하나의 중요한 단점은, 이러한 기술이 단지 하나의 공급자에 깊이 종속되어 가격 협상이 어렵고, 특정 기능들이 지원되지 않거나 공급에 문제가 발생하는 점이다.

이러한 네트워크들은 공적인 용도로 전적으로 사용되며 관제센터 내의 지령자에 의해 전적으로 관리되었기 때문에, 무작위적으로 들어오는 통신에 대한 요청(대체로 통화에 대한 요청)에 대하여 지령자에 의해 정해지는 우선순위(Priority) 혹은 자원선점(Preemption)과 같은 기능이 기본적으로 제공되었다. 지령자는 발언권에 대한 제어 권한을 가지고 다음 번에 누가 말을 할 권한이 있는 지를 결정하였다. 그리고, 통신 모드가 대부분 "직접 통신" 모드이므로, 즉 관제센터와 담당자의 "워키-토키(walkie-talkie)" 기기들만이 통신에 관여하므로, 네트워크 오류에 대비한 내재적인 신뢰도를 제공하고 있다. 또한, 관제센터에 문제가 생긴 경우에도 담당자들 간의 직접 통신이 여전히 가능했다. 이러한 직접 통신 방식의 단점은 통신 커버리지가 제한된다는 것으로서, 중계기(relay)와 추가적인 통신 장비들의 설치를 통해 이를 개선하였으나, 또한 새로운 문제가 생길 가능성도 추가되었다.

한편, 셀룰러 통신 시스템이 빠르게 널리 구축되면서 공공안전 담당자들은 이러한 이동통신 기술들을 사용하는 것에 관심을 가지기 시작하였다. 이러한 셀룰러 통신 시스템은 구축 비용이 낮고, 다수의 공급 업체를 가지고 있다. 예를 들면 GSM(Global System for Mobile Communications)는 전 세계적인 커버리지를 가지고 있다.

2세대 셀룰러 통신 시스템의 등장 시점에, 공공 안전망에서도 미국의 APCO P.25와 유럽의 TETRA와 같이 디지털 공공안전 통신 시스템의 구축이 시작되었다. 이러한 시스템들은 그 이전의 공공안전 통신 시장이 조각조각 나뉘어져 있던 문제를 상당부분 해결하였다. P.25는 미국, 캐나다, 뉴질랜드, 브라질, 인도 및 러시아와 같은 50여 개 국에 걸쳐 구축되었고 TETRA는 유럽, 중동, 아프리카, 아시아 태평양 지역 및 라틴 아메리카에 이르는 100개 이상의 나라에서 사용되고 있다. 물론, 전세계적인 측면에서는 P.25와 TERTA는 서로 상호 운용이 불가능하므로 여전히 시장이 나뉘어져 있다.

1990년대 중반에 GSM을 공공안전 통신으로 사용하고자 하는 첫 번째 시도가 있었다. 유럽에서 최초로 TETRA의 표준 작업을 시작할 때 GSM 표준의 재활용이 가능한 지에 대한 검토가 있지만, 그 당시 GSM 표준에는 몇 가지 중요한 기능이 제공되지 않는 것이 확인되었다. 예를 들어, 특정 주파수 밴드에서의 동작이 불가능했으며, 우선순위/자원선점 등의 기능이 당장 사용하기에는 부족한 매우 기초적인 수준이었다. 이에 따라, 유럽에서는 공공안전 통신을 위하여 별도의 셀룰러 TETRA망이 표준화되었으며 현재까지 널리 적용되어 있다. 여기서 하나의 주목할만한 예외가 있다. 90년대 중반에 GSM 기술은 공공안전 기관과 어느 정도 유사한 통신 요구사항을 가진 철도에 대해 통신 서비스(GSM-R)를 제공하도록 개선되었다. GSM-R이 유럽 내 및 비유럽권역, 예를 들어, 중국에서도 성공적이었던 주된 이유는 철도통신 전용 무선 스펙트럼이 상업망에 사용되는 유럽 GSM 900 주파수 대역에 인접한 대역이었기 때문이다. 이에 따라 무선망 시스템에 큰 변화가 필요하지 않았으며, 주파수 대역이 트래픽 요구량을 처리하기에 충분히 커서 당장은 우선순위/자원선점 기능을 구현할 필요가 없었기 때문이다.

GSM이 음성 전용에서 데이터 중심으로 발전하고 동시에 GSM이 글로벌 표준화기구(3GPP)로 이동하면서, 공공안전 통신을 위해 3GPP 기술을 사용하는데 발생하는 문제들은 사라지기 시작했다. 예를 들어, UMTS(Universal Mobile Telecommunications System) 및 LTE는 전세계 많은 나라에 구축되었으며 여러 가지 서로 다른 주파수 대역에서 동작한다. 심지어, LTE는 조각으로 나뉘어진 주파수 대역들에 대해서도 동시에 동작할 수 있다.

3.3 공공 안전망의 요구사항을 만족하는 LTE

비용 측면 이외에도, LTE는 현재 시스템에서 업그레이드를 하지 않고도 이미 공공안전 유저케이스들을 지원하는 많은 기능을 가지고 있는 장점이 있다. LTE는 서로 다른 단말 제조사 및 장비 제조사 기기들 간의 상호 운용성을 제공할 뿐만 아니라, 국내 및 국제적으로 서로 다른 네트워크 간에서 로밍(roaming)이라는 방식을 통해 상호 운용성을 지원하는데 이는 유럽과 같이 망이 일반적으로 국가 단위로 운영되고 있는 지역에서 매우 중요하다. 따라서, 국가 간 로밍 협약이 있다면, 한 국가의 공공 안전망 사용자는 다른 국가에서도 공공 안전망 인프라를 사용할 수 있게 된다. LTE는 또한 공공안전 통신을 위해 사용될 수 있는 "최첨단"의 권한 부여(authorization), 인증(authentication), 암호화(encryption) 기능을 제공한다. LTE는 사용자가 망 측으로 인증되는 것 뿐만 아니라 망 역시 사용자로부터 인증되기 때문에, 공공안전 사용자에 대한 도청 공격을 효과적으로 방어할 수 있다.

LTE가 가진 근본적인 강점 중 하나는 사용하고 있는 보안 표준의 개방성(세부 사항은 3GPP TS 33.401 [4] 참고)과, 이로 인해 수많은 보안 전문가들이 보안 침해 및 백도어(backdoor)에 대해 모니터링하고 만약 보안에 허점이 있는 경우 이러한 부분이 나쁜 의도로 활용되기 이전에 표준에 대한 업데이트를 제공한다는 점이다. 예를 들어, 최초의 암호화 알고리즘 A5/1이 해킹되기 훨씬 이전에 새로운 알고리즘 A5/3이 3GPP에 의해 정의되었다. 표준의 개방성 및 전 세계 많은 국가가 참여하고 있다는 점 때문에, 특정 이해 관계자에 의해 표준 내에 백도어가 설치되는 것이 성공할 가능성은 거의 없다. 3GPP에서 표준화된 부분, 특히 단말과 네트워크 사이의 통신은 안전하다고 볼 수 있지만, 백홀(backhaul)과 도메인 간의 보안에 관련한 3GPP 네트워크는 공격을 방어하기 위해 특별히 관리되어야 한다.

LTE는 유연한 망 공유 수단을 제공하며(3GPP TS23.251 [5] 참고), 이를 통하여 상용 또는 공공 안전망 사업자들이 그들의 네트워크의 특정 부분을 어느 정도 공유할 수 있다. 가장 일반적인 시나리오는 무선접속망(Radio Access Network, RAN)의 공유이며, 이는 각 망 사업자들이 각각 전용 코어망을 사용하지만 무선 장비는 상호 공유하는 것이다. 이 방법은 구축 비용을 줄여줄 뿐만 아니라 무선 커버리지를 향상시키는데도 도움을 준다.

최초에 쓰나미, 지진, 태풍과 같은 재난 상황에 대비하여 개발된 우선순위 및 자원선점 방식들은 망이 과부화 상태라도 매우 중요한 통신은 가능하도록 해준다. 이러한 기능들은 LTE에서도 이미 지원되는 기능으로서 공공 안전망 용도로 쉽게 재사용할 수 있다.

LTE는 가입자 별, 서비스 별 또는 어플리케이션 별로 다양한 서비스 품질(Quality of Service)을 제공한다. 이것은 비디오 스트리밍과 같이 전송 속도와 지연에 대해 높은 요구사항을 갖는 트래픽이 일반적인 데이터 전송보다 더 우선적인 처리를 가능하게 한다.

즉, 이는 공공안전 통신을 가능하게 하는데 LTE에는 단지 몇 가지 작은 기능들만이 현재 지원되지 않는다는 결론에 이르게 되며, 이 기능들은 Release 12 및 그 이후의 3GPP의 프로그램에 의해 표준화되고 있다. 이러한 추가적인 기능들은 구체적으로 다음과 같다: 직접통신 모드(세부 내용은 4장 및 3GPP TS23.303 [6] 참고), 그룹 통신(세부 내용은 5장 및 3GPP TS23.468 [7] 참고), 그리고 미션 크리티컬 푸시투토크(Mission Critical Push-to-Talk, MCPTT) (3GPP Release-13에서 표준화되고 있으며, 3GPP TS22.179 [8]를 참고). 이러한 추가 기능들은 기존의 공공안전 시스템에서 제공하는 푸시투토크(push to talk, PTT) 음성통신의 동작을 따라하여 자원 효율적인 그룹 통신 기능을 제공한다. MCPTT 서비스뿐만 아니라 다른 어플리케이션들도 3GPP에서 규격화된 기능들을 이용할 수 있다.

3.4 공공안전을 위한 다양한 범위의 LTE 디바이스

앞서 언급한 것과 같이 LTE를 공공 안전망을 위한 무선 기술로 채택하고 칩셋에서 ProSe와 GCSE를 지원하기 위해 필요한 기능들이 구현되게 되면, 공공안전 LTE 단말의 가격은 점차 낮아지고 다양한 플레이어들이 공공안전 단말 시장에 진입하는 것이 가능해 질 것이다.

이것은 특히 내구성이 아예 필요 없거나 일정 부분의 내구성만을 필요로 하는 경우에는, 기존 시장에서 이미 어느 정도 내구성을 가진 단말들이 공급되어 있다.

공공안전 단말들은 스마트폰 기술을 기반으로 제공되어, 음성, 영상, 그룹 통신 또는 단말간 통신 기능을 제공하는 것 뿐 아니라 경찰관의 업무 흐름을 간소화 하도록 하는 어플리케이션 또한 제공할 수 있다. 그림 3.1은 Harris사의 LTE기반 공공안전 태블릿 단말이다.

LTE는 공공안전에 있어서 기술적 생태계를 변화시킬 뿐 아니라 흥미로운 새로운 적용사례와 다양한 단말들을 가져오는 경제적 조건도 변화시킬 것이다. 기계적인 관점에서의 강인성을 제외하고 나면, 매우 특화된 공공안전 단말과 일반적인 폰 사이의 경계는 점차 사라지기 시작할 것이다.

공공안전 모바일 단말은 LTE에서 정의된 공공안전 통신 기능뿐 아니라, LTE 서비스 영역 밖에서는 단말이 사용되는 지역에 따라서 TERA 또는 P.25 기능도 지원될 수 있을 것이다. 이는 특히 LTE 기반의 공공안전 시스템의 구축이 진행되는 동안에 적용 가능한 시나리오이다. 이러한 두 어플리케이션 간의 연동은 3GPP 업무 영역을 벗어나는 것으로서, 각 개별 단말 제조사와 국가/지역 별 규제의 영역에 해당된다.

그림 3.1 Harris사의 RF-3590 LTE 공공안전 태블릿

3.5 단독 구축(standalone deployment) 및 공유 구축(shared deployment)

대부분의 경우에 공공 안전망은 단독망으로 설계되었으며, 일반적으로 국가 기관이나 정부에 의해서 구축되었다. 이와 같이 구축함으로써, 개인 정보 보호 및 비밀을 보장하는 네트워크의 모든 제어가 더 간단하게 지원되었다. 이와 같은 방식의 네트워크 구축은 높은 품질, 높은 안정성을 제공하기 위해 높은 비용을 유발하며 결국에는 전적으로 정부에 의하여 관리되는 네트워크가 되었다.

예상할 수 있듯이, 이 방식은 공공 안전망을 제공하기 위한 방식 중 가장 높은 비용을 요구하는 방식으로, 구축 초기에는 전체 구축 비용을 제대로 가늠하기가 힘들다. 이에 따라, 많은 국가에서는 기존의 공공안전 시스템을 구축하는 일에 소요되는 비용을 산정한 결과, 최종적으로는 초기에 예상했던 비용 대비하여 상당한 비용이 초과되었다.

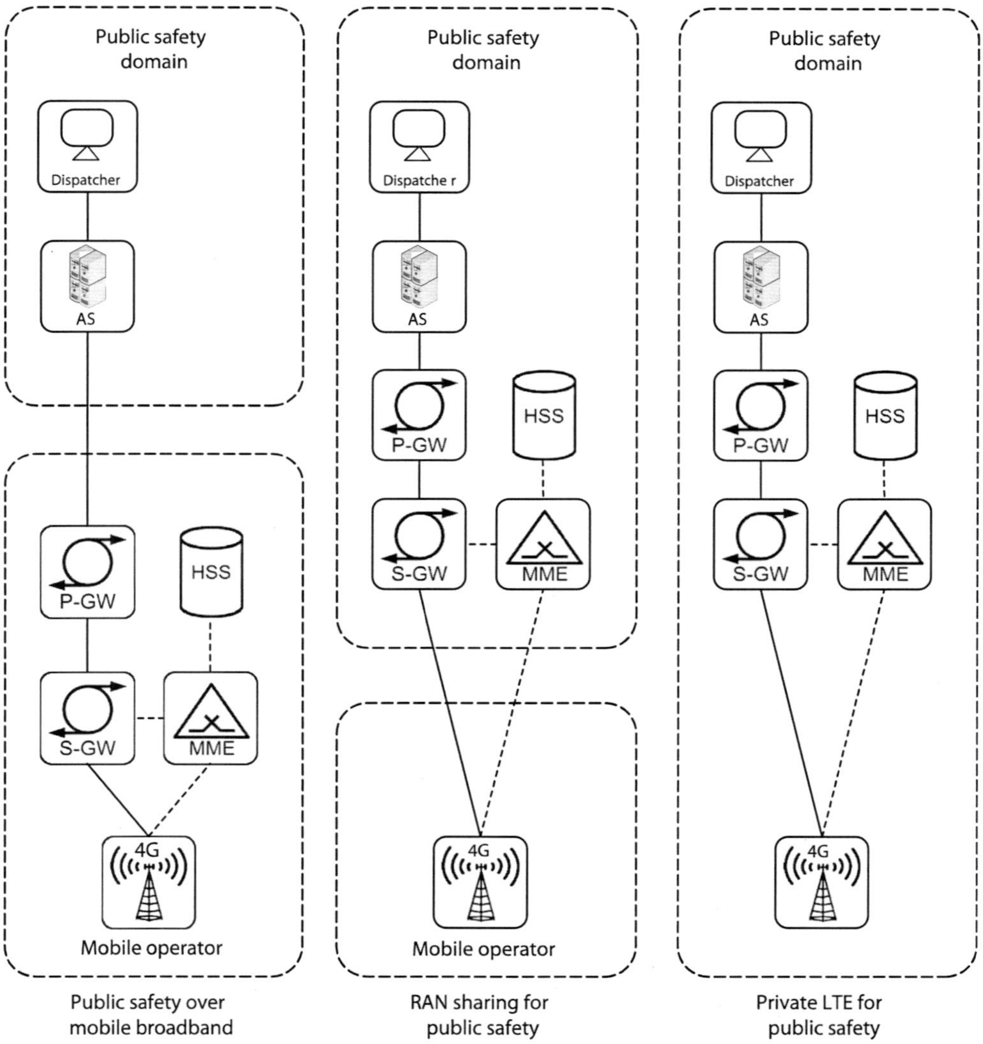

그림 3.2 공공 안전망 구축 옵션의 예

이와 같은 상황을 극복하기 위해, 상용 이동통신망 사업자는 사업자들이 무선 기지국 및 암묵적으로는 기지국이 물리적으로 설치되는 국사 혹은 국사의 일부를 공유하는 3GPP RAN 공유 방법을 고려해야 하는 상황에 직면했다. 만약 공공 안전망 사업자가 자국의 전국적인 이동통신사업자와 망 공유에 대한 합의를 한다면, 결합된 망의 서비스 영역과 용량의 이득을 얻을 수 있으며, 이러한 이득은 공공 안전망의 커버리지가 부족한 지역에서 뿐만이 아니라 매우 높은 트래픽이 예상되는 도시 중심부의 밀집 지역에서도 얻을 수 있다. 국가 간 로밍 합의가 있는 경우에는, 공공 안전망 사업자는 특정 지역에서 자신의 인프라 구축 없이도 상용 사업자의 인프라를 이용할 수 있다. 그림 3.2는 이와 같은 구축 옵션의 예를, 완전히 이동통신사업자가 구축하여 운영하는 시나리오에서부터 완전히 독립적인 전용 공공안전 구축 시나리오에 이르기까지 보여주고 있다.

하나 이상의 네트워크를 사용할 때의 또 다른 이점은 높은 네트워크/서비스 가용성과 신뢰도이다. 해당 지역에서 각 사업자들이 독립적인 인프라를 소유하고 있다고 가정하면, 여러 사업자들에서 동시에 기술적인 문제가 발생할 확률이 낮으므로, 결과적으로 서비스 중단 확률이 낮아진다.

3.6 상호 연동(Interworking)

3.6.1 단말 측면

LTE 기반 공공안전 단말(3GPP 내 용어로는 UE)은 TETRA나 P.25와 같은 기존 공공 안전망을 지원할 것으로 예상된다. 현재까지의 가정은 이 중에서 어떤 네트워크를 사용하게 되는 지에 대한 결정은 단말 내에서 동작하는 어플리케이션에 의해 제어될 것이라는 것이다. 3GPP가 MCPTT 어플리케이션의 표준화를 진행하더라도 표준 업무 영역 밖의 내용을 강제화하지는 않으며, 즉, 3GPP의 표준 MCPTT 어플리케이션이 P.25 또는 TETRA 시스템과 어떻게 연동하는 지에 대하여 상세적인 규격화를 하지 않는다.

그러나, 물론 3GPP 표준화는 공공안전 단말에 있어서 다른 통신 방식이 존재한다는 사실에 대해 어느 정도 인지를 하고 진행될 것이다. 예를 들어, 네트워크 기반의 GCSE에서 ProSe 기반의 통신으로 전환하려고 할 때 이 결정이 가능하도록 3GPP 하위 계층으로부터의 필수 정보들이 MCPTT 어플리케이션으로 제공될 수 있다. 이 정보 중 일부는 단말 내부의 기존 공공안전 통신 부분으로부터 생성된 정보와 결합되어, MCPTT에서 P.25/TETRA로 전환하고자 할 때 또는 반대방향의 전환을 결정하는데 사용될 수 있다.

3.6.2 네트워크 측면

또 다른 연동 시나리오는, 현재 LTE에 접속되어 있고 MCPTT를 사용하고 있는 단말이 기존의 공공 안전망에만 연결 가능한 하나 혹은 복수 개의 단말들과 통신하고자 하는 경우 또는 반대의 경우를 들 수 있다. 이 경우에 네트워크는 예를 들어, 전송(transport) 및 응용(application) 계층과 같은 서로 다른 계층에서의 연동을 보장해야 한다. 응용 계층에 대하여, 단말들이 서로 다른 코덱을 사용하는 경우에는 단말의 프로토콜 변환 및 변환코딩(transcoding) 능력이 요구될 수도 있다.

References

[1] Global Mobile Suppliers Association(GSA): http://www.gsacom.com/.

[2] Telecommunications Industry Association(TIA) TR-8: http://www.tiaonline.org/all-standards/committees/tr-8.

[3] ETSI TCCE: http://www.etsi.org/technologies-clusters/technologies/tetra.

[4] 3GPP TS 33.401: “3GPP System Architecture Evolution(SAE); Security Architecture”.

[5] 3GPP TS 23.251: “Network Sharing; Architecture and Functional Description”.

[6] 3GPP TS 23.303: “Proximity-Based Services(ProSe)”.

[7] 3GPP TS 23.468: “Group Communication System Enablers for LTE(GCSE_LTE)”.

[8] 3GPP TS 22.179: “Mission Critical Push to Talk MCPTT(Release 13)”.

CHAPTER

04 근접통신(Proximity) 서비스

4.1 근접통신 서비스 소개

4.1.1 근접 통신 서비스 개요

근접통신 서비스(Proximity Service, 약어로 ProSe)는 단말이 자체적으로 근거리에 위치한 다른 단말을 찾거나, 네트워크 인프라를 통하지 않고 단말 간에 직접 데이터 통로를 생성하여 통신하는 방법을 제공하는 것이다. 이것은 다음과 같은 예제를 통해 설명될 수 있다. 두 소방관 John과 Bob이 같은 빌딩에 있으며, 그들이 상대방의 위치를 탐색(discover) 하고 서로 가까이 위치한 경우에는 서로 통신(communicate) 하고자 한다. 전통적인 이동통신에서는 John과 Bob은 서로 가까이 위치한 경우에도 그들 사이에서 어떤 데이터를 전송하기 위해서는 먼저 네트워크에 접속하여 무선망 및 코어망 인프라를 거쳐야 한다. 그러나, ProSe를 사용하게 되면, 이와 같은 환경에서 John과 Bob은 상대방 단말을 직접 찾아서 서로가 가까이 위치한 경우에는 사용자 데이터를 전송할 수 있다. "근접통신의 범위(proximity range)"는 당연히 무선 신호의 세기와 간섭과 같은 다른 무선 조건들의 영향을 받으며, 실제 전송 범위는(예를 들어, 50m, 200m 또는 1km) 무선 신호의 전송에 사용되는 전력 레벨에 따라 달라진다.

ProSe 기능은 둘 이상의 단말 간에 직접탐색과 직접통신을 가능하게 하는 LTE 무선 기능들로 주로 구성되어 있다. ProSe 기능 및 capability는 ProSe를 지원하는 단말에서 동작하는 어떠한 어플리케이션에서도 사용될 수 있다. 공공안전(Public Safety)도 ProSe의 한 응용 분야이며, 파일 공유, 친구 찾기 등은 ProSe의 잠재적인 응용 분야라고 할 수 있다.

ProSe 통신으로 인하여, 사용자 단말은 "송신 전 수신(receive before transmit)"을 하는 기존의 패러다임이 부분적으로 파괴되며, 기존에는 단지 수신에만 사용하던 주파수 대역에서 단말이 전송을 하게 되면서 무선 간섭 상황을 더욱 복잡하게 만든다. ProSe는 선택(optional) 기능으로 단말에 ProSe 기능을 구현하는 것은 제조업체의 결정사항이다. ProSe를 지원하는 단말에는 두 가지 타입이 있다. 첫 번째 타입은 "ProSe 지원 비 공공안전 단말(ProSe-enabled non-Public Safety UE)"로 일반적인 사용자의 상용 이용 사례를 지원하는 단말이다. 또 다른 타입은 응급 업무, 경찰, 소방관 등 공공안전 이용을 위한 "ProSe 지원 공공안전 단말(ProSe-enabled Public Safety UE)"이다. 단말의 타입에 따라서 단말이 지원하는 ProSe 관련 기능의 구성이 달라진다. 공공안전을 위한 용도로 사용되는 경우, 단말간 직접통신(direct communication)은 필수 기능이나 단말 직접탐색(direct discovery) 기능은 제외될 수 있다.

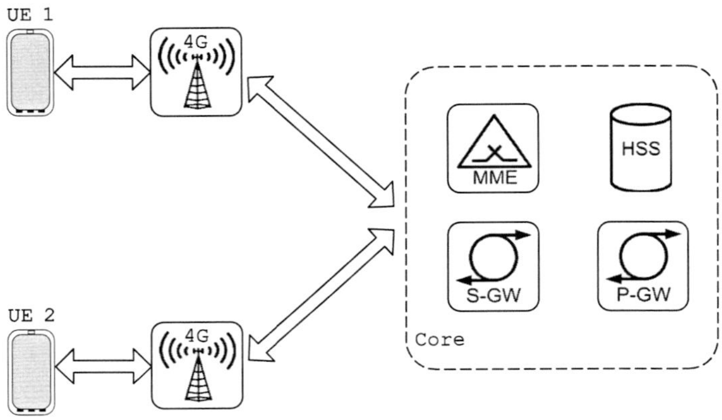

그림 4.1 ProSe를 이용하지 않는 경우의 데이터 경로

4.1.2 ProSe 통신(단말간 직접통신)

공공안전 통신 기능의 도입 이전에는 단말로부터 전송되거나 단말로 수신되는 모든 데이터 트래픽은 그림 4.1에서와 같이 적어도 네트워크의 일부를 거쳐서 전달되었다.

과거에도 단말 간 직접통신을 정의하려고 하는 시도가 있었다. 1990년대 후반 GERAN(GSM/EDGE RAN) 기반 철도통신 시스템에서 직접통신 모드가 정의되었으나, 무선 신호 간섭문제와 이에 따라 해당 기능을 지원하는 칩셋이 공급되지 못하는 문제 등으로 인하여 실제로 구축되지는 못하였다.

최근 무선 기술의 발전과 스마트폰으로 인해 촉발된 모바일 데이터 통신의 급증으로 인해 상황이 변화하기 시작했다. 통신서비스 사업자들은 단말 당 데이터 트래픽의 엄청난 증가와 더불어, 동시에 전송 데이터 당 얻어지는 수익이 줄어드는 상황에 직면하게 되었다. 이 상황에 대처하기 위해 3GPP는 이미 LIPA(Local Internet Protocol Access)와 SIPTO(Selective IP Traffic Offload)와 같은 로컬 브레이크아웃(local breakout) 기능을 정의하였다. 이러한 방식은 수익이 낮은 데이터 트래픽을 가정이나 학교의 로컬망으로 보내거나, 너무 많은 네트워크 자원을 소모하기 전에 사용자에 가까운 인터넷으로 접속되도록 동작한다.

예를 들어, 나란히 앉아 있는 친구들 사이에 사진을 공유하거나 온라인 게임을 즐기는 경우와 같이 수익이 낮은 트래픽 중 일부는 매우 근접해 있는 송신자 및 수신자 사이에서만 발생하기 때문에, 직접통신이라는 방안에 대한 필요성이 명백해진다.

그림 4.2의 통신 시나리오는 "근접통신(ProSe Communication)" 또는 "직접통신(Direct Communication)"이라고 불린다. 근접통신은 LTE 또는 WLAN 무선 기술을 사용하여 발생된다. WLAN 무선 기술은 3GPP의 영역 밖이며 이미 WLAN 내에서 단말 간 직접통신(WLAN ad hoc 네트워크)이 지원되므로, WLAN 기술을 사용하는 경우에는 ProSe는 연결 생성과 서비스 연속성 유지를 도와주는 역할 만을 수행한다. 이동통신망은 ProSe 통신에 사용되는 자원을 제어할 수 있으며 ProSe 통신의 사용을 승인할 수 있어야 한다. 가장 명확한 이유는, 많은 나라에서 사업자는 면허 주파수(licensed spectrum)를 소유하고 있으며, 주파수 사용 면허 규정상 사업자는 그들의 면허 주파수가 어떻게 사용될지에 대한 제어의 책임이 있기 때문이다.

자원 사용에 대한 보다 더 강화된 제어를 위해서, 트래픽이 통신 양단에서 접속되어 있는 eNB를 통해서 전송되는 로컬 라우팅 통신 시나리오가 3GPP에 의해 소개되었다(그림 4.3 참조). 그러나, 이 동작 모드는 여전히 잠재적으로 혼잡이 발생할 수 있는 eNB로의 무선 링크가 여전히 사용되기 때문에, 높은 가격의 면허 주파수를 고려하면 이 동작 모드는 효율적인 주파수 사용이라는 목적에 부합되지 않는다. 이런 이유로 로컬 라우팅 시나리오는 널리 구축될 것으로 예상되지 않으며, 따라서 Release 12에서 표준화되지 않았다.

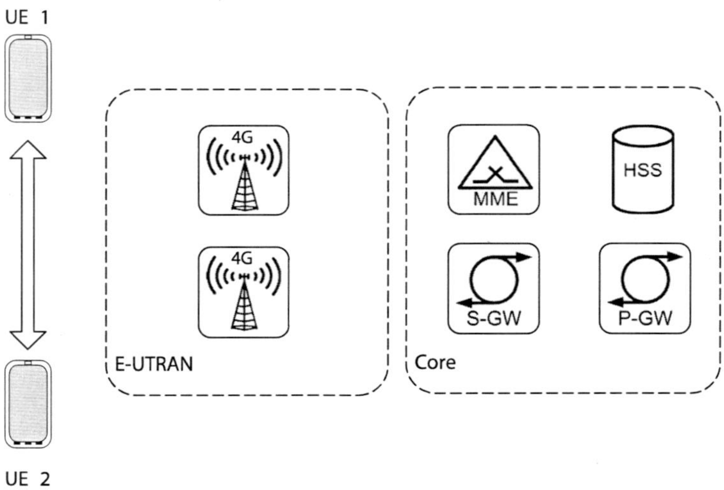

그림 4.2 직접통신 경로

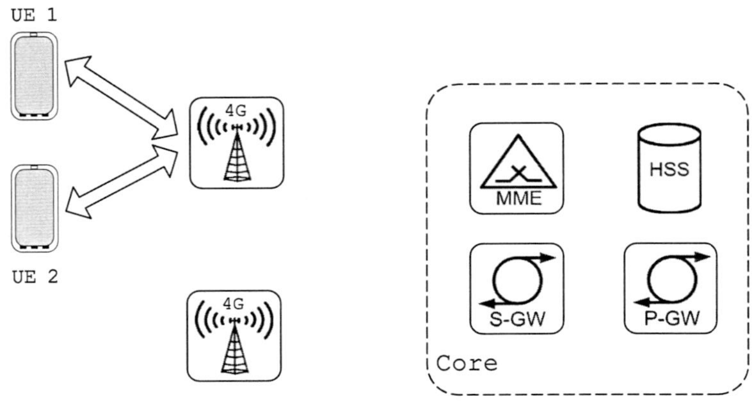

그림 4.3 로컬 라우팅 기반 데이터 경로

4.1.3 ProSe 탐색(근접 단말 탐색)

ProSe 탐색 서비스는 주로 소셜 어플리케이션(social applications), 광고 및 위치기반 서비스를 위한 새로운 근접통신 서비스를 이동단말에 제공하고자 하는 데에서 그 동기를 찾을 수 있다. 최근의 위치기반 서비스는 GPS, 셀룰러 시스템(예를 들어, assisted GPS), Wi-Fi 기술의 조합에 기반하고 있다.

ProSe 탐색은 단말이 근접해 있는 다른 단말을 찾도록 허용하고 경쟁하는 기능이다. ProSe 탐색은, 이 기능을 사용함에 있어 ProSe 통신과 연관되거나 ProSe 통신으로 이어질 필요가 없이 단독 기능으로 생각할 수도 있다. 결과적으로, ProSe 탐색은 ProSe를 지원하는 단말에 단독 서비스로 제공되는 기능이다. 그러나, 근접하게 위치해 있는 공공안전 통신 상대들 사이에서 직접통신을 위해서는 사전에 ProSe 탐색을 하는 것이 유용하다. 탐색 방식을 사용하기 위한 권한은 일반적으로 단말에 주어지거나 또는 단말에 있는 특정 어플리케이션에만 제공될 수 있다. 예를 들어, 망 사업자는 ProSe 탐색 방식의 사용을 "친구 찾기" 어플리케이션에만 허용하고, 상점 위치 탐색이나 채팅 어플리케이션의 연락 리스트를 갱신하는 데는 허용하지 않을 수 있다.

ProSe 탐색 기능은 "개방 모드(open mode)"와 "제한 모드(restricted mode)"에 따라 각각 정의된다. 개방 모드의 경우에는 탐색이 되는 단말로부터의 승인이 필요 없는 반면에, 제한 모드에서는 탐색이 되는 단말로부터의 승인이 필요하다.

ProSe 측면에서 단말이 다른 단말의 범위 안에 있는지를 결정하는 기준은 망 사업자에 의해 정의될 수 있고, 망 사업자는 단말에 의하여 탐색기능 방식 및 자원이 사용되는 것에 대한 권한을 부여해야 한다.

Release 12에서는 다음의 두 가지 탐색 절차가 지원된다.

1. **ProSe 직접탐색(ProSe Direct Discovery)**
2. **EPC 수준의 탐색(EPC-level Discovery)**

공공안전 단말 관점에서 가장 흥미로운 탐색 절차는 ProSe 직접탐색절차, 즉 간단하게 직접탐색(Direct discovery)으로서, 이것은 단말이 네트워크 커버리지가 없는 상황에서 다른 단말을 탐색하는 것을 가능하게 한다. 공공안전 사례에서는 특정 영역 안에서 두 공공안전 담당자들이 서로를 인지할 수 있기 때문에(예를 들어, 두 소방관이 직접 시야에 있는 경우) 자동으로 탐색하는 절차는 필요가 없을 수도 있다. 그러나, 소방관이 고립되어 있는 경우에서는 직접탐색은 공공안전 사례에서 매우 중요한 핵심 기능이 된다.

또한, 만일 경찰관이 의도적으로 네트워크로부터 끊어지는 것을 원한다면, EPC가 탐색을 돕거나 EPC 수준의 탐색은 사용될 수 없다. EPC 수준의 탐색은 단말 또는 네트워크가 직접탐색 모드를 지원하지 않는 경우에 대해 대부분 상업적 이유로 사용될 것으로 예상된다. 만약 두 친구가 축구 경기장에 들어오고 있으며 서로의 존재를 발견하기 위해 시도하는 경우, 그들의 단말은 EPC 수준의 탐색 절차를 사용해 그들이 근접해 있을 때 서로에게 알림을 줄 수 있다.

4.1.4 공공안전을 위한 ProSe

앞서 설명된 ProSe 기능을 구성하는 절차는 공공안전 통신 용도로도 사용될 수 있다. 공공안전 시나리오를 위한 한 가지 핵심 요구사항은 두 개 이상의 단말 간 직접통신이다. 이 요구사항이 중요한 이유는, 네트워크가 정상 동작하지 않거나 사용자가 스스로 네트워크로부터 분리되어 직접통신을 하고자 하는 경우에 대체 통신을 수단을 가져야 하기 때문이다.

그러나, 공공안전 통신으로 사용되는 경우 ProSe는 몇 가지 특별한 요구사항을 만족해야 한다. 이것이 3GPP가 ProSe 지원 단말의 특별한 종류인 ProSe 지원 공공안전 단말(ProSe-enabled Public Safety UE)을 정의한 이유이다.

일반적인 ProSe 지원 단말과는 달리 ProSe 지원 공공안전 단말은, 예를 들어 응급 상황에서와 같이, 통신 설정을 빨리 하기 위하여 사전 탐색 없이 ProSe 통신을 시작할 수 있다. 이 용례는 기존 공공안전 통신 단말 간의 통신 방식인 "워키토키"와 유사한 방식으로서, 상대방이 통신을 수신하는 것을 보장하지는 못한다.

상용 통신 시나리오와는 달리, ProSe 지원 공공안전 단말은 단말이 E-UTRAN으로 부터 서비스를 받는 여부와 관계 없이 ProSe 지원 공공안전 단말과 ProSe 직접통신 링크를 직접 설정할 수 있다. 서로 근접해 있는 ProSe 지원 공공안전 단말은 두 개 혹은 그 이상의 ProSe 지원 공공안전 단말 간의 ProSe 직접통신에 항상 참여할 수 있다.

ProSe 지원 공공안전 단말은 여전히 ProSe를 사용하기 위해 망 사업자로부터 권한을 부여받을 필요가 있다. ProSe 지원 공공안전 단말이 네트워크 커버리지 밖에 있을 수도 있고 직접통신을 하고자 하는 단말이 커버리지 밖에 있을 수도 있기 때문에, ProSe를 사용하기 위해 망으로부터 권한을 요청하는 것이 항상 동작하는 것은 아니다. 따라서, 이러한 권한 부여는 단말 혹은 USIM(Universal Subscriber Identity Module)을 사전에 설정함으로써 제공될 수 있다. 또한 망 커버리지가 없는 곳에서 새로운 단말을 박스에서 꺼내서 전원을 넣자마자 동작해야 하는 요구사항도 있다. 이러한 용례로는 예를 들어, 소방관이 망 커버리지가 없는 곳에서 긴급 상황이 발생한다면 자신의 단말을 교체해야 하는 경우가 있을 수 있다.

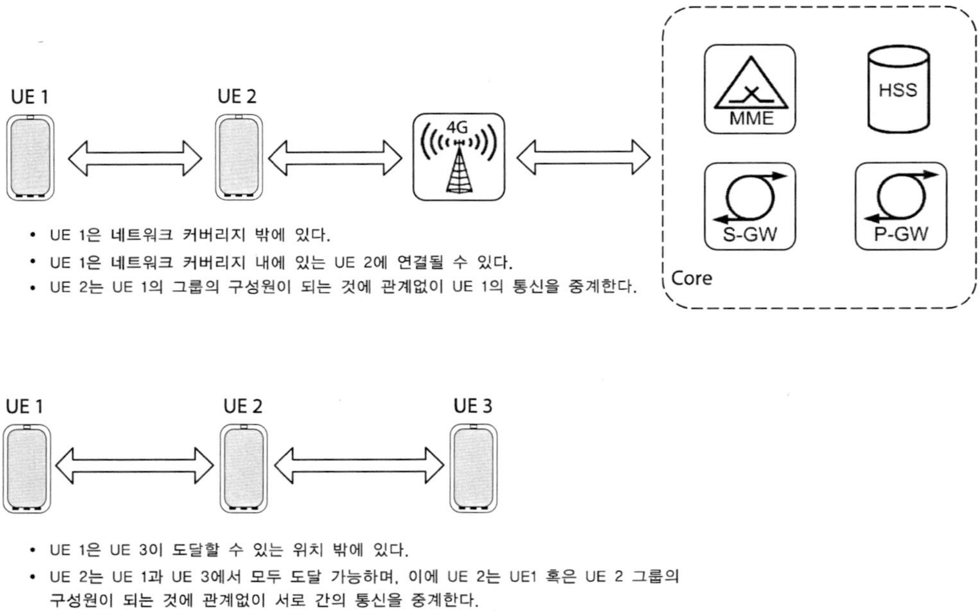

그림 4.4 ProSe를 이용한 공공안전 중계 시나리오

ProSe 지원 공공안전 단말에서만 지원되는 두 개의 ProSe 기능이 있다. 첫째는 ProSe 단말-네트워크 중계기능으로서, 네트워크 커버리지 내에 위치한 하나의 ProSe 지원 공공안전 단말이 네트워크와 네트워크 영역 밖에 있을 수 있는 다른 ProSe 지원 공공안전 단말 사이의 통신을 중계하는 기능이다. 두 번째 기능은 ProSe 단말 간 중계 기능으로서, ProSe 지원 공공안전 단말이 서로 근접해 있지 않은 두 개의 ProSe 지원 공공안전 단말들 사이를 ProSe 통신을 통해 중계하는 기능이다. 두 기능은 예를 들어, 소방관들은 건물로 들어가 네트워크 커버리

지를 벗어났지만 여전히 건물 밖의 지휘관이나 차와 접촉하는 경우에서 사용된다. 그림 4.4는 해당 중계 시나리오를 보여준다.

이어지는 장에서는 근접통신 서비스가 어떻게 실제 LTE망 및 단말에서 실현되는 지를 설명한다.

근접통신 서비스에 대한 1단계 실현가능성(feasibility) 연구는 3GPP TR 22.803 [1]에 정리되어 있으며, 주요 서비스 요구사항은 3GPP TS 22.278 [2]에서 정리되어 있다.

4.2 근접통신 서비스 구조

근접통신 서비스 지원을 위해 TS 23.303 [3]의 3GPP 구조 상에 새롭게 도입된 기능 블록은 ProSe Function이다. 이 기능 블록은 ProSe의 각 기능을 지원하기 위해 다양한 역할을 수행한다. ProSe Function은 HPLMN(Home PLMN), VPLMN(Visited PLMN) 또는 로컬 PLMN에 위치할 수 있다(HPLMN, VPLMN, Local PLMN의 정의는 "4.12 용어 및 정의"를 참고한다).

또한, 공공안전 서비스(주로 탐색 및 통신)를 관리하기 위해 응용 계층에 ProSe 응용 서버(ProSe Application Server)가 도입되었다. 다음의 구조에 대한 설명을 위해, 두 개의 단말(UE-A와 UE-B)이 근접서비스 기능을 사용하여 상호 통신하려고 하는 상황을 가정한다(UE-A가 UE-B에 대해 직접탐색과 직접통신을 수행한다).

ProSe를 위해 도입된 새로운 기준 점(reference point)들이 ProSe Function, ProSe 응용 서버들을 수용하며, 두 단말 사이에서 직접탐색, EPC-수준의 탐색, 직접통신 경로를 가능하게 만들어 준다.

4.2.1 로밍이 아닌 경우의 아키텍처

이 아키텍처 모델(그림 4.5 참고)은 가장 간단한 설정을 가정한 것으로, 두 단말(UE-A와 UE-B)이 서로 통신을 시도하고 있고 동일한 PLMN에 가입되어 있으며 모두 자신의 HPLMN에 등록되어 있다.

시나리오 예제 소방관 Bob과 John은 동일한 공공안전 PLMN인 A로부터 서비스를 받고 있다. Bob과 John은 같은 국가 내에 그들의 홈 네트워크 영역 안에 있으며, Bob과 John은 서로 통화를 시도하고 있다.

주요한 ProSe 기준점 및 기준점들의 기능과 기본 프로토콜 등에 대한 개요는 4.2.5절에 설명되어 있다.

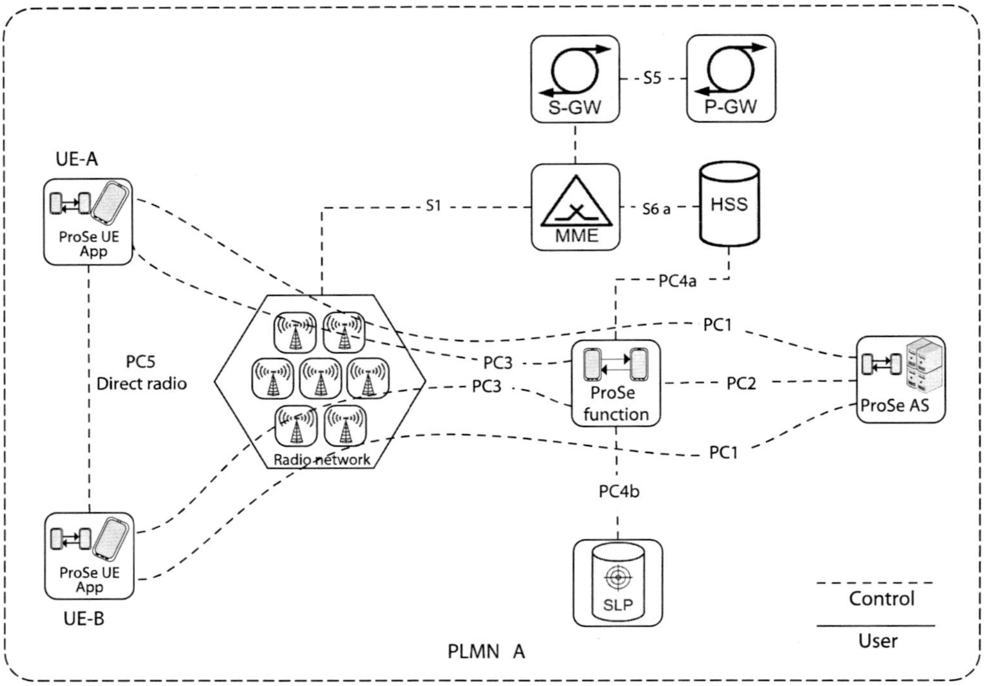

그림 4.5 로밍이 아닌 경우의 ProSe 아키텍처

4.2.2 PLMN간 연결 아키텍처

이 아키텍처 모델(그림 4.6 참고)은 두 단말 UE-A와 UE-B가 서로 다른 PLMN인 PLMN A와 PLMN B로부터 서비스를 받고 있으나 여전히 두 PLMN은 동일한 국가에 위치한 것을 가정한다. 두 단말은 모두 자신의 HPLMN에 등록되어 있다.

시나리오 예제 소방관 Bob이 공공 안전망 사업자 A에 가입되어 있고, 소방관 John은 사업자 B에 가입되어 있다. 사업자 A와 사업자 B는 동일한 국가에서 서비스를 제공하고 있다. Bob과 John은 같은 국가에 있으며, Bob과 John은 서로에게 직접 통화를 시도하고 있다.

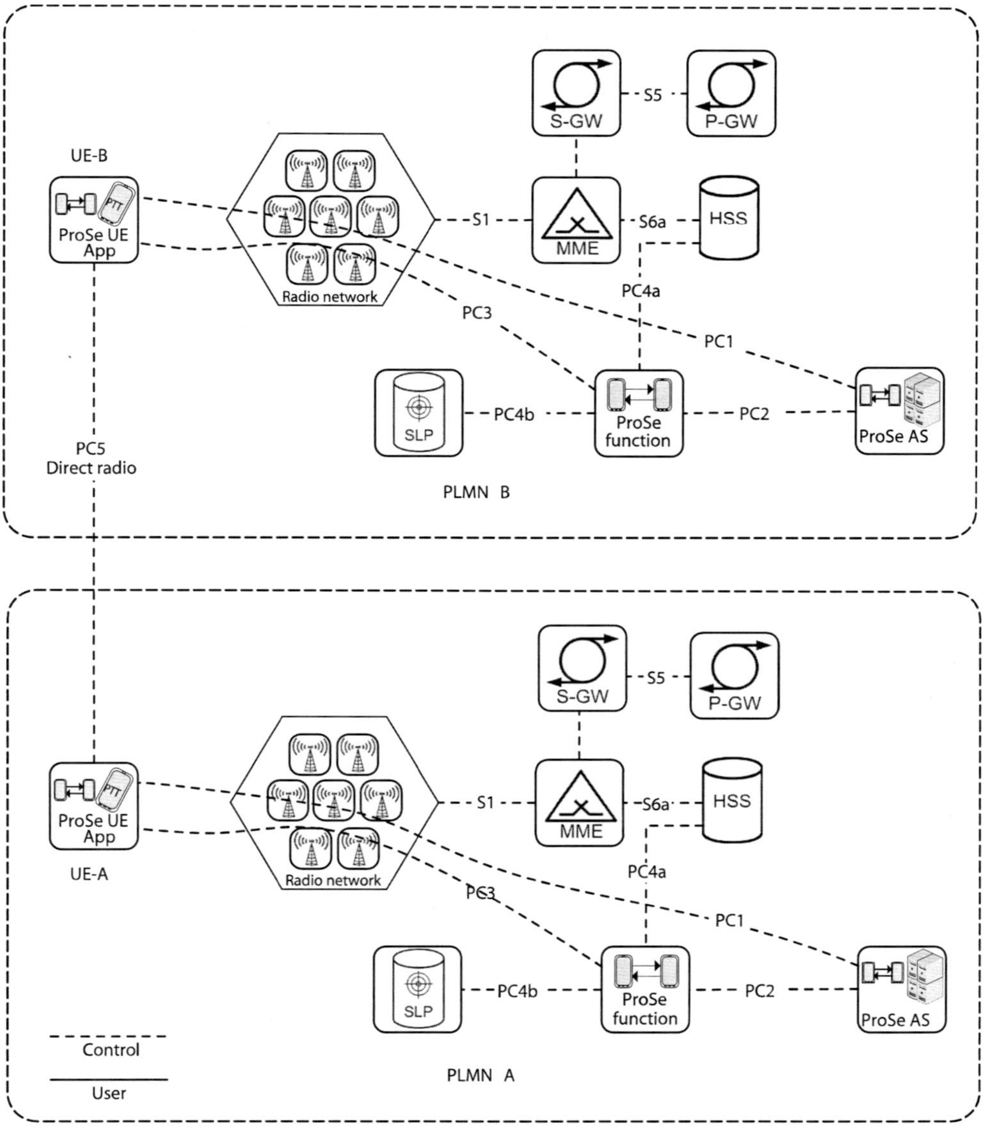

그림 4.6 ProSe PLMN간 연결 아키텍처

4.2.3 로밍 아키텍처

이 설정은 보다 더 복잡하다. 단말들이 서로 다른 PLMN에 가입되어 있으며, 그 중 한 단말은 로밍 중이다. 예를 들어 UE-A는 PLMN A에 가입되어 있으나 PLMN C로 로밍 중이다. UE-B는 PLMN B에 가입되어 있고 PLMN B에 위치해 있다. 이 구조 모델은 그림 4.7에 나와 있다.

시나리오 예제 소방관 Bob이 공공 안전망 사업자 A에 가입되어 있으나, A망의 네트워크 커버리지가 부족하여 상업망인 C로 로밍하고 있다. 소방관 John은 공공 안전망 사업자 B에 가입되어 있고 동일한 공공 안전망 B에 위치하고 있다. Bob과 John은 서로에게 직접 통화를 시도하고 있다.

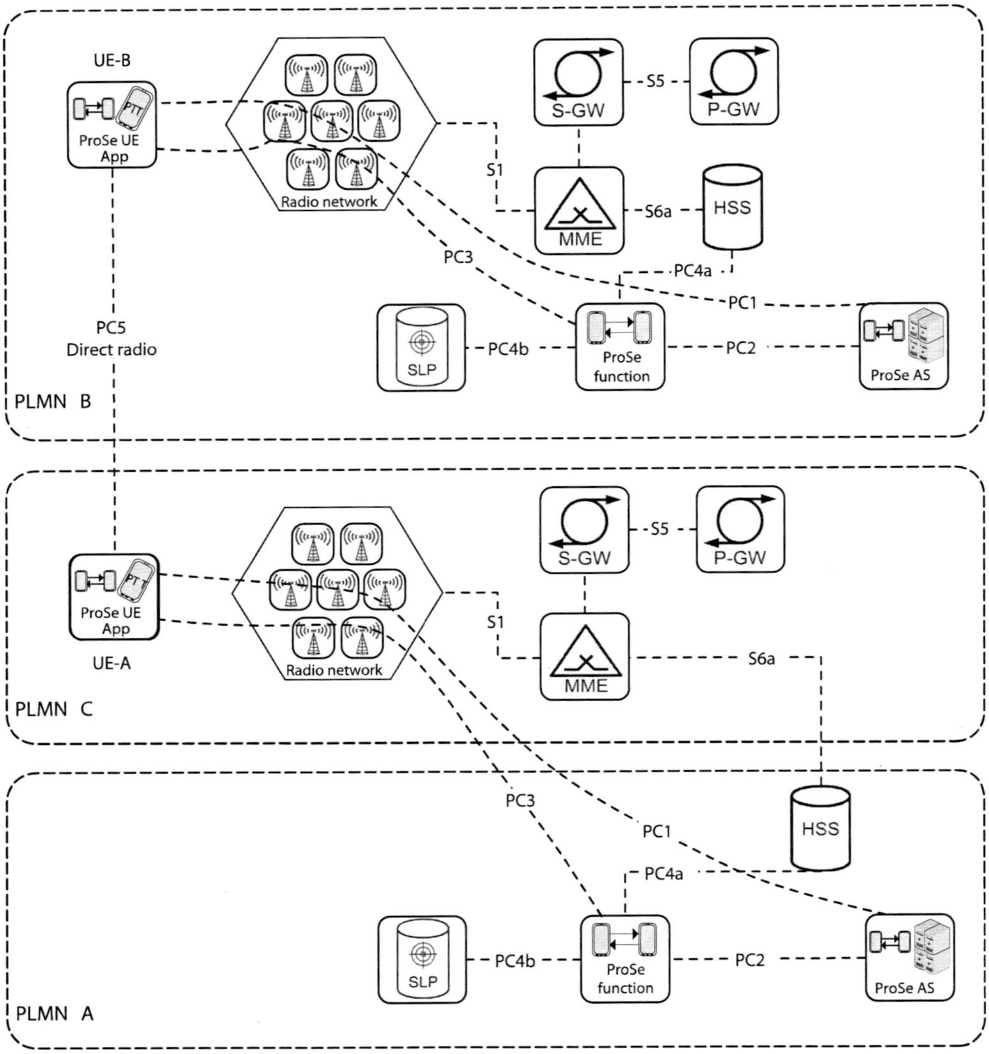

그림 4.7 ProSe 로밍 아키텍처

4.2.4 기능 블록에 대한 설명

이 절에서는 ProSe를 지원하기 위해 필요한 기능 블록에 대한 설명을 제공한다. 이 기능들은 1장에서 설명한 LTE/SAE를 위한 기본 기능에 추가로 필요한 기능들이다. ProSe에 영향을 받지 않는 기능 블록들은 이 절에서 설명하지 않는다.

4.2.4.1 ProSe Function

새롭게 도입된 ProSe Function은 ProSe를 위한 모든 기능을 지원하기 위해 다양한 역할을 수행한다. 3GPP Release 12에서는 각 PLMN당 하나의 ProSe Function만 존재하는 경우를 가정한다. 그러므로 만일 사업자가 PLMN 내에 여러 개의 ProSe Function을 구축하는 경우에는 단말이 이 모든 ProSe Function들을 찾는 표준화된 방법은 정의되어 있지 않다(가장 간단한 방법은 단말 내에 ProSe Function의 논리적 이름 및 주소를 설정하는 것이다) 실제 구축 시에는 ProSe Function을 개별적인 네트워크 요소로 구현하지 않고, 단말의 사용자 평면 경로 상에 존재하는 다른 네트워크 요소와 함께 위치하도록 할 수 있다. 이렇게 함으로써 이미 구축된 네트워크 요소를 업그레이드하는 것 만으로 ProSe Function의 필요한 기능을 지원하는 것이 가능해 진다.

ProSe Function은 ProSe 기능에 따라 서로 다른 역할을 수행하는 3가지 주요 기능으로 구성된다.

- DPF(Direct Provisioning Function)는 단말에게 ProSe 직접탐색과 ProSe 직접통신을 이용하기 위해 필요한 파라미터들을 제공하는데 사용된다. 단말은 특정 PLMN에서 해당 단말이 ProSe를 사용하도록 허용하는 PLMN 특정 파라미터를 제공받는다. 이는 단말이 직접탐색을 수행할 수 있는 PLMN의 목록이나 단말이 네트워크 커버리지 밖에 있는 경우에는 직접통신을 하기 위해 사용되는 파라미터 등을 포함한다.
- Direct Discovery Name Management Function은 개방형 ProSe 직접탐색(다른 이름으로는 "개방 모드"에서의 ProSe 직접탐색)에서 ProSe 어플리케이션 ID와 ProSe 어플리케이션 코드의 할당 및 매핑하는 프로세스에서 사용된다. 이 기능은 매 탐색 요청에 대한 권한 부여를 위해서 HSS(Home Subscriber Server) 내에 저장된 ProSe 관련 가입 정보를 사용한다. 또한, 이 기능은 무선 인터페이스를 통해 교환되는 탐색 메시지를 보호하기 위해 필요한 보안 데이터를 단말에 제공한다.
- EPC 수준의 탐색 ProSe Function은 단말에 대한 위치 정보를 사용하여 네트워크가 지원하는 탐색을 제공하는데 사용된다.

추가하여, ProSe Function은 HPLMN, VPLMN과 Local PLMN에서 ProSe 직접탐색, ProSe 직접통신 그리고 EPC 수준의 ProSe 탐색 등을 사용하는 것에 대한 과금 정보를 취합하는데 필요한 기능을 제공한다.

ProSe Function의 IP 주소는 도메인 네임 서버(DNS)와의 상호 정보 교환을 통해 얻어낼 수 있다. HPLMN 내에서 ProSe Function의 FQDN(Fully Qualified Domain Name)은 단말에 사전 설정되거나 네트워크에 의해 자동적으로 제공되거나 또는 단말이 특정 방법을 통해 HPLMN ID로부터 자동으로 생성하는 방법 등을 사용할 수 있다.

그림 4.8은 ProSe Function 내부 아키텍처를 보여준다.

그림 4.9는 서로 다른 ProSe Function의 연결에 대한 개요를 보여준다.

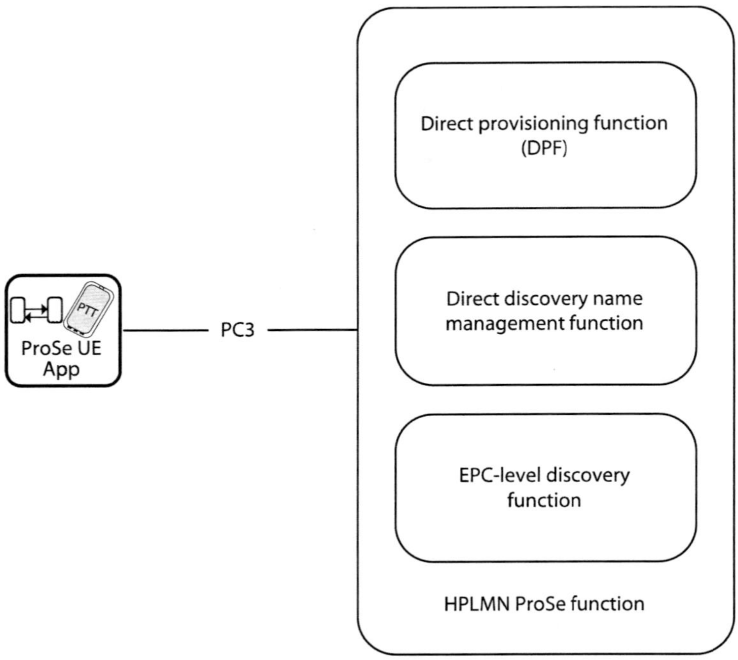

그림 4.8 ProSe Function의 내부 아키텍처

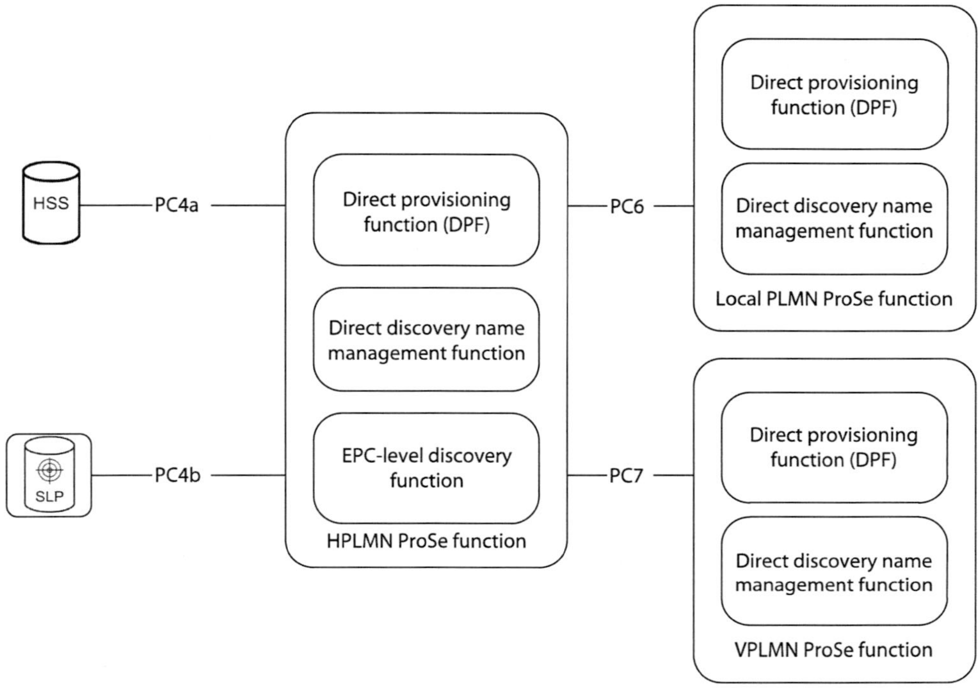

그림 4.9 ProSe Function의 인터페이스

4.2.4.2 ProSe Proxy Function

ProSe Proxy Function은 단말이 로밍 중이거나 로컬 브레이크아웃이 적용된 경우, 즉 패킷 데이터 네트워크(PDN) 접속이 VPLMN 내의 P-GW에서 종료되는 경우에 VPLMN 내에 존재한다. 이러한 경우에 ProSe Proxy Function은 VPLMN에 있는 단말과 HPLMN에 있는 ProSe Function 간의 통신을 허용한다. 이러한 프락시 기능은 UE와 HPLMN 내의 ProSe Function 간 시그널링 접속이 안전하지 않은 경우에 필요할 수 있다. 단말은 ProSe Proxy Function의 존재를 알지 못한다.

4.2.4.3 사용자 단말

"ProSe 지원 단말"은 원칙적으로 "ProSe 지원 공공안전 단말"과 "ProSe 지원 비공공안전용 단말"(예를 들어, ProSe 지원 상업용 단말)로 분류할 수 있다.

1장에 언급된 LTE 지원 단말의 기능에 추가로, ProSe 지원 단말은 추가로 다음의 기능을 지원한다.

- 서비스 권한 부여에 대한 요청 및 서비스 방송에 대한 탐색 요청과 같은 ProSe Function의 제어 정보를 교환하는 기능

- PC5 기준점을 통해 다른 ProSe 지원 단말과 개방형 ProSe 직접탐색을 수행하는 기능

앞서 언급한 기능에 더하여, ProSe 지원 공공안전 단말은 다음의 기능을 지원한다.

- PC5 기준점을 통한 일대다수(one-to-many) ProSe 직접통신
- ProSe 단말-네트워크 간 중계(relay) 동작(이 중계 기능은 Release 12에서는 정의되지 않았다). 원격 단말(네트워크 커버리지 내에 있지 않은 단말)은 PC5 기준점 상의 ProSe 단말-네트워크 간 중계를 통해 통신하며 네트워크 서비스에 접속하게 된다.
- 예를 들면, 단말-네트워크 간 중계 탐색 및 ProSe 직접탐색을 위하여, PC5 기준점 상으로 ProSe지원 단말과 제어정보를 교환
- PC3 기준점을 통해 또 다른 ProSe 지원 단말 및 ProSe Function과 ProSe 관련 제어 정보를 교환. ProSe 단말-네트워크 간 중계의 경우에 원격 단말은 PC5의 사용자평면을 통해 이 제어 정보를 송신하고, 이 정보가 LTE-Uu 접속을 통해 ProSe Function으로 중계된다.
- 단말의 IP 주소, ProSe Layer 2 그룹 ID, 그룹 보안 데이터, 무선자원 파라미터 등을 포함하는 파라미터 설정. 이러한 파라미터는 단말에서 설정될 수도 있고, 만일 커버리지 안에 있는 경우에는 PC3를 통해 ProSe Function에 의해 제공받을 수도 있다.

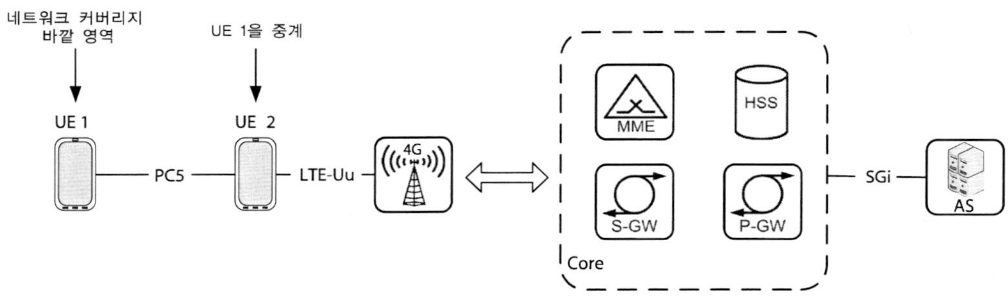

그림 4.10 ProSe 단말-네트워크 중계

4.2.4.4 ProSe 단말-네트워크 간 중계

ProSe 단말-네트워크 간 중계(그림 4.10)는 네트워크 커버리지에 있지 않은 원격 단말을 위한 유니 캐스트 서비스 연결을 제공한다. 비록 이 기능이 ProSe 아키텍처에는 소개되었지만, 3GPP Release 12에서는 정의되지 않았다.

ProSe 단말-네트워크 간 중계는 원격 단말과 네트워크 간에 상하향링크의 유니캐스트 트래픽을 중계할 수 있다. 또한, ProSe 단말-네트워크 간 중계는 공공안전 통신에 관계된 어떤 형태의 트래픽도 중계할 수 있는 일반적인 기능을 제공할 수 있다. 만일 원격 단말이 단말-네트워크 간 중계의 범위에서도 그 밖으로 이동하게 되면, 더 이상 IP 주소가 보존되지 않는다.

4.2.4.5 ProSe 어플리케이션 서버

ProSe 어플리케이션 서버는 EPC-수준의 탐색을 위한 응용계층 기능을 주로 지원한다. 이 서버는 EPUID(EPC ProSe user ID)와 PFID(ProSe Function ID) 같은 데이터를 저장한다. 또한, ALUID(Application Layer user ID)와 EPUID 간의 매핑을 지원한다.

4.2.4.6 MME

1장에서 설명한 기능에 추가하여 MME는 ProSe를 위해 다음의 기능을 지원하는 것을 가정한다.

- HSS로부터 ProSe 관련 가입 정보를 수신한다.
- 직접탐색 기능에 관련된 단말 능력(UE capability) 데이터를 얻는다.
- 단말이 필요한 능력을 가지고 있고 해당 서비스를 사용할 수 있도록 권한을 부여받은 경우에는, S1-AP 시그널링을 통해 eNB에게 단말이 ProSe 서비스를 사용하도록 권한을 부여받았다는 알림을 제공한다(3GPP TS 36.413 [10] 참조).

4.2.4.7 SLP(SUPL Location Platform)

SLP는 EPC-수준의 탐색 절차를 지원하는 ProSe fuction에 위치 정보를 제공한다.

4.2.5 인터페이스 및 프로토콜

4.2.5.1 제어평면

제어평면은 사용자평면의 생성, 변경, 종료를 제어하고 지원하는 프로토콜들로 구성되어 있으며, 다음의 기능을 포함한다.

- ProSe 관련 단말의 설정 데이터를 제어
- ProSe 직접탐색 기능의 제어
- 원격 단말과 ProSe 단말-네트워크 간 중계에 대한 연결 설정을 제어
- IP 주소 활성화 등과 같은, 생성된 네트워크 연결에 대한 속성을 제어

단말 – ProSe Function

단말과 ProSe Function 간 ProSe 제어평면 시그널링(PC3 인터페이스)은 사용자평면을 통해 전송된다(그림 4.11 참조).

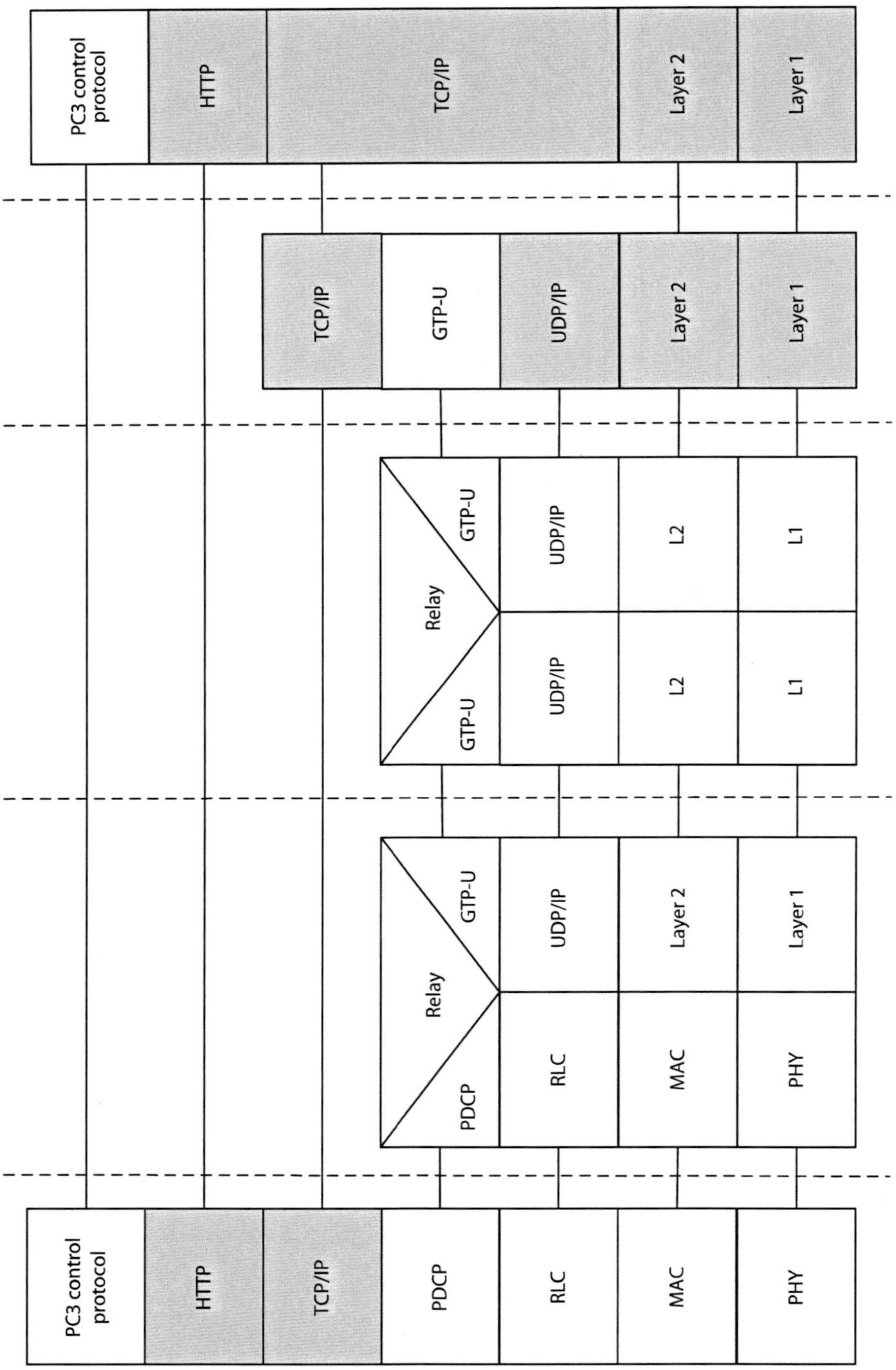

그림 4.11 단말과 ProSe Function 사이의 제어평면 프로토콜 스택

PC3 제어 프로토콜

이 프로토콜은 ProSe 지원 단말과 ProSe Function 간의 통신을 가능하게 하며, 3GPP TS 24.334에 정의되어 있다 [5]. 단말과 ProSe Function은 PC3 상의 ProSe 제어평면 메시지에 대한 전송 프로토콜로 IETF RFC 2616 [11]에 정의된 HTTP(Hypertext Transfer Protocol) 1.1 프로토콜을 사용한다.

HSS – ProSe Function

그림 4.12는 ProSe Function과 HSS 간 제어평면 프로토콜 스택을 보여준다.

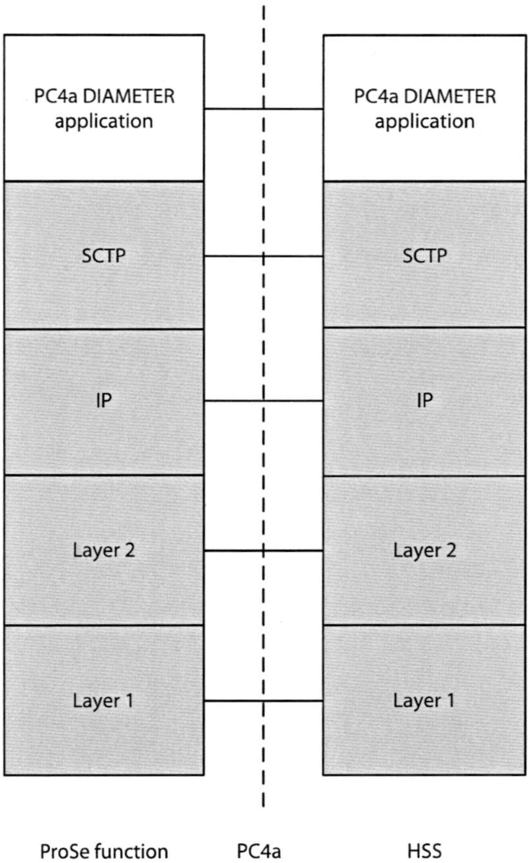

그림 4.12 ProSe Function과 HSS 간의 제어평면 프로토콜 스택

PC4a DIAMETER 어플리케이션

PC4a의 주요 기능은 HSS와 ProSe Function 간에 가입 및 인증 데이터를 전달하는 것이다. DIAMETER는 IETF RFC 3588 [12]에 정의되어 있으며, PC4a DIAMETER 어플리케이션은

3GPP TS 29.344 [6]에 정의되어 있다.

SLP–ProSe Function

그림 4.13은 ProSe Function과 SLP 간 제어평면 프로토콜 스택을 보여준다.

MLP(Mobile Location Protocol)

이 프로토콜은 SLP와 ProSe Function 사이에서 위치정보를 전달하는데 사용되며, 이 위치 정보는 OMA(Open Mobile Alliance) LIF(Location Interoperability Forum)의 MLP(Mobile Location Protocol)에 정의되어 있다(OMA LIF MLP).

UE–UE

그림 4.14는 두 ProSe 지원 단말 사이의 제어평면 프로토콜 스택을 보여준다.

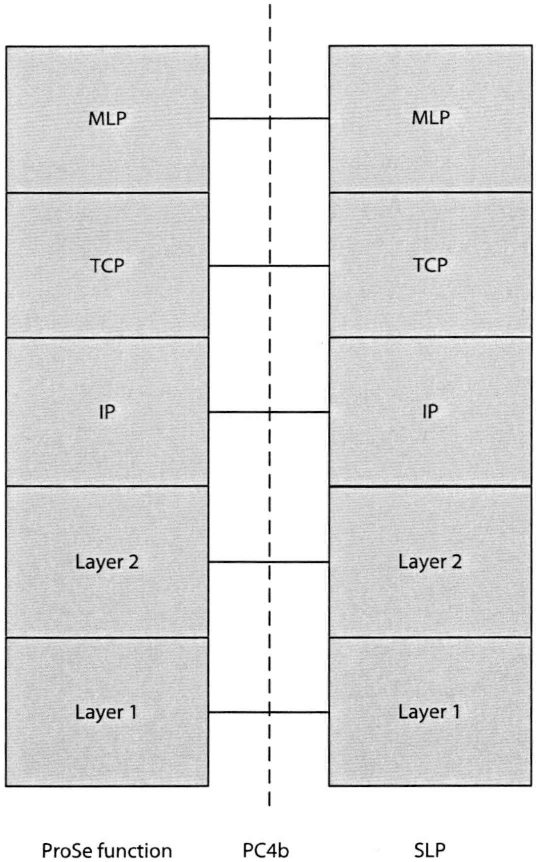

그림 4.13 ProSe Function과 SLP 간의 제어평면 프로토콜 스택

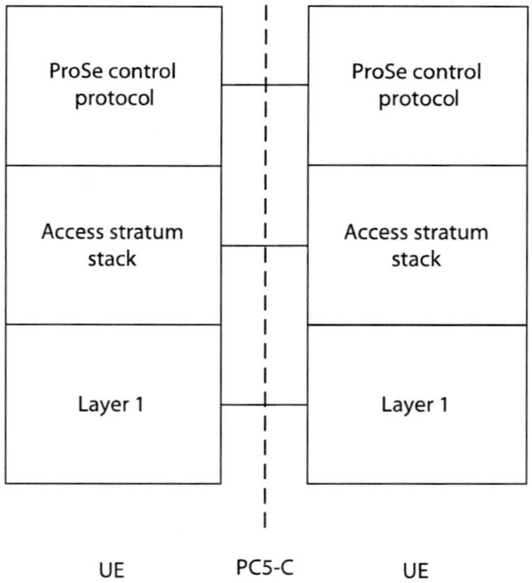

그림 4.14 두 ProSe 지원 단말 사이의 제어평면 프로토콜 스택

ProSe 제어 프로토콜

이것은 ProSe 직접탐색과 ProSe 단말-네트워크 간 중계의 탐색을 지원하는 제어 메시지를 처리하는 데 사용되며, 3GPP TS 24.334 [5]에 정의되어 있다.

Access Stratum

AS(access stratum)는 다음의 기능을 수행한다.

- **상위계층과의 연동**: MAC(Media Access Control) 계층은 상위계층으로부터 탐색 정보를 수신한다. 이 때 상위계층은 응용계층 혹은 NAS(Non Access Stratum) 계층일 수 있다. IP 계층은 탐색 정보를 전송하는 데 사용되지 않으며, 탐색 정보는 AS에서 처리되지 않고 그냥 통과하게 된다.
- **스케줄링**: MAC 계층은 탐색 정보를 전송하는데 사용하는 무선 자원을 결정한다.
- **탐색 PDU(Protocol Data unit) 생성**: MAC 계층은 탐색 정보를 나르는 MAC PDU를 만들고, 무선 자원을 통해 전송되도록 PHY 계층으로 보낸다.

ProSe Function–ProSe Function

그림 4.15는 두 ProSe Function 간의 제어평면 프로토콜 스택을 보여준다. PC6는 PLMN 간 인터페이스이며, PC7은 해당 로밍 인터페이스이다.

PC6/PC7 DIAMETER 어플리케이션

이 프로토콜은 PC6과 PC7인터페이스를 통한 ProSe Function 간의 가입자 위치관련 정보의 전달을 지원한다. 이 인터페이스는 HPLMN 내에 있는 ProSe Function이 다른 PLMN으로부터 권한 및 설정 정보를 수집할 때 사용된다. 또한, 로밍 시에는 ProSe 직접탐색 요청에 대한 권한을 부여하고, 해당 ProSe Application ID Name에 대한 탐색필터(Discovery Filter)를 찾아서, ProSe Application Code를 ProSe Application ID Name으로 변환하는데 사용된다. 보다 자세한 PC6/PC7 인터페이스 관련 내용은 3GPP TS 29.345 [9]를 참조한다.

ProSe Function–ProSe 어플리케이션 서버

그림 4.16은 ProSe Function과 ProSe 어플리케이션 서버 간의 제어평면 프로토콜 스택을 보여준다.

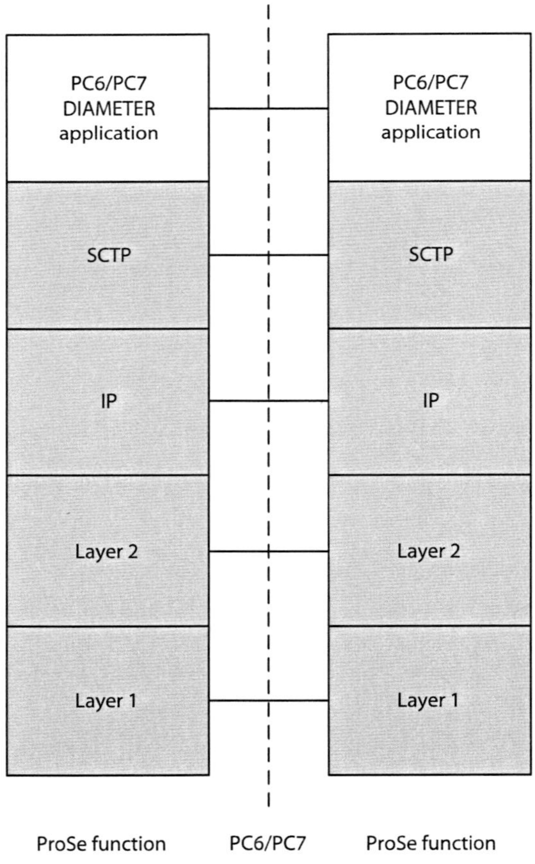

그림 4.15 두 ProSe Function 간의 제어평면 프로토콜 스택

PC2-AP

PC2-AP는 PC2 어플리케이션 프로토콜로서 3GPP TS 29.343 [4]에 정의되어 있다. 이 인터페이스는 EPC 수준의 ProSe 탐색 및 어플리케이션 수준의 사용자 식별자와 EPC ProSe User ID 사이의 매핑을 생성하는데 사용된다.

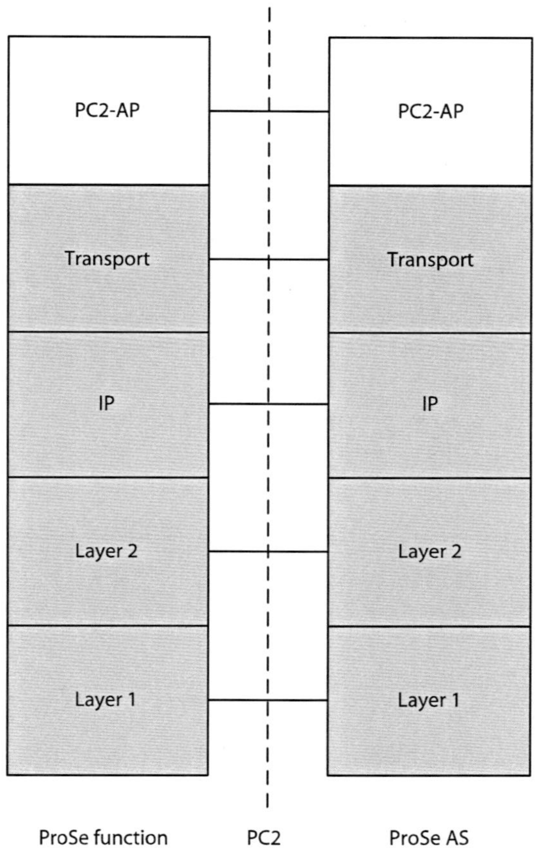

그림 4.16 ProSe Function과 ProSe 어플리케이션 서버 간의 제어평면 프로토콜 스택

사용자평면

단말 – 단말

그림 4.17은 두 개의 ProSe 지원 단말 간의 사용자평면 프로토콜 스택을 보여준다.

PC5-U

(eNB와 단말 사이의 무선 프로토콜과 유사하게) 두 단말 사이의 PHY, MAC, RLC(Radio Link

Control) 및 PDCP(Packet Data Convergence Protocol)와 같은 E-UTRA 무선 프로토콜은 1장을 참조하며 3GPP TS 36.300 [8]에 규격화되어 있다.

단말 - 단말 - 네트워크 중계

그림 4.18은 ProSe 지원 단말과 단말-네트워크 중계 간의 사용자평면 프로토콜 스택을 보여준다.

기준점과 프로토콜에 대한 요약

표 4.1은 ProSe를 위해 사용되는 기준점들과 프로토콜들을 요약 정리하여 보여준다.

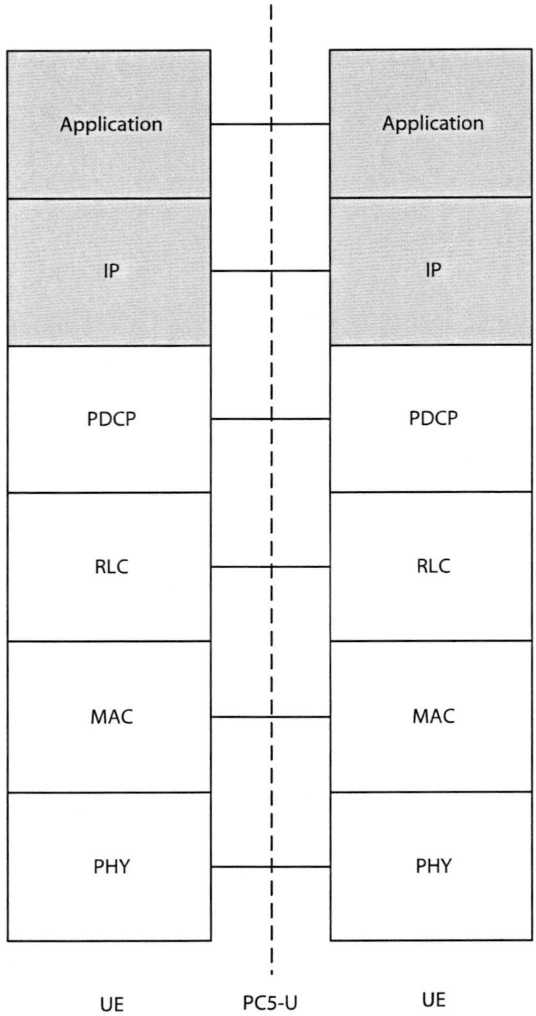

그림 4.17 두 개의 ProSe 지원 단말 간의 사용자평면 프로토콜 스택

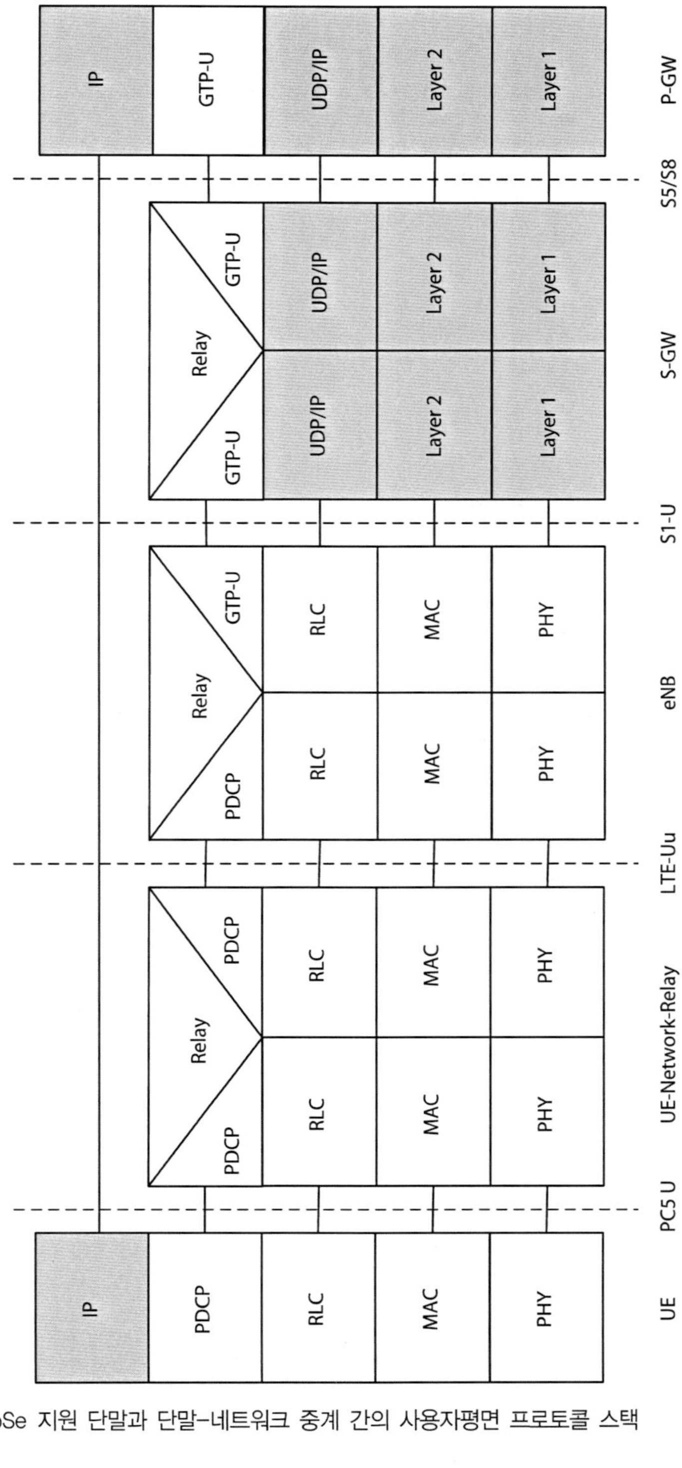

그림 4.18 ProSe 지원 단말과 단말-네트워크 중계 간의 사용자평면 프로토콜 스택

표 4.1 ProSe 기준점 및 프로토콜에 대한 요약

참조점	프로토콜	표준 규격
PC1	3GPP에서 규격화되지 않음	3GPP에서 규격화되지 않음
PC2	PC2-AP	TS 29.343 [4]
PC3	ProSe Protocol(over HTTP)	TS 24.334 [5]
PC4a	PC4b	DIAMETER
MLP	TS 29.344 [6]	OMA LIF MLP [7]
PC5	UP: PHY, MAC, RLC, PDCP CP: ProSe Protocol	TS 36.300 [8], TS 24.334 [5]
PC6	DIAMETER	TS 29.345 [9]
PC7	DIAMETER	TS 29.345 [9]

4.3 동기화

"동기화(synchronization)"라는 용어는 일반적으로 하나의 시스템이 일치되어 동작하기 위한 이벤트들의 조정을 의미한다. 용어에서 말하는 것처럼, 동기화는 단말이 셀룰러망에 성공적으로 접속하고 단말들이 다른 단말들을 직접탐색하고 통신하는데 중요하다. 이 절에서는 셀 동기를 위해 필요한 LTE의 primary, secondary 동기신호 및 D2D(Device-to-Device) 탐색과 D2D 통신을 위해 필요한 D2D 동기신호를 설명한다.

이 책에서는 D2D라는 용어를 ProSe와 동일한 의미로 사용한다.

4.3.1 LTE Primary 및 Secondary 동기신호

셀 동기는 단말이 셀에 등록하고자 할 때 수행하는 최초의 단계이다. 동기화 중에 단말은 물리계층 셀 ID(PCI: Physical Cell ID), 타임 슬롯 그리고 프레임 동기를 획득하며, 이것은 단말이 특정 네트워크로부터 시스템 정보블록(SIB: System Information Block)들을 읽는 것을 가능하게 한다(TS 36.300 [8]을 참고).

단말은 단말이 지원하는 주파수 밴드에 따라 자신의 무선 회로를 다양한 주파수 채널로 조정한다. 만일 단말이 현재 특정 밴드나 채널에 맞춰져 있다고 가정하면, 단말은 먼저 primary 동기신호(PSS: Primary Synchronization Signal)를 찾는데, 이 신호는 무선프레임 내에서 첫 번째 서브프레임(서브프레임 0)의 첫 번째 타임슬롯의 마지막 OFDM 심볼에 위치한다. 이 신호를 통해 단말은 서브프레임 단위의 동기를 맞추게 된다. PSS는 서브프레임 5에서 반복되며, 각 서브프레임은 1ms이므로 단말이 5ms 단위의 동기를 맞추게 됨을 의미한다. 또한, PSS로부터 단말은 물리계층 ID(0-2)를 획득하게 된다.

다음 단계에서 단말은 secondary 동기신호(SSS: Secondary Synchronization Signal)를 찾는다. SSS 심볼은 PSS와 동일한 서브프레임에 위치하며, 그림 4.19와 같이 PSS 심볼 앞에 위치한다. SSS로부터 단말은 물리계층 셀 ID그룹 번호(0-167)를 획득한다.

물리계층 ID와 물리계층 셀 ID 그룹 번호를 이용하여 단말은 물리계층 셀 ID(PCI)를 알게 된다. LTE에서는 504개의 물리계층 셀 ID가 사용되며, 이는 168개의 고유한 셀 ID 그룹으로 나누어 지고 각 그룹에는 3개의 물리계층 ID로 구성된다. 앞서 언급한 것과 같이, 단말은 PSS로부터 물리계층 ID를 찾고, SSS로부터 물리계층 셀 ID 그룹을 찾아서 PCI를 계산해 낸다.

일단 단말이 주어진 셀에 대해 PCI를 알게 되면, 단말은 셀의 Reference 신호 위치를 알게 된다. Reference 신호는 채널추정, 셀 선택, 셀 재선택 및 핸드오버 절차에서 사용된다.

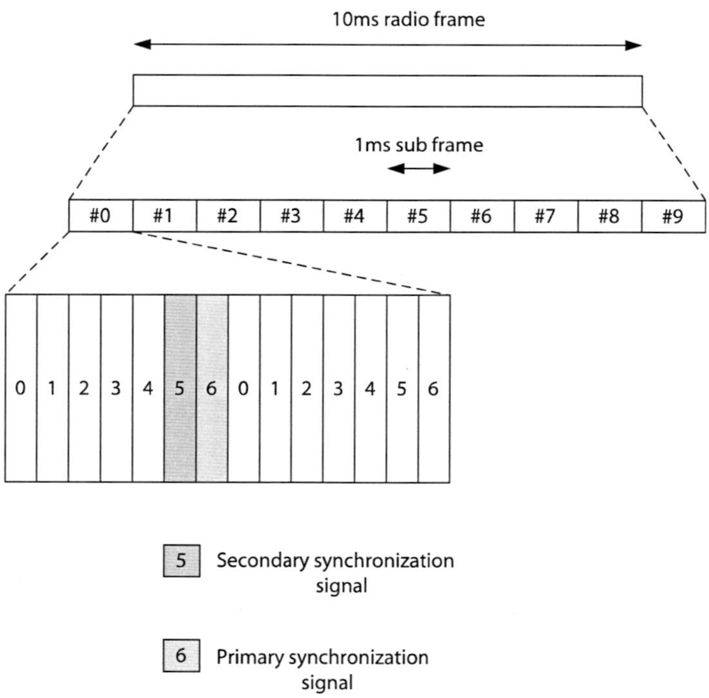

그림 4.19 LTE 동기신호

셀동기 절차 이후에(3GPP TS 36.211 [13] 참고), 단말은 마스터 정보블록(MIB: Master Information Block) 및 SIB1과 SIB2와 같은 다른 SIB들을 읽는 절차를 수행한다(MIB와 SIB의

정의는 4.12절의 용어 및 정의를 참고한다). 일단 필요한 파라미터를 획득하게 되면, 단말은 eNB에게 RRC(Radio Resource Control) 연결 생성을 요청할 수 있고, 이에 따라 단말은 네트워크와 시그널링 정보를 교환할 수 있다. 그러면, 단말은 생성된 RRC 연결을 이용하여 네트워크에 등록을 하게 되고, 이 절차를 초기 접속(Initial Attach)이라고 부른다(1.6.9절 참조).

4.3.2 LTE D2D 동기화

D2D 동기소스(source)는 적어도 하나의 D2D 동기신호(D2DSS: D2D Synchronization Signal)를 전송한다. D2D 동기소스는 ProSe 지원 단말 또는 eNB일 수 있다. 전송된 D2DSS는 단말에 의하여 시간과 주파수 동기 정보를 획득하는데 사용된다. 단말이 네트워크 커버리지 내에 있을 때에는 D2D 동기소스는 eNB이며, 여기서 전송되는 D2DSS는 Release 8의 LTE PSS/SSS이다. eNB가 아닌 다른 D2D 동기소스에 의해 전송되는 D2DSS의 구조는 Release 12에서 D2D에 대하여 정의된 신호설계를 따른다. 이때 가정은 동기소스가 PSSID(Physical Layer Identity)로 알려진 물리계층 ID를 가지고 있다는 것이다. 이 책을 쓸 당시에는 3GPP RAN 작업그룹1 내에서 아직 D2DSS의 구조가 완결되지 않은 상태이었다.

D2D 동기소스에 의하여 전송되는 물리계층 D2D 신호채널(PD2DSCH)의 개념이 3GPP 내에서 정의될 것이다.

만일 D2D 동기소스가 검출되면, 단말은 D2DSS를 전송하기 이전에 수신기를 동기소스에 동기화 한다. 단말은 D2D 동기소스(예, 다른 ProSe 지원 단말)로부터 수신된 D2DSS로부터 추출된 적어도 하나의 D2DSS를 전송할 수 있다.

만일 단말이 D2DSS를 전송하려면, 단말이 D2DSS를 전송하기 위해 사용할 시간 기준으로 어떠한 D2D 동기소스를 사용하는 것인지를 결정하는 특정한 규칙이 적용된다. D2D 신호 전송을 위한 시간 기준으로 어떠한 D2D 동기소스를 사용할 것인지를 결정하는 규칙은 다음과 같다.

- D2D 동기소스가 eNB인 경우가 D2D 동기소스가 단말인 경우에 비해 높은 우선순위를 갖는다.
- D2D 동기소스가 네트워크 커버리지 내에 있는 단말인 경우가 D2D 동기소스가 네트워크 커버리지 밖에 있는 단말인 경우에 비해 높은 우선순위를 갖는다.
- 위와 같은 우선순위 이후의 D2D 동기소스의 선택은 D2DSS 수신품질과 같은 지표에 따라 이루어진다.

만일 D2D 동기소스가 검출되지 않더라도, 단말은 여전히 D2DSS를 보낼 수 있다. 만약 단말이 D2D 동기소스의 변경을 검출하게 되면, 단말은 자신이 시간 기준으로 사용하고 있는

D2D 동기소스를 재선택하고 이것을 D2DSS 전송에 사용할 수 있다. 이러한 선택을 위한 자세한 규칙들은 3GPP 내에서 추가로 연구될 예정이다.

D2DSS 전송 설정은, 네트워크가 ProSe 직접탐색과 ProSe 직접통신을 모두 지원하는 경우에는, 두 가지에 대해 동일한 것으로 가정한다. D2D 동기는 ProSe 직접탐색 및 ProSe 직접통신을 수행하기에 반드시 필요한 선결 조건이다.

4.4 서비스 권한부여(Service Authorization)

성공적으로 네트워크에 동기를 맞추고 등록을 하게 되면, ProSe 지원 단말은 ProSe 직접탐색이나 ProSe 직접통신 혹은 두 가지 모두를 사용하기 위하여 해당 서비스에 대한 권한을 획득하는 것이 필요하다. 이것은 일반적으로 특정 기간(유효시간: validity time) 동안 유효하다. 권한부여에 대한 요청은 보통 다음의 이벤트 중 한 가지로 인해 일어난다.

1. ProSe 직접탐색 또는 ProSe 직접통신을 시작하기 위해
2. 단말이 이미 ProSe 직접탐색 혹은 ProSe 직접통신을 수행하고 있으면서, 새로 등록된 PLMN으로 이동하는 경우
3. 서비스 권한을 위한 유효시간이 종료되었을 때

로밍 및 비 로밍 시나리오 모든 경우에 대하여, 단말은 그림 4.20과 같이 HPLMN 내에 있는 ProSe Function으로 부터 서비스 권한을 얻어야 한다.

권한부여는 IP 기반 메커니즘을 사용하여 발생하며, 단말이 ProSe Function과 교신하기 위해서는 IP 연결이면 된다.

로밍 시나리오에서는 HPLMN에 있는 ProSe Function은 VPLMN에 있는 ProSe Function으로부터 권한을 얻는다.

단말이 서빙 PLMN(소위 로컬PLMN이라고 함) 이외의 다른 PLMN에 있으면서 근접하게 위치한 다른 단말을 검색할 수 있다면, 단말은 로컬 PLMN 및 로컬 PLMN에 있는 ProSe Function으로부터 권한을 획득한 HPLMN에 있는 ProSe Function으로부터 권한을 부여받아야 할 수 있다.

단말의 마지막 권한부여는 항상 HPLMN에 있는 ProSe Function에 의해 수행된다. HPLMN에 위치한 ProSe Function은 홈, 서빙 및 로컬 PLMN으로부터 얻은 권한 정보를 통합한다. 로컬 PLMN, VPLMN 또는 HPLMN에 위치한 ProSe Function은 언제라도 허가된 권한을 취소할 수 있다. HPLMN에 위치한 ProSe Function은 로컬 PLMN 혹은 VPLMN에 의하여 권한이 취소된

경우에는 이를 통보받는다. HPLMN에 위치한 ProSe Function은 단말에게 권한 정보에 대한 변경 사항을 통지한다.

1. 설정
2. 가입 정보
3. 단말이 네트워크에 접속
4. 권한 부여 요청
5. 권한 획득
6. 권한 획득
7. 권한 부여 확정

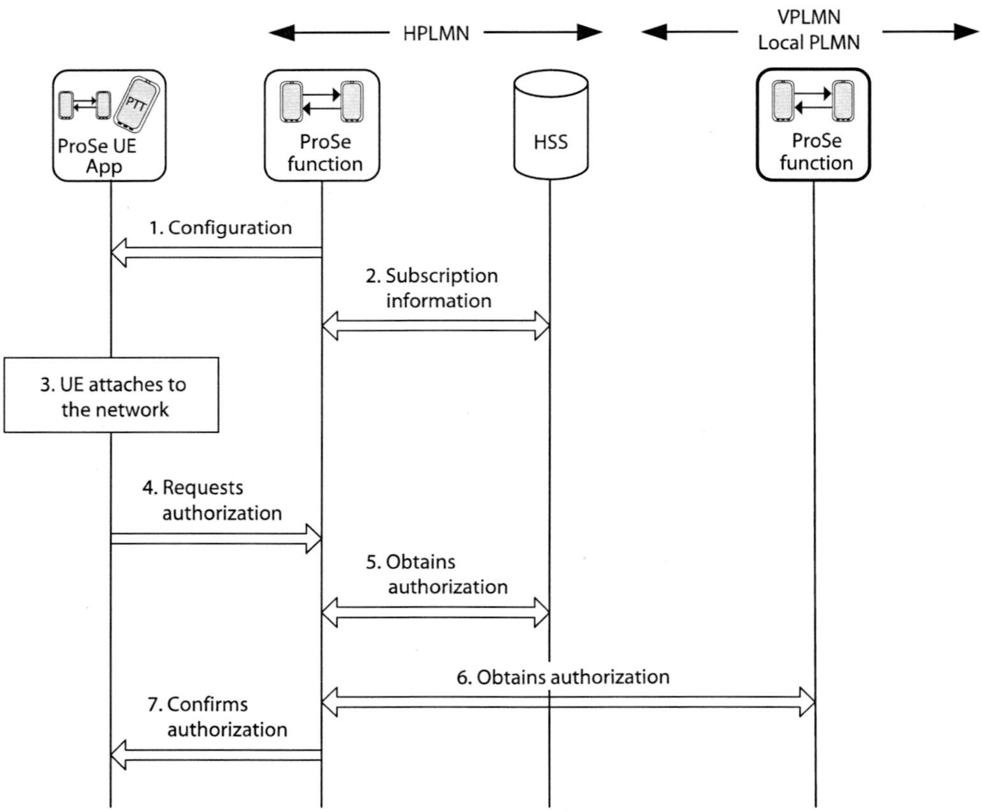

그림 4.20 근접 서비스를 위한 서비스 권한부여

4.5 ProSe 직접탐색

ProSe 직접탐색은 ProSe 지원 단말이 네트워크를 통하지 않고 PC5 인터페이스를 통하여 E-UTRA 직접 무선 신호를 사용하여 근접해 있는 다른 ProSe 지원 단말을 찾는 데 사용되는 절차로 정의된다. Release 12에서의 ProSe 직접탐색은 단말이 E-UTRAN에 서비스 받고 있을 때에만 지원된다. 앞서 언급한 바와 같이, ProSe 직접탐색(ProSe 직접통신과는 독립적으로 제공되는)은 독립적인 서비스일 수 있다. 탐색된 단말에 대한 정보를 해당 정보를 이용하는 것이 허용된 탐색을 수행한 단말 내의 특정 어플리케이션에 제공한다. 예를 들어, 이 정보들은 "근처의 택시 찾기" 또는 "커피숍 찾기" 등과 같은 것으로, 이 경우에 탐색된 단말은 택시나 커피숍 내의 단말일 수 있다. 또한, 획득되는 정보에 따라서 ProSe 직접탐색은 뒤따르는 동작에 사용될 수 있다. 예를 들면, ProSe 직접통신을 개시하는데 사용될 수 있다.

단말들이 서로 근접 거리에 위치해 있을 때 단말 간의 직접통신이 가능하도록 하기 위해서는, 공공안전 단말의 경우를 제외하고는, 단말들이 먼저 서로를 탐색해야 한다. 이러한 제한을 두는 이유는 직접통신을 위하여 면허대역을 사용하는 것을(상용) 이동통신사업자가 제어하도록 하기 위함이지만, 이 기능은 Release-12에서는 지원되지 않는다. 공공안전 단말은 ProSe 직접탐색 없이도 서로 통신할 수 있다. 공공안전 단말의 경우에는 공공안전 담당자들은 서로 다른 사람의 행방에 대해 대략적으로 알고 있으므로 다른 사람이 직접통신이 가능한지 여부에 대하여 예측할 수 있기 때문에 탐색 과정이 반드시 필요하지는 않다.

또한, ProSe 직접탐색은 독립적인 서비스로 사용될 수 있다(예를 들어, 탐색된 단말들에게 광고를 제공하는 어플리케이션). 이러한 어플리케이션은 굳이 뒤따르는 통신이 필요없이 광고를 전달한 것으로 끝날 수 있다.

4.5.1 ProSe 직접탐색 모델

직접탐색의 경우 다음의 두 탐색 모델이 가능하다.

1. **모델 A("I am here")**: 이 모델에서는 단말은 해당 메시지를 읽고 처리하는 데 관심이 있는 다른 단말들에게 자신의 존재를 방송한다. 근접한 단말에 의해서 사용될 수 있는 특정 정보(예를 들어, 자신의 ProSe 식별자(Identity)를 방송하는 단말을 "방송단말(Announcing UE)"이라고 부른다. 탐색의 권한을 가지고 있으며 근접하게 위치한 방송단말의 메시지를 읽고 처리하는데 관심을 가지고 있는 단말을 "검색단말(Monitoring UE)"이라고 부른다.
2. **모델 B("who is there?" 혹은 "are you there?")**: 이 모델에서의 단말은 특정 정보가 포함된 요청을 보내어 다른 단말을 탐색하는 것을 시도한다. 자신의 ProSe Application ID와

같은 정보를 포함한 요청을 송신하는 단말을 "탐색단말(Discoverer UE)"이라고 부른다. 반면, 해당 요청을 수신 및 처리하고 해당 요청에 대해 응답을 보내는 단말을 "검출단말(Discoveree UE)"이라고 부른다.

3GPP Release 12에서는 모델 A 기반의 직접탐색을 지원하는 솔루션과 절차만을 표준화하였다.

4.5.2 ProSe 직접탐색 모드

직접탐색 모드에는 개방형(open) 탐색 및 제한적(restricted) 탐색의 두 가지 모드가 있다. 개방형 탐색은 탐색되는 단말로부터 어떠한 명시적인 허가가 필요하지 않은 것을 의미하며, 제한적 탐색은 탐색되는 단말로부터 명시적인 허가가 필요한 것을 의미한다. 3GPP Release 12에서는 개방형 탐색 모드에 대한 솔루션과 절차만을 표준화하였다.

개방형 탐색에 대한 용례로는(예를 들면, 식당 근처에 위치한 자동 판매기와 같이) 탐색되는 단말(자동판매기 내부에 있는 단말)로부터 허가가 필요없는 일종의 공공의 기계형 단말(machine type device)을 탐색하는 것을 포함할 수 있다. 제한적 탐색은 사람들에 의해서 사용되는 단말에서 가장 일반적으로 사용되는 방법으로서, 개인정보 유출에 대한 우려를 피하기 위해 이 모드가 사용된다(예를 들어, 건물로 들어가는 소방관을 탐색하거나 커피숍으로 들어가는 사람을 탐색하기 위해서는, 소방관이나 해당 사용자로부터 명시적인 허가가 필요할 것이다).

4.5.3 모델 A의 직접탐색 절차

이 탐색 절차는 ProSe 지원 단말이 E-UTRAN으로부터 서비스를 받고 있는 경우에서 개방형 ProSe 탐색에만 적용되는 것이다. 단말은 4.4절의 서비스 권한 부여 절에서 설명된 바와 같이 HPLMN과 서빙 PLMN으로부터 서비스 권한을 부여 받는다.

ProSe Application ID가 ProSe 직접탐색에 대한 어플리케이션을 확인하는데 사용된다. ProSe Application ID는 전 세계적으로 유일한 ID이며, PLMN 특정, 국가 특정 혹은 전세계적인 ID일 수 있다. 각 ProSe Application ID는 ProSe Application ID Name과 PLMN ID로 구성된다. ProSe Application ID Name은 다양한 레벨로 구분된 데이터 구조에 의해 표현되는데, 예를 들면 넓은 레벨의 비즈니스 카테고리(Level 0), 비즈니스 서브카테고리(Level 1), 비즈니스 이름(Level 2), 그리고 상점 ID(level 3)등의 레벨로 표현된다. PLMN ID는 ProSe Application ID를 할당한 PLMN의 MCC(Mobile Country Code)와 MNC(Mobile Network Code)로 구성된다. 만일 ProSe Application ID가 국가 특정인 경우에는 MNC가 와일드카드 "*"로 표현된다. 만일 전세계적인 경우에는 MCC와 MNC 모두가 와일드카드 "*"로 표현된다.

단말이 자신의 존재를 방송할 때, 단말은 HPLMN에 위치한 ProSe Function에게 “방송을 위한 탐색 요청(discovery request for announcing)”을 개시한다. 해당 탐색 요청에는 방송하고자 하는 어플리케이션의 ProSe Application ID가 포함된다. 만일 요청이 성공하면, 단말은 ProSe Function으로부터 ProSe Application Code를 획득하며, 단말은 PC5 인터페이스를 통한 방송 절차에 이를 사용한다.

ProSe Application Code는 ProSe Application ID에 상응하는 임시 코드로서 단말 특정한 것이다. 이 코드는 검색단말(monitoring UE)이 방송단말(announcing UE)의 존재를 발견할 수 있도록 하기 위해 사용된다. 각 ProSe Application Code는 임시 ID와 ProSe Application Code를 할당한 PLMN에 상응하는 PLMN ID로 구성되어 있다. 임시 ID의 내부 구조는 ProSe Application ID와 연관된 구조를 가지며, 이를 통해 검색단말에서 ProSe Application Mask 혹은 탐색필터를 이용하여 부분 매칭이 가능하도록 한다(이 ID는 Application ID의 각 레벨에 대한 별도의 식별자를 가지고 있다). ProSe Application Code는 유효시간을 가지고 있어서, 얼마 동안 이 코드가 유효하며 사용 가능한지를 결정한다.

ProSe Application Mask는 ProSe Application Code들의 부분 매칭을 허용하기 위하여, ProSe Application Code의 임시 ID의 하나 혹은 복수 개의 적용 가능한 부분들로 구성되어 있다. ProSe Application Mask는 탐색필터 내에 포함되어 있다.

단말 내 어플리케이션이 해당 단말에 근접하여 위치하고 있는 다른 단말들을 검색하는 것을 개시하고 해당 단말이 검색할 수 있는 권한이 있다면, 단말은 ProSe Function을 향하여 검색을 위한 탐색 요청을 보낸다. 검색단말은 보내고자 하는 Application ID 내에 범위가 인코딩되어 있으므로, 자신이 검색요청을 PLMN 특정으로 보내야 하는지, 국가 특정으로 보내야 하는지, 혹은 전세계적인 ProSe Application ID로 보내야 하는 지를 알아야만 한다.

요청이 성공하면, 검색단말은 ProSe Application Code(들)과 ProSe Application Mask(들)로 이루어진 탐색필터를 획득하게 된다. 그리고 나서 단말은 PC5 인터페이스 상에서 이 ProSe Application Code(들)에 대한 검색을 시작한다. 주어진 필터(또는 필터의 일부)와 일치하는 하나 혹은 복수 개의 ProSe Application Code(들)이 방송되는 것을 검출하면, 단말은 해당 ProSe Application Code(들)을 ProSe Function에 보고한다.

ProSe Application Code가 주어진 필터와 일치하려면, ProSe Application Code의 모든 부분이 일치해야 한다. PLMN ID와 임시 ID가 탐색필터의 상응하는 내용과 모두 일치하면, 이를 전체 일치(full match)로 간주한다. 그러므로 ProSe Application Code가 가리키는 서비스에 대한 전체 일치 여부를 식별하기 위해서는 ProSe Application Mask가 모두 1로 설정된 탐색필터가 사용될 수 있다. 일치하여야 하는 부분에 대해서는 1로 설정되고 마스킹될 수 있는 부분에 대해서는 0으로 설정한 ProSe Application Mask를 가진 탐색필터를 사용하게 되면, 이를 통하여 ProSe Application Mask에 담겨 있는 ProSe Application Code들에 대하여 최대한의 부분일치(partial match)를 허용해 줄 수 있다. 부분일치는 PLMN ID는 완전하게 일치하면서 임시 ID는 탐색필터 내의 상응하는 내용과 부분적으로 일치하는 경우에 발생한다. Application Mask, Application Code 및 탐색필터를 사용하여 어떻게 매칭 절차가 수행되는 지는 4.8.6절을 추가적으로 참조하도록 한다.

이어지는 절에서는 직접탐색(방송, 검색, 매칭 절차)이 로밍 및 비-로밍 시나리오에서 수행되는 지를 설명한다. 추가하여, 직접탐색 절차를 위한 무선자원 할당에 초점을 맞추어 무선 관점에 대한 설명도 제공한다.

4.5.4 무선 및 물리계층 설계

단말은 RRC_IDLE 상태와 RRC_CONNECTED 상태 모두에서 탐색 정보를 방송하고 검색하는 데 참여할 수 있다. 단말은 반-이중방식(half-duplex) 제약에 따라서 탐색 정보에 대한 방송 및 검색을 수행하는데, 반-이중방식 동작에서는 송신기와 수신기가 동시에 동작할 수는 없다. 송신기 모드에서는 단말은 방송 절차를 시작할 수 있고, 수신기 모드에서는 검색을 수행할 수 있다. 간단히 말하면, 반-이중방식은 한쪽에서 말을 하는 동안 다른 쪽에서는 듣는 것을 의미한다(예, 워키-토키 스타일).

3GPP RAN WG의 표준에서의 가정은, "방송 단말"은 "검색 단말"이 수행하는 직접탐색 과정을 돕기 위해 3GPP에서 새롭게 정의되는 물리채널 및 전송채널을 사용하여 어떤 정보를 송신한다는 것이다(3GPP TR 36.843 [14] 참고). 직접탐색을 위해 사용되는 전송채널 및 논리채널은 직접통신에 사용되는 채널과는 다르다. 단말이 직접탐색을 수행하기 위해서는 E-UTRA 즉 LTE 무선 자원이 필요하다. E-UTRA 네트워크(eNB)는 자원의 할당을 제어하는데, 자원풀(resource pool)을 설정하거나 실제 사용될 자원을 스케줄링하게 된다. 실제 탐색 메시지와 정보는 새로운 물리채널을 통해 방송 단말에서 검색 단말로 직접 전송된다. 방송 단말은 방송을 위한 자원 풀 내의 일부 자원을 선택한다. 검색 단말은 방송 단말로부터 전송될 가능성이 있는 탐색 메시지를 찾기 위하여 어떤 채널과 어떤 타임슬롯을 찾아봐야 하는 지를 알아야 하는데, 검색 단말은 이러한 정보를 네트워크로부터 획득한다. 이 정보는 네트워크에서 제공되는 시스템 정보블록(SIB)을 통해 단말에 알려질 수 있다.

방송 단말과 검색 단말은 UTC(Coordinated universal Time)를 유지한다. 방송 단말은 탐색 메시지를 전송하는데, 이 메시지는 ProSe 프로토콜에 의해서 생성되며 탐색 메시지의 전송 시의 UTC 시간을 고려한다. 검색 단말에서 ProSe 프로토콜은 검증이 필요한 메시지와 수신된

UTC 시간을 ProSe Function으로 함께 제공한다(UTC 시간의 사용에 대해서는 4.8.3절을 참조한다).

4.5.5 직접탐색을 위한 무선 자원할당

탐색 전송 자원에 대한 설정 데이터는 탐색 주기, 탐색 신호 전송을 위해 사용되는 탐색 주기 내 서브프레임의 수, 그리고 PRB(Physical Resource Block)들로 구성되어 있다.[2] 앞서 언급한 것과 같이, 탐색의 범위는 신호 조건과 간섭 등의 무선 환경에 따라 달라질 수 있으며, 탐색 절차를 수행하기 위한 탐색 신호의 최대 전송 파워 레벨은 eNB에 의해서 부여되어야 한다.

탐색 정보 방송을 위한 자원할당에는 두 가지 타입이 존재한다 [15].

- Type1: 탐색정보 방송을 위한 자원이 네트워크를 통해 할당되며 그 자원이 특정 단말에 한정되지 않는 방식이다. 이 경우에는 eNB는 단말에게 탐색정보 방송을 위한 자원 풀의 설정을 알려주는데, eNB는 SIB를 통하여 이 정보를 알려줄 수 있다. 단말은 자원 풀에서 무선 자원을 선택하여 이것을 이용해 탐색 정보를 방송할 수 있다. 검색 절차를 위해 필요한 자원 풀은 역시 단말에서 설정될 수 있다.
- Type2: 탐색정보 방송을 위한 자원이 네트워크를 통해 할당되며 그 자원이 특정 단말에 한정되는 방식이다. 단말이 RRC_CONNECTED 모드인 경우에는 탐색정보 방송을 위한 자원을 요청할 수 있고, eNB는 전용 RRC 시그널링 메시지를 이용하여 자원을 할당할 수 있다. 단말 내 NAS 계층은(3GPP TS 24.301 [16] 참고) 서비스 요청(Service Request) 메시지를 (1.6.9절 참고) 전송하여, 이 무선 자원을 획득하기 위한 RRC establishment 절차를 시작한다. 검색 절차를 위해 필요한 자원 풀은 역시 단말에서 설정될 수 있다.

단말이 RRL_IDLE 모드에 있는 경우 eNB는 탐색 방송용 Type1 자원 풀을 SIB를 통하여 제공할 수 있으며, 단말은 이를 이용하여 탐색정보를 방송할 수 있다. 탐색을 수행할 수 있도록 허가 받은 단말은, 이 자원들을 사용하여 탐색정보를 방송할 수 있다. 또 다른 방법으로, eNB는 D2D 탐색 기능의 지원 여부만을 알려주고, 탐색정보 방송을 위한 어떤 자원 정보도 제공하지 않을 수 있다. 이는 탐색정보 방송을 위한 D2D 자원을 요청하기 위하여 단말이 RRL_CONNECTED 상태로 들어가야 함을 것을 의미한다.

단말이 RRL_CONNECTED 상태에 있을 때, ProSe 직접탐색을 수행할 수 있도록 허가 받은 단말은 eNB에 자원을 요청할 수 있다. 먼저 eNB는 MME로부터 수신한 단말의 context 정보를 기반으로 단말이 ProSe 직접탐색을 수행하도록 허가되었는지를 확인한다. 그 다음, 만일

2) 역자주: 최대 50개까지 PRB를 할당할 수 있으며, 하나의 탐색 신호는 슬롯당 2RB를 사용하여 총 232비트의 데이터를 전송하게 된다.

단말이 탐색 수행을 허가 받았다면, eBN는 단말이 Type1 자원 풀을 사용하도록 설정함으로써 자원을 할당해 주거나 전용 RRC 시그널링 절차를 통해 필요한 자원을 할당할 수 있다.

RRC_IDLE 및 RRC_CONNECTED 상태에 있는 단말은 허가된 상태에 따라서 Type1 및 Type2 탐색 자원 풀을 검색한다. eNB는 SIB[3])를 통해 탐색정보 검색을 위한 자원 풀 설정을 제공한다. 또한, SIB19는 인접 셀에서 방송을 위해 사용되는 탐색 자원 정보도 포함할 수 있다.

탐색 자원은 셀에 따라서 겹칠 수도 있고 겹치지 않을 수도 있다. 서빙 셀은 ProSe 탐색을 지원하는 인접 주파수에 대한 정보도 SIB19를 통해 제공할 수 있다. 동기가 맞아 있으며 커버리지가 완전히 서로 겹치고 동일 주파수를 사용하는 구축을 위해서는, eNB는 단지 하나의 자원 풀을 제공한다.

eNB에 의한 자원할당은 eNB가 명시적인 RRC 시그널링 절차를 통해 자원을 취소하거나 단말이 idle 모드로 이동하기 전까지는 유효하다고 볼 수 있다.

4.5.6 주파수 간 ProSe 탐색

Release12에서는 검색 단말에 대하여 주파수 간 ProSe 탐색(inter-frequency ProSe discovery) (PLMN 내 탐색 및 PLMN 간 탐색)이 지원될 수 있다. 네트워크로부터 허가를 받은 경우, 방송 단말은 탐색 신호를 서빙 셀 반송파 주파수에서만 전송해야 한다. 그 이유는, 검색 단말이 어떤 반송파에 캠핑하고 있더라도 방송 단말이 위치하여 탐색정보를 전송하는 다른 반송파의 자원을 모니터링하도록 하기 위함이다. 검색 단말의 서빙 셀에서는 탐색 정보가 전송되어 올 수 있는 주파수에 대한 정보가 SIB19[4])를 통하여 제공되며, 검색 단말은 이러한 서로 다른 주파수의 셀들에서의 SIB(SIB18)를 읽음으로써 검색 절차를 위한 해당 주파수의 자원 정보 즉 주파수 간 자원 정보를 획득한다.

eNB는 단말이 ProSe 탐색 신호를 수신하기 위해 검색을 수행하고자 하는 주파수의 목록을 SIB19(역자주)를 통해 방송할 수 있다. 검색 단말의 서빙 셀은 다른 반송파의 자세한 ProSe 자원설정 정보를 제공하지 않는다. 단말이 ProSe를 지원하지 않는 셀에 캠핑해 있는 동안, 단말은 ProSe 지원 반송파 셀에서 전송되는 SIB를 읽어서 ProSe 자원 정보를 획득할 수 있다. 한편, 단말이 두 개의 수신기를 지원한다면, 단말은 두 번째 수신기를 사용하여 이와 같은 동작을 할 수도 있다.

3) 역자주: SIB19
4) 역자주: 예, discInterFreqList-r12

4.5.7 방송(Announce) 절차: 로밍이 아닌 경우

시나리오 예제 소방관 Bob과 소방관 John은 사업자 A에 가입되어 있다. Bob은 축구 경기장에 막 도착했으며, 그의 단말은 지금 사업자 A의 네트워크에 등록되어 있다. Bob은 다른 소방관(John 및 다른 사람들)이 축구 경기장에 도착할 것이라는 것을 알고 있다. Bob은 경기장에 있는 다른 소방관에게 자신이 도착했다는 사실을 방송하고자 한다. 즉, Bob은 "내가 여기 있다."라고 방송하고자 한다. Bob이 이와 같은 동작을 수행하기 위해서는, 그의 단말이 아래 설명된 방송 절차를 시작해야 한다(그림 4.21 참조).

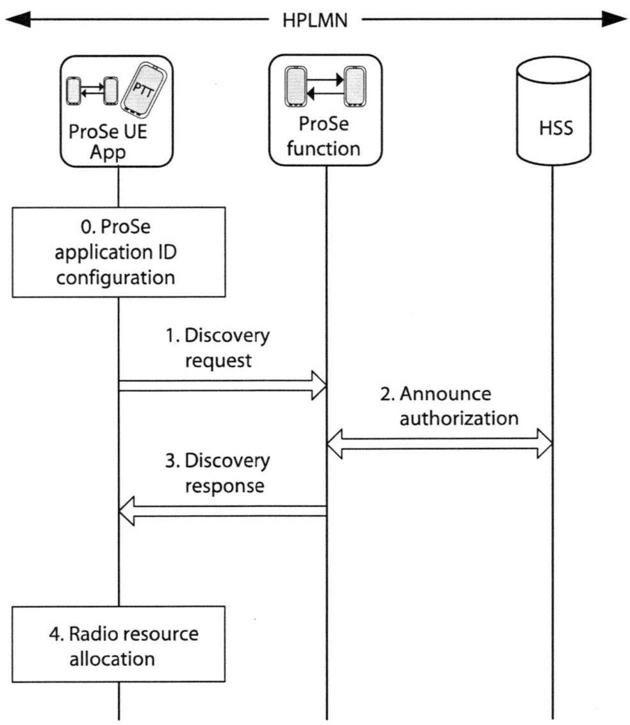

그림 4.21 방송 요청 절차(로밍이 아닌 경우)

4.5.7.1 절차 설명

전제 조건

단말은 권한관리 정책(authorization policy)에 따라 설정되는데, 이것은 단말이 HPLMN 내에서 탐색을 수행할 수 있다는 것을 나타낸다. 또한, 단말은 해당 HPLMN에 해당하는 ProSe Application ID로 설정되어 있다.

1. 권한관리 정책에 기초해서, 단말은 HPLMN의 ProSe Function과 보안 접속(secure connection)을 생성하고 탐색 요청을 시작한다. 단말은 방송 절차를 시작하기 위해 탐색 요청 내에서 방송 명령(Announce command), ProSe Application ID, 단말 ID(UE ID), 어플리케이션 ID를 알린다. 어플리케이션 ID는 어플리케이션 자신을 고유하게 식별하는 것이다. 모든 일반적인 모바일 운영 시스템(operating system)은 시스템의 특정 운영 시스템 내에서 어플리케이션을 식별하기 위한 네임스페이스를 가지고 있음에 유의한다. ProSe Application ID는 단말이 방송하고자 하는 어플리케이션을 가리킨다. 단말 ID(예, IMSI)는 HSS 내의 가입 정보를 식별하게 된다. 단말은 이 탐색 요청을 항상 HPLMN의 ProSe Function으로 보낸다.
2. ProSe Function은 가용한 단말 context가 있는지 확인한다. 만일 관련된 단말 context가 없으면, 가입 데이터에 대한 탐색 요청의 권한 부여를 HSS를 통하여 확인한다. 단말의 가입 정보에 기초해서, HSS는 단말에 권한을 부여하고 ProSe Function에게 가입과 권한 정보를 응답하여 전송한다. ProSe Function은 새로운 단말 context를 생성하고, 단말에게 얼마나 오랫동안 탐색 수행에 대한 권한을 부여할 것인지를 결정한다(즉, 유효 타이머(validity timer)를 결정한다). ProSe Function은 유효 타이머 기간 동안 단말의 context를 유지한다. 만일 단말이 유효 타이머 시간동안 새로운 방송 요청을 수행하지 않으면, ProSe Function은 단말 context로부터 요청된 ProSe Application ID 관련 항목을 삭제할 것이다.
3. ProSe Function은 방송 절차를 시작하기 위해 단말에게 탐색 응답(Discovery Response)을 통해 응답한다. ProSe Function은 단말에 application code와 유효 타이머를 제공한다. ProSe Application Code는 ProSe Application ID에 해당되며, 유효 타이머는 얼마나 오랫동안 ProSe Application Code가 현재 PLMN에서 유효한가를 나타낸다. 단말은 타이머가 유효한 기간 동안에는 새로운 ProSe Application Code를 요청하지 않고 탐색을 수행할 수 있다. 만일 단말이 새로운 PLMN으로 이동하거나 유효 타이머가 만료되면, 단말은 새로운 ProSe Application Code를 요청해야 한다
4. 단말은 ProSe 탐색을 위해 E-UTRAN에 의해 허가되거나 또는 설정된 무선 자원을 사용하여 HPLMN 내에서 ProSe Application Code의 방송을 시작할 수 있다.

4.5.8 방송(Announce) 절차: 로밍 경우

시나리오 예제 소방관 Bob은 사업자 A에 가입되어 있다. Bob은 축구 경기장에 도착해서 이제 사업자 B의 네트워크에 등록하였다. Bob은 다른 소방관(John 및 다른 사람들)이 축구 경기장에 도착할 것이라는 것을 알고 있다. Bob은 경기장에 있는 다른 소방관에게 자신이 도착했다는 사실을 방송하고자 한다. 즉, Bob은 "내가 여기 있다." 라고 방송하고자 한다. Bob이 이와 같은 동작을 수행하기 위해서는, 그의 단말이 아래에서 설명된 방송 절차를 시작해야 한다(그림 4.22 참조).

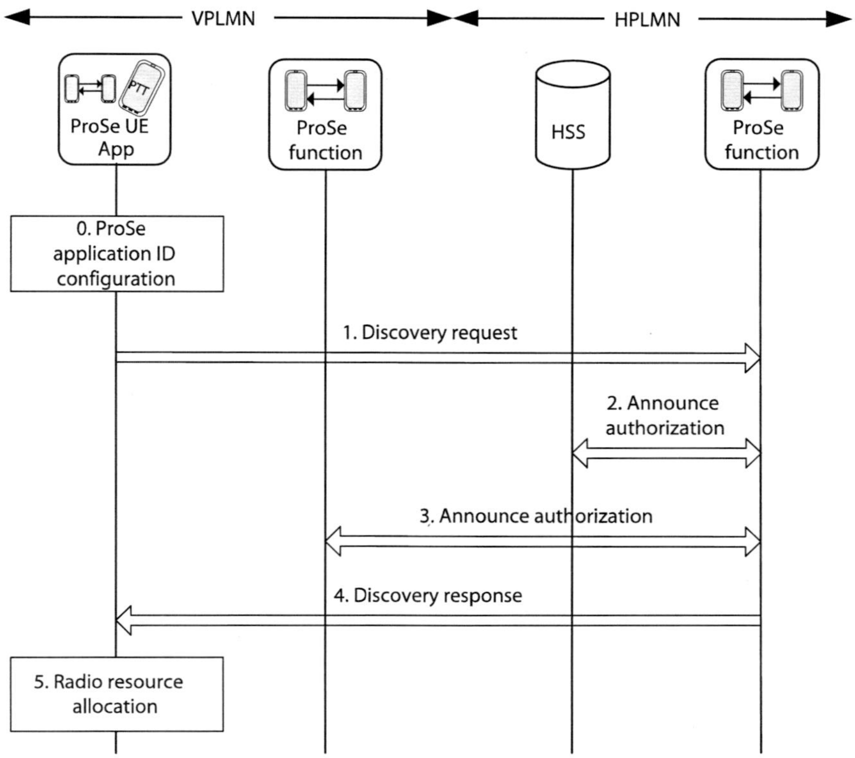

그림 4.22 방송 요청 절차(로밍 경우)

4.5.8.1 절차 설명

로밍 시나리오에서 방송 요청 절차는 앞 절에서 설명한 비로밍 시나리오와 대체로 유사하며, 다음과 같은 일부 절차가 추가된다.

1. 단말은 HPLMN의 ProSe Function과 보안 접속을 생성하고 이 ProSe Function에 탐색 요청을 보낸다.
2. 만일 단말의 탐색 요청이 허가되었다면, HPLMN의 ProSe Function은 VPLMN의 ProSe Function에게 단말이 방송을 할 수 있도록 허가되었다는 것을 알린다. HPLMN의 ProSe Function은(예를 들면, 특정 개수의 PLMN과 맺은 로밍 협약을 기반으로) 어떠한 VPLMN 내의 ProSe Function임을 결정할 수 있다. 또한, HPLMN의 ProSe Function은 ProSe Application ID, ProSe Application Code 그리고 단말 ID를 VPLMN의 ProSe Function에게 제공한다. ProSe Application ID는 단말로부터의 요청에 해당되며, ProSe Application Code는 이 요청에 대하여 할당된 코드를 가리킨다. 해당 요청은 또한 IMSI(International Mobile Subscriber Identity) 또는 MSISDN(mobile Subscriber ISDN Number)과 같은 단말 ID 정보

를 포함하는데, 이는 VPLMN 내의 ProSe Function이 과금을 수행할 수 있도록 하기 위함이다.

3. 단말은 VPLMN에 의해서도 허가를 받아야 할 수 있다. 이 경우에는 HPLMN 내의 ProSe Function은 VPLMN의 ProSe Function으로부터 권한을 획득하여 이를 단말에 응답해야 한다.

4.5.9 검색(monitor) 절차: 로밍이 아닌 경우

시나리오 예제 소방관 John은 사업자 A에 가입되어 있다. John은 축구 경기장에 도착해서 이제 사업자 A의 네트워크에 등록하였다. John은 다른 소방관(Bob 및 다른 사람들)이 축구 경기장에 도착했는지를 검색하고자 한다. John의 단말이 다른 네트워크 내에서도 검색을 할 수 있는 권한이 있다면, John은 다른 사업자의 네트워크에 가입된 소방관들(예, 사업자 B 또는 사업자 C에 가입된 소방관들)도 검색할 수 있다. John이 다른 단말을 검색하기 위하여, 그의 단말은 다음과 같은 검색 절차를 시작해야 한다(그림 4.23 참조).

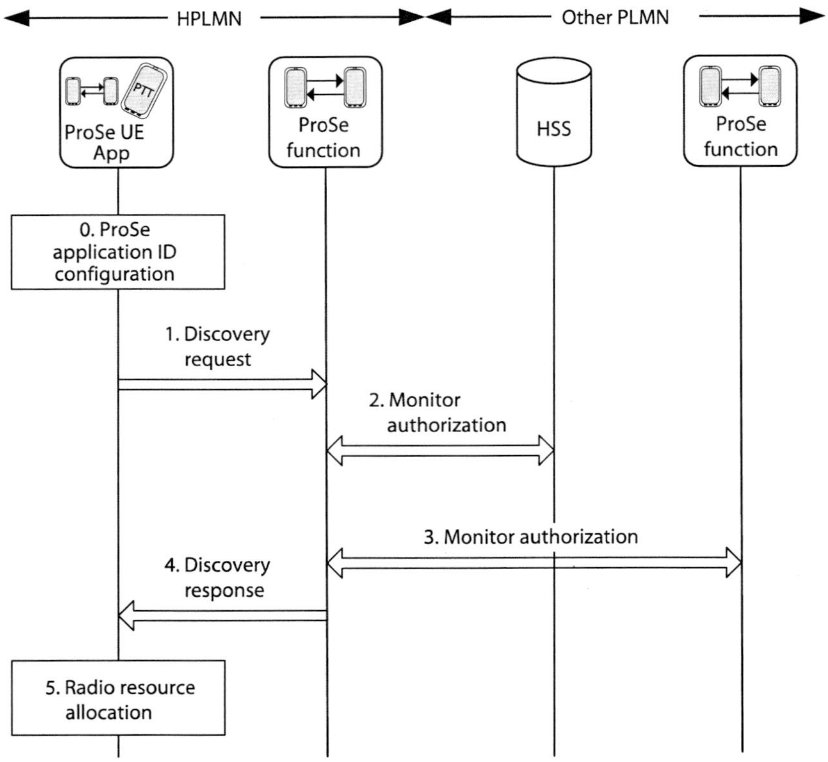

그림 4.23 검색 요청 절차(로밍이 아닌 경우)

4.5.9.1 절차 설명

전제 조건

단말은 권한관리 정책에 따라 설정되는데, 이것은 단말이 HPLMN 내에서 탐색을 수행할 수 있다는 것을 나타낸다. 단말은 해당 HPLMN에 해당하는 ProSe Application ID도 설정되어 있다.

1. 권한관리 정책에 기초해서, 단말은 HPLMN의 ProSe Function과 보안 접속을 생성하고 탐색 요청을 시작한다. 이 요청은 검색 명령(Monitor command)을 나타내는 것으로, 탐색 요청 내에 ProSe Application ID, 단말 ID, 어플리케이션 ID를 포함한다. ProSe Application ID는 단말이 관심을 가지는 어플리케이션을 가리킨다. 만일 단말이 다른 PLMN, 즉 로컬 PLMN에 있는 단말을 검색하고자 하면, 단말은 이를 ProSe Application ID 내에서 나타낼 수 있다. 단말은 항상 HPLMN 내의 ProSe Function으로 탐색 요청을 보낸다.
2. ProSe Function은 가용한 단말 context가 있는지 확인한다. 만일 관련된 단말 context가 없다면, 탐색 요청의 권한 부여를 HSS를 통하여 확인한다. 단말의 가입정보에 기초해서 HSS는 단말에 권한을 부여하고 ProSe Function에게 가입과 권한 정보를 응답하여 전송한다. 여기에는 단말이 검색을 수행할 수 있도록 허가된 PLMN들의 정보도 포함되어 있다. ProSe Function은 새로운 단말 context를 생성하고, 단말에게 얼마나 오랫동안 탐색 수행에 대한 권한을 부여할 것인지를 결정한다. ProSe Function은 유효 타이머 기간 동안 단말의 context를 유지한다.
3. 만일 탐색 요청이 승인되고 위의 1단계에서 단말에 보내진 ProSe Application ID가 다른 로컬 PLMN을 가리키면, HPLMN의 ProSe Function은 ProSe Application ID Name에 해당하는 마스크(mask)를 획득하기 위해 로컬 PLMN 들과 연락을 한다. 로컬 PLMN의 ProSe Function이 과금을 수행할 수 있도록, 해당 요청은 단말 ID 정보(예, IMSI)도 포함해야 한다. 만일 1단계에서 단말이 보낸 ProSe Application ID가 HPLMN의 ProSe Function에 의해 할당받은 것이면, HPLMN의 ProSe Function은 직접 단말에게 응답을 보낼 수 있다.
4. 만일 로컬 PLMN의 ProSe Function이 요청된 ProSe Application ID Name에 해당하는 유효한 ProSe Application Code를 저장하고 있다면, 로컬 PLMN의 ProSe Function은 각각에 대해 관련된 마스크 및 해당 TTL(Time-to-Live)를 회신한다. 만일 로컬 PLMN의 ProSe Function이 어떤 마스크도 회신하지 않으면 이것은 단말이 이 로컬 PLMN에서는 검색을 할 수 있는 권한을 받지 못한 것을 나타낸다.
5. HPLMN의 ProSe Function은 단말에게 탐색필터와 필터 ID를 포함한 탐색 응답메시지로 응답한다. 각 탐색필터는 ProSe Application Code와 하나 혹은 그 이상의 ProSe Application Mask, 그리고 각 탐색필터에 대한 TTL 타이머로 구성된다.

6. 단말은 PLMN에 의해 권한이 부여되고 설정된 무선 자원에서 탐색필터를 사용하여 검색을 시작할 수 있다.

4.5.10 검색(monitor) 절차: 로밍 경우

시나리오 예제 소방관 John은 사업자 A에 가입되어 있다. John은 축구 경기장에 도착해서 이제 사업자 B가 운영하는 네트워크에 등록하였다. John은 다른 소방관(Bob 및 다른 사람들)이 축구 경기장에 도착했는지 검색하고자 한다. John의 단말이 검색 권한이 있다면, John은 다른 사업자의 네트워크에 가입된 소방관들(예, 사업자 C에 가입된 소방관들)도 검색할 수 있다. John이 이러한 일들을 수행하기 위하여, 그의 단말은 아래에 설명된 검색 절차를 시작해야 한다(그림 4.24 참조).

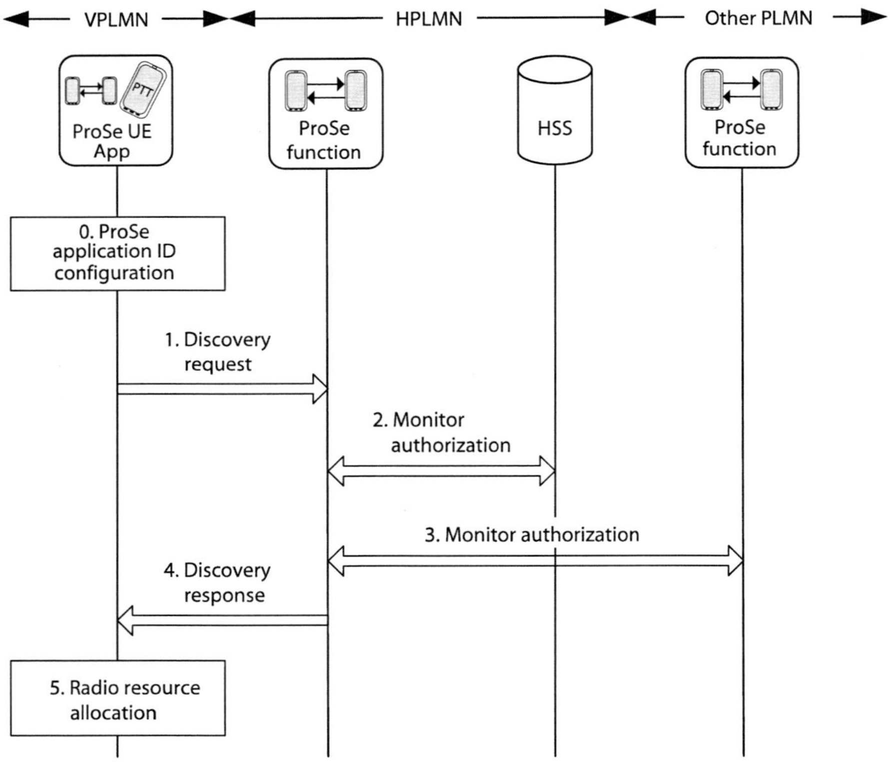

그림 4.24 검색 요청 절차(로밍 경우)

4.5.10.1 절차 설명

로밍 시나리오에서의 검색 요청 절차는(앞선 절에서 설명된) 비로밍 시나리오와 유사하며 다음이 추가된다.

1. 단말은 HPLMN의 ProSe Function과 보안 접속을 생성하고 탐색 요청을 보낸다.
2. 만일 단말이 탐색 요청을 시작하는 것이 허가되었다면, HSS는 단말이 등록된 PLMN ID (예, VPLMN ID)도 제공한다.
3. 단말은 로컬 PLMN과 VPLMN에 의해서도 허가를 받을 필요가 있을 수도 있다. 이러한 경우에는, HPLMN 내의 ProSe Function은 로컬 PLMN과 VPLMN의 ProSe Function으로부터 권한을 획득해야 하며, 이를 단말에 응답을 해야 한다.

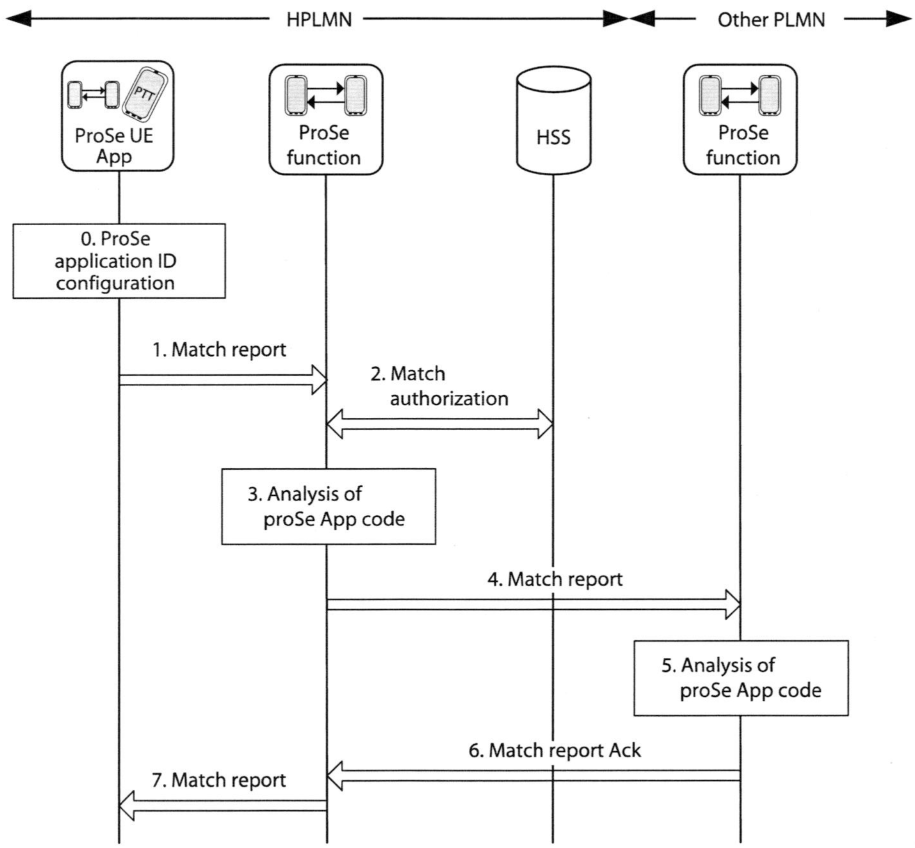

그림 4.25 매치 절차(로밍이 아닌 경우)

4.5.11 매치(match) 절차: 로밍이 아닌 경우

시나리오 예제 소방관 John과 Bob은 사업자 A에 가입되어 있다. John은 축구 경기장에 도착해서 이제 사업자 A가 운영하는 네트워크에 등록하였다. John은 다른 소방관(Bob 및 다른 사람들)이 축구 경기장에 도착했는지 검색하고자 한다. John의 단말이 검색을 할 수 있는 권한이 있으면, John은 또한 다른 사업자의 네트워크에 가입된 소방관들(예를 들면, 사업자 B와 사업자 C에 가입된 소방관들)도 검색할 수 있다. John의 단말은, 방송 절차를 수행한(즉, Bob의 단말이 "I am here"를 방송하였음) Bob의 단말의 도착 및 존재를 검색함으로써 Bob의 도착을 검출했다. 하지만, 이 경우 방송 절차가 Bob의 단말에 의하여 수행되었는지의 여부를 John의 단말은 확인할 수 없다. 이러한 경우, John의 단말은 확인을 위해 이 절에 설명된 매치 절차를 수행해야 한다(그림 4.25 참조).

4.5.11.1 절차 설명

전제 조건

John의 단말은 4.5.9절에 기술된 대로 검색 절차를 시작한다. Bob의 단말은 4.5.7절에 기술된 대로 방송 절차를 수행한다.

1. John의 단말은 탐색필터와 일치하는 application code를 검출했으나, 이 코드는 미리 저장된 application ID를 가지고 있지는 않다. 이러한 경우 John의 단말은 HPLMN에 있는 ProSe Function과 보안접속을 생성하고, 매치보고 요청(Match report request)을 시작한다. 이 보고는 ProSe Application Code, 탐색필터, 그리고 단말 ID를 포함한다. 이 ProSe Application Code는 John의 단말에 일치한 탐색필터에 해당하는 코드이다. John의 단말은 항상 HPLMN 내의 ProSe Function으로 이 매치 보고 요청을 보낸다.
2. ProSe Function은 John의 단말의 context를 확인한다. 권한 정보에는 단말이 탐색을 수행하도록 허가된 PLMN을 포함된다.
3. HPLMN 내의 ProSe Function은 John의 단말로부터 받은 application code를 분석한다.
4. 만일 이 application code가 다른 PLMN(즉, 로컬 PLMN)의 ProSe Function에 의해 할당된 것이라면, HPLMN 내의 ProSe Function은 해당 PLMN(즉, 방송 단말, 여기서는 Bob의 단말 HPLMN의 ProSe Function)에게 ProSe Application Code와 단말 ID를 포함한 매치보고 요청을 보낸다. 만일 ProSe Application Code가 HPLMN의 ProSe Function에 의해 할당 받았다면, HPLMN의 ProSe Function이 직접 단말에 응답할 수 있다. 로컬 PLMN 내의 ProSe Function이 과금을 수행할 수 있도록 단말 ID가 포함된다.
5. 로컬 PLMN(들) 내의 ProSe Function은 ProSe Application Code를 분석한다.

6. 만일 ProSe Application Code가 확인되면, 로컬 PLMN의 ProSe Function은 매치보고 응답(Match Report Acknowledge)을 보내는데, 여기에는 HPLMN 내의 ProSe Function에 대한 ProSe Application ID Name과 유효 타이머가 포함된다. 이 메시지는 우편번호, 전화번호, URL 등과 같은 ProSe Application ID Name에 해당하는 특정 메타데이터를 포함할 수도 있다.
7. HPLMN 내의 ProSe Function은 John의 단말에게 매치보고 응답으로 응답하고, 이것은 ProSe Application ID와 유효 타이머를 포함한다. 다시 한 번 설명하면, 이 메시지는 ProSe Application ID Name에 해당하는 특정 메타데이터를 포함할 수 있다. 그 유효 타이머는 ProSe Application ID가 얼마나 오랫동안 유효할 것인지를 가리킨다. 단말은 이 유효 타이머 기간 동안 ProSe Application Code와 해당하는 ProSe Application ID의 매핑을 저장한다.

4.5.12 매치(match) 절차: 로밍 경우

시나리오 예제 소방관 John과 Bob은 사업자 A에 가입되어 있다. John은 축구 경기장에 도착했고, 그의 단말은 사업자 B가 운영하는 네트워크에 등록되었다. John은 다른 소방관(Bob 및 다른 사람들)이 축구 경기장에 도착했는지 검색하고자 한다. John의 단말이 검색을 할 수 있는 권한이 있으면, John은 또한 다른 사업자의 네트워크에 가입된 소방관들(예를 들면 사업자 C에 가입된 소방관들)도 검색할 수 있다. John의 단말은, 방송 절차를 수행한(즉, Bob의 단말이 "I am here"를 방송하였음) Bob의 단말의 도착 및 존재를 검색함으로써 Bob의 도착을 검출했다. 하지만, 이 경우 방송 절차가 Bob의 단말에 의하여 수행되었는지의 여부를 John의 단말은 확인할 수 없다. 이러한 경우, John의 단말은 확인을 위해 이 절에 설명된 매치 절차를 수행해야 한다(그림 4.26 참조).

4.5.12.1 절차 설명

로밍 시나리오에서의 매치 절차는 앞 절에서 설명한 로밍이 아닌 경우의 시나리오와 유사하며 다음이 추가된다.

1. 단말은 HPLMN의 ProSe Function과 보안 접속을 생성하고 이 ProSe Function에 매치보고를 보낸다. 이 보고에는 등록된 PLMN의 PLMN ID(즉, VPLMN ID)와 단말이 검색을 수행한 PLMN의 PLMN ID(즉, 검색된 PLMN ID)가 포함된다.
2. 단말은 로컬 PLMN과 VPLMN에 의해 허가를 받아야 할 수도 있다. 이런 경우 HPLMN의 ProSe Function은 로컬 PLMN 또는 VPLMN으로부터 권한을 획득하고, 이를 단말에 응답하여야 한다.

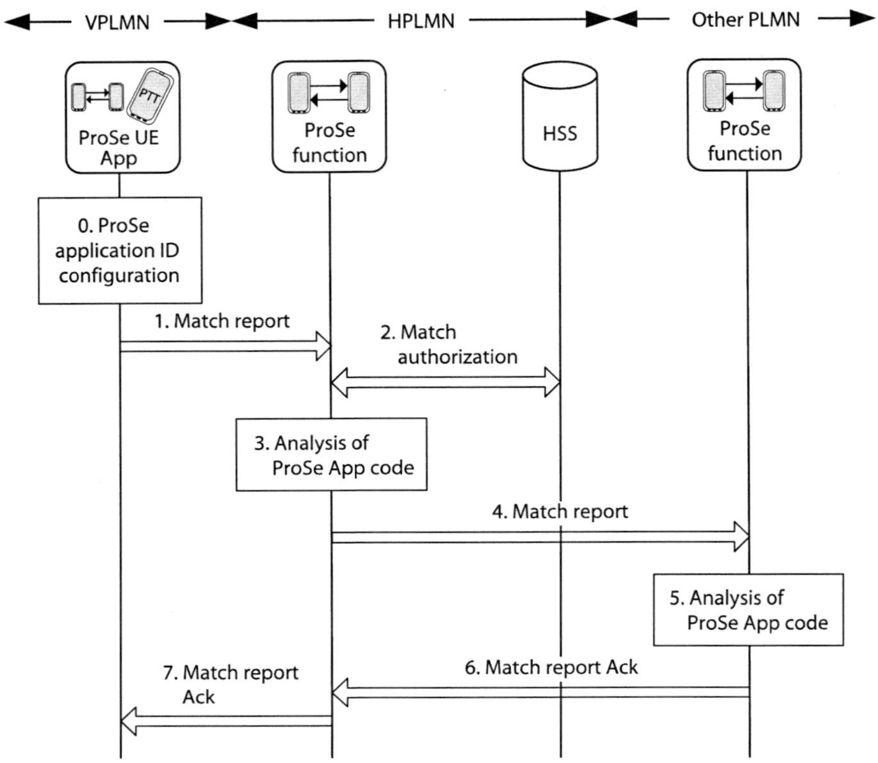

그림 4.26 매치 절차(로밍 경우)

4.5.13 Model B 직접탐색 절차

"Model B"는 단말이 특정 정보를 포함한 요청을 보내어 다른 단말을 탐색하는 것을 허용한다.

자신의 ProSe Application ID와 같은 특정 정보를 포함한 요청을 전송하는 단말을 "탐색단말(Discoverer UE)"이라고 부른다. 이 요청을 수신 및 처리하고, 응답을 보내는 단말을 "검출단말(Discoveree UE)"이라고 부른다.

그러나, 이 절차는 3GPP Release 12에서 다루지 않았으며, 따라서 솔루션이 아직 규격화되지 않았다.

4.6 ProSe 직접통신

직접통신 또는 ProSe 직접통신은, 근접하게 위치한 두 개 이상의 단말이 이동통신망을 거치지 않고 LTE 무선 기술을 사용하여 통신하는 것을 의미한다. 앞서 언급한 것과 같이, ProSe 지원 단말 간에는 탐색이 직접통신을 위한 전제 조건은 아니다. 게다가 3GPP Release 12에서의 직접통신은 ProSe 지원 공공안전 단말에 대해서만 규정되었고, ProSe 지원 비공공안전 단말에서는 사용될 수 없다.

ProSe에 대하여 검토된 두 가지 통신 모드는, 네트워크 독립형(network-independent) 직접통신과 네트워크 의존형(network-dependent) 직접통신이다.

네트워크 독립형 직접통신은 연결을 승인하는데 어떤 네트워크 지원도 필요하지 않고, 단말 내부의 기능과 정보만을 사용하여 통신이 수행된다. 이 모드는 다음의 경우에 적용 가능하다.

- 사전 승인된 ProSe 지원 공공안전 단말에만 적용
- 단말이 E-UTRAN의 서비스를 받는지 여부와 상관 없음.
- 일대일(one-to-one) ProSe 직접통신과 일대다(one-to-many) ProSe 직접통신 모두에 적용

네트워크 의존형 직접통신은 연결을 승인하는데 항상 네트워크의 도움이 필요하다. 이 모드는 다음의 경우에 적용된다.

- 일대일 ProSe 직접통신에 적용
- 두 단말이 모두 E-UTRAN에 의해 서비스를 받을 때
- 공공안전 단말에 대해서는, 한 단말만이 E-UTRAN의 서비스를 받는 경우에도 적용 가능함

3GPP는 Release 12에서는 일대다 ProSe 직접통신 솔루션 만을 규격화하였다. 이 기능은 공공안전 통신에서 중요하게 간주되어 Release 12에서 우선순위를 갖게 되었다.

일대다 ProSe 직접통신은 비연결형(connectionless)이고, PC5를 통한 어떤 제어 시그널링도 필요하지 않다(그림 4.27 참조). 그룹 통신의 승인과 ProSe Group IP multicast 주소, ProSe Group ID, 그룹 보안 데이터와 무선 관련 파라미터 등 기타 필수 연결 파라미터는 ProSe Function에 의해 단말에 설정된다. 통신에서 관련 그룹의 멤버는 사용자 데이터를 암호화하기 위해 추출될 수 있는 그룹 비밀 키(group secret key)로부터 생성된 암호(secret)를 공유한다. 단말에서의 우선순위 제어를 제외하고는 어떤 특별한 QoS의 지원도 없으며, 우선순위 제어는 D2D통신을 위해 단말 자신이 수행하는 우선순위 설정에 대한 제어를 의미한다. 단말은 MAC 계층에서 논리채널에 대한 우선순위를 정할 수 있으며, 3GPP TS 36.321 [17]에서는 이를 "논리채널 우선순위 설정(logical channel prioritization)"이라고 한다. 또한, 만일 단말이 직접통신에 대한

스케줄러로 동작하는 경우 동적 스케줄링을 지원할 수 있으나, 이는 구현에 따른 고유 동작이다. 동적 스케줄링을 지원하면, 단말은 소스 단말에 따라 수신에 대한 우선순위 제어를 할 수 있는데, 예를 들어 단말 A는 단말 B, C, D로부터 트래픽을 수신하는 중에, 단말 A는 단말 B에게 단말 C, D에 비해 높은 우선순위를 부여할 수 있다.

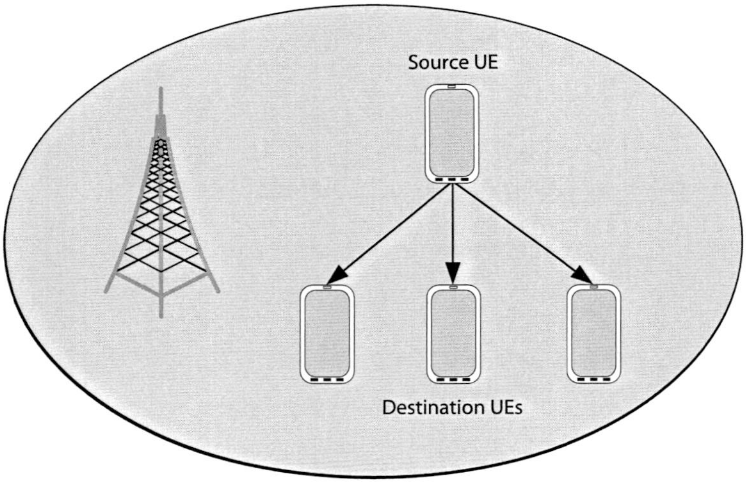

그림 4.27 일대다 ProSe 직접통신

4.6.1 무선 측면과 물리계층 설계

직접통신을 위한 물리채널 및 전송 채널은 직접탐색을 위한 채널들과 다르다. 근접 서비스를 위해 새로운 논리채널과 새로운 전송채널이 3GPP TR 36.843 [14]에 정의되었다.5)

4.6.1.1 Sidelink Traffic Channel(SL-TCH)

SL-TCH(역자주)는 일대다 채널로 한 단말로부터 여러 다른 단말에 사용자의 정보를 전송하기 위한 채널이다. SL-TCH는 송신단 및 수신단 양쪽에 존재할 수 있다. 이 채널은 ProSe 직접통신 지원 단말에서만 사용된다.

4.6.1.2 Sidelink Shared Channel(SL-SCH)

SL-SCH(역자주)는 단방향 채널이다. 그러므로, SL-SCH는 송신단과 수신단이 분리되어 있다. SL-SCH의 특징은 다음과 같다.

5) 역자주: 새롭게 정의된 논리채널은 Sidelink Traffic Channel(SL-TCH)이며, 전송 채널은 Sidelink Shared Channel (SL-SCH)이라고 부른다.

- 방송(broadcast) 전송을 지원
- 모드 1 자원할당을 위한 동적 자원할당을 지원(모드 1은 이후에 설명된다)
- 모드 2 자원할당을 위한 단말 자율 자원선택을 지원함으로 인해 발생하는 충돌 위험을 처리하는 능력(모드 2는 아래에서 설명)
- HARQ 피드백을 지원하지 않음(HARQ에 대해서는 4.12절의 용어 및 정의를 참고).

SL-TCH 논리채널은 ProSe 직접통신을 위한 송신 및 수신 SL-SCH 전송채널로 매핑된다(그림 4.28 참고).

ProSe 송신을 위해 SL-TCH는 TX SL-SCH로 매핑되며, ProSe 수신을 위해 SL-TCH는 RX SL-SCH로 매핑된다.

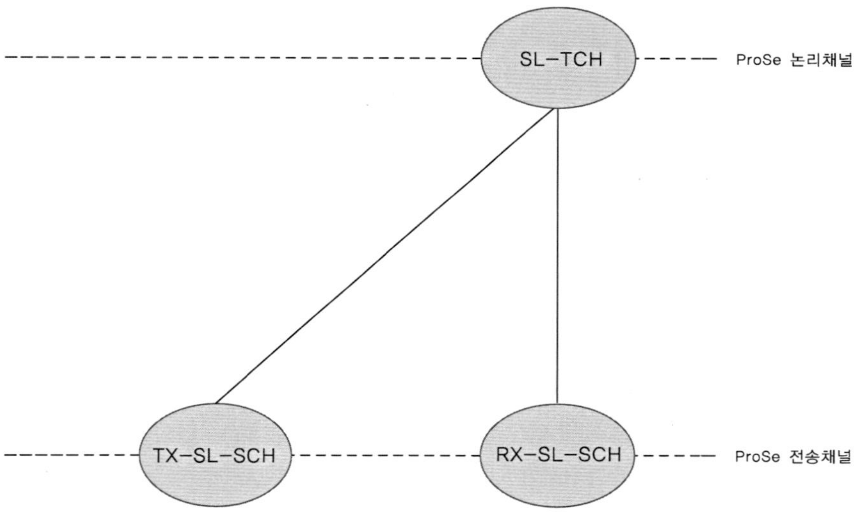

그림 4.28 ProSe 논리채널 및 전송채널 간 매핑

4.6.2 직접통신을 위한 무선 자원할당

커버리지 안에 있는 단말과 바깥에 있는 단말은 모두 직접통신을 위한 무선 자원(시간 및 주파수)에 대해 인지해야 한다. 송신 단말은 SA(Scheduling Assignment)를 전송하여 수신 단말을 향하는 데이터 전송에 사용될 자원을 알려준다.

ProSe 지원 단말을 위하여, 모드 1과 모드 2의 두 가지 동작 모드가 존재한다 [15]. 단말이 커버리지 안에 있을 때에는, eNB가 단말이 어떤 모드에서 동작할 지를 설정할 수 있다. 단말이 커버리지 안에 있을 때, 단말은 예외의 상황이 발생하지 않는다면 반드시 기지국이 설정한 모드를 사용해야 한다. 단말이 커버리지 바깥에 있을 때, 단말은 모드 2만을 사용할 수 있다. 단말이 RRC_CONNECTED 상태에 있거나 RRC_IDLE 상태에서 E-UTRA 셀에 캠핑하고 있으면 단말이 커버리지 안에 있다고 간주한다.

모드 1(eNB 스케줄링 기반 자원할당)

단말이 이 모드에서 동작할 때에는 eNB가 자원할당을 스케줄링한다. 단말은 통신을 하기 위해 RRC_CONNECTED 상태에 있어야 한다. 단말은 eNB에 전송을 위한 자원을 요청한다. eNB는 SA 전송과 실제 데이터 전송을 위한 전송 자원을 스케줄링해준다. 단말은 버퍼상태 보고(Buffer Status Report, BSR)에 이어서 스케줄링 요청(Scheduling Request, D-SR 또는 random access)을 eNB에 전송한다. BSR에 따라서 eNB는 단말이 ProSe 직접통신 전송을 위한 데이터가 있다는 것을 확인할 수 있고 전송에 필요한 자원을 추정할 수 있다. eNB는 SA 전송을 위하여 특정한 자원을 스케줄링하는데, eNB에 의해 할당되는 특정한 자원은 단말에게 제공되는 자원 풀 내에 존재한다.

모드 2(단말 자율 자원선택)

이 모드는 단말이 자율적으로 통신을 위한 자원을 선택하는 것이다. 단말은 SA와 데이터를 전송하기 위해 자원 풀에서 자원을 선택한다. 원칙적으로, eNB가 단말이 모드 2에서 통신을 수행하도록 설정했다면, 단말은 RRC_IDLE 상태에 있을 때 직접통신에 참여할 수 있다. 이는, 모드 2로 설정되었을 때에는, 단말이 통신에 참여하기 위해 RRC 연결을 생성할 필요가 없기 때문이다.

단말이 커버리지 바깥에 있을 때에는, SA의 송수신을 위해 사용되는 자원 풀은 단말 내에 사전에 설정된다. 단말이 커버리지 안에 있을 때에는, SA의 송수신을 위해 사용되는 자원 풀은 RRC 전용 시그널링 또는 방송 시그널링을 통해 eNB에 의하여 설정될 수 있다. 만일 단말이 서비스 영역 내에 있다면, 무선링크(재)설정 오류(radio link(re-)establishment failure) 등과 같은 예외적인 상황이 발생하지 않는다면, 단말은 eNB의 설정에서 지시한 모드를 사용해야 한다.

모든 단말(모드 1과 모드 2 단말)은 SA 수신 시도를 위한 자원 풀(시간 및 주파수)을 제공받는다.

단말이 RRC_IDLE 상태에 있을 때, eNB는 모드 2 전송 자원 풀을 SIB18(역자주)을 통해 제공할 수 있다. ProSe 직접통신의 권한을 부여받은 단말은 RRC_IDLE 상태에서 ProSe 직접통신을 위해 이 자원을 사용한다. eNB는 SIB18에 자신이 ProSe 직접통신을 지원하는 것은 알려주지만 직접통신을 위한 자원은 제공하지 않을 수도 있다. 이러한 경우에는, 단말은 ProSe 직접통신의 전송을 수행하기 위해 RRC_CONNECTED 상태로 들어가야 한다.

단말이 RRC_CONNECTED 상태에 있고 ProSe 직접통신을 할 수 있는 권한을 부여받았을 때, 단말은 eNB에게 자신이 ProSe 직접통신 전송을 수행하길 원한다고 알릴 수 있다. eNB는 MME로부터 수신한 단말 context를 이용하여 단말이 ProSe 직접통신의 사용이 허가되었는지를 검증한다. 이어서, eNB는 전용 시그널링을 통해 RRC_CONNECTED 상태에 있는 단말에 대해, 단말이 RRC_CONNECTED 상태에 있는 동안 어떤 제약 없이 사용할 수 있는 모드 2 자원할당 전송 자원 풀을 설정해준다. 또 다른 방법으로, eNB는 전용 시그널링을 통해 RRC_CONNECTED 상태에 있는 단말에 대해, 단말이 예외적인 경우(예, 무선링크(재)설정 오류)에만 사용하도록 허가된 모드 2 자원할당 전송 자원 풀을 설정할 수도 있다. 일반적인 경우에는, 단말은 모드 1 자원할당을 사용해야 한다.

4.6.3 주파수 간(inter-frequency) ProSe 통신 방법

그림 4.29는 공공안전 사업자와 상용 사업자가 공공안전 서비스를 제공하기 위해 협력하는 시나리오를 보여준다. 공공안전 사업자와 상용 사업자 모두 자체 주파수와 자체 기지국을 가지고 있다. 그러나, 공공안전 단말은 공공안전 사업자가 LTE 서비스를 제공하지 않는 지역에서 상용 사업자의 셀에 접속하는 것이 허용된다. 이것은 단말 내에 설정된 등가 Home PLMN(EHPLMN list)에 의해서 또는 상용 사업자 셀에서 방송되는 2차 PLMN ID에 의해서 실현될 수 있다. 유사한 경우는 상용 로밍 시나리오에서 일어날 수 있다(예를 들어, 공공안전 사업자가 HPLMN이고 상용 사업자가 VPLMN인 경우). [18, 19]

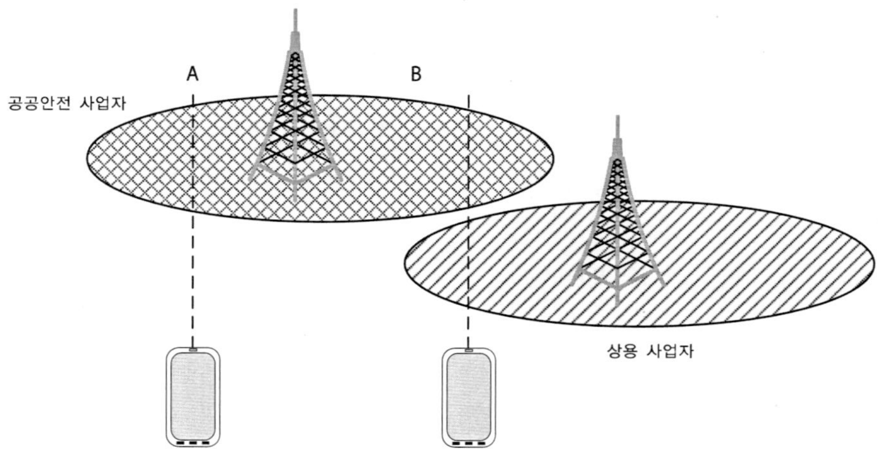

그림 4.29 주파수 간 ProSe 통신

Release 12 [20]에서, 모든 ProSe 통신은 동일한 캐리어(ProSe 캐리어)에서 수행된다고 가정되며, 이것은 설정에 의해서 단말에서 알 수 있다. 비 ProSe 캐리어에 접속되었지만, ProSe 캐리어를 통한 ProSe 통신에 관심이 있는 단말은 ProSe 캐리어를 찾는 검색을 시도해야 하고, 서비스 영역에 있는지 여부를 결정해야 한다. 만일 단말이 RRC_CONNECTED 상태에 있으며, 단말이 ProSe 통신을 수행하기 원할 때 서빙 eNB에 ProSe 지시자를 보낸다. 이 지시자는 단말이 의도한 ProSe 주파수를 포함한다. eNB는 ProSe 캐리어에 대한 주파수간 RRM 측정을 설정하고, 이 측정 보고에 따라서 일단 단말이 ProSe 캐리어를 사용하는 셀로 진입하면 ProSe 캐리어로 주파수 간 이동을 시작한다. 만일 단말이 RRC_IDLE 상태에 있으면, 단말은 적당한 셀을 찾게 되면 ProSe 캐리어를 재선택하게 된다. 만일 단말이 ProSe 캐리어에서 적당한 셀을 찾으면, 단말은 더 이상 유니버설 집적회로카드(UICC: Universal Integrated Circuit Card)에서 설정된 자원을 사용하지 않고 대신 ProSe 캐리어에 대해 서비스 영역을 지원하는 eNB에 의해 설정된 자원을 사용한다. 만일 eNB가 SIB18이나 전용 시그널링을 통해 단말에게 ProSe 자원을 제공하지 않으면, 단말은 네트워크와 기존 접속에 해를 끼치지 않기 위해 ProSe 동작을 중지해야 한다. Release 12에서 비 ProSe 캐리어에서 서비스를 제공하는 eNB는 ProSe 캐리어에 속한 자원을 설정할 수 없다. 즉, 상용 사업자의 eNB는 공공안전 사업자의 eNB에 의해서 제어되는 자원을 사용할 수 없다. 어떤 eNB가 다른 eNB에 의해 제어되는 자원을 설정하는 능력을 캐리어 간 스케줄링(cross-carrier scheduling)이라고 한다. 자원의 캐리어 간 스케줄링은 Release 12에서 지원되지 않는다. 단말은 ProSe 캐리어로 먼저 이동을 수행하고, 이후에 ProSe 캐리어에서 서비스 영역이 지원되는 eNB가 자원을 설정한다.

4.6.4 IP 주소 할당

단말은 IPv4 또는 IPv6 주소를 지원할 수 있다. 다음은 일대다 ProSe 직접통신을 지원하기 위해 가능한 옵션이다.

- 단말은 직접 링크에 IPv6를 사용하도록 설정될 수 있다. 이 경우에는, 단말은 IETF RFC 4862 [21]에 정의된 다음의 절차에 따라서 해당 링크에 로컬 IPv6 주소를 자체 할당한다. 이 주소는 일대다 ProSe 직접통신의 소스 IP 주소로 사용될 수 있다.
- 단말은 어떤 그룹의 일대다 ProSe 통신을 위해 IPv4 주소를 설정할 수 있다. 이 경우에 단말은 설정된 IPv4 주소를 그룹 일대다 통신에 사용한다. 만일 그룹에 대해 주소가 설정되지 않았다면, IPv4 주소를 획득하기 위해서 IETF RFC 3927 [22]에 따라서 IPv4 링크의 로컬 주소에 대한 동적 설정을 사용한다.

4.6.5 일대다 통신(One–to–Many Communication) – 전송

시나리오 예제 소방관 Bob과 John은 서로를 발견했다(방송, 검색 및 매칭 보고 절차를 통해). 이제 Bob은 John과 다른 소방관과 통신을 하려고 시도한다. Bob의 단말은 데이터 전송을 시작하기 위해서 이 절에 소개된 절차를 수행해야 한다(그림 4.30 참고). 만일 Bob과 John이 다른 방법으로 서로를 발견한다면(예를 들어, 그들이 서로를 볼 수 있다면), 그들은 또한 그들의 단말이 직접탐색 절차를 수행하지 않고도 통신을 시도할 수 있다.

4.6.5.1 필수조건

단말은 일대다 ProSe 직접통신을 위해 필요한 권한 정보와 무선 자원 관련 정보에 따라서 설정되어야 한다.

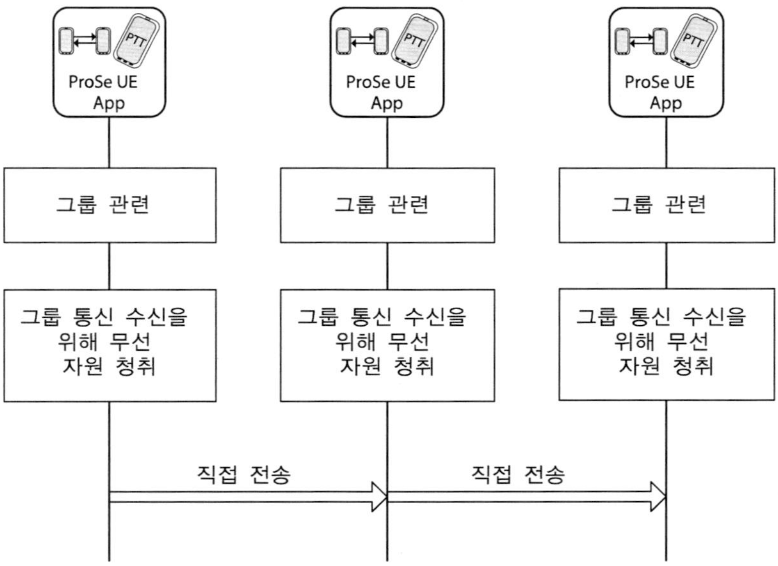

그림 4.30 일대다 ProSe 직접통신의 전송

4.6.5.2 프로시저 설명

1. 단말은 IP 패킷과 직접통신을 위한 무선 자원 관련 파라미터를 전송하기 위해 필수 그룹 상황 정보(ProSe 2계층 그룹 ID, ProSe 그룹 IP multicast 주소)를 획득한다.
2. 전송 단말은 일대다 ProSe 직접통신을 수행하기 적합한 자원을 찾는다. 이것은 단말이 서비스 영역 내에 있는지 또는 밖에 있는 지에 따라, 그리고 동작 모드에 따라 달라진다. 전송을 위해 AS로 보내진 PDU는 3계층 PDU 타입과 관계가 있다. 지원되는 3계층 PDU

타입은 IP와 ARP(Address Resolution Protocol)이다(RFC 826 [23] 참고). 패킷은 해당되는 출발지 2계층 ID(Source Layer 2 ID)와 목적지 2계층 ID(Destination Layer 2 ID)와 연관되어 있다. 출발지 2계층 ID는 ProSe 키 관리 기능(Key Management Function)에 의해 할당된 ProSe UE ID로 설정된다. 목적지 2계층 ID는 ProSe Layer 2 Group ID로 설정된다.

3. 발신 단말은 ProSe 2계층 그룹 ID를 목적지 2계층 ID로 사용하여 IP 패킷을 IP multicast 주소로 보낸다.

4.6.6 일대다 통신(One-to-Many Communication) – 수신

시나리오 예제 소방관 Bob과 John은 서로를 발견했다(방송, 검색 및 매칭 보고 절차를 통해). 이제 Bob은 John과 다른 소방관과 통신을 하려고 시도한다. Bob의 단말은 John과 다른 소방관으로부터 수신하기 위해서 이 절에 소개된 절차를 수행해야 한다(그림 4.31 참고). 만일 Bob과 John이 다른 방법으로 서로를 발견한다면(예를 들어, 그들이 서로 볼 수 있다면), 그들은 또한 그들의 단말이 직접탐색 절차를 수행하지 않고도 통신을 시도할 수 있다.

4.6.6.1 필수조건

단말은 일대다 ProSe 직접통신을 위해 필요한 권한 정보와 무선 자원 관련 정보에 따라서 설정되어야 한다.

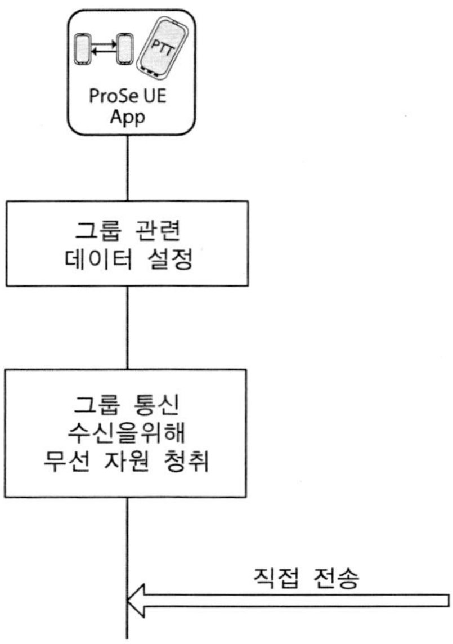

그림 4.31 일대다 직접통신의 수신

4.6.6.2 프로시저 설명

1. 단말은 IP 패킷과 직접통신을 위한 무선 자원 관련 파라미터를 전송하기 위해 필수 그룹 상황 정보(ProSe Layer 2 Group ID, ProSe 그룹 IP multicast 주소)를 획득한다.
2. 수신 단말은 일대다 ProSe 직접통신을 수신하기 위해 할당된 무선 자원을 사용한다.
3. 수신 단말은 목적지 2계층 ID에 포함된 ProSe Layer 2 Group ID 기반으로 수신된 프레임을 확인하여 만일 설정된 그룹 ID 중 하나와 일치되면, 동봉된 패킷을 상위 계층으로 전달한다. IP 스택은 그룹 IP multicast 주소에 기반하여 수신 패킷을 필터링한다.
4. 상위 계층으로 보내진 PDU는 3계층 PDU 타입과 관계가 있다. 앞서 언급한 것과 같이, 지원되는 3계층 PDU 타입은 IP와 ARP이다.

4.6.7 ProSe 릴레이를 통한 직접통신

ProSe 릴레이를 통한 D2D 통신은 도심 환경에서 시스템 용량과 서비스 영역을 강화하도록 도울 수 있다. 도심 밀집 환경에서, 대부분의 기지국은 실외 사용자에 최대한 서비스 영역을 제공하는 특정 장소나 교차로 등지에 위치하기 때문에, 특히 실내와 같은 곳에서는 셀룰라 서비스 영역이 균일하지 않을 수 있다. 때때로 서비스 영역은 큰 건물의 중심부에서 나빠질 수 있는데, 신호가 빌딩의 구조물에 막히기 때문이다. 실내 서비스 품질이 나쁜 것은 추가적인 소형셀 구축으로 해결될 수 있으나, 이 방법은 비용이 높고 때때로 불가능 하기도 하다. 이런 경우가 D2D 통신이 나쁜 서비스 품질 환경을 해결하기 위한 새로운 방법을 제공하는 경우인데, 강한 신호를 가진 단말이 근처에 약한 신호를 받는 단말을 네트워크-단말 릴레이를 통해 도울 수 있기 때문이다. 이 방법은 서비스 영역을 크게 확대하고 빌딩 내부에 가까운 단말의 서비스를 회복시킨다. 그러나, 이 ProSe 릴레이 솔루션(단말-네트워크 릴레이)은 3GPP Release 12에서 표준화되지 않았다.

4.7 EPC 수준 ProSe 탐색

EPC 수준 ProSe 탐색은 두 단말이 근접해 있을 때 네트워크의 도움으로 서로를 탐색하도록 하는 절차를 가리킨다. 이는 네트워크 협력탐색(network-assisted discovery)이라고도 부른다. 이 프로시저는 독립 서비스로서 단말에서 사용될 수 있다. 이것은 직접통신 또는 WLAN 직접탐색, 통신과 결합되어 사용될 수 있다. 이것은 E-UTRAN 직접통신과 WLAN 직접통신에 모두 적용 가능하다. Wi-Fi P2P(Peer-to-Peer) 표준 [24]은 IEEE802.11 기술을 사용하여 직접 탐색 및 통신을 가능하게 하는 아키텍처와 프로토콜 셋을 정의한다. WLAN 직접탐색과 통신을 위한 EPC 수준 ProSe 탐색 절차의 일부로 EPC의 지원이 요청되었을 때, WLAN 직접탐색과 통신을 가능하게 하도록 필요한 추가적인 파라미터가 보조 파라미터로써 제공된다. 보조 정보는 WLAN 직접탐색과 통신을 촉진하도록 설계되었다. 보조 정보의 내용은 WLAN 직접 링크에서 사용되는 기술에 따라 달라진다.

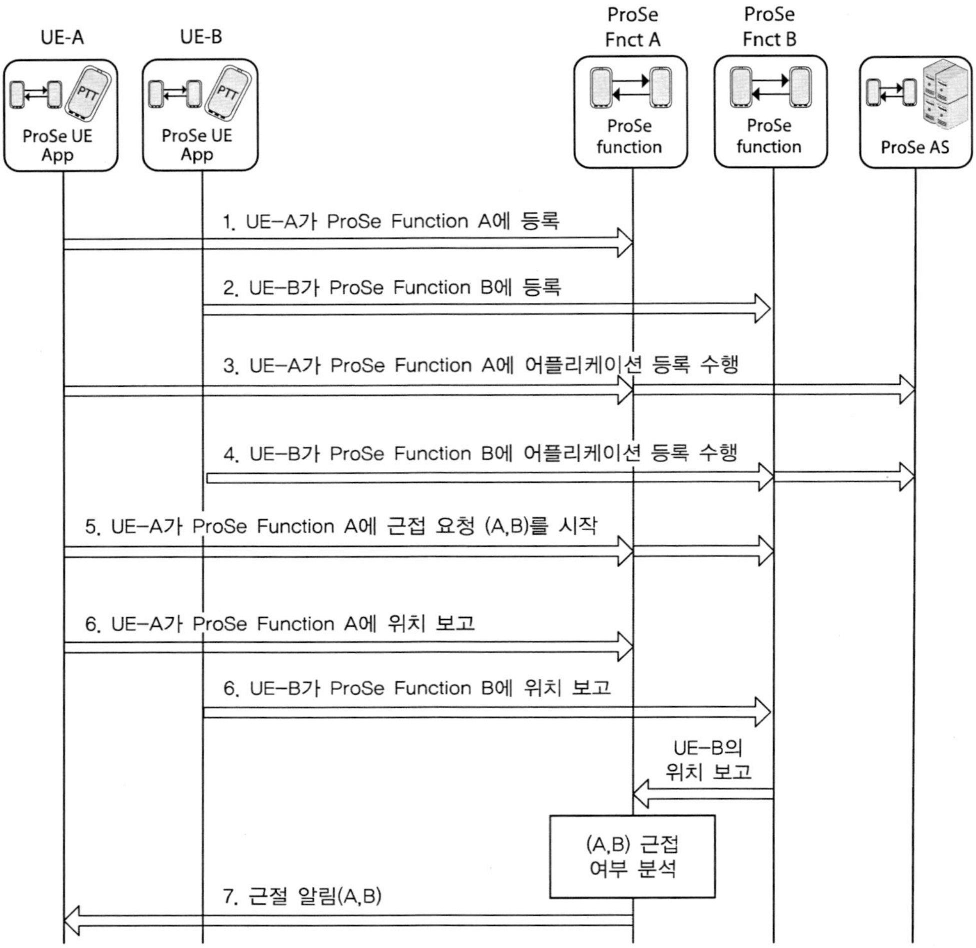

그림 4.32 EPC 수준 탐색

4.7.1 EPC 수준 ProSe 탐색 절차

이 절차는 단말이 ProSe Function에 자신과 ProSe 어플리케이션을 등록하고, 등록된 단말이 근처에 있을 때 근접 알림을 요청하는 것을 포함한다. 그러므로, 또한 네트워크가 OMA SUPL 또는 다른 위치 결정 기술을 기반으로 단말의 위치를 결정하는 것을 포함한다. 단말이 가까이 근접해 있으며, ProSe Function이 이에 따라서 등록된 단말을 알려준다.

시나리오 예제 소방관 Bob과 John은 사업자 A에 가입되어 있다. Bob이 축구 경기장에 도착하여 이제 막 사업자 B에 의해 운영되는 네트워크에 등록하였다. Bob은 다른 소방관(John과 다른 사람들)이 축구 경기장에 도착할 것이라는 것을 알고 있다. Bob은 언제 John과 다른 소방관이 도착하는지 알고 싶다. Bob과 John이 서로를 탐색하기 위해 Bob과 John의 단말은 근접 알림을 위해 ProSe Function에 등록되어야 한다. 하이 레벨 프로시저가 그림 4.32에 나타나 있다(John의 단말은 UE-A, Bob의 단말은 UE-B로 나타낸다).

1. UE-A는 EPC 수준의 ProSe 탐색 서비스를 받기 위한 등록 절차를 시작한다. UE-A는 자신의 HPLMN에 있는 ProSe Function A에 등록한다.
2. UE-B도 동일한 과정을 수행한다.
3. 만일 특별한 어플리케이션(예를 들어, 공공안전 어플리케이션)이 단말의 EPC 수준의 ProSe 탐색의 초기화를 시작하면, 단말은 HPLMN에 있는 ProSe Function에 해당 어플리케이션을 등록하는 어플리케이션 등록 절차를 수행한다. 그러므로, 만일 EPC 수준의 ProSe 탐색을 요청하는 어플리케이션이 있었다면, UE-A는 HPLMN 내에 있는 ProSe Function과 해당 어플리케이션의 등록을 시작한다.
4. 유사하게, UE-B는 자신의 HPLMN에 위치한 ProSe Function B에 어플리케이션 등록을 시작한다.
5. UE-A는 UE-B를 위한 근접 요청(proximity request)을 생성하는데, 즉, UE-B의 근접 시 알려주는 것을 요청하는 것이다(아마도 해당 요청이 유효한 시간 윈도우를 표시할 것이다). 요청의 응답에서, UE-A의 HPLMN에 있는 ProSe Function은 UE-A와 UE-B에 대한 위치 갱신을 요청한다. 이 위치 갱신은 주기적으로 수행될 수 있으며, 트리거 기반으로도 수행될 수 있고, 두 가지의 조합으로도 수행될 수 있다. UE-A의 위치 갱신을 요청하기 위해서, ProSe Function은 UE-A의 HPLMN에 있는 SLP를 접촉한다. UE-B의 위치 갱신을 요청하기 위해서, UE-A의 ProSe Function은 UE-B의 ProSe Function에 연락을 하고, 다음 차례로 UE-B의 위치 갱신을 요청한다.
6. UE-A와 UE-B의 위치 정보는 그들 각각의 ProSe Function에 간헐적으로 보고된다. ProSe Function B는 UE-B의 위치 갱신 정보를 ProSe Function A에 의해 설정된 조건에 따라서 ProSe Function A로 전송한다. ProSe Function A는 UE-A 또는 UE-B의 위치 갱신 정보를 수신할 때 마다, UE-A와 UE-B의 위치의 근접 여부에 대한 분석을 수행한다.
7. ProSe Function A가 UE들이 근접해 있음을 검출하면, UE-A에게 근접 알람(Proximity Alert)을 보내어 UE-B가 근접해 있음을 알린다. 만일 근접 요청이 WLAN 보조 정보에 대한 요청을 포함했다면, 그것은 UE-A에게 UE-B와 WLAN 직접탐색 및 통신을 하기 위한 보조 정보를 제공한다. ProSe Function A는 또한 ProSe Function B에 이를 알리고,

ProSe Function B는 이어서 UE-B에게 근접상황을 검출한 것을 알린다. 유사하게, 만일 근접 요청이 WLAN 보조 정보에 대한 요청을 포함하면, 그것은 UE-B에게 WLAN 직접 탐색과 UE-A와 통신하기 위한 보조 정보를 제공한다. WLAN 직접탐색과 통신을 돕기 위해서, 보조 정보는 다음의 파라미터들을 포함한다.

- SSID: Wi-Fi P2P 동작을 위해 사용되는 SSID(Service Set ID). Wi-Fi P2P 표준 [24]를 따르기 위해서, SSID는 "DIRECT-ab"의 형식을 취해야 하며, 여기서 a,b는 랜덤 문자이다.
- WLAN Secret Key: Wi-Fi P2P 통신을 보호하기 위해서 단말에서 사용되는 미리 공유된 키. 이것은 단말에서 PMK(Pairwise Master Key)로 사용된다.
- Group Owner(GO) indication: 이 지시자는 단말이 Wi-Fi P2P 표준 [24]에 정의된 GO 기능을 지원하는지 여부를 나타낸다. 이 기능이 구현된 단말은 기본적으로 AP(Access Point)가 되며, 비콘(Beacon)에 P2P 정보 요소(Information Element)를 전송하며, 다른 Wi-Fi P2P 단말 또는 레가시 Wi-Fi 단말(Wi-Fi P2P 기능이 구현되지 않은 것)로부터 전송되는 결합요청(association)을 허용한다. 만일 설정되지 않으면, 단말은 Wi-Fi P2P 클라이언트로 동작하여 그룹 오너(GO)를 발견하고 결합하도록 시도한다.
- P2P Device Address of self: 이것은 WLAN 링크 계층 ID로 단말이 자신을 광고하는데 사용된다. GO 기능이 구현된 단말은 GO가 WLAN 결합 요청을 받아들여야만 하는 WLAN 다이렉트 단말을 표시한다. 다른 WLAN 단말로부터 오는 결합 요청은 GO에 의해서 거부되어야 한다 [y1].
- P2P Device Address of peers: 이것은 WLAN 링크 계층 ID로 단말이 상대 단말을 찾는데 사용된다. GO가 구현된 단말은 이 목록에 있는 단말로부터 오는 결합 요청만을 받아들여야 한다.
- Operation channel: Wi-Fi P2P 탐색과 통신이 일어나는 채널
- Validity time: 보조 정보에서 제공하는 내용이 유효한 시간 기간

4.7.2 단말 등록

앞 절의 step 1, 2에서 설명한 것과 같이, 단말은 ProSe Function에 자신을 등록해야 한다. 이 절은(그림 4.33) ProSe Function을 향한 단말 등록 단계를 설명한다.

1. 단말은 IMSI와 WLLID(WLAN Link Identifier)가 포함된 ProSe 등록 요청(Registration Request)을 전송하여 ProSe Function에 등록한다. 단말이 영구적인 WLLID를 지원하고, WLAN 직접탐색과 통신을 지원하는 EPC를 사용하고자 하는 경우에는 단말은 영구 WLLID를 포함한다. 그렇지 않으면, 단말은 근접 요청 절차의 일부로써 ProSe Function으로부터 임시 WLAN 링크계층 ID를 획득한다.

2. ProSe Function은 사용자를 인증하고 사용자가 ProSe에 대해 허가되었는지 확인하기 위해 HSS와의 상호작용을 한다. 또 다른 방법으로는, ProSe 인증 및 권한 승인에 관계된 모든 사용자 설정이 ProSe Function 내부에 설정되는 것이다.
3. ProSe Function은 단말의 EPC ProSe User ID를 생성하고, 이 ID를 사용자의 IMSI와 함께 저장하고, 이 ID를 포함한 UE Registration Response를 전송하여 단말에 응답한다.

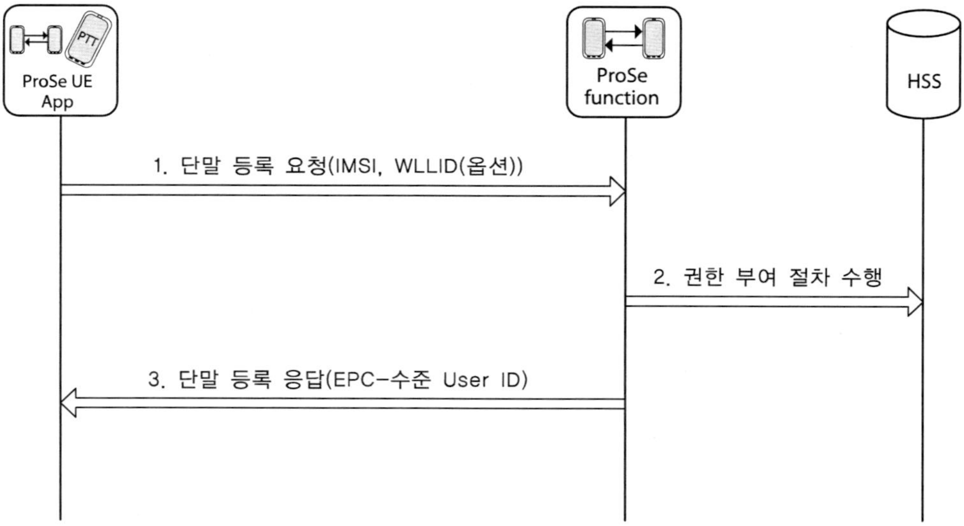

그림 4.33 EPC 수준 탐색 - 단말 등록

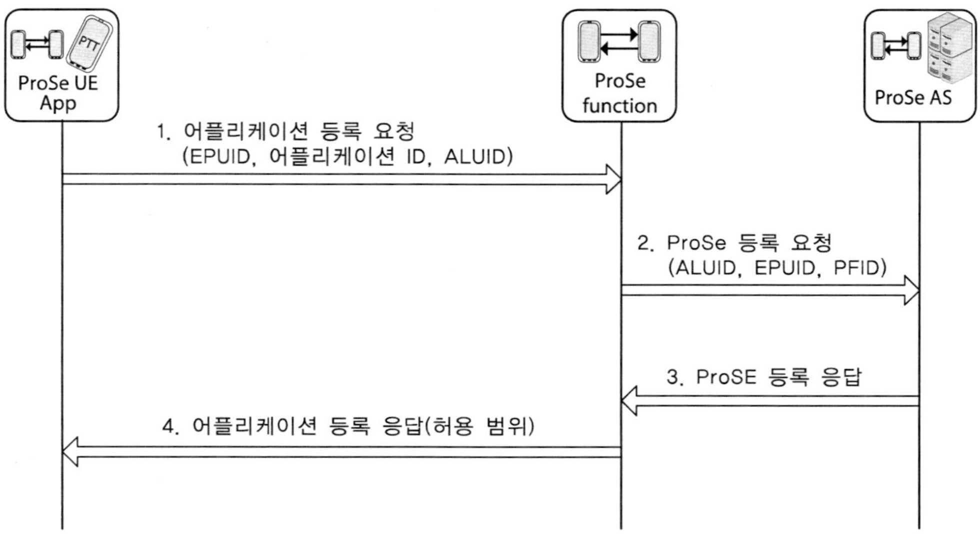

그림 4.34 EPC 수준 탐색 - 어플리케이션 등록

4.7.3 어플리케이션 등록

사용자가 타사(third-party)의 어플리케이션 서버에 등록되었을 때, 사용자는 응용계층 사용자 ID(ALUID: Application Layer User ID)를 지정 받는다(예를 들어, 사용자 A에 대해 ALUID_A 지정). EPC 수준 ProSe 탐색 등과 같은 특정 어플리케이션을 위한 ProSe 기능을 활성화시키기 위해, 단말은 그림 4.34와 같이 ProSe Function에 어플리케이션을 등록한다.

1. 단말은 ProSe 어플리케이션을 등록하기 위해 어플리케이션 등록 요청(Application Registration Request)에 EPC ProSe User ID, 어플리케이션 ID, 응용 계층 사용자 ID를 포함하여 ProSe Function으로 송부한다. 어플리케이션 ID는 타사의 어플리케이션 서버를 식별하는 데 사용된다.
2. ProSe Function은 EPC ProSe User ID를 사용하여 사용자의 프로파일을 검색하고, 요청된 어플리케이션이 허가 어플리케이션 ID 저장 목록에 있는지 확인한다. 또한, ProSe 등록 요청을 어플리케이션 서버에 보내어 해당 어플리케이션의 사용자가 그 어플리케이션(ALUID로 식별됨)을 위한 ProSe 서비스를 사용하려고 요청을 보냈다는 것을 알린다. 만일 어플리케이션 서버가 요청을 받아들이면, 그 서버는 ALUID와 EPC ProSe User ID, 그리고 ProSe Function ID와 같은 사용자의 상태 정보를 저장한다. ProSe Function ID는 해당 ProSe Function을 식별한다.
3. 어플리케이션 서버는 ProSe 등록 응답을 ProSe Function에 보내어 등록 상태(성공 또는 실패)를 표시한다.

ProSe Function은 허용 범위(Allowed Range) 파라미터가 포함된 어플리케이션 등록 응답을 단말에 보낸다. 이것은 또한 등록 상태를 알려준다. 허용 범위 파라미터는 이 어플리케이션이 허용된 범위 등급(range class)에 대한 집합을 포함한다. 범위 등급은 0~255 사이의 정수로 각 정수는 특정 허용 범위(예를 들어, 1: 0~50m, 2: 0~100m, 3: 0~200m, 4: 0~500m, 5: 0~1000m, 다른 정수는 아직 정의되지 않음)에 해당한다.

EPC 수준 탐색 절차의 보다 자세한 내용은 3GPP TS23.303 [3]과 TS24.334 [5]에서 찾을 수 있다.

4.8 근접 서비스를 위한 기타 중요 기능

4.8.1 프로비저닝

ProSe 직접탐색과 직접통신을 위한 프로비저닝 파라미터는 USIM(3GPP TS31.102 [26] 참고)이나 모바일 장치(ME: Mobile Equipment) 또는 양쪽에 설정되어 있다. ME 프로비저닝 파라미터는 선택된 USIM에 따라 단말의 ProSe 직접탐색과 ProSe 직접통신이 허용되었는지를 가리킨다. ProSe 직접탐색과 ProSe 직접통신은 사용자에 의해서 ProSe 직접탐색과 ProSe 직접통신이 허가된 USIM이 선택되었을 때만 적용 가능하다. ME 프로비저닝 파라미터는 USIM이 해제되거나 교체되었을 때도 지워지지 않는다. 만일 USIM 어플리케이션과 ME가 모두 동일한 파라미터를 포함하고 있다면, USIM 파라미터 값이 우선하게 된다. 사업자는 탐색 및 통신을 위한 프로비저닝 파라미터를 공공안전 ProSe 지원 단말에 설정하며, 이 경우에는 ProSe Function과의 명시적인 연결이 필요하지는 않다.

ProSe 지원 단말은 ProSe 직접탐색, 직접통신, ProSe 릴레이를 통한 통신을 사용하기 위해서 개별 PLMN 단위로 HPLMN으로 부터 사용 권한을 획득한다. 단말은 ProSe 직접탐색의 검색 및 방송 절차를 수행하기 위한 개별 정색을 설정한다. 사용 권한 정책은 단말이 해당 권한 정책이 적용된 PLMN에서 방송이나 검색을 수행하도록 허가되었는지를 가리킬 수 있다. 추가하여, 단말은 방송 절차의 수행을 위해 허가된 탐색 범위(discovery range)를 설정한다. 세부 설정 정보는 3GPP TS 24.333 [27]에서 확인할 수 있다. 방송 범위는 이 방송 허가 정책이 적용된 PLMN에서 ProSe 직접탐색용 방송을 사용하도록 허가된 단말의 최대 전송 파워 레벨에 해당한다.

4.8.2 가입 데이터

서비스 가입자는 이 장에서 설명하는 근접 서비스가 효력이 발생하도록 하기 위해 서비스를 가입해야 한다. 가입자는 탐색, 통신과 같은 개별 기능에 대한 가입을 획득할 수 있거나, 모든 기능에 대한 가입을 획득할 수 있다. 그러므로, 다음 기능은 독립적으로 가입될 수 있다.

- ProSe 직접탐색의 가입
- 일대다 ProSe 직접통신의 가입(3GPP Release 12에서는 ProSe 지원 공공안전 단말만 적용 가능)
- EPC 수준 ProSe 탐색의 가입
- EPC 협력 WLAN 직접탐색 및 통신의 가입
- ProSe 단말-네트워크 중계의 가입(ProSe 지원 공공안전 단말만 적용 가능)

가입 정보는 HSS 내의 가입자 프로파일에 저장될 것이다. 이 프로파일은 단말이 일대다 ProSe 직접통신을 수행하거나, 방송, 검색 및 모두를 수행하도록 허가된 PLMN의 목록과 같은 추가 파라미터를 포함한다.

4.8.3 보안

4.8.3.1 직접탐색을 위한 보안

ProSe 개방형 탐색을 지원하기 위해, 특별한 보안 솔루션이 사용되어 재전송 공격(replay attack) 및 위장 공격(impersonation)을 완화시킨다. 방송 절차 중에 단말이 방송하는 코드에 대한 무결성이 보장된다. 시스템은 방송 단말과 검색 단말 모두에게 알려진 각 탐색 슬롯과 연관된 UTC 타임 파라미터가 있다는 것을 보장한다. 메시지 무결성 체크(MIC: Message Integrity Check)를 사용하는 무결성 보호 방식은 ProSe Fucntion로 하여금 방송 단말이 해당 시간에 ProSe Application Code를 방송하도록 허가되었는지를 검증이 가능하도록 한다.

4.8.3.2 직접통신을 위한 보안

일대다 ProSe 직접통신을 위한 보안은 베어러 레벨과 매체 평면 보안 방법으로 구성된다.

4.8.3.3 베어러 레벨 보안

베어러 레벨 보안은 ID 기반 암호화 방식을 사용한다. 단말은 알고리즘 ID와 자신이 속한 각 그룹에 대해 미리 제공된 ProSe 그룹 키(PGK: ProSe Group Key)를 가져야 한다. 암호화된 데이터를 방송하고자 하는 단말은 이 키로부터 ProSe 트래픽 키(PTK: ProSe Traffic Key)를 생성한다. 이 생성 과정에서 사용되는 파라미터는 PTK가 각 단말에 대해 고유하게 되도록 보장해 주고, 이것은 사용자 데이터 패킷의 헤더를 통해 전송된다. 단말은 PTK로부터 데이터를 암호화하는 데 필요한 ProSe 암호화 키(PEK: ProSe Encryption Key)를 유도한다. 단말은 베어러 레벨에서 상호 연관된 키들과 알고리즘을 통해 송신될 데이터를 보호할 수 있다. 수신 단말은 베어러 헤더의 정보를 이용해 PTK를 유도하고, PEK는 데이터 복호를 위해 사용된다.

단말들 사이에 전달되는 트래픽 보호를 위해, ProSe 지원 공공안전 단말에는 EEA0, 128-EEA1, 128-EEA2 알고리즘이 구현되어야 한다. 추가하여, 단말은 일대다 트래픽의 암호화를 위해 128-EEA3를 구현해야 한다. EEA0의 사용은 암호화를 사용하지 않음을 의미한다.

4.8.3.4 매체 평면 보안(Media Plane Security)

일대다 통신의 무결성 및 기밀성의 보호는 안전한 실시간 전송 프로토콜(SRTP: Secure Real Time Transport Protocol)과 SRTCP(Secure RTCP)를 사용하여 달성된다. 공공안전 단말은 키 관리 시스템(KMS: Key Management System)에 의해서 자신의 ID와 연계된 인증 정보를 제공받는다. 필요하다면, 단말과 KMS 사이에 보안을 부트스트랩 하기 위해 GBA(Generic Bootstrapping Architecture)가 사용된다. KMS는 또한 그것이 관리하는 그룹의 식별자에 대한 인증 정보를 그룹 관리자에게 제공한다. 그룹 관리자는 그룹 마스터 키(GMK: Group Master Key)를 그룹에 속한 단말에게 분배한다. GMK는 공공안전 단말과 연관된 사용자 ID로 암호화되어 있으며, 그룹 ID와 KMS에 의해서 그룹 매니저의 사용이 허가된 ID로 서명되어 있다. 일단, GMK가 그룹 내에 분배가 되면, 단말은 그룹 통신을 설정할 수 있다. 처음에 초기화를 시작한 단말은 그룹 세션 키(GSK: Group Session Key)를 생성, 암호화하여 그룹 멤버에게 전송한다. 이 전송은 GMK를 통해 암호화되고, 인증되어, 전송의 원본이 검증되도록 한다. 분배 과정은 직접통신을 통해 수행된다.

사전 공유된 MIKEY 메시지는 그룹에 대한 세션 키를 분배하는데 사용된다. 한 단말에서 다른 단말로 직접 전송되거나 네트워크를 통해 전송된 MIKEY 메시지는 GMK 내에 세션키를 캡슐화(encapsulate)한다. MIKEY 메시지는 초기화한 단말의 ID로 서명된다. 이것은 GSK 분배를 네트워크 독립적으로 수행하는 방법을 제공한다.

그룹 멤버는 세션 설정 과정 중에 GSK를 공유한다. GSK는 SRTP 마스터 키로 일대다 통신의 매체 보안을 제공한다. 세션은 일회 전송 동안만 유지되거나 또는 그룹 멤버가 효율적으로 통신하도록 하기 위해 긴 기간동안 유지되기도 한다. GSK는 일대다 통신의 매체 보안을 제공하기 위해 SRTP의 마스터 키로 사용된다.

4.8.3.5 EPC 수준 탐색을 위한 보안

서로를 탐색하려고 하는 UE A와 UE B에 대한 ProSe Function A와 B는 서로 다른 PLMN (PLMN A와 PLMN B)에 속해 있다. 어플리케이션 서버는 특정한 표적 단말의 사용자 ID (EPC ProSe UE ID)를 PLMN A의 ProSe Function에게 알려주어, 결국 표적 단말의 위치 정보를 관리하는 PLMN B의 ProSe Function에게 요청을 보낼 수 있게 된다.

이 경우 보안 위협은 다음과 같다. 실제로 EPC ProSe UE ID와 ALUID, 어플리케이션 ID 간의 매핑에 대한 기록을 유지하기 위해서 ProSe Function은 단말로부터 단지 하나의 근접 요청만을 취할 것인데, ProSe Function은 비록 단말이 실제 어떤 근접 알람에 대한 요청을 하지 않았음에도 불구하고 이후에 근접 요청을 보내는 능력을 가졌다는 점이다. 이로 인해 매우 많은 수의 사용자에 대한 감시가 다른 여러 PLMN으로부터 생성되는데, 특정 ProSe 단말에 대해 서비스를 하고 있는 PLMN은 이 사용자들을 찾기가 매우 어려워진다.

이런 위협을 완화하기 위해서, 3GPP는 어플리케이션 서버의 서명을 통한 근접 요청 절차를 도입하였다. 단말 A는 자신의 ProSe Function A로 보내는 근접 요청에 서명을 하지 않았지만, 자신이 보낸 근접 요청의 승인을 제어하는 어플리케이션 서버를 신뢰하고 있다. 승인 기준은 여러 검출 방식에 기반할 수 있는데, 예를 들어, 어떤 ProSe Function으로부터 수신된 매우 큰 크기의 근접 요청은 사용자의 ProSe 어플리테이션이 자주 사용하는 것과 맞지 않는다. 또한, 승인 기준은 PC1 인터페이스를 통해 존재 여부를 확인하는 방식에 기반할 수 있다. ProSe Function A는 어플리케이션 서버에게 개별 근접 요청에 대한 권한을 요청한다. 어플리케이션 서버는 어떤 동작이 허가되어야 하는지를 지정하는 파라미터를 반환한다(예를 들어, 하나의 요청에 대한 전송만 허가되는 동작, 특정 날짜까지 X 번의 요청 전송이 허가되는 동작 등).

이것은 ProSe Function B가 어플리케이션 서버로부터 수신된 검증 키를 이용해 서명을 확인함으로써 ProSe Function A로부터 수신된 근접요청의 신뢰성을 확인할 수 있도록 보장한다. 토큰 검증 키(token verification key)는 ProSe Function B와 어플리케이션 서버 간에 PC2 인터페이스를 통해 입력된다.

ProSe 직접탐색, 직접통신, EPC 수준 탐색의 보안에 대한 세부 사항은 3GPP TS33.303 [28]에서 확인할 수 있다.

4.8.4 과금

이 절에서는 근접 서비스 과금에 관한 기술 보고서인 3GPP TR32.844 [29]와 근접 서비스 과금의 기술 표준인 3GPP TS32.277 [30]로 문서화된 과금의 원칙에 대한 개요를 설명한다.

ProSe 직접탐색과 EPC 수준 탐색 절차에서는 온라인 및 오프라인 과금이 모두 지원된다. 공공안전 사례에서 ProSe 일대다 직접통신의 경우는 온라인 과금이 적용되지 않는다. 공공안전을 위한 온라인 과금은 TS32.299 [31]에 규정된 IEC(Immediate Event Charging) 원칙을 사용한다.

4.8.4.1 ProSe 직접탐색의 과금

ProSe 직접탐색 시나리오의 경우에 오프라인 과금을 지원하기 위해서, ProSe 서비스의 사용에 대한 과금 정보가 HPLMN, VPLMN, 로컬 PLMN에 있는 ProSe Fuction에 의해 수집되어야 한다. 사업자 간 과금도 지원된다. 과금 정보는 단말이 방송 또는 검색과 같은 ProSe 직접탐색을 수행했을 때 수집된다.

과금 이벤트가 CDF(Charging Data Function)에 보고되면, 이 보고에는 다음과 같은 세부 정보가 포함된다. 가입ID(예를 들어, IMSI), PLMN ID, ProSe 직접탐색 모델(모델 A 또는 모델 B), ProSe 단말의 역할(방송 단말, 검색 단말), 사용된 ProSe 기능(방송, 검색, 매칭), 방송 단말에 대한 ProSe Application Code의 할당 및 주기, 검색 단말에 대한 필터 셋 할당 정보와 주기, 검색 단말에서 ProSe Application Code의 매치와 타임스탬프, ProSe 직접탐색 방송 요청을 위한 ProSe Applicatio ID와 검색 정보

다음은 과금 정보 수집이 발생하는 조건이다.

- ProSe Function이 직접탐색 요청에 대해 방송 또는 검색과 같은 명령으로 응답
- ProSe Function이 검색 요청에 응답
- ProSe Function이 방송 허가 메시지에 응답
- ProSe Function이 매치 보고 메시지에 응답

ProSe 직접탐색에 대해서, 온라인 과금은 방송 및 검색 절차에 적용될 수 있다.

4.8.4.2 EPC 수준 탐색의 과금

EPC 수준 탐색 시나리오의 경우 오프라인 과금을 지원하기 위해서, 다음의 과금 이벤트와 결과적으로 과금 데이터 기록(CDR: Charging Data Record)의 생성이 트리거 되어야 한다.

- EPC 수준 탐색 근접 요청(EPC-level Discovery Proximity request) 관련 과금 데이터
- EPC 수준 탐색 근접 알람(EPC-level Discovery Proximity Alert) 관련 과금 데이터
- EPC 수준 탐색 근접 요청취소(EPC-level Discovery Proximity request cancelation) 관련 과금 데이터

과금이 가능한 이벤트는 다음과 같다.

- **근접 요청(Proximity Request)**: 최초 과금 이벤트로, 새로운 CDR와 EPC ProSe User ID, ALUID, 어플리케이션 ID, 타임 윈도우, 범위, 확인된 단말 위치 등과 같은 해당 정보를 생성하도록 트리거하는 이벤트
- **근접 요청 갱신(Proximity Request Renewal)**: 근접 요청 다음의과금 이벤트로, 단말의 새로운 위치와 타임 윈도우로 인해 발생하며, 해당 근접 요청으로 인해 기존에 열린 CDR에 변경을 발생시키는 이벤트
- **근접 요청 거절(Proximity Request Reject)**: 마지막 과금 이벤트로 해당 근접요청에 대해 기존에 이미 열려 있는 CDR을 폐쇄하는 이벤트. 근접 요청 거절에 대한 사유 또한 보존된다.
- **근접 요청 취소(Proximity Request Cancelation)**: 마지막 과금 이벤트로, 해당 근접요청에 대해 기존에 이미 열려 있는 CDR을 폐쇄하는 이벤트. 근접 알람의 송부 여부 표시도 보존된다.

ProSe EPC 수준 직접탐색의 경우에 온라인 과금은 근접 요청 절차에 적용될 수 있다.

4.8.4.3 일대다 ProSe 직접통신의 과금

일대다 ProSe 직접통신의 오프라인 과금을 지원하기 위해서, 다음의 하이 레벨 원칙이 적용된다.

- ProSe 직접통신 구조에서, 과금 개시 기능(CTF: Charging Trigger Function)은 단말과 ProSe Function에 존재한다. 단말에 위치하는 CTF 기능 블록을 회계 기준 집합(AMC: Accounting Metrics Collection)이라고 부르고, ProSe Function에 위치하는 CTF 기능 블록은 회계 데이터 전송(ADF: Accounting Data Forwarding) 기능이라고 부른다(1.6.12절의 논리적 과금 구조 개요 참고).
- 과금 동작의 결과들(예를 들어, 사용 정보 수집 또는 보고 시 발생한 오류)은 단말이 ProSe 직접통신을 사용하는데 영향을 끼치지 않아야 한다.
- ProSe 직접통신 사용 정보는 단말이 서비스 영역 밖에 있을 때 단말에 안전하게 보관되며, 단말이 서비스 영역으로 돌아왔을 때 ProSe Function에 의해 설정된 곳으로 안전하게 업로드 된다.
- ProSe Function은 서비스 권한 허가 및 제공 방식을 이용하여 단말의 업로드 동작을 제어할 수 있다.
- 단말이 서비스 영역 안에 있을 때, 단말은 HPLMN에 있는 ProSe Function에 접속한다.
- 단말이 서비스 영역 밖에 있을 때, 단말은 ME 또는 UICC 내에 미리 설정된 정보 또는 서비스 영역에 있는 동안 수신된 설정 정보를 이용하여 데이터 사용에 대한 로깅(logging) 및 업로드 제어를 수행한다.
- 로밍 시에 PLMN간 과금이 지원된다.

공공안전 사용을 위해 설계된 일대다 ProSe 직접통신은 온라인 과금이 적용되지 않는다. 한 가지 이유는 ProSe 직접통신 절차에서 단말이 직접통신을 시작하고 종료할 때 네트워크를 사용하지 않기 때문이다.

추가하여, ProSe 직접통신의 사용에 대한 어떠한 신용 관리 요구사항이 없다. 공공안전 규제에는 과금 제어가 단말이 공공안전을 위한 ProSe 직접통신을 사용하는 것을 금지할 수 없도록 하는 요구사항이 있다. 게다가, 단말은 서비스 영역에 있을 때나 밖에 있을 때나 통신할 수 있다. 그러므로, 온라인 과금의 지원은 공공안전 용도에서 ProSe 일대다 직접통신에서 필요하다고 판단되지 않는다.

4.8.5 ProSe 관련 식별자

4.8.5.1 ProSe UE ID

이것은 ProSe Function 내에 있는 ProSe 키 관리 기능에 의해 할당되는 링크 계층 식별자로 한 그룹에 대해 일대다 ProSe 직접통신의 상태 정보 안에서 그 단말을 고유하게 표현하는 것이다. 이것은 ProSe 직접통신을 위해 단말이 보내는 모든 패킷에서 발신지 2계층 ID(Source Layer 2 ID)로 사용된다.

4.8.5.2 ProSe Layer 2 Group ID

ProSe Layer 2 Group ID는 일대다 ProSe 직접통신의 상태 정보 안에서 그룹을 식별한다. 이것은 일대다 ProSe 직접통신을 위해 단말이 해당 그룹에 보내는 모든 패킷에서 목적지 2계층 ID(Destination Layer 2 ID)으로 사용된다.

4.8.5.3 발신지 2계층 ID(Source Layer 2 ID)

이것은 PC5 인터페이스에서 패킷 전송자를 식별한다. Source Layer 2 ID는 수신단의 RLC UM(Unacknowledged Mode) 엔티티의 식별자로 사용된다. 단말에서 Source Layer 2 ID를 설정하는데 액세스 스트라텀(Access Stratum) 시그널링이 필요하지 않다. 이것은 상위 계층에 의해 제공된다.

4.8.5.4 목적지 2계층 ID(Destination Layer 2 ID)

이것은 PC5 인터페이스에서 패킷의 목적지를 식별한다. Destination Layer 2 ID는 MAC 계층에서 패킷을 필터링하는데 사용된다. Destination Layer 2 ID는 브로드캐스트, 그룹캐스트 및 유니캐스트 식별자가 된다. 그룹 정보에 대해서나 또는 단말에서 Source Layer 2 ID와 Destination Layer 2 ID를 설정하기 위해서 액세스 스트라텀(Access Stratum) 시그널링은 필요하지 않다. 이것은 상위 계층에 의해 제공된다.

4.8.5.5 SA L1 ID

이것은 PC5 인터페이스에서 스케줄링 할당정보(SA: Scheduling Assignment)를 식별하는데 사용된다. SA L1 ID는 물리 계층에서 패킷을 필터링하는데 사용된다. 그룹 및 유니캐스트 전송 시, MAC 계층은 목적지(그룹 또는 단말)를 식별하는 상위 계층 ProSe ID(ProSe Layer 2 Group ID와 ProSe UE ID)를 두 개의 비트열로 변경하여 이 중 하나는 물리 계층으로 보내어 SA L1 ID로 사용하고 다른 하나는 Destination Layer 2 ID로 사용한다. 브로드캐스트 전송

용도인 경우에, MAC 계층은 물리 계층에게 미리 설정된 SA L1 ID(그룹 캐스트나 유니캐스트와형식은 동일함)를 사용하여 이것이 브로드 캐스트 전송이라는 것을 알린다.

4.8.5.6 ProSe Application ID

이것은 ProSe 직접탐색에 사용되는 식별자로 ProSe 지원 단말이 어플리케이션 관련 정보를 식별하는데 사용된다. 각 ProSe Applicatio ID는 전 세계적으로 유일하다. 즉, 모든 3GPP PLMN에 걸쳐 모호함이 없이 식별된다.

개방형 ProSe 탐색에 사용되는 ProSe Application ID는 공공 ProSe Application ID라고 불린다. 공공 ProSe Application ID의 지리적 범위는 PLMN 한정, 국가 한정 또는 전 세계적이다. 이것은 PLMN ID의 내용에 기반하여 나타내어 진다. 만일 이것이 PLMN 한정이면, PLMN ID는 PLMN에 해당한다. 만일 이것이 국가 한정이면, PLMN ID의 MNC 부분이 와일드카드인 "*"로 표현된다. 만일 전 세계적이면, MNC와 MCC가 모두 와일드카드로 표현된다.

각 공공 ProSe Application ID는 다음과 같은 부분으로 구성된다.

a. ProSe Application ID Name은 다양한 레벨의 범주로 구분 지어진 데이터 구조에 의해(전체가) 기술되는데, 예를 들면, 넓은 범위의 비즈니스 범주(Level 0)/ 비즈니스 부범주(Level 1)/ 비즈니스 명칭(Level 2)/ 상점 ID(level 3)등의 레벨로 표현된다. 표현을 위해서, ProSe Application ID Name은 일반적으로 문자열 라벨로 표시되며, 이 라벨이 계층 레벨을 표현한다.
b. PLMN ID는 ProSe Application ID Name를 할당한 PLMN의 PLMN ID이다.

Application ID의 예는 다음과 같다.

1. PLMN-specific application ID: mcc123.mnc012.ProSeApp.USA.Transport.Train;
2. Country-specific application ID: mcc123.mnc*.ProSeApp.USA.Transport.Train;
3. Global application ID: mcc*.mnc*.ProSeApp.USA.Transport.Train.

4.8.5.7 ProSe Application Code

이것은 ProSe Application ID에 해당하는 임시 코드이며, 184비트의 고정된 길이를 갖는다. ProSe Application Code는 방송 단말과 검색 단말에 의해 사용된다. 방송 단말은 HPLMN의 ProSe Function으로부터 이를 획득하며, PC5 인터페이스를 통해서 검색 단말에 전송한다. 검색 단말은 ProSe Application Code를 검색하기 위해 HPLMN의 ProSe Function으로부터 탐색 필터를 획득한다.

각 ProSe Application Code는 다음과 같이 구성되어 있다.

a. ProSe Application ID Name에 해당하는 임시 ID
b. ProSe Application Code를 할당한 ProSe Function의 PLMN ID, 즉, MCC와 MNC

ProSe Application Code 매칭은 ProSe Application Code의 모든 파트(임시 식별자와 PLMN ID)를 고려한다. ProSe Application Code 매칭에서, 만일 해당 탐색필터의 내용이 PLMN ID와 임시 ID와 모두 일치하면, 검색 단말은 이를 전체 일치(full match)로 간주해야 한다. 만일 해당 탐색필터의 내용이 PLMN ID는 전체 일치하고, 임시 ID가 부분적으로 일치하면, 이를 부분일치(partial match)로 간주해야 한다.

ProSe Application Code는 방송 단말 당, 어플리케이션 당 할당되며, 단말과 ProSe Function 양쪽에서 동작하는 유효 타이머와 연계된다.

ProSe Function은 특정 시점에 기존에 할당된 ProSe Application Code를 임시 ID가 변경된 새로운 ProSe Application Code로 대체하여 단말에게 제공하는 것을 결정할 것이다. ProSe Application Code를 변경하면 해당하는 단말과 ProSe Function에 있는 유효 타이머는 초기화된다.

개방형 ProSe 탐색의 경우:

- 방송 단말이 어떤 것을 알리고자 할 때, 단말은 공공 ProSe Application ID가 포함된 탐색 요청을 ProSe Function으로 보내며, ProSe Function은 ProSe Application Code를 할당한다.
- 검색 단말이 어떤 것을 검색하고자 할 때, 단말은 ProSe Application ID의 전체 또는 일부가 포함된 탐색 요청을 보내야 한다. 예를 들어 전체 ProSe Application ID의 n level 중 두 개의 레벨만 포함할 수 있다.

ProSe Application Code의 예제는 다음과 같다.

1. PLMN-specific code: 11-0001111011-0000001100-1101111110000
   - 범위 = 11은 ProSe Application Code가 PLMN specific이며, MCC, MNC 가 포함된 경우
   - MCC= 0001111011,
   - MNC= 0000001100,
   - Random Temp ID = 1111111110000.
2. country-specific code: 11-0001111011-0000000000-1101111110000.
3. global code: 11-0000000000-0000000000-1101111110000.

   Legend: "-"는 단지 영역을 나누기 위해 사용한 것으로 실제 프로토콜에서는 사용되지 않는다. 이 기호는 이후 절의 예제에서도 사용된다.

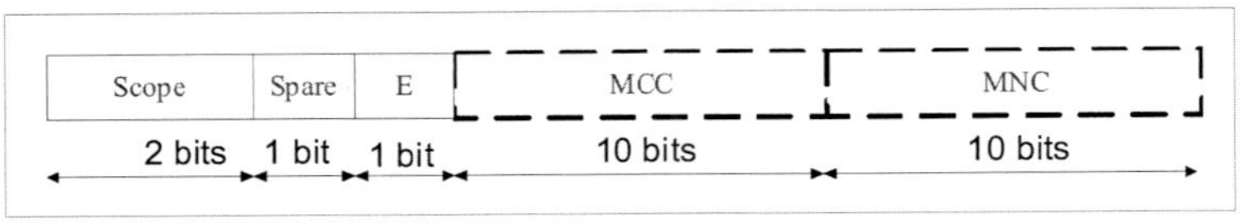

4.8.5.8 ProSe Application Mask

이것은 PC5를 통해 수신된 ProSe Application Code의 부분 매칭을 위해 사용된다. ProSe Application Mask는 탐색필터에 포함되어 있다. ProSe Application Mask는 ProSe Application Code의 부분 매칭이 허용되는 하나 이상의 적용 가능한 부분으로 구성되어 있다.

다음은 ProSe Application Mask의 예제이다.

1. A PLMN-specific mask: 11-1111111111-1111111111-1111111111111.
2. A country-specific mask: 11-1111111111-0000000000-1101111110000.
3. A global mask: 11-0000000000-0000000000-1101111110000.

전체 매칭을 위해서는 ProSe Application Mask는 모든 비트가 1로 설정되어야 한다. 부분 매칭을 위해서는 PLMN 부분은 전체 일치가 되어야 하지만, 임시 ID 영역은 부분적으로 일치하는 것이 가능하다. 그러므로, ProSe Application Mask는 ProSe Application Code에서 임시 ID 중 매칭이 필요 없는 부분은 0으로 설정되고, 다른 부분은 1로 설정되도록 마스킹 되어야 한다. ProSe Application Mask의 길이는 ProSe Application Code와 동일한 크기로 설정되어야 한다.

4.8.5.9 탐색필터(Discovery Filter)

탐색필터는 ProSe Application Code, ProSe Application Mask 및 TTL(Time To Live) 파라미터로 구성되어 있다. ProSe Application Code와 ProSe Application Mask의 길이는 동일하다. TTL은 탐색필터 내에 있는 ProSe Application Code 또는 ProSe Application Mask이 수신된 이후 얼마나 오랫동안 유효한지 알려준다. 탐색필터는 HPLMN의 ProSe Function에 의해서 검색 단말에게 제공된다. 이것은 검색 단말이 PC5를 통해 수신된 ProSe Application Code를 선택적으로 매칭하기 위해 사용된다.

단말에 할당된 검색필터 내의 ProSe Application Code와 ProSe Application Mask의 적용범위는 요청된 ProSe Application ID에 따라 결정된다. 적용 범위는 국가 한정, 전세계적 또는 PLMN 한정으로 표시된다. ProSe Function은 요청된 ProSe Application ID에 따라서 동일한 적용 범위를 갖는 ProSe Application Code와 ProSe Application Mask를 포함하는 탐색필터를 할당할 것이다. 예를 들어, 만일 요청된 ProSe Application ID가 PLMN 한정이라면, ProSe

Function은 하나 이상의 PLMN 한정 ProSe Application Code와 PLMN ID 부분이 해당 특정 PLMN의 전체 매칭으로 설정된 ProSe Application Mask를 할당해야 한다.

그림 4.35는 탐색필터, ProSe Application Code및 ProSe Application Mask의 관계를 보여준다.

4.8.5.10 EPC ProSe User ID(EPUID)

이것은 단말이 EPC 수준 탐색 등록을 수행하기 위해 ProSe Function에서 생성되는 ID이다.

4.8.5.11 ProSe Function ID(PFID)

이것은 ProSe Function을 식별하기 위한 ID이다.

4.8.5.12 Application Layer User ID(ALUID)

이것은 사용자가 타사의 어플리케이션 서버에 등록할 때 사용자에게 지정된 ID이다.

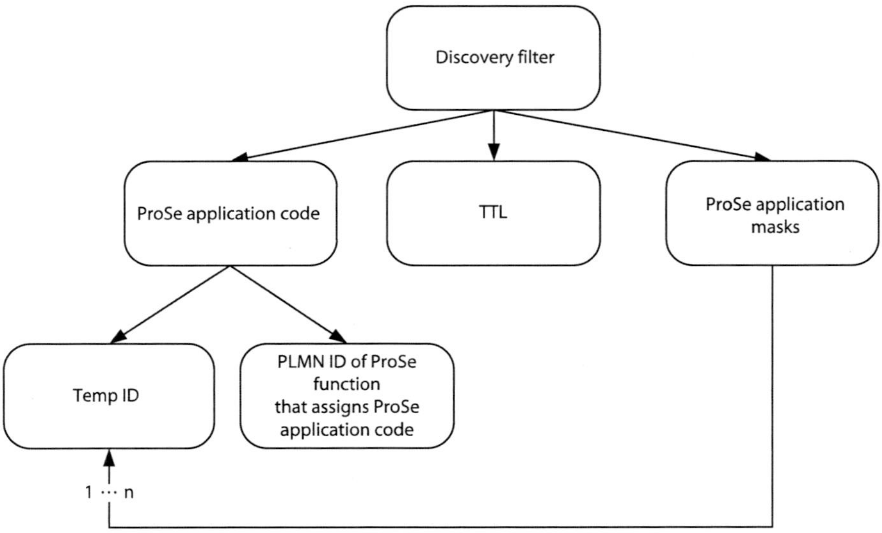

그림 4.35 탐색필터와 ID들 간의 관계

4.8.6 매치 이벤트에 대한 도해

시나리오 예제 검색 단말은 철도 서비스에 관심이 있다. 철도 서비스에 해당하는 ProSe Application ID는 단말 내 어플리케이션에 설정되어 있다.

1. 검색 단말이 "검색" 명령을 포함하는 탐색 요청을 송부한다. 이 요청은 다음과 같은 ProSe

Application ID(PLMN 한정인 경우를 가정)를 포함한다:
mcc123.mnc012.ProSeApp.USA.Tranport.Train.

2. ProSe Function은 검색 단말에게 다음과 같은ProSe Application Code, ProSe Application Mask 및 TTL를 포함하는 탐색필터를 제공한다:

   a. ProSe Application Code: 11-0001111011-0000001100-11110000(Value 1)

   b. ProSe Application Mask: 11-1111111111-1111111111-11111111(Value 2)

   c. TTL: 5 min.

3. 방송 단말이 "방송" 명령을 포함하는 탐색 요청을 송부한다. 이 요청은 다음과 같은 ProSe Application ID(PLMN 한정인 경우를 가정)를 포함한다:
mcc123.mnc012.ProSeApp.USA.Tranport.Train.

4. ProSe Function은 방송 단말에게 다음과 같은ProSe Application Code를 제공한다:

   a. ProSe Application Code: 11-0001111011-0000001100-11110000(Value 3)

5. 검색 단말은 ProSe Application Code를 기반으로 방송 단말을 탐색하고 매칭 절차를 수행한다.

3GPP TS24.334 [5]는 매칭 이벤트를 다음과 같이 정의하고 있다.

> *탐색필터 내의 어떤 마스크에 대해서 PC5_DISCOVERY 메시지에 포함된 ProSe Application Code와 이 마스크의 비트 단위의 AND 연산 출력이 이 마스크와 동일 필터 내에 포함된 ProSe Application Code와의 비트 단위 AND 연산 출력과 일치하면, 매치 이벤트가 발생한 것이다.*

그러므로, 검색 단말은 자신의 ProSe Application Code와 ProSe Application Mask 간에 비트 단위의 AND 연산을 수행한다. 검색 단말은 해당 결과를 방송된 ProSe Application Code와 ProSe Application Mask 간에 비트 단위 AND 연산 수행 결과와 비교한다. 만일 비교 결과가 일치하면, 단말은 매칭 이벤트가 발생한 것으로 간주할 수 있다. 예제를 들어 해당 연산이 어떻게 동작하는지 설명한다. 다음과 같이 검색 단말은 비트 단위의 AND 연산을 수행한다.

1. Result1 = Value 1 "AND" Value 2
2. Result2 = Value 3 "AND" Value 2
3. 매칭 이벤트 확인: is Result 1 == Result 2?

이 예제에서, Result 1과 Result 2는 동일하므로, 이것을 매칭 이벤트로 간주한다. 이 경우 ProSe Application Code가 일치하는 것이 명백하고, ProSe Application Mask는 모두 1로 설정되어 있고 결과적으로 전체 매칭 이벤트가 발생된다.

시나리오 예제 상위 시나리오는 앞의 경우와 동일하다. 검색 단말은 철도 서비스를 요청한다. 앞선 시나리오와의 주요한 차이점은 ProSe Function이 2단계에서 검색 단말에게 할당하는 ProSe Application Code와 ProSe Application Mask의 값이 다른 것이다.

1. PLMN 한정 Application ID: mcc310.mnc012.ProSeApp.USA.Tranport.Train.
2. 검색 단말에게 알려진 PLMN 한정 ProSe Application Code

   11-0001111011-0000001100-11**0**1**11**00(Value 1)

3. 검색 단말에게 알려진 PLMN 한정 ProSe Application Mask

   11-1111111111-1111111111-111**00000**(Value 2)

4. 방송 단말로부터 제공된 PLMN 한정 ProSe Application Code

   11-0001111011-0000001100-11**0**1**11**10(Value 3)

이 예제에서, 검색 단말은 비트 단위 AND 연산을 다음과 같이 수행해야 한다.

1. Result1 = Value 1 "AND" Value 2
2. Result2 = Value 3 "AND" Value 2
3. 매칭 이벤트 확인: is Result 1 == Result 2?

이 경우에 Result 1과 Result 2는 동일하므로, 이것을 매칭 이벤트로 간주한다. 그러나 ProSe Application Code 중 임시 ID 부분은 동일하지 않지만, 일치가 필요한 부분은 1로 설정하고 마스킹이 필요한 부분은 0으로 설정한 ProSe Application Mask를 사용한 결과 매칭 이벤트가 발생하였고, 결과적으로 부분 매칭 이벤트가 발생된다.

4.9 구축 시나리오

4.9.1 ProSe 직접탐색

표 4.2는 UE A와 UE B가 E-UTRAN 네트워크의 서비스 영역 내/외에 있는 경우 ProSe 직접탐색 시나리오들을 보여준다.

4.9.2 ProSe 직접통신

표 4.3은 UE A와 UE B가 E-UTRAN 네트워크의 서비스 영역 내/외에 있는 경우 ProSe 직접통신 시나리오들을 보여준다. UE A가 전송 단말, UE B가 수신 단말일 때, UE A는 메시지를

송신하고 UE B는 그것을 수신한다. UE A와 UE B는 송수신 역할을 바꿀 수 있다. UE A가 전송한 것은 하나 이상의 UE에 의해 수신된다.

표 4.2 ProSe 직접탐색 시나리오

#	Description	UE A	UE B	Example	Part of Release 12
1A	Out-of-coverage	Out-of-coverage	Out-of-coverage	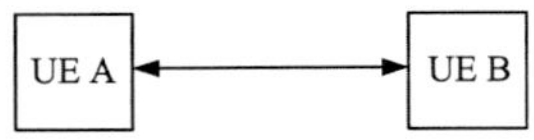	No
1B	Partial-coverage	In-coverage	Out-of-coverage	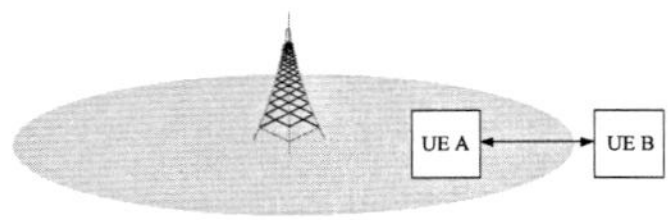	No
1C	In-coverage-single-cell	In-coverage	In-coverage	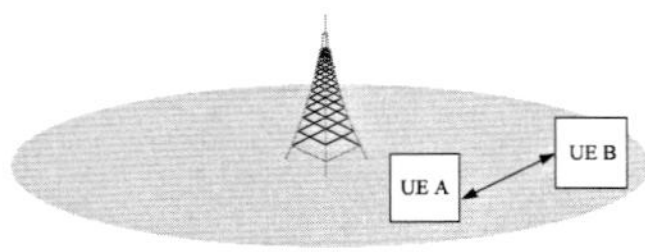	Yes
1D	In-coverage-multi-cell	In-coverage	In-coverage	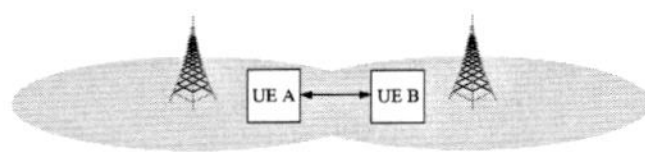	Yes
2	Relay	In-coverage UE to Network Relay	Out-of-coverage	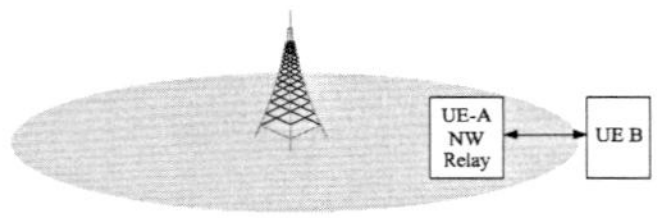	No

표 4.3 ProSe 직접통신 시나리오

#	Description	UE A	UE B	Example	Part of Release 12
1A	Out-of-coverage	Out-of-coverage	Out-of-coverage	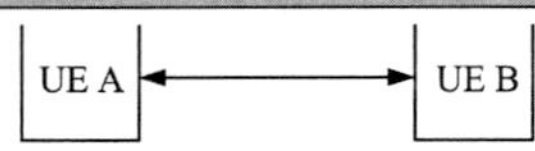	Yes
1B	Partial-coverage	In-coverage	Out-of-coverage	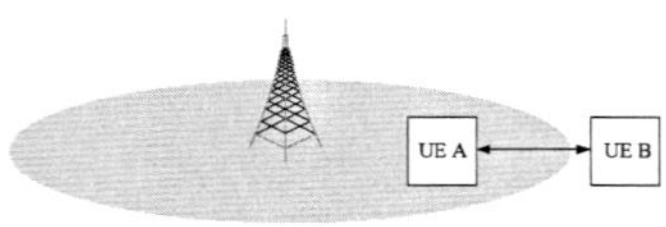	Yes
1C	In-coverage-single-cell	In-coverage	In-coverage	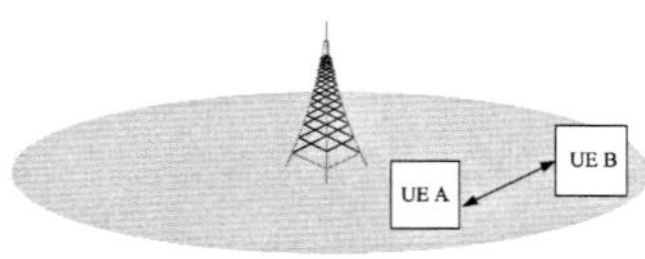	Yes
1D	In-coverage-multi-cell	In-coverage	In-coverage	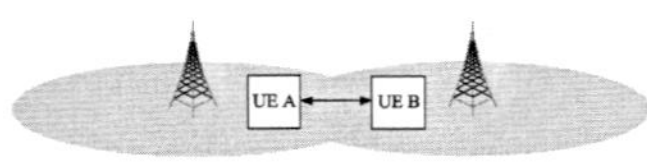	Yes
2	Relay	In-coverage UE to Network Relay	Out-of-coverage	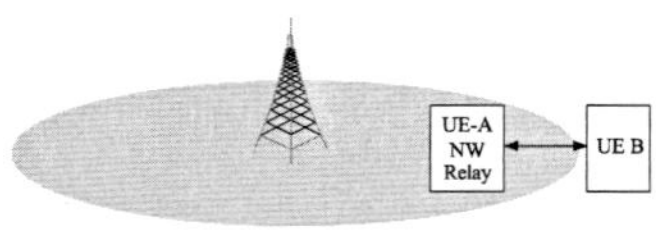	No

4.10 공공안전 응용 사례

이 절에서는 근접 서비스를 고려한 일반적인 공공안전 사례에 대한 배경 정보를 제공한다. 추가하여, "ProSe 직접통신"이라는 용어 외에 다음과 같은 용어들이 사용된다.

ProSe 통신(ProSe Communication): 근접한 둘 이상의 ProSe 지원 단말 간의 통신. "ProSe 통신"은 다음의 경우 중 일부 또는 전체를 가리킨다.

- 두 ProSe 지원 단말 간 ProSe E-UTRA 통신, 또는
- 공공안전 ProSe 지원 단말 간의 ProSe 그룹 통신 또는 ProSe 방송 통신, 또는
- ProSe 협력기반 WLAN 직접통신

ProSe 그룹 통신(ProSe Group Communication): 근접해 있는 두 대 이상의 공공안전 ProSe 지원 단말 사이에 일대다 ProSe 직접통신으로 공공안전 ProSe 지원 단말 사이에 생성된 공통 ProSe 통신 경로를 이용하는 것

ProSe 방송 통신(ProSe Broadcast Communication): 근접해 있는 모든 공공안전 ProSe 지원 단말 사이에서 발생하는 일-대-전체(one-to-all) ProSe 직접통신으로 해당 공공안전 ProSe 지원 단말 사이에 생성된 공통 ProSe 통신 경로를 이용하는 것

푸시-투-토크(PTT: Push-to-talk): 음성 서비스는 응급 상황에서 일선 대응을 위한 가장 중요한 통신 수단으로 타협이 불가하다. PTT는 특정 시간에 한 사람만 말을 할 수 있고 나머지 사람은 단지 들을 수만 있는 기능이다. 비록 D2D ProSe 통신을 통한 어플리케이션의 핵심은 PTT이지만, 다른 형태의 ProSe 통신 어플리케이션도 동일한 중요도로 검토되고 있다.

4.10.1 ProSe 통신의 응용 사례

ProSe 직접통신은 직접 모드의 통신을 의미하며, 이전 절에서 설명한 네트워크 인프라를 통한 ProSe 통신과는 다른 것이다.

두 대 이상의 공공안전 ProSe 지원 단말이 참여하는 ProSe그룹 통신 또는 일대다 ProSe 직접통신의 경우를 생각하면, 사고 대책 사령관(IC: Incident Commander)이 팀원들을 특정 그룹의 (특정 업무를 수행하는) 사용자로 할당할 것이다. 이 때, 각 그룹은 독립적인 ProSe 그룹 통신을 지원한다. 각 팀의 분할은 사령관으로 하여금 그룹들을 보다 효율적으로 관리하고 그들 업무에 대해 배타적인 통신 및 선점(preemption) 통신 보장이 가능하도록 한다. 현재 공공안전 LMR 시스템에서는, 특정 상황에서 기존 네트워크의 작동 여부 및 특정 지역이 서비스

영역에 포함되는지 여부에 따라서 네트워크 미지원(직접 모드) 동작이 특히 소방 서비스에 의해서 종종 사용된다.

게다가, 한 명 이상의 팀원이 ProSe 직접통신 영역으로 이동하게 되면(의도한 것이든 아니든 간에), 해당 태스크 포스는 수동으로 네트워크 미지원 모드(일대다 ProSe 직접통신)로 전환한다. 해당 환경에서 만일 단말이 사용자에게 특정 시점에서 어떤 사용자가 ProSe 직접통신 영역 내에 있는지를 결정할 수 있는 기능을 제공하면, 사용자들은 이 기능을 사용하여 통신 가능한 사용자에 대한 정보를 결정할 수 있을 것이다. 그들은 상태 정보와 그가 ProSe 직접통신 영역 안에 있는지 여부를 확인하여 통신 상대가 되는 사용자를 결정할 수 있다. 그 이후, 결정에 따라서 그와 통신하기 위해 대체 통신 경로를 생성하는 절차가 시작될 수 있다. 추가하여, ProSe 직접통신으로 전환한 단말은 네트워크 통신 영역 안에 있는 동안 LTE 네트워크를 통해 그룹 간에 메시지, 지도, 사진 및 비디오 교환을 위해 EPC에 대한 연속적인 LTE 연결을 필요로 한다. 서비스 영역 밖에 있는 단말을 위해서는, 가능한 경우에 대해 단말-네트워크 릴레이를 통해 EPC 연결이 지원된다.

D2D 환경에서 사고 대책 사령관은 ProSe 직접통신을 설정하여 두 사용자간 개인 통신을 하도록 설정할 수 있다는 것을 주목할 필요가 있다. 직접통신은 공공안전에서 필요하고 결정적인 기능이고, 이것은 LMR 시스템에서 개인 통화 기능을 모사한 것이다. 이것은 때때로 큰 그룹의 관리자와 그의 명령을 받는 어떤 사람 사이의 통신으로 사용된다. 한 사용 사례는 네트워크 통신이 끊긴 경찰 그룹의 팀 리더 또는 관리자가 지붕에 있는 저격수와 통신을 하면서 결정적인 순간에 발사 및 중지 명령을 전달하는 것이다. 그들은 순간적인 대화가 해당 결정적 순간에는 많은 그룹원에게 유용하지 않을 것이라고 결정할 것이다. 게다가, 이 기능은 의도적으로 드물게 사용되며, 특정 개인 및 장치가 ProSe 직접통신에 적용되는 것은, 사고 팀원 그룹 간에 이와 같은 정보 공유는 위태롭지 않도록 하기 위함이다.

4.10.2 네트워크-단말 릴레이 사례

NPSBN(National Public Safety Broadband Network)이 공공안전 음성 및 데이터 전송의 1차적인 고신뢰도 서비스가 될 것이지만, NPSBN이 서비스 되지 않는 지역에서 음성 및 데이터 통신이 필요한 많은 경우가 있다. NPSBN User(NPSBN-U)는 네트워크 영역 밖에 있을 수 있는데, 예를 들어, 농촌 지역에서 발생한 항공 사고를 대응하여 지원하는 1선 대응 팀 또는 국내 사건에 대응하여 거주지 내에 있는 경찰 등이다. 그러므로, 네트워크 미 지원 음성 통신은 NPSBN의 부재 시에도 사용자가 바로 접근할 수 있어야 한다. 이것은 또한 빌딩이나 밀폐 공간과 같이 지상통신 외 통신 접속이 취약할 수 있는 지역이나 지점을 포함한다. 추가하여,

사용자가 네트워크 없이 통신하고 싶은 경우도 있을 것이다. 오늘날, 소방관은 때때로 국부(local) 통신망에 참여하는데, 이런 통신 네트워크는 고정 네트워크를 활용하는 대신 사용자 단말 간 직접통신이나 로컬 중계기를 통한 통신을 사용한다. 소방관들은 고정 네트워크의 예상치 못한 서비스영역으로 인해 또는 경험상 직접통신 또는 로컬 중계기의 서비스 지역이 잘 알려져 있기 때문에 자발적으로 고정 네트워크를 떠날 수 있다.

그러므로, 사용자가 네트워크 커버리지에 있으면서 네트워크 커버리지 밖에 있는 다른 사용자와 통신을 하게 되는 경우가 있는데, 예를 들어, 사고 대책 사령관이 화재 대응 행동을 지원하는 경우이다. 이러한 사용자들은 긴급 보고 등의 목적과 같은 고정망 사용자와의 통신뿐만 아니라 네트워크 영역 밖에 있거나 로컬 사용자와의 통신도 가능해야 하며, 그들이 네트워크 영역 안에 있더라도 네트워크 접속 없이 사용자 간에 음성, 데이터, 비디오 접속을 원할 때에도 통신할 수 있어야 한다.

그러므로, 중계기능은 NPSBN 서비스 영역이 공공안전 업무의 지원에 충분하지 않을 때 네트워크 미지원 통신을 위한 가장 핵심적인 기능이다. 네트워크 서비스 영역 밖에 있는 산불 진화의 담당 소방관에 대해, 만일 산불이 해당 사용자를 둘러싸게 되고 사령관의 영역 밖에 있지만, 다른 단말이 중계기로 동작할 수 있는 범위 안에 있다면, 위험에 빠진 소방관은 여전히 자신의 상태를 사령관에게 보고할 수 있다.

4.10.3 성능 특성

이 장에서는 공공안전 관련 ProSe 통신을 위한 성능 및 E-UTRAN의 특성을 설명한다(3GPP TR 36.843 [14] 참고).

4.10.3.1 기본 동작

- 네트워크 기반 동작과 동시에 존재하는 ProSe 직접통신 그룹(일대다 통신)은 최대 6~8 개를 넘지 못한다.
- 네트워크 기반 동작과 동시에 존재하는 각 ProSe 직접통신 그룹에 할당된 사용자는 12~16 명을 넘지 못한다. 다만, 검색 및 구조 팀에 적용하기 위해 그룹의 크기는 50~70까지 확장 가능하다.
- 네트워크 기반 동작과 함께 두 사고 지원 서비스 멤버는 ProSe 직접통신을 사용하여 허가된 개인 통화를 한다.
- D2D ProSe 직접통신을 위한 동작의 지리적 영역은 사건의 상황 당 1.5 마일(약 2.4km) 반경까지 지원된다.

4.10.3.2 서비스 영역(커버리지)

- 공공안전 단말을 위한 ProSe 통신은 서비스 영역 내의 단말들, 서비스 영역 밖의 단말들 그리고 이 두 가지 경우가 혼합된 단말들 사이에서 필요하다.
- 특정 시점에서 ProSe 통신 범위 안에 있는 사용자에 대한 결정이 필요하다.
- 단말이 서비스 영역 내/외에 있는지 여부에 상관 없이, ProSe 통신을 유지하면서 LTE 접속을 통한 EPC 연결이 필요하다. 서비스 영역 외 단말의 LTE 접속을 통한 EPC 연결은 단말-네트워크 중계기를 통해 제공된다.

4.10.3.3 어플리케이션

- 공공안전을 위한 ProSe 통신에 의해 제공될 것으로 기대되는 어플리케이션은 음성, 위치, 저속 데이터(SMS, 보고/질의, 센서 등) 그리고 음성을 포함하는 사진(가능하다면 선택적으로 영상) 등 가장 치명적인 수단의 통신이다.
- 비상 경보: 이 경보는 그룹 리더 또는 다른 모든 그룹원에게 전송될 것이다(비밀 법 집행 작전, 화재 지상 작전).
- 팀원의 위치 확인 능력: 이것은 응답이 없는 팀원의 위치 획득 요청을 보내는 능력이다. 응답이 없는 팀원의 단말은 만일 기능이 동작한다면 자동으로 응답하여 팀 리더에게 응답이 없는 팀원의 위치를 제공한다.

4.10.3.4 시스템 측면

- 단말이 E-UTRA 네트워크의 서비스를 받고 있을 때, 근접 서비스 통신이 현재 단말이 접속되어 있는 셀룰라 E-UTRA 네트워크에서 사용하는 것과 동일한 캐리어를 사용하거나 또는 다른 캐리어를 사용하더라도 네트워크가 근접 서비스 통신을 위한 자원할당을 수행할 것이라고 기대된다.
- 공공안전 사용자의 성능 기대치를 만족시키기 위해 수 초 내에 무선 자원의 할당 및 갱신의 제공을 수행하는 능력

4.11 강화된 근접 서비스의 전망

앞서 설명한 바와 같이, 어떤 ProSe 기능들은 3GPP Release 12에서 우선적으로 처리되지 못하였으며, 결국 해당 기능들은 차기 Release에서 표준화될 것으로 기대된다. 상위 개념으로 다음과 같은 주요 기능이 Release 12에서 표준화되었다.

- 개방형 ProSe 직접탐색(Open ProSe Direct Discovery)
- EPC-수준 탐색(EPC-level Discovery)
- EPC 협력 WLAN 직접통신(EPC-assisted interworking with WLAN direct)
- ProSe 일대다 직접통신(ProSe Direct Communication 1-many)

일부 기능이 Release 12에서 표준화되지 않았기 때문에, Release 13의 SI(Study Item)는 [32] 다음에 대한 지원을 목적으로 필요한 강화 기능이 될 것이다.

a. 비 공공안전 사용을 위한 제한적인 ProSe 직접탐색
b. 공공안전 용도의 ProSe 직접탐색
c. 개방형 및 제한적인 상황을 모두 포함하는 Model B 기반의 ProSe 직접탐색
d. 개방형 ProSe 직접탐색 절차에 대한 강화 기능으로 예를 들어, ProSe Function에서 어플리케이션으로부터 PC2를 통해 받은 ProSe Application ID와 메타 데이터의 관리 또는 ProSe Function으로부터 받은 ProSe Application Code의 폐기
e. 3GPP 표준 범위 내에 있는 공공안전 용도의 사용 시 필요한 위치 상태, 존재 상태, 그룹 상태 및 ProSe 서비스의 단말 네트워크 커버리지 등의 상태에 대한 결정 및 보고. 만일 이러한 상태 정보가 단지 어플리케이션 계층의 시그널링으로만 교환된다면, 이것은 3GPP의 표준 범위 밖이다.
f. 공공안전 용도의 ProSe 단말-네트워크 중계기능
g. 공공안전 용도의 ProSe 단말 간 중계 기능
h. 공공안전 용도의 일대일 ProSe 직접통신
I. ProSe 직접통신에 대한 서비스 연속성, QoS, 우선순위 및 선점에 대한 요구사항
j. 근접 여부 추정을 지원하는 아키텍처 진화, 예를 들어 탐색된 단말이 탐색단말로부터 얼마나 멀고 가까운지. 이를 기반으로 추가적인 PsoSe 탐색, 영역 클래스가 정의될 것이다.

4.12 용어 및 정의

4.12.1 Home PLMN

가입자의 홈 사업자/PLMN을 가리킨다. 가입자의 프로파일이 저장된 PLMN을 나타낸다. 가입자가 다른 네트워크로 로밍을 한 경우 가입 정보는 HPLMN으로부터 제공된다.

4.12.2 Equivalent Home PLMN

HPLMN과 등가인 PLMN으로 USIM의 EHPLMN 목록에 저장되어 있다. 사업자는 EHPLMN 목록에 여러 HPLMN 코드를 추가하여 제공할 수 있다. EHPLMN 목록은 IMSI로부터 얻어지는 HPLMN 코드를 포함한다. "등가"란 단말이 네트워크를 선택할 때 EHPLMN 목록에 있는 PLMN 들이 동일하게 처리된다는 것을 의미한다.

4.12.3 Visited PLMN

이것은 현재 사용자가 로밍되어 있는 VPLMN을 가리킨다. 사용자는 고향/고국에서 서비스 영역이 미치지 못하기 때문에 또는 그가 외국에 있기 때문에 HPLMN에 자신을 등록할 수 없다. VPLMN에 대한 자세한 내용은 이 장의 정의 부분을 참고하면 된다.

4.12.4 등록(서빙) PLMN: Registered(Serving) PLMN

사용자의 단말이 현재 등록되어 있는 PLMN을 의미한다. 서빙 PLMN은 사용자 단말이 HPLMN의 서비스 영역에 있는 경우 HPLMN과 동일하다. 등록 PLMN은 가입자가 HPLMN의 서비스 영역을 벗어나 VPLMN의 서비스 영역에 있는 경우 VPLMN이 된다.

4.12.5 로컬 PLMN(Local PLMN)

검색 단말은 이 PLMN에서 ProSe 직접탐색에 참여하기 위해 사용되는 무선 자원을 할당 받기 위해서 HPLMN의 승인을 받게 된다. 로컬 PLMN은 단말의 등록(서빙) PLMN과 동일하지는 않다.

4.12.6 Hybrid Adaptive Repeat and Request(HARQ)

물리계층 재전송 결합 방식을 가리킨다. 물리 계층 HARQ 동작에서 수신기는 CRC 오류가 발생한 패킷이 재전송되어 수신된 패킷과 결합한다. 동일한 패킷을 재전송하여 결합하는 방식과 여분의 패리티를 추가하여 결합하는 방식이 모두 사용 가능하다 [33].

4.12.7 Radio Link Control

LTE 무선 접속의 RLC 부계층을 의미한다. RLC 부계층의 기능은 RLC 개체에 의해 수행된다. RLC 개체는 단말과 eNB에 모두 설정되어 있다. eNB에 각 RLC 개체가 설정되어 있고, 이에 대해 상대 RLC 개체가 단말에 설정되어 있으며, 반대의 경우도 존재한다.

RLC 개체의 기능은 다음과 같다.

- 상위 계층으로부터 RLC SDU(Service Data Unit)를 수신하거나, 또는 이를 상위 계층으로 전달한다.
- 하위 계층으로 RLC PDU를 보내거나, 또는 이를 하위 계층에서 수신한다.

RLC 개체는 다음 3가지 모드의 데이터 전송 방법 중 한 가지로 설정할 수 있다. 통과 모드(TM: Transparent Mode), 비 확인 모드(UM: Unacknowledged Mode) 및 확인 모드(AM: Acknowledge Mode)이다. 동일하게 제공된 데이터 전송 모드 설정에 따라서 RLC 개체는 TM RLC 개체, UM RLC 개체 및 AM RLC 개체로 분류될 수 있다. RRC가 일반적으로 RLC 설정의 제어를 담당한다.

4.12.7.1 TM Radio Link Control(RLC TM)

TM 모드에서 RLC 개체는 논리채널 상에서 PDU에 어떤 헤더도 추가하지 않고 전달하고 수신한다. 그러므로, 송수신 개체 사이에 어떠한 트랙도 유지되지 않는다. TM 모드 동작은 물리 계층 재전송이 없는 서비스 또는 전송 순서에 민감하지 않은 서비스에 적합하다 [33].

4.12.7.2 UM Radio Link Control(RLC UM)

UM 모드에서 RLC 개체는 하위 계층의 HARQ 동작으로 인해 발생하는 전송 순서가 유지되지 않는 데이터에 대한 전송 순서 유지(in-sequence delivery) 기능 등의 추가적인 기능을 제공한다. UM 데이터(UMD)는 분할(segmentation)되거나 병합(concatenation)되어서 RLC SDU 크기에 맞춰지고, UMD 헤더가 추가된다. RLC UM 헤더는 시퀀스 번호를 포함하여, 전송 순서 유지 및 중복 검출을 용이하게 한다 [33].

4.12.7.3 AM Radio Link Control(RLC AM)

AM 모드 동작의 경우, RLC 개체는 UM 모드에서 제공하는 기능에 추가하여 하위 계층 동작의 결과 유실된 PDU가 있는 경우 재전송을 지원하는 것이다. AM 데이터(AMD) 또한, 재전송을 위한 물리계층 자원에 맞게 재분할될 수 있다.

4.12.8 논리채널 우선순위 할당

새로운 데이터 전송이 수행될 때 논리채널의 우선순위를 할당하는 것을 가리킨다. RRC는 각 논리채널을 위한 다음과 같은 시그널링을 통해 업링크 데이터의 스케줄을 조정한다. priority은 증가하는 순서로 낮은 우선순위 레벨을 가리키고, prioritized-BitRate는 Prioritized

Bit Rate(PER)을 설정하고, bucketSizeDuration은 Bucket Size Duration(BSD)을 설정한다(3GPP TS 36.321 [17] 참고).

4.12.9 System Information

이것은 네트워크로부터 방송되는 NAS 또는 AS 관련 파라미터와 같은 시스템 정보를 가리킨다. 파라미터들의 특성에 기초하여 MIB와 다수의 SIB들로 분류된다.

4.12.9.1 Master Information Block(MIB)

MIB는 가장 핵심적이고 자주 전송되는 제한된 수의 파라미터를 포함하며, 이 파라미터들은 셀로부터 전송되는 다른 파라미터들을 획득하는데 필요한 것들이다. MIB는 매 40ms 마다 전송되는 Broadcast Channel(BCH)를 통해 전송된다.

4.12.9.2 System Information Block(SIB)

SIB는 SIB1을 제외하고는 SI 메시지를 통해 전송된다. SIB1은 고정된 80ms의 전송 주기로 스케줄되며, 매 80ms 마다 반복된다. 동일한 스케줄링 요구사항(주기)을 갖는 SIB들은 동일한 SI 메시지에 매핑된다. 동일한 주기에 여러 개의 SI 메시지가 전송될 수 있다.

4.12.10 OFDM 심볼

OFDM 심볼은 OFDM 부반송파를 통해 동시에 전송되는 심볼들의 선형조합이다.

4.12.11 Dual-Rx UE

Dual-Rx UE는 두 개의 수신기를 지원하는 UE이다. 이것은 서로 다른 두 개의 무선 신호를 동시에 수신하고 복호할 수 있다. 예를 들어 LTE와 CDMA 기지국으로부터 오는 신호를 동시에 수신할 수 있다.

References

[1] 3GPP TR 22.803: "Feasibility Study for Proximity Services(ProSe)".

[2] 3GPP TS 22.278: "Service Requirements for the Evolved Packet System(EPS)".

[3] 3GPP TS 23.303: "Proximity-based services(ProSe)".

[4] 3GPP TS 29.343: "Proximity-Services(ProSe) Function to Proximity-Services(ProSe) Application Server Aspects(PC2); Stage 3".

[5] 3GPP TS 24.334: "Proximity-Services(ProSe) User Equipment(UE) to Proximity-Services(ProSe) Function Aspects(PC3); Stage 3".

[6] 3GPP TS 29.344: "Proximity-Services(ProSe) Function to Home Subscriber Server(HSS) Aspects(PC4a); Stage 3".

[7] OMA LIF TS 101 v2.0.0, Mobile Location Protocol, draft v.2.0, Location Inter-operability Forum(LIF), 2001.

[8] 3GPP TS 36.300: "Evolved Universal Terrestrial Radio Access(E-UTRA) and Evolved Universal Terrestrial Radio Access(E-UTRAN); Overall Description".

[9] 3GPP TS 29.345: "Inter-Proximity-Services(ProSe) Function Signalling Aspects(PC6/PC7); Stage 3".

[10] 3GPP TS 36.413: "S1 Application Protocol(S1AP)".

[11] IETF RFC 2616: "Hypertext Transfer Protocol -- HTTP/1.1".

[12] IETF RFC 3588: "Diameter Base Protocol".

[13] 3GPP TS 36.211: "Evolved Universal Terrestrial Radio Access(E-UTRA); Physical Channels and Modulation".

[14] 3GPP TR 36.843: "Study on LTE Device to Device Proximity Services; Radio Aspects".

[15] 3GPP Tdoc R2-143672, "Introduction of ProSe", Qualcomm Incorporated et al: http://www.3gpp.org/ftp/tsg_ran/WG2_RL2/TSGR2_87/Docs/R2-143672.zip.

[16] 3GPP TS 24.301: "Non-Access-Stratum(NAS) Protocol for Evolved Packet System(EPS)".

[17] 3GPP TS 36.321: "Medium Access Control(MAC) Protocol Specification".

[18] 3GPP Tdoc R2-143733, "Consideration on in-coverage Definition", LG Electronics Inc: http://www.3gpp.org/ftp/tsg_ran/WG2_RL2/TSGR2_87/Docs/R2-143733.zip.

[19] 3GPP Tdoc R2-143572, "ProSe Multi-Carrier Support", Ericsson: http://www.3gpp.org/ftp/tsg_ran/WG2_RL2/TSGR2_87/Docs/R2-143572.zip.

[20] 3GPP draft Meeting report, R2-14xxxx_draft_report_RAN2_87_Dresden_(v0.1)_140822, "Draft Report of 3GPP TSG RAN WG2 meeting #87 Dresden, Germany, August 18?22, 2014": http://www.3gpp.org/ftp/tsg_ran/WG2_RL2/TSGR2_87/Report/R2-14xxxx_draft_report_RAN2_87_Dresden_(v0.1)_140822.zip.

[21] IETF RFC 4862: "IPv6 Stateless Address Autoconfiguration".

[22] IETF RFC 3927: "Dynamic Configuration of IPv4 Link-Local Addresses".

[23] IETF RFC 826: "An Ethernet Address Resolution Protocol".

[24] Wi-Fi P2P Specification: Wi-Fi Alliance Technical Committee P2P Task Group, "Wi-Fi Peer-to-Peer(P2P) Technical Specification", Version 1.1.

[25] IEEE Std 802.11-2012: "IEEE Standard for Information technology - Telecommunications and Information Exchange between Systems - Local and Metropolitan Area Networks - Specific Requirements - Part 11:Wireless LAN Medium Access Control(MAC) and Physical Layer(PHY) Specifications".

[26] 3GPP TS 31.102: "Characteristics of the Universal Subscriber Identity Module(USIM) Application".

[27] 3GPP TS 24.333: "Proximity-Services Management Object(MO)".

[28] 3GPP TS 33.303: "Proximity-Based Services(ProSe); Security Aspects".

[29] 3GPP TR 32.844: "Study of charging support for ProSe one-to-many Direct Communication for Public Safety Use".

[30] 3GPP TS 32.277: "Proximity-Based Services(ProSe) Charging".

[31] 3GPP TS 32.299: "Telecommunication Management; Charging Management; Diameter ChargingApplications".

[32] Rel-13_description_20140630: http://www.3gpp.org/ftp/Information/-WORK_PLAN/ Description_Releases/Rel-13_description_20140630.zip.

[33] Holma H. and Toskala A. (2009) LTE for UMTS OFDMA and SC-FDMA Based Radio Access.Wiley JohnWiley& Sons, The Atrium, Southern Gate, Chichester, West Sussex, PO19 8SQ, UK.

CHAPTER

05 LTE 상의 그룹통신

5.1 그룹통신 서비스 소개

일반적으로 그룹통신 서비스는, 잘 제어된 방식으로 동일한 내용을 복수의 사용자들에게 빠르고 효율적으로 전달하기 위한 메커니즘을 제공한다. 예를 들면, 그룹통신의 개념은 미국의 P.25 혹은 유럽의 TETRA와 같은 전통적인 육상이동 무선시스템(Land Mobile Radio, LMR)의 운용에 광범위하게 적용되고 있으며, 또한 공공안전(public safety, PS) 기관 등에 의해서도 사용되고 있다(또한 상용의 구현도 존재). (지금의 현황은, 육상이동 무선시스템(LMR)에서 그룹통신 서비스의 가장 주요한 용도는 "Push To Talk(PTT)" 기능을 지원하는 것이다) PTT는, 그룹 내의 한 사람이 특정 시간 동안 말을 하는 경우(말할 수 있는 권한을 가짐)에 다른 모든 그룹 사용자들은 단지 청취만 가능하도록 하는 기능이다. 그러므로, LTE 무선기술이 적용된 3GPP 아키텍처를 기반으로 한 그룹통신 서비스가, PTT 음성통신과 150ms 이내의 end-to-end 지연을 제공(source: 3GPP TS 22.468 [1])하는 등의 성능관련 요구사항들도 만족시킬 필요가 있다.

서비스는, 다른 사용자들 및 운용되는 환경의 요구사항들을 만족시키는 통신 미디어로서 사용되는 다른 미디어 타입도 허용해야만 한다. 예를 들면, LTE는 광대역 통신을 지원할 수 있는 역량을 가지고 있으며, 따라서 LTE 기반의 그룹통신 서비스는 음성, 영상뿐만 아니라 일반적으로 어떤 종류의 데이터 통신도 지원할 수 있을 것으로 기대하고 있다. 또한, LTE는 한 사용자가 복수의 그룹과 동시에 통신하는 것을 허용하는데, 예를 들면, 한 그룹과 음성통신을 하면서 복수의 다른 그룹들과 비디오 스트림 혹은 데이터를 사용할 수도 있다. 그리고, 그룹통신 서비스는 한 사용자가 한 개 이상의 그룹의 사용자가 될 수 있도록 허용해야 한다.

그룹통신 서비스를 제공하기 위해서, 3GPP는 두 개의 상호보완적인 기능들을 정의했다: 첫 번째는 Group Communication System Enabler for LTE(3GPP의 약어는 GCSE_LTE)이며, 또 다른 하나는 Mission Critical Push to Talk over LTE(3GPP의 약어는 MCPTT)이다. GCSE_LTE의

기본적인 부분들은 Release 12에서 정의되었으나, MCPTT의 요구사항들에 대한 작업은 Release 13에 시작되었다. 두 개의 기능에 대한 분리는 운용상의 그룹통신 서비스관련 요구사항들에 대해 유연하게 대응하기 위하여 결정되었는데, 요구사항들은 다양한 형태의 사용자 그룹들(예, 경찰 혹은 소방) 혹은 각 나라의 환경에 따라 다를 것으로 예상된다. GCSE_LTE에서 정의된 지원기능들은, MCPTT에 의해 제공되는 애플리케이션 레이어의 기능을 위한 구성요소들을 제공하거나, 혹은 그룹통신을 위해 사용되는 다양한 다른 애플리케이션을 위한 구성요소들도 제공할 것이다.

이와 같은 enabler들과 애플리케이션 레이어 기능의 분리는, 그룹통신 서비스가 활용되는 방법에 대한 각 지역의 요구사항들을 더욱 유연하게 적용하기 위하여 도입되었다. 이는, 예를 들면 미국과 유럽을 위해서 설계된 애플리케이션들의 다른 서비스 행태를 허용하는 것뿐만이 아니고, 경찰, 소방, 혹은 사설 경비회사들 같은 다양한 사용 시나리오들 간의 다양한 서비스 형태도 허용한다.

만약 다른 국가들이나 혹은 사용자 그룹들이, 현재 규격화된 그룹통신 서비스가 아닌 특정한 형태에 관심을 보이거나 지원을 요구하게 된다면, GCSE_LTE enabler에는 아무런 변경 없이 MCPTT에 의해 정의된 애플리케이션 레이어 기능 혹은 GCSE_LTE에 의해 제공되는 역량들을 사용하는 다른 형태의 새로운 애플리케이션들만 변경하면 될 것으로 예상된다. 이러한 경우에는, 코어 및 무선 네트워크의 구성요소들에는 아무런 변경이 필요 없기 때문에 새로운 서비스들이 더욱 빨리 도입될 수 있다.

5.2 LTE를 위한 Group Communication System Enabler

GCSE_LTE 혹은 간단히 GCSE는 3GPP의 Release12에서 정의되었으며, TETRA 혹은 P.25와 같은 공공안전(Public Safety, PS) 그룹통신을 위한 기존 시스템들의 "PTT" 전송 형태를 LTE 무선 기술 상에서 모방한 것이다. 기존의 시스템들과는 다르게, GCSE는 지리적으로 넓은 영역에 퍼져 있는 사용자들의 그룹에 자원 효율적인 방식으로 음성을 전달하는 것뿐만이 아니라, 영상 혹은 일반적인 다른 데이터 또한 전송한다.

GCSE는 단말기들(3GPP의 용어로는 User Equipment 혹은 UE)이 동시에 복수의 그룹들에 대해 그룹통신에 참가하는 것을 허용하는데, 그것은 하나 혹은 복수의 음성, 영상, 혹은 데이터 통신들이 될 수 있다. 어떻게 이러한 복수의 통신들이 다루어질 것인가 하는 것은, 단말기에 설치된 애플리케이션과 그에 대응하는 그룹 통화 시스템 애플리케이션 서버(Group Call System Application Server, GCS AS)라 불리는 네트워크 내의 애플리케이션 서버에 달려 있다. 다시 말하면, GCSE는 음성과 데이터를 하나의 단말들의 그룹에 동시에 효율적으로 전달하는 것과 같은 하위 계층 기능들만을 제공한다. 애플리케이션 레이어는, 통신을 요구하는 단말들 중에 어떤 단말 하나가 다음에 통신을 하도록 허용(즉, 음성, 영상, 혹은 데이터의 송신)되는지 결정하는 발언권 관리와 같은 그룹 상호작용을 다루거나, 혹은 진행중인 그룹통신을 참여하거나 떠나거나, 그룹들을 생성하거나 변경하거나 혹은 삭제하는 (소위 그룹관리) 메커니즘을 다룬다.

하나의 단말은, 현재의 이해관계에 따라 선택할 수 있는 대상들이 되는 많은 그룹들 중에서 멤버가 될 수 있다. 이는 사용자에 의해 이루어질 수 있는데, 사용자 인터페이스를 통하거나 혹은 네트워크 내에 설치된 애플리케이션 레이어 기능에 의해 원격으로 수행될 수 있다.

GCSE는 제한된 지정학적 범위와 함께 그룹들을 정의하는 것을 허용하며, 또한 한 그룹 멤버는 이 지정학적 영역 내에 위치해 있을 경우에 한하여 그룹통신에 참가할 수 있을 것이다.

앞에서 언급한 바와 같이, 단말은 동시에 다른 미디어를 수신할 수 있으며, 또한 다른 미디어를 동시에 송신하는 것도 지원한다. 그러한 시나리오에 대한 하나의 적용 사례는, 그룹 A 상에서 음성을 수신하고 또한 음성을 송신하는 한 소방수가, 그의 헬멧 카메라가 영상을 그룹 A뿐만 아니라 다른 그룹 B에도 송신하며, 심박동수 혹은 호흡주기 같은 생체기능들은 그룹 C에 송신하는 경우를 가정할 수 있다. 애플리케이션 레이어가 결정하는 것에 달려 있는데, 만약 그룹 A가 이미 진행되고 있는 음성통신을 가지고 있는 상황에서, 그룹 A에 대한 추가적인 통신 미디어를 마련하는 것이 유용한 것으로 간주된다면, enabler들은 이를 허용할 것이다. 이러한 경우에 아마도 추가적인 음성통신은 필요하지 않을 것이나, 영상통신은 만약 상대방의 단말이 영상을 표시할 수 있고 영상 화면을 보는 것이 허용되는 환경이 갖추어진 경우에는 유용할 수도 있을 것이다. 이것이 왜 결정권이 애플리케이션 레이어와 대부분의 경우에 궁극적으로 사용자에게 남아 있는가에 대한 이유이다.

GCSE는 또한, 높은 우선순위를 가진 그룹통신 트래픽이 낮은 우선순위를 가진 다른 타입의 트래픽보다 먼저 지원되도록 하기 위해서, 우선순위 제어(priority)와 점유(preemption) 메커니즘을 제공한다. 또, 통신망 정체가 발생한 경우, 높은 우선순위 그룹의 통신 요구가 성공되도록 허용하기 위해서 현재 통신 중인 우선순위가 낮은 트래픽이 점유(preemption)되는 것도 허용한다.

5.3 LTE 상의 그룹통신의 원칙

GCSE는 GCS AS와 단말 간의 하향 트래픽에 대한 두 가지 타입의 전송 메커니즘을 제공한다. 첫 번째 타입의 전송 메커니즘은 유니캐스트 전송이라고 불린다. 이 때, GCS AS와 단말 간의 미디어 분배는 Evolved Packet System(EPS) 베어러(1.6.6참고)가 사용된다. 두 번째 타입의 전송 메커니즘은 멀티미디어 브로드캐스트/멀티캐스트 서비스(MBMS) 전송이라고 불린다. 이는 일대다 방식으로 미디어를 여러 단말기에 보내기 위해 MBMS 베어러 서비스의 브로드캐스트 베어러를 사용한다. MBMS기능의 설명은 1.12절을 참고하기 바란다.

상향 미디어 전송에 대해서, 단말은 데이터를 GCS AS에 송신하기 위하여 "일반(normal)" EPC 베어러를 사용한다.

그림 5.1은 전체적인 GCSE 아키텍처를 묘사하고 있는데, 유니캐스트 전송과 MBMS 전송에 대한 기능블록들을 보여준다. GCS AS는 그룹 멤버들 간의 그룹통신을 제공하기 위해 GCSE 기능들을 사용한다. GCS AS는 또한 멤버쉽 제어, 발언권 제어(floor control(그룹 멤버들의 authentication과 authorization, 데이터 전송의 보호를 포함한)) 보안, 또한 그룹 관리를 위해 필요한 다른 기능들 같은 그룹 관리와 관련된 기능들을 수행하기도 한다. 그룹통신 관제(dispatcher) 기능은 GCS AS 내에 구현될 수도 있을 것이다. GCS AS 내의 기능들(즉, 애플리케이션 영역)은 Release 12에서 규격화되지 않았다.

EPS는 망 사업자에 의해 운용 및 관리될 수 있는 반면에, GCS AS는 망 사업자와는 별도의 제 삼자(예를 들면, 경찰 혹은 소방과 같은 공공안전 기관)에 의하여 운용 및 관리될 수가 있다. 이로 인하여 서비스의 설치 및 운용에 대한 유연성의 극대화가 주어진다. GCS AS는 단지 MB2, Rx, SGi와 같이 표준화된 인터페이스들에 맞추어 지는 것만을 필요로 한다.

1장에서 설명된 바와 같이, MBMS는 Release 9에서 LTE를 위해 소개된 기능이다. GCSE에 대한 MBMS 전송을 가능케 하기 위하여, 두 개의 새로운 인터페이스들이 정의되었다. 이들 인터페이스들을 활용하여, MCPTT와 같은 애플리케이션들은 많은 사용자들에게 동시에 그 내용을 전달하기 위해서 GCSE enabler를 활용한다. MB2는 제어평면(control plane) 및 사용자 평면(user plane)으로 구성된 새로운 참조점(reference point)으로서, MBMS 전송 메커니즘을 이용하기 위하여 안전한 제 삼자와의 인터페이스로서 표준화되었다. 또한 GC1이라 불리는 새로운 인터페이스가 있는데, UE의 애플리케이션과 GCS AS사이에 위치하며, 그룹관리와 발언권 제어와 같은 애플리케이션 수준의 제어 시그널링을 허용하며, BM-SC로부터 수신된 모든 MBMS 특정 베어러 구성데이터를 전달한다. MB2와는 달리, GC1은 3GPP Release 12에서 표준화되지는 않았으며, MCPTT 기능의 일부로서 Release 13에서 표준화될 예정이다.

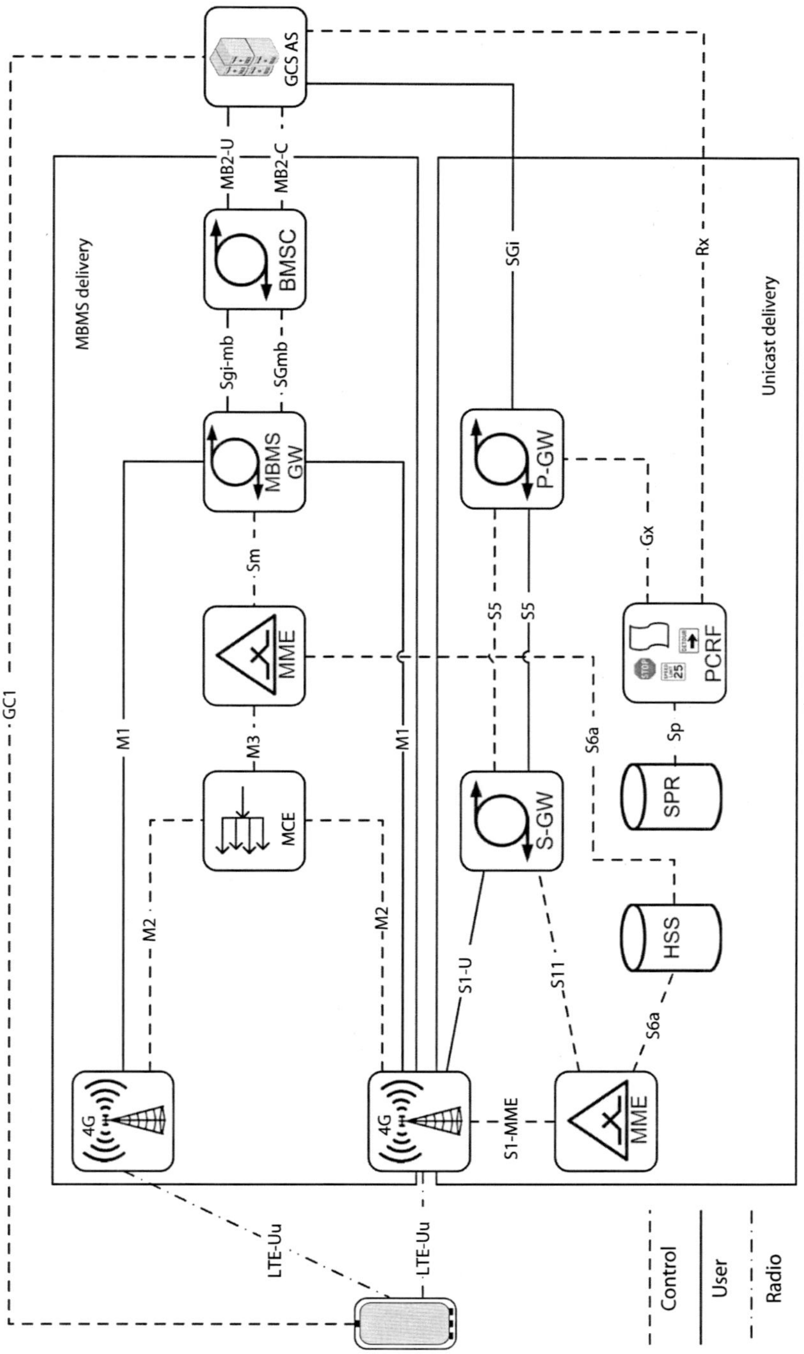

그림 5.1 GCSE 아키텍쳐

3GPP Release 12를 기반으로 한 솔루션들에 대해서는, GC1 시그널링은 각 업체간 고유의 방식으로 구현될 것으로 예상되며, 오늘날의 스마트폰 애플리케이션들과 같이 사용자평면(즉, EPS 베어러) 상으로 전달된다. EPS 관점에서는 GC1은 "over-the-top" 형태의 신호 연결이다.

유니캐스트 전송에 대해서는, 1장에서 서술된 기존의 SGi와 Rx 인터페이스들이 재사용된다. Rx 인터페이스는, GCS AS가 PCC 아키텍처(1.6.7 참고)에 정의된 것처럼 Application Function(AF)이 동작하는 것을 지원하는데, 이는 유니캐스트 EPS베어러 생성을 위해 PCRF (Policy and Charging Rules Function)를 거쳐 EPC와 연동되도록 하기 위함이다. PCRF는 또한 GCS AS로부터 서비스 특성(예, 대역폭 및 우선순위 레벨)을 수신한다. 그러나, EPC에서 사용되는 실제 우선순위 레벨은 사업자의 정책에 기반하여 PCRF에서 결정된다. SGi 인터페이스는 미디어 전송 및 GCI 시그널링을 위해 UE와 GCS AS 간의 IP 연결(connectivity)을 제공한다.

그룹통신에 대한 통계학적인 트래픽 패턴은 일반적인 음성 통화의 패턴과 달리 두 개의 짧은 통화 버스트(talk burst) 간의 묵음 기간이 길어질 수 있기 때문이다. LTE에서는, 단말에서 소위 "DRX(Discontinuous Reception) mode in connected state"라 불리는 기능을 사용하여 에너지(즉, 배터리 사용시간)를 절감하는 것이 가능하다. 유휴상태의 단말에 대해서도 "DRX mode in idle state"라 하여, 유사한 개념이 존재한다. 비록 단말은 네트워크에 접속되어 있으나(즉, RRC connection 존재), 가끔은 아무런 데이터도 송신 혹은 수신되는 일이 없는 순간들이 있다. 이러한 순간들에는 단말기의 수신기 전원을 끌 수도 있다. Connected state DRX 기능은 단말을 주기적으로 깨우거나 끄는 것을 허용할 수 있으며, 따라서 단말의 에너지를 절감할 수 있다. DRX 주기가 길어질수록, 에너지가 더 많이 절감될 수 있다; 그러나 통화 버스트가 시작되는 부분에서 미디어(예, 음성 샘플들)가 소실될 가능성이 높아진다. 반면에, DRX 주기가 짧아질수록, 긴 묵음 기간 동안에도 무선자원을 낭비하면서, 단말은 더 많은 에너지를 소모하게 된다. 결과적으로, 양호한 배터리 사용시간을 유지하면서 빠른 응답을 허용하기 위해서, eNB는 DRX 주기와 함께, GCSE를 사용하는 애플리케이션들(예, PTT)에 대한 접속관련 파라미터들을 신중하게 선택해야만 한다. 이는, GCSE라는 측면에서 eNB에 대해 파라미터들을 적절하게 설정할 수 있도록 하기 위해 사용되는 특별한 QCI(QoS Class Identifier) 값들을 통해 가능해 진다.

유니캐스트 전송이냐 혹은 MBMS 전송을 사용하는가의 결정은 GCS AS에 의해 취해진다. 만약 단말들이 자신들이 camp on하고 있는 셀을 GCS AS에 보고하면, 하나의 특정 셀 혹은 넓은 지역 내의 단말기들의 수를 기반으로 의사결정이 이루어질 수 있다. MB2, Rx, SGi, GC1 인터페이스들과 함께 GCS AS는 어떻게 그룹통신에 관련된 미디어들이 전달되는지에 대해 결정하고 통제할 수 있다. 단말은 잠재적으로 그룹통신에 관련된 미디어들을 유니캐스트 혹은 MBMS를 통해서 수신할 수 있기 때문에, 3GPP는 두 가지 전송 방식 간의 끊김 없는 전환을 허용하는 서비스 연속성 메커니즘을 정의하였다.

그림 5.2는 GCSE를 위해서 단말과 네트워크에 새롭게 소개된 기능 단위들을 요약하였다.

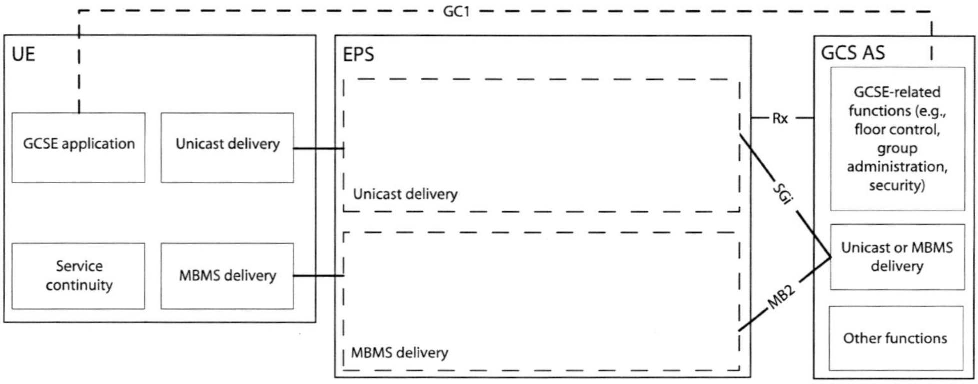

그림 5.2 GCSE 기능 단위들

GCSE를 위한 보안 요구사항들과 절차들은 MB2 인터페이스를 위해 정의되었는데, 이는 GCS AS와 BM-SC 간의 연결이 안전하고 믿을만하다는 것을 확실하게 하기 위함이다. 유니캐스트 전송에 대한 보안은 추가적으로 정의되지 않았는데, 기존의 EPS 보안(1.6.11절 참고)이 재활용되었음을 의미한다. 단말과 GCS AS 간의 사용자 데이터에 대한 암호화(encryption) 메커니즘(예, 어떤 보안 구조가 사용되고 어떻게 세션 키들이 분배되는지)은 GCSE 관련 애플리케이션에 의해 배타적으로 결정되며, 따라서 이 메커니즘은 EPS와 무관하다. 결과적으로 3GPP TS35.246 [2]에 정의된 표준 MBMS 보안 솔루션은 GCSE에 사용되지 않는다.

GCSE에 대한 새로운 과금 기능은 정의되지 않았다. 따라서, 3GPP TS.23.246 [3]과 3GPP TS 23.273 [4]에 정의된 기존의 MBMS 과금 요구사항들이 재사용된다. 즉, BM-SC는 QoS, 서비스 지역, 세션 지속기간, 데이터량 같은 정보에 기반한 베어러 서비스에 대해 과금할 수 있다. GCSE의 경우에는 EPS 내의 가입자 수준 과금은 사용되지 않을 것으로 예상되는데, 왜냐하면 EPS(즉, BM-SC)가 각각의 고유한 사용자들을 식별하는 것이 요구되기 때문이다. 이는 완전한 MBMS 보안 솔루션이 사용되지 않고서는 보장될 수 없다. 유니캐스트 전송에 대해서는, 기존의 EPS 과금 요구사항들(1장에서 설명)이 재사용된다.

5.4 기능 개체

이 절은 LTE 상의 GCSE를 지원하기 위해 필요한 기능 개체들을 설명한다. 이는 1장에서 기술된 LTE/SAE(System Architecture Evolution)을 지원하기 위해 필요한 기능들과 기능 개체들에 부가적인 것이 된다.

5.4.1 단말기

그룹통신을 지원하는 단말기는 일반적인 단말기에 비하여 다음과 같은 기능들을 지원해야 한다:

- GCA AS와 함께 GC1 애플리케이션 레이어 시그널링(3GPP Rel-12에서는 개별 구현)
- 유니캐스트, MBMS, 혹은 양쪽 모두를 사용하여 GCS AS로부터 데이터 수신
- 유니캐스트 EPS 베어러를 사용하여 GCS AS에 대해 상향링크로 데이터 송신
- 유니캐스트 전송과 MBMS 전송 간의 서비스 연속성 지원
- 3GPP TS.23.203 [5]에 명시된 바와 같은, MCPTT 시그널링, 음성, 다른 미디어에 대해 정의된 새로운 QCI 값들

5.4.2 GCS AS

GCS AS는 다음과 같은 기능들을 지원한다:

- 단말과 함께 GC1 애플리케이션 레이어 시그널링(3GPP Rel-12에서는 개별 구현)
- 유니캐스트, MBMS, 혹은 양쪽 모두를 사용하여, 한 그룹의 단말들에게 하향링크 데이터를 전달
- 유니캐스트 베어러들을 통해, 단말로부터 상향링크 데이터 수신
- Rx 인터페이스를 거쳐 EPS 레벨 상의 세션들을 관리(예, 유니캐스트 베어러 설정)
- 단말에 대한 유니캐스트와 MBMS 간의 서비스 연속성 통제

5.4.3 BM-SC

1.12절에 기술된 기능들을 지원함과 함께, BM-SC는 다음과 같은 추가 기능들을 지원하여야 한다:

- MB2 인터페이스를 통하여 TMGI(Temporary Mobile Group Identity)와 기타 MBMS 관련 정보들(예, 서비스 영역, 주파수 정보 등)을 GCS AS에 제공

• MB2 인터페이스를 통한 MBMS 베어러들의 활성화, 비활성화 및 수정

5.4.4 eNB, MME, S-GW, P-GW, PCRF

이들 기능 개체들은 MCPTT 시그널링, 음성, 및 다른 미디어 등을 위해 새롭게 규정된 QCI 값들을 갖는 베어러들을 지원해야 한다.

5.5 인터페이스와 프로토콜

5.5.1 MB2 인터페이스

MB2는 3GPP Release 12에서 새롭게 표준화된 보안 기반 제삼자간("third-party secure") 인터페이스이다. 이는 제어 및 사용자 평면 데이터를 운반하며, 또한 외부 개체(예, GCS AS)가 BM-SC에 연결되도록 하는 것에 대한 표준화된 인터페이스를 제공한다. 그러한 표준화된 인터페이스는 Release12 이전의 MBMS 아키텍처 상에서는 존재하지 않는다.

공공 안전망 관점에서, 그림 5.3에서 컨텐츠 제공자는 단지 GCS AS이다. Release 12에서는 GCS AS의 분할에 대해서는 규격화되지 않았지만, 해당 기능의 구현은 미디어와 제어평면을 별도로 운용하기 위해 각각 다른 개체들로 분리하는 것이 가능하다(자체규격의 인터페이스들을 사용하여, 서버 부분이 미디어 평면 부분을 제어하기 위하여 H.248 프로토콜을 사용).

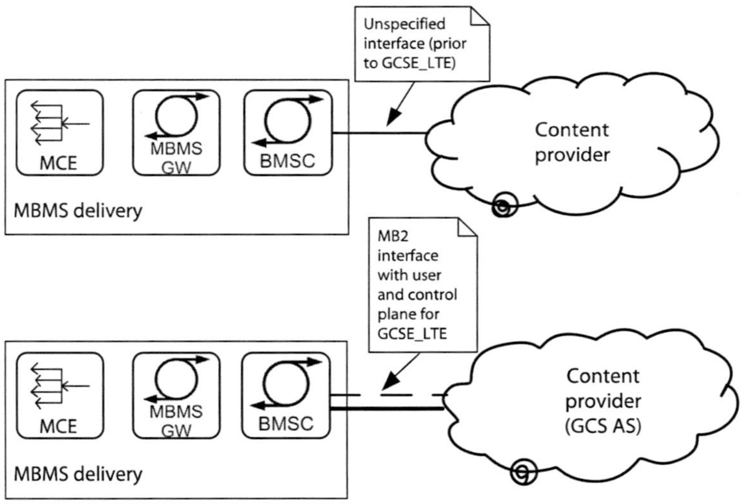

그림 5.3 MB2 인터페이스

만약 그룹 구성원들이 다른 LTE 사업자들의 망에 분산하여 가입되어 있다면, GCS AS는 MBMS를 사용한 그룹통화 서비스를 제공하기 위하여 해당 망들에 대해 제어 및 사용자 평면을 가진 MB2 인터페이스를 유지해야 한다. 다른 PLMN(Public Land Mobile Network)들 간에는 MBMS 브로드캐스트의 공유가 없는데, 이는 동일한 미디어를 운반하거나 지리적으로 동일한 지역에서 브로드캐스트되는 상황에서도 마찬가지이다.

하나의 PLMN 내에서는, 여러 그룹들을 위한 그룹통화를 허용하기 위해서, 하나의 BM-SC (Broadcast Multicast Service Center)는 복수 개의 MB2 인터페이스를 통해 복수 개의 GCS AS와 연결될 수 있다. Release 12에서는 두 개의 그룹들을 하나로 묶는 병합이 규격화 되어 있지 않고, GCS AS 구현에 기반하는 것으로 간주되어 있다. 결과적으로 두 개의 그룹들의 병합을 허용하는 AS 간의 인터페이스는, Release 12에서 표준화되지 않았다.

그림 5.4는 GCS AS와 GCSE를 위해 MBMS 전송을 제공하는 두 개의 PLMN들 간에 가능한 MB2 연결 시나리오들을 보여주고 있다. 이 그림에서, GCS AS는 하나의 그룹 서버와 하나의 미디어 게이트웨이로 분리되었다.

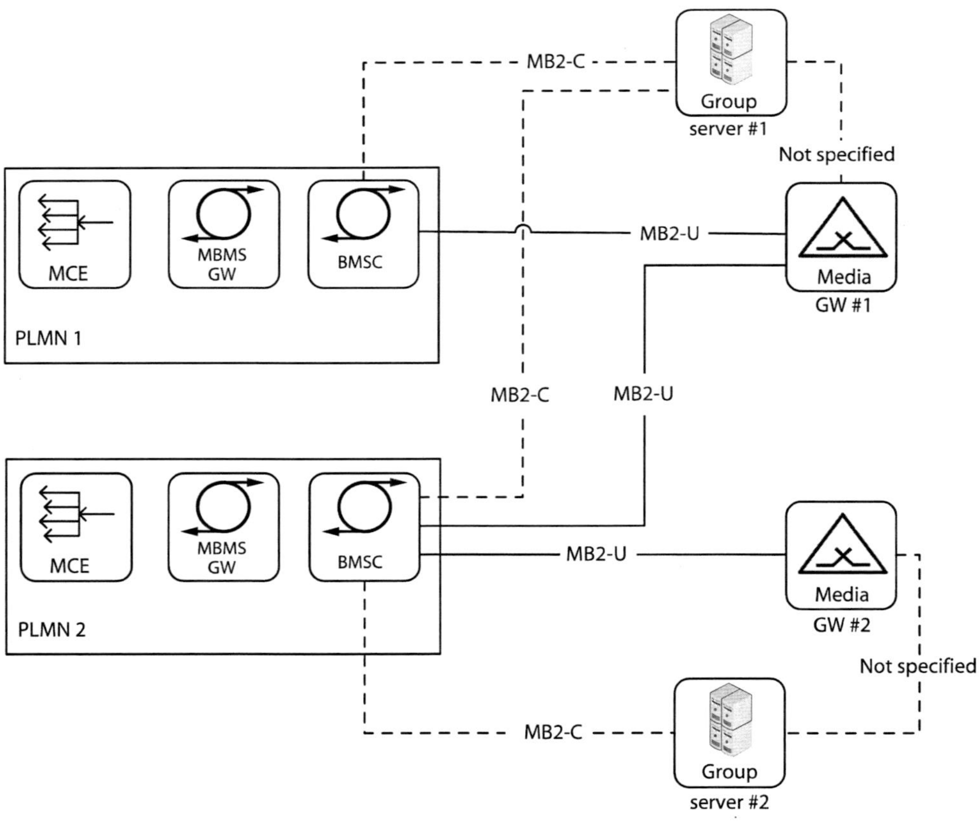

그림 5.4 MB2 연결 시나리오

이 구성 예에서는, 그룹서버 #1은 할당된 미디어 게이트웨이 #1과 함께 PLMN1과 PLMN2의 BM-SC들에 연결되어 있는데, 이는 그룹서버 #1이 MBMS 전송을 위해서 PLMN1과 PLMN2 양쪽을 사용할 수 있다는 것을 의미한다. 반면에 그룹서버 #2는 PLMN2의 BM-SC에 한하여 연결을 가지고 있으므로, PLMN2만을 사용하여 MBMS 전송이 가능하다. 각각의 MB2 인터페이스를 위한 제어평면 및 미디어 평면들은, 사용자와 제어평면의 분할을 지원하기 위해서, 다른 종단점(terminating end point)들을 가지고 있다. MCPTT같은 그룹 통신을 위해서 MBMS 전송이 사용된다면, 이 MBMS 전송서비스의 존속기간 내에서는 항상 특정 MB2 인터페이스로 연결된다. 따라서, 각 MB2 인터페이스는 다른 MB2 인터페이스들과는 별개의 것으로, 예를 들면, 복수의 MB2 instance들 간의 부하분산은 불가능하다(즉, GCS AS는 MB2 인터페이스들을 통하여 동일한 그룹통신으로부터 온 각각의 다른 데이터 뭉치(chunk)들을 송신할 수 없음).

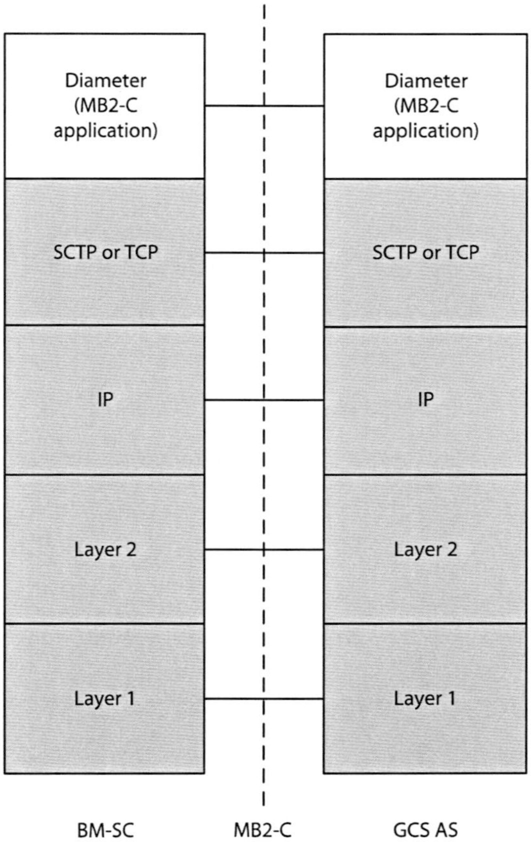

그림 5.5 MB2-C 프로토콜 스택

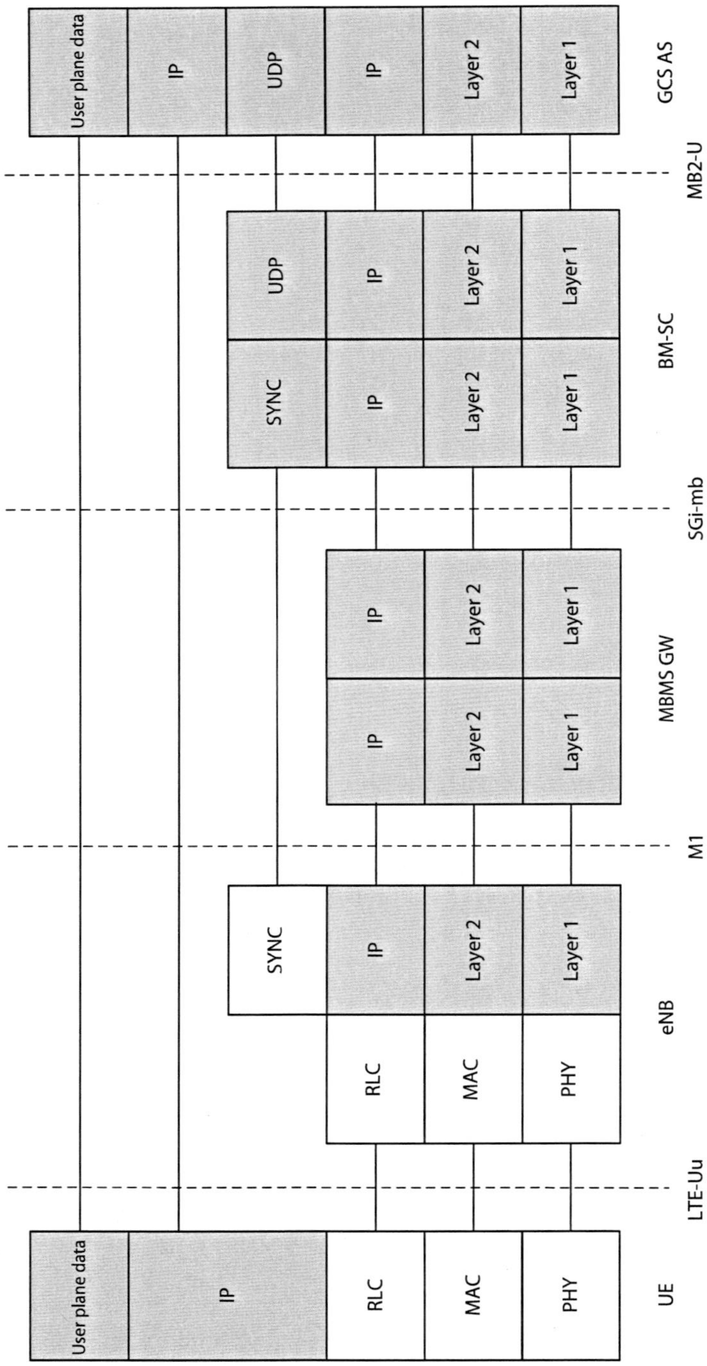

그림 5.6 MB2-U 프로토콜 스택

MB2 프로시저와 사용된 프로토콜들을 포함한 MB2 인터페이스의 상세한 내용들은 3GPP TS 29.468 [6]에 규정되어 있다. 만약 MB2가 도메인 간의 인터페이스라면, IPSec나 DTLS(Datagram

Transport Layer Security)같은 다른 표준 보안 프로토콜들에 의해 보호될 수 있다. MB2-U 인터페이스에 대한 IPSec 보안 결합(security association)을 설정하기 위해서 요청되는 정보들(예, IP 주소, 포트번호 등)은, 보호된 MB2-C 인터페이스를 통해 교환될 수 있다.

제어평면(MB2-C)은, IETF RFC 3588 [7]에 규정된 바와 같이 DIAMETER 프로토콜에 기반하고 있으며, SCTP 혹은 TCP 상으로 전송된다. 그림 5.5는 MB2-C 프로토콜 스택을 묘사하고 있다. 회색으로 표시된 프로토콜 레이어들은 3GPP에 의한 변경이 없이 재사용된 프로토콜들을 나타낸다. BM-SC는, 클라이언트로부터의 요청들에 대응하여 알림(notification)을 송신하는 DIAMETER 서버로서 동작하며, GCS AS는 DIAMETER 클라이언트로서 동작한다. GCS AS는 BM-SC를 선택할 수 있는데, 이는 IETF RFC 3588 [7]에 기술된 대로 설정 데이터 혹은 DIAMETER 경로설정 원칙들에 기반하며, GCS AS는 DIAMETER 요청들을 올바른 BM-SC로 경로를 설정하는데 사용될 수 있다.

사용자 평면(MB2-U)은 UDP 상의 사용자 데이터를 운반한다. 그림 5.6은 MB2-U 프로토콜 스택과 단말로의 MBMS 전송에 대한 사용자 평면 인터페이스를 제공하는 SGi-mb, M1, LTE-Uu와의 관계를 보여준다. 사용자 평면 데이터는 IP를 통해서 전송된다. 사용자 평면 데이터는 GCS AS와 단말 간에 전송된다. BM-SC는 이러한 프로토콜 레이어들 간에 데이터를 전달한다. 단순화를 위해서, 레이어4 이상의 IP는 그림 상에서 명백히 표현되지 않았다. 다른 프로토콜 스택들은 3GPP TS29.061 [9]와 3GPP TS 36.300 [10]에 기술되어 있다.

MB2-U 상의 사용자 평면 데이터에 대한 목적지 주소는 BM-SC에 의해 결정되며, MB2-C 상의 GCS AS로 보내어 진다. BM-SC가 MB2-C를 거쳐 GCS AS로부터 MBMS 베어러 할당 요청을 받으면, BM-SC는 사용자 데이터에 대한 IP주소 및 그 IP주소에 대한 고유의 UDP 포트 값을 선정하고, GCS AS에 대한 응답에 그 두 가지를 제공한다. 그 BM-SC는 UPD 패킷들 내의 어떤 페이로드 데이터라도 할당된 MBMS 베어러로 단순하게 전달한다.

DIAMETER 애플리케이션은 일반적으로 세션 기반의 트랜잭션 형태를 사용하는데, 즉, 특정 전송 혹은 베어러 서비스를 위해서 하나의 장기 DIAMETER 세션이 생성되었음을 말한다. 다시 말하면, MB2-C 애플리케이션은 MBMS 베어러 당 하나의 DIAMETER 세션을 사용할 수 있다. 그러나, GCSE를 위해 정의된 시그널링 절차에는 적합하지 않은데, 복수의 TMGI 값들에 의해서 확인된 복수의 MBMS 베어러들이 동시에 할당 혹은 할당해제 되거나 하는 경우나, MB-SC에서 GCS AS로의 알림 메시지가 여러 개의 MBMS 베어러들의 상태들을 아우르는 경우가 될 수 있다. 따라서, 하나의 DIAMETER 세션 identification은 한 특정 DIAMTER transaction을 확인하기 위해 사용될 수 없다. 이러한 연유로, MB2-C는 한 개의 요청과 응답의 짝으로 구성된 단기 세션으로서 설계되었다. 요청 메시지는 복수의 MBMS

베어러에 대한 요청 혹은 통지의 조합을 허용하도록 하기 위해서 복수의 DIAMETER AVP (Attribute-Value-Pair)들을 그룹지을 수 있다.

표 5.1은 MB2-C 인터페이스와 해당 기능들에 대한 명령 코드(Command Code: 전송 가능한 요청 및 응답)들을 나타낸다. 그 절차에 대한 상세한 기술은 5.7절 및 5.8절의 내용도 참고하기 바란다.

5.5.2 Rx와 SGi 인터페이스

1.6.6과 1.6.7에서, PCC의 기본 개념, 세션 관리, EPS 베어러에 대한 QoS 등을 기술하였다. 그룹 통신에 대해서는, 유니캐스트 전송(즉, 다운링크에서의 사용자 평면 접속)인 경우에는 GCS AS로의 상향링크 사용자 평면 연결이나(예, 화자의 발언), GC1 인터페이스 상의 시그널링 교환에 대해서 동일한 베어러 관련 개념들이 적용될 수 있다. SGi 인터페이스는 3GPP TS 29.016 [9]에 기재된 바와 같이 UE의 GCS AS에 대한 사용자 평면의 연결을 제공한다. 이 연결은 애플리케이션 레이어의 시그널링과 미디어 데이터의 전송에 사용될 수 있다. 3GPP 용어 상으로 이는 PDN 연결에 상응하는데, 여기서 PDN은 "소방관들"같은 특정한 그룹 혹은 MCPTT 같은 서비스로서 정의될 수 있다. GCS AS는 Rx 상으로 PCRF로의 서비스 허가 요청 내에서의, 우선순위 레벨과 GCS 식별자를 가르킨다. 우선순위 레벨과 GCS 식별자는 GCS AS 내에서 내부적으로 구성된다. PCRF는, QCI(새로운 값들은 mission critical 혹은 non mission critical 음성과 데이터를 위해 정의), ARP 우선순위 레벨, 점유(preemption) 능력, 해당 EPS 베어러의 점유(preemption) 취약성 등에 적절한 수치를 설정하기 위해 이런 값들을 사용한다. 또한 PCRF는 default 베어러가 최소한 EPS 베어러가 상향링크 혹은 하향링크 미디어 전송을 위해 생성된 것과 동등한 수준의 우선순위 레벨을 유지하도록 지원하는데, 이는 default 베어러의 상대적으로 낮은 우선순위로 인하여 세션이 핸드오버 절차 도중에 중단되는 일이 없도록 하기 위함이다.

표 5.1 MB2-C 명령코드 값

명령의 이름	기 능
GCS-Action-Request(GAR)	GAR 명령은 GCS AS가 BM-SC에 TMGI를 할당/할당해제하도록 요청하거나, 혹은 MBMS 전송(즉, 할당된 TMGI에 대한 MBMS 베어러)을 활성화/변경/비활성화하도록 요청하는 것을 지원
GCS-Action-Answer(GAA)	GAA 명령은 BM-SC가 GAR에 의한 GCS AS 요청에 응답하는 것을 지원
GCS-Notification-Request(GNR)	GNR 명령은 BM-SC가 GCS AS에 할당된 TMGI 혹은 MBMS 베어러에 관한 상태의 통보를 보내는 것을 지원
GCS-Notification-Answer(GNA)	GNA 명령은 GCS AS가 GNR에 의한 BM-SC에 응답하는 것을 지원

단말의 로밍 중에, GCS AS는 3GPP TS 23.203 [5]에 정의된 기존의 절차에 의거하여 H-PCRF(home 네트워크의 PCRF) 혹은 V-PCRF(visited/로밍 네트워크의 PCRF)를 접촉할 수 있다. GCS AS는 GC1 시그널링을 통해서 UE의 할당된 IP주소, HPLMN(Home Public Land Mobile Network) ID, VPLMN(Visited Public Land Mobile Network) ID를 수신하는 것으로 가정되었다. 수신된 IP 주소와 serving PLMN 정보(HPLMN ID 혹은 VPLMN ID)를 근거로 하여, GCS AS는 단말의 로밍여부와 어떤 H-PCRF가 접촉되어야 하는지를 결정한다. 로밍의 경우, H-PCRF가 QoS 정보를 전달하기 위하여 S9 인터페이스를 거쳐 V-PCRF를 접촉하거나, 혹은 GCS AS가 HPLMN/VPLMN 사업자들의 합의에 기반하여 Rx를 거쳐 V-PCRF에 연결되기도 한다.

5.5.2.1 참조점(Reference Point)과 프로토콜의 요약

GCSE에 사용된 참조점(Reference Point)들과 프로토콜들은 표 5.2에 요약되어 있다:

표 5.2 GCSE에 대한 참조점(Reference Point)

참조점	프로토콜	표준 규격
GC1	3GPP Release 12에서 규격화되지 않음	3GPP Release 12에서 규격화되지 않음
MB2	DIAMETER	TS 29.468 [6]

5.6 GCSE의 기능들

5.6.1 유니캐스트 전송

그룹통신에서 유니캐스트 전송은 단말(UE)과 서버(GCS AS) 간의 통신에 대한 일반 EPC 베어러들을 재활용하는 것을 지칭한다. EPC 베어러들의 개념은 1.6.6에 기술되어 있다. 더 일반적인 용어로는, 패킷 지연 허용치(packet delay budget), 연결승인(admission), 스케줄링 우선순위와 같은 특정 QoS를 제공하는 두 개의 종단 간의 IP 파이프라고 할 수 있다. 짧은 호 설정 시간을 가지는 고성능의 시스템을 구축하기 위해서, QoS는 매우 중요하다.

3GPP TS22.468 [1]에 따르면, end-to-end GCS 미디어 전송에 대한 지연은 150ms 이하이어야 한다. 기존에 정의된 QCI 값들(3GPP TS23.203 [5])을 검토하는 경우에는, 50ms 지연의 QCI-3은 이 조건을 충족시키는데, 150ms를 2로 나누었을 경우인 75ms보다도 50ms의 편이 작기 때문이다. 그러나, QCI-3은 E-UTRAN에서 그리 높지 않은 스케줄링 우선순위를 가지고 있는데(우선순위는 eNB의 무선자원 스케줄러에서 QCI-3 베어러의 패킷들에 대해 할당), 이는 시스템의 혼잡상황에서 성공적인 전송 확률이 충분히 높지 않음을 의미한다. 뿐만 아니라, 무선 활용의 관점에서 볼 때에, 그룹 통신에서 일반적인 GBR베어러를 사용하는 것은 어려움이 있는데, 예를 들면 PTT트래픽이 eNB에 대부분의 시간 동안에 불필요함에도 불구하고 무선자원들을 확보해 달라는 요청을 할 것이며, 이는 이 트래픽 패턴이 긴 묵음 기간들 뒤에 발생하는 짧은 통화들로 구성되어 있기 때문이다. 이러한 문제점들을 극복하기 위하여, 3GPP는 GCSE에 대해 새로운 QCI 값들을 정의하였다. 표 5.3은 3GPP TS23.203 [5](Table 6.1.7)에서 발췌한 이러한 새로운 값들과 특성들을 보여준다.

QCI-65와 QCI-66의 값들은 GBR 베어러들을 위해 정의되었다. 두 가지 모두 표 5.3의 NOTE 8에 연계되며, 여기서 DRX 주기가 320ms로 언급되었다. DRX는 정해진 기간(DRX주기) 동안 단말의 수신기를 임시로 중단함으로써 단말의 배터리 소모를 줄이는 중요한 기능이다. 만약 단말이 idle mode라면, 3GPP TS 36.311 [11]에 따라 허용된 페이징 주기 중 가장 짧은 시간은 320ms이다. 예를 들어, GCS 그룹의 일부인 단말이 페이징되어야 한다면, 네트워크는 해당 단말이 매 320ms마다 페이징 채널을 들을 것이라고 기대할 수 있다. 페이징 응답 후에, 단말은 GCS AS 서버와의 통신을 위해 EPS 베어러 setup을 시작하게 해야 할 것이다. 그룹통신 서비스를 설계할 때에, 만약 수신그룹의 멤버가 idle상태라고 가정하면, 이러한 지연은 고려되어야 한다. Idle 모드에 대한 DRX 값은 단말 내의 GCS 애플리케이션에 의해 할당될 수 있을 것이다. 또한 페이징에 사용될 실질적인 DRX 값은 E-UTRAN에 의해 브로드캐스트되는 DRX 값을 따른다는 것을 주지해야 한다. 3GPP TS 36.304 [12]에 의하면, 이 값은 상위 계층(예를 들어, GCS 애플리케이션)에 의해 할당되는 단말 고유의 DRX 값들과 네트워크에서 방송되는 기본 DRX 값 중 가장 짧은 것으로 결정된다. 만약 단말 고유의 DRX 값이 설정되어 있지 않다면, 기본 값이 적용된다. 페이징에 사용될 DRX 값은 Attach Request나 Tracking Area Update Request를 통해 단말에 의해서 코어 네트워크(MME Mobility Management Entity)로 알려진다.

다른 그룹통신 설정 시나리오들에서, 수신그룹의 멤버들(즉, 단말들)은 대부분 connected mode에 있는 것으로 가정될 수 있다. RRC connected mode에서, 3GPP TS36.311 [11]에 허용된 가장 짧은 DRX 사이클은 10ms이며, 가장 긴 것은 2.56초가 된다. 사용될 값은 eNB에 의해 결정된다. PTT(push-to-talk) 같은 그룹통신 서비스들은 짧은 발언들 간에 긴 묵음 기간을 가지고 있기 때문에, DRX 사이클을 10ms로 설정하는 것은 이러한 기간들 중에는 단말기 배터리 전원을 소모해 버리게 될 것이다. 2.56초로 설정하는 것은 단말로 하여금 첫 번째의 음성부분을 놓치게 할 것이다. 그러므로, 새로운 QCI 값을 사용하여 eNB가 DRX 사이클을 320ms보다 길지 않게 설정하도록 할 수 있는데, PTT같은 그룹통신 서비스들에 대해서 적절한 배터리 전원을 보존하면서 RRC Idle mode일 때와 동일한 좋은 성능을 유지시켜 준다.

표 5.3 GCSE에 대해 정의된 QCI값들

QCI	자원 형태	우선순위 레벨	Packet delay budger	Packet error loss Rate (NOTE 2)	서비스 예
65 (NOTE 9)	GBR	0.7	75ms (NOTE 7, NOTE 8)	10^{-2}	미션 크리티컬 사용자평면 PTT 음성(e.g., MCPTT 음성)
66		2	100ms (NOTE 1, NOTE 8)	10^{-2}	비미션 크리티컬 사용자평면 PTT 음성
69 (NOTE 9)	Non-GBR	0.5	60ms (NOTE 7)	10^{-6}	미션 크리티컬 지연에 민감한 시그널링(e.g., MCPTT 시그널링)
70		5.5	200ms (NOTE 7)	10^{-6}	미션 크리티컬 데이터

QCI-65는 QCI-66보다 높은 스케줄링 우선순위를 가지는데, 혼잡한 상황에서 eNB는 QCI-66 베어러의 패킷들에 앞서서 QCI-65 베어러의 패킷들을 전송하는 자원들을 스케줄링하려고 노력하는 것을 의미한다. 그러므로, QCI-65는 "Mission Critical 사용자 평면" QCI로 이름 붙여져 있다. "Mission Critical" 시그널링에 대해서는, 더욱 높은 스케줄링 우선순위를 가진 새로운 QCI-69 값이 도입된다. 설계는 IMS와 유사한데, IMS 시그널링 베어러와 사용자평면

베어러가 분리되어 있으며, IMS 시그널링이 대응되는 IMS 사용자평면보다 상대적으로 높은 우선순위를 가진다. 비록 GCSE는 어떤 특정 애플리케이션 레이어 기술(예를 들어, IMS)을 지시하고 있지는 않지만, 다른 우선순위 레벨들과 함께 시그널링/사용자평면의 분리는 GCSE에 기반한 그룹통신 서비스들을 설계할 때에 큰 유연함을 제공할 것이다.

기존의 QCI-6/7/8/9 값들에 비해 더 높은 우선순위를 가진 새로운 QCI-70 값이 도입되었는데, mission critical 데이터 서비스들이 혼잡 시에 일반적인 상용 서비스들보다 높은 우선순위를 가지고 전송될 것이기 때문이다.

5.6.2 MBMS 전송

MBMS 전송은 동시에 여러 사용자들에게 하향링크 그룹통신 미디어를 전달할 때에 3GPP MBMS 기능의 브로드캐스트 모드를 사용한다. 1장에 언급된 바와 같이, 하향링크 데이터의 전송에 대한 MBMS의 멀티캐스트 모드는 LTE에서 지원되지 않지만, 브로드캐스트 모드만은 지원된다.

기본적인 MBMS 전송 메커니즘은 1.12절에 기술되어 있다.

어떤 셀이 MBMS 전송을 지원하기 시작하면, 그 셀은 BCCH(Broadcast Control Channel) 상으로 모든 단말들에게 MBMS와 관련된 정보를 브로드캐스트하기 시작한다. 소위 BCCH modification period는 default DRX 사이클(최솟 값은 320ms)에 2, 4, 8, 16 중 하나의 계수를 곱하여 계산된다. 상세한 내용은 3GPP TS 36.331 [11]을 참고하기 바란다. 그러므로, 최소의 BCCH modification period는 640ms가 되며, 단말이 셀이 MBMS 전송을 시작한다는 것을 알기까지는 하나 혹은 두 period의 기간이 걸릴 수 있다.

MBMS 지원에 대한 통지를 받으면, 단말은 eNB로부터 브로드캐스트되는 첫 번째 MBMS설정 데이터를 수집해야 한다. 이러한 데이터들은 단말로 하여금 MCCH를 모니터할 수 있도록 도와준다. TMGI 값은 MBMS 베어러에 할당되고, GCS AS에 의해 애플리케이션 레이어 시그널링을 거쳐 단말에 제공되는데, 그 TMGI 값은 MCCH를 거쳐 단말에 통보된다. MCCH 정보는 320ms부터 2560ms의 주기를 가지고 반복되며, 그 정보는 5.12초 혹은 10.24초에서만 변경될 수 있는데, 이는 소위 MCCH modification period로 불린다. 그러므로, 단말은 매 MCCH modification period마다 MCCH 정보를 읽어야 하는데, 이는 관심있는 TMGI들에 대한 MBMS 세션들이 MBSFN(MBMS Single Frequency Network) 지역에서 활성화되어 있는지 결정하기 위함이다. 이는 GCS AS가 MBMS 전송을 활성화시키겠다고 결정했을 때, 언제 단말이 이 전송을 인식해야 하는지에 대한 실질적인 시간을 결정하기 위해서는 가능한 BCCH modification period(즉, 언제 셀이 MBMS 전송으로 전환될지)뿐만 아니라 MCCH modification period도 고려해야만 한다는 것을 의미한다. TMGI에 대한 브로드캐스트가 활성화 되면, 해당 TMGI에 관련된 미디어는 매 MCH 스케줄링 period(MSP)에 보내지는데, 40ms에서 10.24초 간의 값에 해당한다. Mission critical PTT 미디어에 대해서는 가장 짧은 사이클(즉, 40ms)이 적용된다. 따라서, 단말은 매 스케줄링 period(즉, 매 40ms)마다 MSI(Mobile Subscriber Identity)를 읽기 위해서 일어나는데, 이는 미디어 전송을 위해서 해당 TMGI들이이 기간 동안에 스케줄 되었는지 결정하기 위함이다. 만약 단말이 지정된 TMGI들에 대한 MBMS 전송이 지속되는지 인식하고 있다면, MTCH를 통해 데이터를 수신할 수 있다. 이런 데이터는 애플리케이션 레이어에 의해 암호화될 수 있다.

공공안전 서비스 사용자는 복수의 다른(음성 혹은 비디오) 그룹들의 멤버가 될 수 있는데, 각 그룹은 다른 TMGI 값에 연결될 수 있다. 그러므로, 단말이 동시에 한 개 이상의 MBMS 베어러 서비스를 지원할 수 있는지가 중요하다. 비록 3GPP TS 36.331 [11]이 하나의 단말에 대해서는 하나의 MBMS 베어러 서비스(즉, 한 개의 TMGI와 한 개의 MTCH)에 대한 지원만을 의무화 했지만, 특히 서빙 셀에 의해 동일한 무선 캐리어 상으로 전송되는 경우에는 단말은 더 많은 MBMS 베어러 서비스들을 지원할 수 있다. 프로토콜의 관점에서, MBMS는 동시에 3480개의 베어러 서비스들(즉, 자신의 TMGI를 가진 MBMS세션들)을 유지할 수 있다.

만약 MBMS 베어러들을 위해서 예비된 무선 서브프레임들이 어떤 데이터도 전송하지 않는다면(즉, 브로드캐스트가 진행되지 않는다면), 그것은 유니캐스트 트래픽을 위해서 재사용될 수 있다. 그렇지만, 이것은 TM-9(Transmission Mode-9, Release 10 단말들) 혹은 TM10 (Transmission Mode-10, Release 11 단말들)을 지원할 수 있고, 주어진 서브프레임들에 상응하는 MBMS 베어러 서비스가 수신되도록 설정되지 않은 단말들의 경우에만 가능하다. 모든 Release 10 이전의 단말들은 MBMS 베어러 서비스들을 위해 할당된 무선 서브프레임에 있는 유니캐스트 전송을 수신할 수 없다. TM-9과 TM-10의 지원 여부는 단말이 eNB에 알려준다. 3GPP TR 36.868 [13]에 기재된 연구에 의하면, 미디어가 BM-SC로부터 단말에 이르기까지의 단방향 지연은 130ms가 된다: BM-SC에서 eNB까지 40ms, 추가로 단말이 MSI를 읽는데 80ms(MSP), 추가로 eNB에서 단말까지 10ms. 연구를 마친 후, 3GPP는 MSP를 40ms까지 더 줄였다. 이로 인하여 시스템의 이 부분 전체 추가 지연은 90ms까지 감소하였다.

5.6.3 서비스 연속성

그룹통신 미디어는 MBMS 전송 혹은 유니캐스트 전송에 의해 전송될 수 있다. 단말은 가용할 때마다 MBMS 전송을 사용한다. 그러나, MBMS 전송은 불가능할 때도 있는데, 왜냐하면 단말이 MBMS 서비스 지역을 벗어나거나 혹은 기존의 MBMS 베어러가 더 높은 우선순위의 베어러에 의해 밀려날 수도 있기 때문이다. 서비스 연속성은 단말로 하여금, 언제든 MBMS 전송이 불가능하게 될 때 마다, 계속 그룹 통신 미디어를 GCS AS로부터 수신하도록 한다.

3GPP는 단말 기반의 서비스 연속성 메커니즘을 Release 12에서 정의하였다. 결과적으로, 언제 MBMS 전송과 유니캐스트 전송 간을 변환해야 할 것인지 결정하는 책임은 단말이(자체 구현의 방식으로) 가진다. Release 12에서는 LTE무선 네트워크가 어떠한 특별한 지시도 단말로 주도록 확장되지 않았는데, 만약 MBMS 전송이 중단되려 하거나 혹은 단말이 MBMS 서비스 지역으로부터 벗어나는 경우, 끊김 없는 서비스 연속성은 단말과 애플리케이션 레이어의 구현에 크게 의존한다.

기본적으로 단말은 무선 신호의 강도와 품질이 MBMS 전송을 계속 사용하기에 충분한지 결정할 필요가 있다. 만약 그렇지 않다면, 단말은 GC1 시그널링을 거쳐 GCS AS에 연락하여 유니캐스트 전송을 위한 유니캐스트 베어러를 설정을 원한다고 전달한다. GCS AS는 Rx 인터페이스 상의 그룹 미디어 전송에 적합한 EPS 베어러들의 설정을 시작한다. 이 절차 동안에, 단말은 MBMS 전송과 유니캐스트 전송 양쪽을 거쳐 동일한 그룹 통신 미디어를 일시적으로 수신할 수도 있는데, 중복되는 데이터를 버릴 것인가의 여부는 단말에 달려 있다. 이 시나리오 혹은 절차는 "Make before Break"로 불리는데, 단말이 MBMS 전송을 통해 더 이상 데이터를 수신하지 못하는 상황이 되기 전에 유니캐스트 베어러가 설정된다.

"Break before Make" 시나리오 혹은 절차는, 성공적으로 유니캐스트 전송이 설정되기 전에 MBMS 전송을 통한 데이터의 수신이 단절되는 상황에 대해 상정된다. 만약 그룹통신 미디어가 이 때에 전송된다면, 사용자에 의해서 미디어의 손실이 인지된다.

그림 5.7은 두 개의 서비스 연속성 시나리오들을 보여준다.

MBSFN reserved 셀은 MBSFN 지역의 내부 혹은 가장자리의 셀을 말하는데, MBSFN 전송을 알리거나 기여하지는 않지만, MBMS 신호를 방해하지 않도록 저출력으로 다른 데이터를 전송한다. 만약 단말이 MBSFN reserved 셀 안으로 이동한다면, MBMS 신호를 여전히 수신하고 있음에도 불구하고, reserved 셀에는 MBSFN advertisement가 없음으로 인하여 곧 MBSFN 지역을 떠날 것이라는 것을 인식할 수 있다. 그러므로, 단말은 즉시 GCS AS에 유니캐스트 전송서비스를 요청할 수 있다. 이런 경우에, "Make before Break"시나리오는 달성되고, MBMS 전송에서 유니캐스트 전송으로 전환하는 동안에 중단이 일어나지 않을 공산이 크다.

만약 MBSFN reserved 셀들이 사용되지 않는다면, 단말은 MBSFN 지역을 떠나기 전에 최소한 약한 MBSFN 신호품질(즉, MTCH의 약한 신호품질)을 관찰할 수 있다. 언제 유니캐스트 전송의 설정을 시작할 것인가는 단말 구현 규격의 결정에 따른다. Release 12에서는 MBMS 전송에서 유니캐스트 전송으로의 전환 시에 단말을 지원하여 시작하는 표준은 존재하지 않는다.

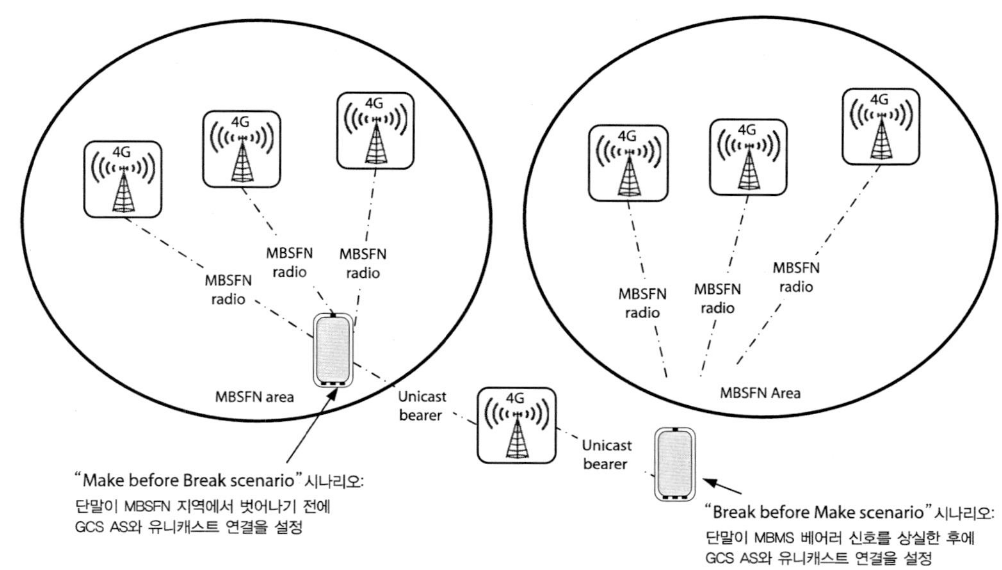

그림 5.7 서비스 연속성 시나리오

유니캐스트 전송으로부터 MBMS 전송으로 전환하기 위하여 단말은 MBMS 전송이 가용한지 결정하기 위하여 서빙 셀을 모니터링한다.

단말은 관심을 가지고 있는 TMGI(즉, 애플리케이션 레이어 시그널링을 통해 GCS AS가 제공)가 가용한지를 결정하기 위해서 MCCH(Multicast Control Channel)를 모니터링한다. 만약 가용한 경우라면, 단말은 하향 전송을 수신하기 위해 MBMS 전송을 사용하고 GCS AS에게 유니캐스트 전송은 해제될 수 있다고 통보할 것이다. 앞에서 설명한 바와 같이, 특정 단말에 의한 TMGI의 이해는 BCCH와 MCCH modification period 설정에 크게 의존한다. 따라서, 만약 GCS AS가 MBMS 전송을 시작했다면, 단말이 유니캐스트 전송에서 MBMS 전송으로의 전환하는데 소요되는 시간은 또한 이러한 파라미터들의 설정에 의존한다.

5.6.4 우선순위 및 점유 제어(Priority and Preemption)

시스템 혼잡 상황에서는, 무선이나 코어 네트워크 레벨이나 모두 priority나 preemption 지표들이 중요하게 된다. GCSE의 경우, 이러한 지표들은 그룹통신(MBMS 전송) 혹은 개인 그룹 멤버들의 통신(유니캐스트 전송)에 더 높은 우선순위를 주기 위해서 네트워크에 의해 사용된다. 혼잡 상황에서 높은 우선순위의 그룹통신에 자원들이 할당될 것이라는 보장은 없지만, 다른 사용자들에 비해 그룹 멤버들이 자원들을 확보할 가능성은 높다.

각 그룹통신과 특정 멤버들에 대한 priority와 preemption 레벨의 할당은 GCS AS의 책임하에 있다. GCS AS는 MBMS 전송에 대해 ARP(Allocation Retention Priority) 지표를 할당한다. 이

지표는 priority 레벨(1에서 15까지의 값이며, 1이 최고치), preemption 능력(즉, 다른 통신의 preemption이 허용되는지 여부), 그리고 preemption 취약성(즉, 다른 트래픽이 이 통신의 preempt가 허용되는지 여부)을 포함한다. 그러나, 네트워크 내의 EPS 베어러들에 사용되는 ARP와 혼동해서는 안 된다. GCS AS에 의해 할당되는 ARP는, BM-SC에 의해 MBMS 베어러에 적용된 다른 ARP 지표에 재할당(reassign 혹은 remap)될 수 있다. 유니캐스트 전송에 대해서, GCS AS는 서비스 인증 요청의 일부로서, priority 레벨과 서비스 식별자를 PCRF에 가르쳐 주기 위해 기존의 Rx 인터페이스를 이용한다. PCRF는, default와 dedicated EPS 베어러들 모두에 대해, 3GPP TS 23.203 [5]에 정의된 기존의 절차들을 사용하여 네트워크 레벨 ARP를 도출한다.

만약 priority 레벨이나 preemption 특성의 변경이 필요하다면, GCS AS는 유니캐스트 전송을 위한 Rx 인터페이스를 통해, PCRF에 새로운 서비스 특성들에 대한 업데이트를 제공한다. 만약 한 그룹 내의 모든 멤버들의 priority가 upgrade 혹은 downgrade 된다면, GCS AS는 서비스 특성들을 업데이트하기 위해서 개별적인 요청들을 보냄으로써, PCRF에 대해서 각 멤버들을 별도로 다룰 필요가 있을 것이다. MBMS 전송의 경우, GCS AS는, TMGI와 Flow ID에 의해 확인된 MBMS 전송에 대하여, 업데이트된 priority 레벨과 preemption 특성들을(ARP를 사용하여) BM-SC에 송신한다. Release 12이후에, 네트워크 레벨 ARP는(A.1.10에서 설명된 대로) 3GPP TS 23.246 [3]에 의거한 MBMS 세션 업데이트 절차에 의해 변경이 가능하다. 그림 5.8은 MBMS 전송의 경우에 대한 ARP 변경 절차의 개요를 보여준다. priority 지시자가 변경됨에 따라, MCE는 다른 MBMS 베어러들 사이의 MBMS 무선할당을 변경해야 할 수도 있다.

MBMS 전송의 경우에 priority 지시자를 변경하는 것은 MBMS 베어러들의 preemption을 야기할 수가 있다. 예를 들면, 몇몇 MBMS 베어러들은 낮은 우선순위를 가질 수 있고, 무선자원의 congestion으로 인해 MCE에 의해 보류될 수도 있다. 만약 한 MBMS 전송 세션이 보류된 MBMS 베어러들 보다 더 낮은 우선순위로 변경이 되고 preemption이 허용된다면, MCE는 우선순위가 더 높은 중단된 MBMS 베어러들에게 무선자원들을 할당하기 시작할 수 있고 downgrade된 MBMS 전송세션을 보류시킨다. MBMS 베어러는 항상 GBR 베어러이다. 만약 MBSFN 지역 내에 있는 MBSFN 셀들 중 하나의 자원들이 GBR 요구사항을 만족시킬 만큼 충분하지 않다면, MCE는 전체 MBSFN 지역에 대해 MBMS 전송을 보류시킬 수 있다. 왜냐하면 3GPP TS 36.300 [10]는 MBMS 서비스 제공의 보류/재개가 전체 MBSFN 지역에 대해 적용되는 것을 정의하고 있기 때문이다.

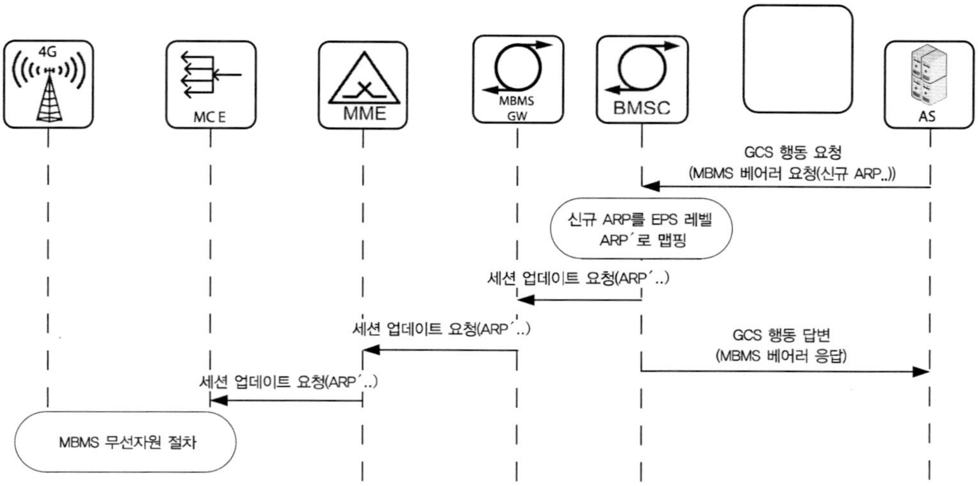

그림 5.8 ARP modification request from GCS AS

만약 MBMS 전송이 MCE에 의해 보류된다면, BM-SC로부터 GCS AS로 아무런 통보도 생성되지 않는다. GCS AS는 그런 일들에 대해 단말들로부터 유니캐스트 전송요청들을 따라야만 알 수 있게 되는데, 이는 UE triggered 서비스 연속성 절차 때문이다.

5.6.5 MBMS 전송 Status Notification

Release-12에서, 3GPP는 BM-SC로부터 GCS AS로 MBMS 전송상태에 대한 통지를 보내는 것을 허용하는 일반적인 절차를 정의하였다. 현재 BM-SC는 MBMS 전송이 TMGI의 만료에 의해 종료되었다는 것을 나타낼 수 있다. 향후의 release들에서는, 이 알림이 MBMS 전송 보류 알림과 같은 다른 가능한 정보를 포함하는 것으로 확장될 것으로 기대된다.

5.7 MBMS 전송의 설정

5.7.1 사전 설정(Pre-establishment)

이 사용 시나리오에서, MBMS 전송을 위한 MBMS 베어러가 실제로 필요해지기 전에 특정 지역들에서 설정된다. 예를 들면, 시애틀 시내에서 풋볼 시즌의 승리를 축하하기 위해 퍼레이드가 계획되었고, 50만 명 이상의 팬들이 퍼레이드 경로 10마일 이내에 모여들 것으로 예상된다. 공공안전 기관은 수백 명의 경찰관 및 다른 응급요원들을 축제에서 필요한 안전을 위해 동원할 것이다.

공공안전 기관은 네 개의 통신 그룹들을 다음과 같이 설정할 계획이다: "경찰," "소방," "의료", "일반". 이 예에서, GCS AS는 MBMS 전송을 위해 BM-SC에게 단 하나의 MBMS 베어러를 설정해 달라고 요청할 것이다. BM-SC는 MBMS 베어러를 설정하고, 하나의 TMGI를 할당하고, 그것을 GCS AS에 제공한다. GCS AS는 멀티플렉싱을 통해 동일한 MBMS 베어러 내에서 이들 네 개의 그룹에 대해 그룹통신 데이터를 전달한다.

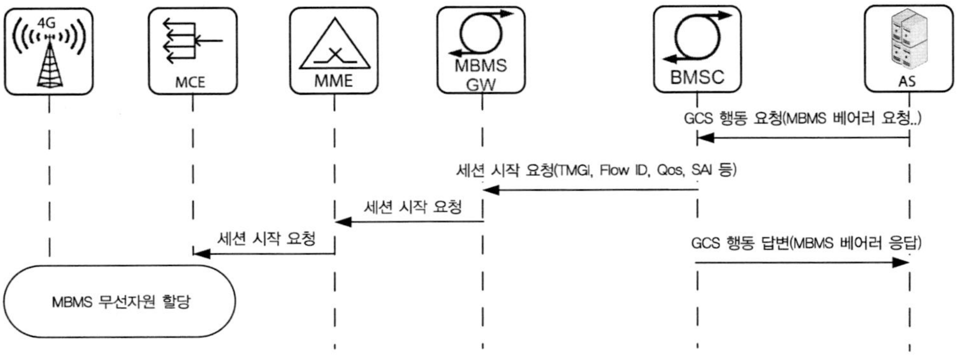

그림 5.9 MBMS 전송을 위해 사전설정된 세션

그림 5.9는 어떻게 GCA AS가 MBMS 전송을 위한 세션을 사전에 설정하는지를 보여 준다.

GCS AS는 MBMS 베어러 요청 AVP를 포함한 GAR(GCS-Action-Request) 명령을 BM-SC에 보내는데, 이 AVP는 "START"로 설정된 MBMS-StartStop-Indication AVP, MBMS-Service-Area AVP, 그리고 QoS-Information AVP를 포함한다. "START" 값은 BM-SC에게 이것이 새로운 MBMS 전송세션을 시작하기 위한 요청임을 알려준다. MBMS-Service-Area AVP는 MBMS 서비스 지역 식별자(SAI: MBMS Service Area Identity)들의 목록을 알려준다.

MBMS 서비스 지역들은 BM-SC에 사전 설정되며, 서빙셀들의 목록에 연결된다. 이 예제에서, MBMS SAI들은 10마일의 퍼레이드 경로를 지원하는 셀들을 나타낸다. 공공안전 기관은 PLMN 사업자에 의해 사용될 서비스 지역들에 관한 정보를 수집할 필요가 있다. QoS-Information AVP는 QCI 값(MBMS 베어러에 대해서 GBR QCI만이 허용된다), DL 트래픽에 대한 Guaranteed Bitrate, ARP indication을 알려준다.

단일 MBMS 베어러가 네 그룹들에 의해 사용되기 때문에, GCS AS는 네 그룹 모두의 요구들을 충족시키기 위해 적절한 bitrate와 ARP 요구사항들을 결정할 필요가 있다. BM-SC는 MBMS 전송세션을 시작하기 위해 이러한 파라미터들을 사용하고, 세션 지속기간과 사용자 평면 전송주소뿐만 아니라 할당된 TMGI와 Flow ID를 MBMS-Bearer-Response AVP 내에서 GCS AS로 반환한다. GCS AS는 TMGI와 Flow ID를 MBMS 전송세션을 확인하기 위해 사용한다. 세션 지속기간은 이 MBMS 전송 세션에 대한 만기종료 시간을 나타낸다. 만약 MBMS

전송이 계속되어야 한다면, GCS AS는 만료 이전에 TMGI 만기종료 시간을 갱신하도록 요청할 수 있다. 사용자평면 전송은, GCS AS가 미디어를 송신하는 BMSC-Address AVP와 BMSC-Port AVP에 IP 주소와 포트번호를 포함하고 있다.

이 시점에 MBMS 전송세션은 10마일의 퍼레이드 경로를 위해 사전 설정된다. GCS AS는 동일한 MBMS 베어러 상으로 전송될 네 개의 다른 그룹들에 대해 미디어의 멀티플렉싱과 암호화를 수행한다. 또한, GCS AS는 상응하는 그룹에 대해서 그룹통신 미디어를 수신하기 위하여, 각 그룹의 단말들을 연관 정보를 이용해 설정할 필요가 있다.

이런 설정 데이터는 TMGI, 미디어를 위한 복호 키들, 그리고 미디어 역다중화에 대한 스키마 등을 포함하는데, 이는 동일한 MBMS 베어러 상으로 보내진 그룹통신 데이터를 정확하게 복원하기 위해서이다(예를 들어, 그룹당 다른 IP 포트번호를 할당). 이 절차는 아직 Release 12에서 표준화되지 않은 GC1 상에서 수행될 것으로 예상된다. 그림 5.10은 MBMS 전송세션이 사전 설정되는 경우의 단계들을 요약하고 있다.

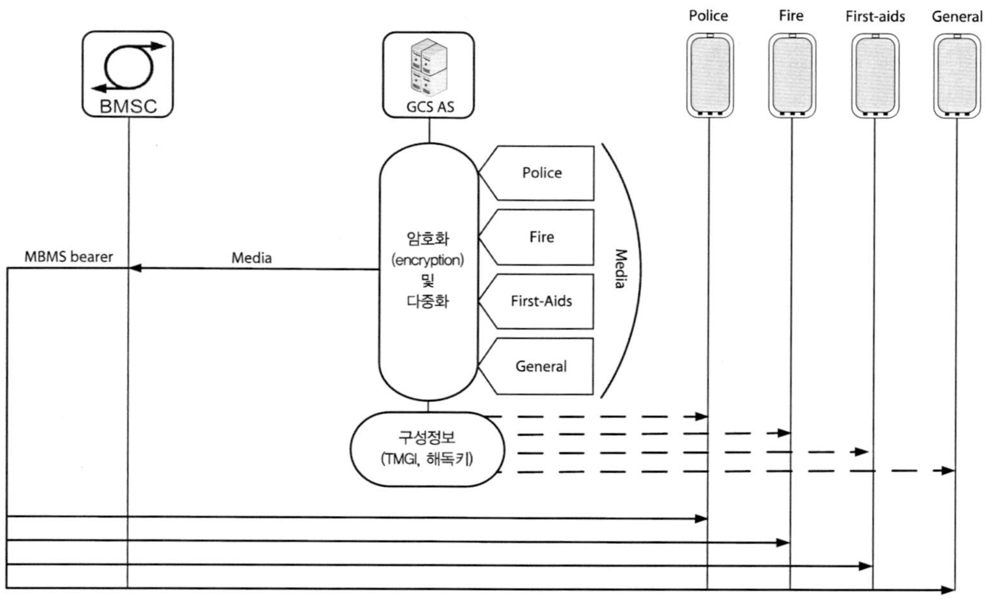

그림 5.10 MBMS 전송의 사전설정 세션에 대한 절차

5.7.2 Dynamic Establishment

MBMS 전송 세션의 동적 설정은 보통 계획되지 않은 사고들 때문에 요구된다. 예를 들면, 혼잡 지역에서 폭탄이 폭발하면, 갑자기 많은 수의 공공안전요원들(경찰, 소방, 의료)이 그 현장에 도착하여 MBMS 전송을 사용한 그룹통신으로 전환한다.

사고 이전에는, 공공안전 요원들은 자신들의 동료 그룹 멤버들과 유니캐스트 전송을 통해 통신을 한다. GCS AS는 아직 MBMS 전송을 활성화시키지 않았지만, BM-SC에 각 그룹의 TMGI 값을 예비해 놓았다. 그림 5.11은 어떻게 GCS AS가 각 그룹들에 대한 TMGI를 예비하는지 보여준다.

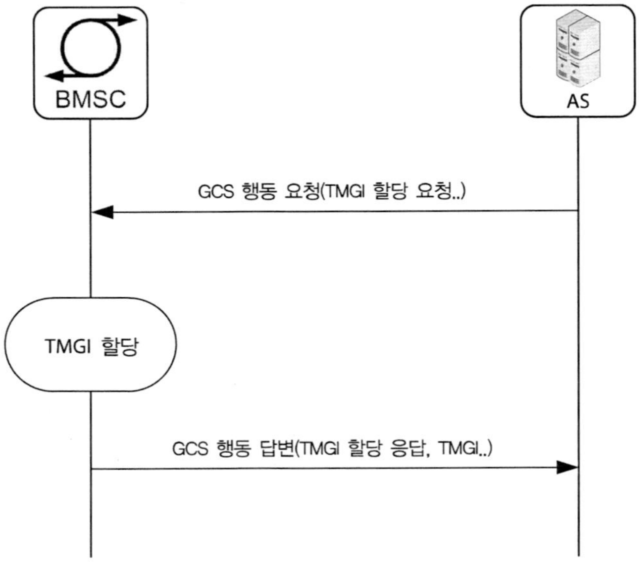

그림 5.11 TMGI 할당

GCS AS는 GAR 명령을 BM-SC에 보내고, TMGI-Allocation-Request AVP는 세 개의 TMGI 숫자들을 원한다고 알린다. BM-SC는 세 개의 새로운 TMGI들과, 세 TMGI들에 공통인 session duration indication을 할당한다. BM-SC는 GAA(GCS-Action-Answer)명령의TMGI-AllocationResponse AVP를 통해 GCS AS에 해당 데이터를 제공한다. GCS AS는 내부적으로 각 GCSE 그룹 당 한 개의 TMGI를 할당하는데, 예를 들면 TMGI-A=경찰, TMGI-B=소방, 그리고 TMGI-C=의료 등이다.

GCS AS는 MBMS 전송 설정정보를 GC1 상으로 각 멤버들에게 제공한다. 여기서, 단말들은, 한 편으로는 계속 유니캐스트 전송을 사용하여 그룹 통신을 계속 유지하면서 MBMS 전송에 상응하는 MBMS 베어러가 전송되는 특정 서빙셀을 모니터링하기 시작할 것이다. 사고가 발생하고 많은 그룹 멤버들(예, 경찰 요원들)이 현장에 도착하면, GCS AS는 사고 지역 내에 MBMS 전송을 시작하기에 충분한 그룹 멤버들이 있다고 결정할 수 있다. 이 결정은, 각 그룹 멤버들이 각자 자신의 현재 위치(예를 들어, 위경도 좌표, 셀 ID 및 서빙 PLMN)를 보고하는, GC1 상의 애플리케이션 레이어 시그널링을 통해 수신된 정보를 바탕으로 내려질 수 있다.

사고지역 내에서 MBMS 전송을 시작하기 위하여, GCS AS는 위치 지역 정보를 서빙 PLMN 에설정된 MBMS Serving Area Identity들에 연결시켜야 한다. 이러한 종류의 정보의 연결은 사전에 알려질 것으로 예상되는데, 구체적으로는 GCS AS 서비스 제공자와 서빙 PLMN 사업자간의 서비스 계약들의 일부같은 것이다. 그림 5.12는 동적 설정 시나리오에서 MBMS 전송을 활성화하는 예를 보여준다.

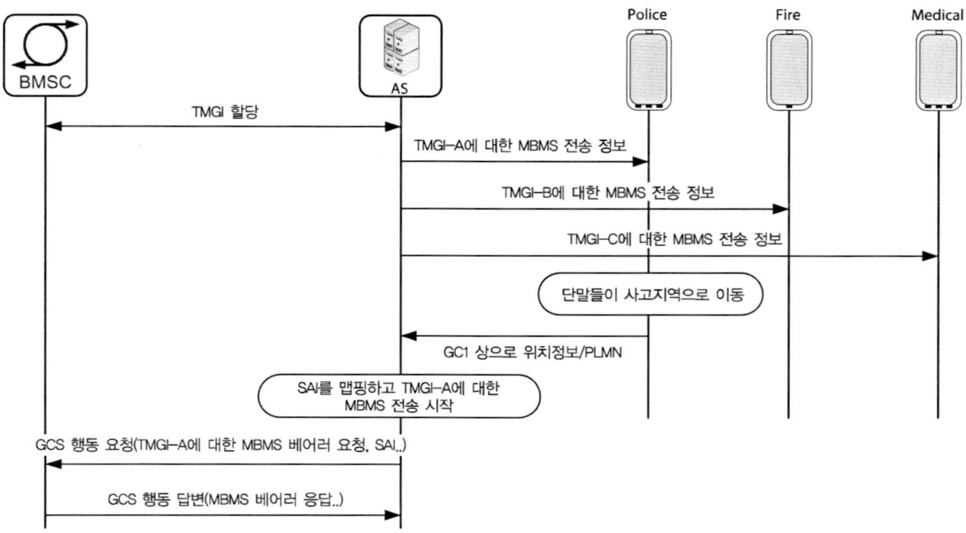

그림 5.12 다이내믹 설정 시나리오에서의 MBMS 전송 활성화

MBMS 전송 활성화 명령은, 동일한 파라미터들과 추가적인 TMGI indication과 함께 GCS AS로부터 BM-SC로 보내진, GAR 명령과 함께 사전 설정 시나리오에 사용되는 것과 동일하다. BM-SC는 이러한 파라미터들을 MBMS 전송세션이 시작되는 데에 사용하고, 동일한 TMGI를 GCS AS에 반환하며, 세션 기간과 사용자 평면 전송주소와 함께 MBMS-Bearer-Response AVP 내의 GCS AS에 제공되는 Flow ID를 할당한다. GCS AS는, TMGI와 Flow ID를 사용하여 특정 MBMS 전송을 식별하고, 그룹통신 미디어를 사용자 평면 주소로 전송한다. 그림 5.13은 다이내믹 설정 시나리오 내에서 사용자평면의 관점을 보여준다.

기본적으로, MBMS 전송의 활성화는 단말에서의 서비스 연속성을 위한 동작을 발생시킬 것이며, 단말이 TMGI-A가 현재 서빙 셀에서 활성화되어 있고 하향링크 미디어를 수신하기 위해 MBMS 전송으로 전환할 수 있다고 인식하기 때문이다. 결과적으로, 상향링크 데이터 전송을 위해 동시에 사용되고 있지 않다면, 유니캐스트 전송을 위해 설정된 연결은 각 단말과 GCS AS 간에 중단될 수가 있다. 이는 무선과 네트워크 자원들을 해제시켜 주는데 도움이 된다.

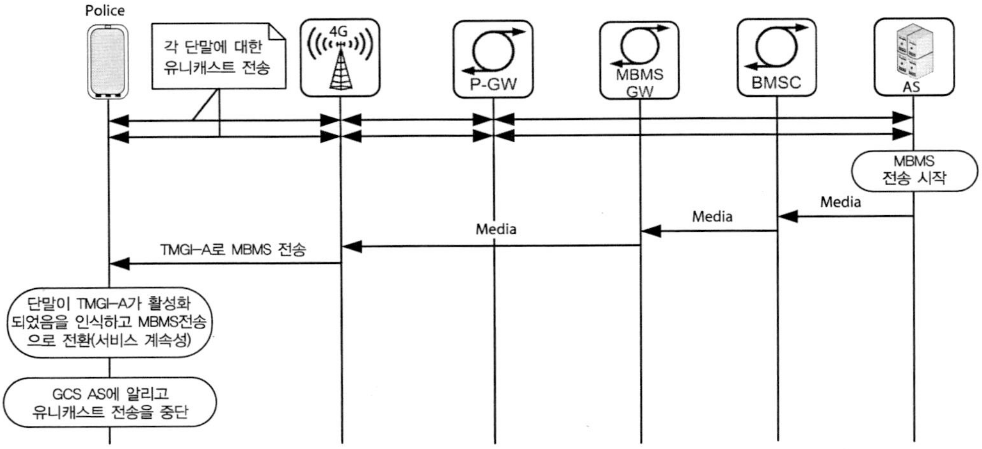

그림 5.13 MBMS 전송에 대한 사용자평면

5.8 MBMS 전송의 절차

5.8.1 MBMS 전송의 변경

사전생성 혹은 동적 생성 시나리오에 의해서 MBMS 전송세션이 생성되면, GCS AS는 MBMS 베어러의 우선순위와 점유 관련 특성들을 변경하고, 미디어가 방송되는 서비스 지역을 확장/축소할 수 있다.

MBMS 서비스 지역을 변경하는 이유 중의 하나는, 사고(예를 들어, 화재)가 더 넓은 지역으로 번지는 경우에, MBMS 서비스 지역을 확장하는 것이 단말의 서비스 연속성을 수행하기 위한 부가적인 시그널링을 감소시키는 결과를 얻는 것인데, 이는 MBMS 서비스 영역 경계들을 넘는 것이 최소화되기 때문이다.

우선순위(priority) 및 점유(preemption) 관련 특성은 혼잡 시에 어떻게 MBMS 베어러가 다루어지는가를 정의한다. 예를 들면, MBMS 베어러가 낮은 우선순위로 설정되어서, 높은 우선순위의 MBMS 베어러가 활성화되면 그 베어러는 중단될 수도 있다. 활성화된 MBMS 베어러의우선순위 및 점유 관련 특성을 변경하는 이유는 이 베어러를 사용하는 그룹의 우선순위가 변경되었기 때문일 수 있다: 예를 들면, 의료진은 현재 최고의 우선순위를 가지고 있는데, 불을 지른 사람을 체포하는 일보다 생명을 구하는 일이 더 중요하기 때문이다.

변경되어야만 하는 기존의 MBMS 베어러는 TMGI와 Flow ID에 의해 식별된다. 만약 서비스 지역이 확장된다면, GCS AS는 새롭게 확장된 지역 내에서 동일한 TMGI를 사용하여 진행 중인 MBMS 전송 세션이 없다는 것을 명확하게 해야만 한다. 그렇지 않으며, BM-SC는 이러한 종류의 변경을 거부하는데, 왜냐하면 MBMS 서비스 지역은 동일한 TMGI와 다른 Flow ID들을 가진 다른 MBMS 서비스 지역과 중첩될 수 없기 때문이다.

MBMS 전송 변경은 GCS AS에 의해 BM-SC로 GAR 명령을 전송하면서 시작된다. 이 명령은 MBMS-Bearer-Request AVP를 포함하는데, 여기에는 "UPDATE"로 설정된 MBMS-StartStop-Indication AVP, TMGI와 MBMS-Flow-Identifier AVP들이 포함된다. 만약 서비스 지역의 변경이 요구된다면, MBMS-Service-Area AVP가 포함된다. 만약 우선순위(priority) 및 점유(preemption) 관련 특성이 수정된다면 QoS-Information AVP가 포함된다. 다른 QoS 파라미터들(즉, QCI, bitrate)이 변경되지 않아, MBMS 베어러 활성화 시 제공된 것과 동일한 값이 제공된다.

3GPP TS 23.246 [3]에 정의된 것과 같이, BM-SC는 MBMS 세션 업데이트 절차를 시작하기 위해 이러한 파라미터들을 사용한다. MBMS 세션이 성공적으로 업데이트되면, BM-SC는 동일한 TMGI와 Flow ID를 MBMS-Bearer-Response AVP를 통해 GCS AS에 반환한다.

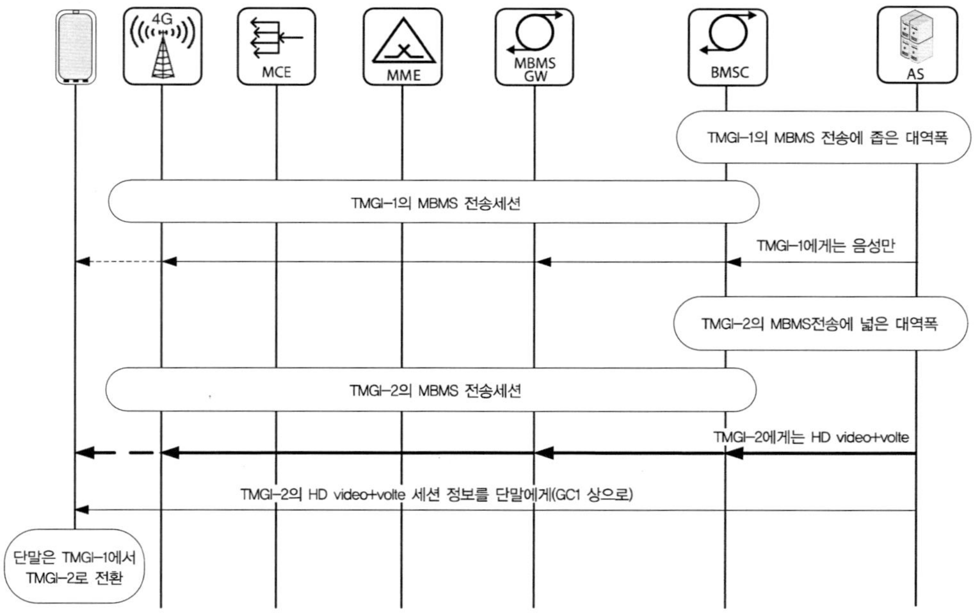

그림 5.14 두 MBMS 전송 세션들 간의 전환

비록 MBMS 세션 업데이트 절차(3GPP TS 23.468 [14] 참고)를 통해 ARP의 변경이 허용되었지만, bitrate 정보는 MBMS 베어러의 활성화 동안 초기 값과 동일하게 남아 있어야 한다. 이 제한은 MBMS 전송을 사용하는 몇몇 그룹통신 시나리오들을 제한하는데, 예를 들면, 미디어 포맷이 음성에서 음성과 고화질 비디오로 변경될 때가 해당된다. MBMS 전송에서 유니캐스트 전송으로 변경하고, 음성과 HD 비디오를 위해 더 넓은 대역폭의 MBMS 전송으로 되돌아

오는 것을 방지하기 위해, 3GPP TS 23.246 [3]는 GCS AS로 하여금 이전 베어러를 대체하는 새로운 MBMS 베어러를 활성화하는 것을 지원한다. 이것은 GCS AS가 우선 음성과 HD 비디오를 전송하는 것을 지원하는 TMGI 값을 가진 두 번째 MBMS 전송세션을 시작할 수 있다는 것과, 그 이후에만 단말들에게 GC1시그널링을 통해 그룹통신을 새로운 TMGI로 변경하라고 알릴 수 있다는 것을 의미한다. 그 뒤에 GCS AS는 옛 TMGI를 가진 옛 MBMS 전송세션을 비활성화시킬 수 있다. 서비스 연속성을 보장하기 위해서, 단말은 동시에 복수의 TMGI들을 처리할 수 있어야 하며, 하향링크 데이터 내용을 이전 MBMS 전송 세션에서 신규 세션으로 변경할 수 있어야 한다. 그림 5.14는 이 시나리오를 묘사한다.

5.8.2 MBMS 전송의 비활성화

MBMS 전송 세션은 GCS AS로 부터의 명시적인 MBMS 비활성화 요청, TMGI로 부터의 명시적 TMGI 해제요청, BM-SC에서의 local TMGI expiration에 의해 비활성화되거나 혹은 OA&M(Operation, Administration and Maintenance)의 트리거에 의해 비활성화될 수 있다.

GCS AS는 BM-SC에 명시적인 요청을 보냄으로써 MBMS 전송을 비활성화할 수 있다. 이 절차는 사고가 종료되거나 그룹 멤버들 중의 상당수가 MBMS 전송이 활성화되었던 사고지역으로부터 벗어났을 때에 유용하다. 동적 설정 시나리오와 유사하게, GCS AS는 얼마나 많은 단말들이 사고 지역 내에서 MBMS 전송 세션에 의해 지원되고 있는지에 대해 알고 있어야 한다. MBMS 전송을 임의로 비활성화할 경우 원하지 않는 부작용들을 가져올 수 있는데, 왜냐하면 MBMS 전송에 의존하고 있는 단말들이 서비스 연속성 절차를 사용하여 유니캐스트 전송으로 전환할 것이기 때문이다. 이는 의도치 않게 서빙 네트워크 내에서의 시그널링 폭주로 이어질 수 있다.

그림 5.15는 어떻게 GCS AS가 MBMS 전송의 비활성화를 요청할 수 있는가를 보여준다.

GCS AS는 BM-SC로 GAR 명령을 송신하는데, "STOP"으로 설정된 MBMS-StartStopIndication AVP, 비활성화될 MBMS 전송의 TMGI와 Flow-Identifier AVPs를 포함한 MBMSBearer-Request AVP를 포함한다. BM-SC는 3GPP TS 23.246 [3]에 정의된 대로 MBMS중단절차를 사용하여 MBMS를 비활성화시킨다. BM-SC는, GAA명령 내의 MBMS-BearerResponse AVP에서, GCS AS로부터 요청 받은 것과 동일한 TMGI와 Flow ID를 반환함으로써 그 요청에 대해 승인한다.

만약 MBMS 전송이 TMGI의 만료에 의해 비활성화되었다면, BM-SC는 MBMS 자원들을 해제하기 위해서 MBMS 세션 정지 절차를 시작할 것이다. 이런 경우에, BM-SC는 GCS AS에 MBMS 전송(TMGI와 Flow ID로 식별)이 비활성화되었다고 알려줄 것이다. 그림 5.16은 이러한 통지절차를 보여준다.

MBMS 전송이 TMGI의 만료에 의해 비활성화되었을 때, BM-SC는 GNR(GCS Notification-Request) 명령을 송신하는데, 여기에는 비활성화된 MBMS 전송 세션을 알리기 위해서 TMGI 및 Flow-Identifier AVP들과 함께 MBMS-Bearer-Event-Notification AVP가 포함된다. GCS AS는 이 GNA(GCS-Notification-Answer)명령을 통해 수신을 확인한다. 만약 상응하는 활성화된 MBMS 베어러가 없다면, TMGI 만료 시나리오에는 BM-SC로부터 GCS AS로 명시적 통지가 없을 것이다. 만약 MBMS 전송이 GCS AS에 의한 명시적인 TMGI 할당 해제 요청으로 인하여 비활성화되었다면, BM-SC는 해당 특정 TMGI에 대해 MBMS 세션 중지 절차를 개시할 것이다.

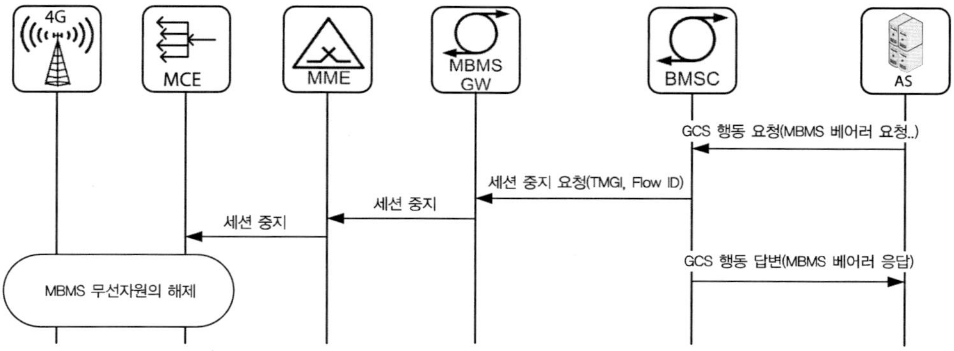

그림 5.15 GCS AS 요청에 의한 MBMS 전송의 해제

만약 MBMS 전송이 OA&M의 트리거에 의해 비활성화되었다면, 3GPP 규격은 BM-SC에서 GCS AS로의 명시적인 알림 메시지를 의무화하지 않을 것이다. 그렇지만, GCS AS가 세션 비활성화를 인식하기 위해서, BM-SC가 해당 이벤트를 TMGI 만료 시나리오 동일하게 처리할 것으로 예상된다.

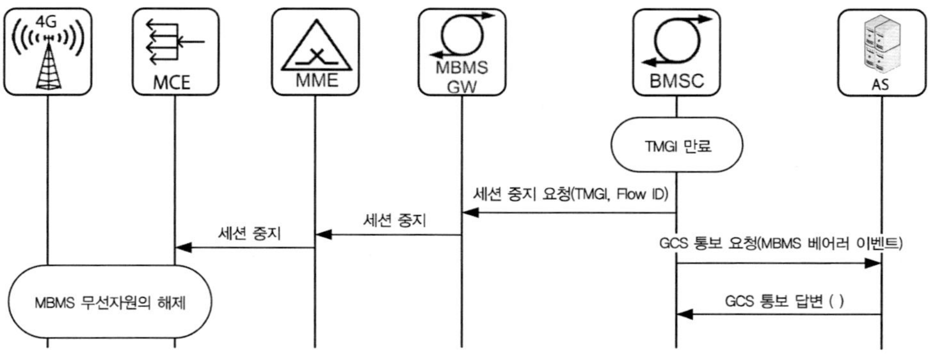

그림 5.16 TMGI 만료에 의한 MBMS 전송의 해제

5.8.3 TMGI 관리

사전 설정과 동적 설정 MBMS 전송 시나리오 두 가지 모두에 대해서, TMGI들은 BM-SC에 의해 할당되며 항상 만료시간을 갖게 된다. TMGI가 만료되면, TMGI에 관련된 MBMS 자원들(Flow ID에 무관)은 3GPP TS 23.246 [3]에 규격화된 MBMS 세션 중지 절차를 사용하여 BM-SC에 의해 제거될 것이다.

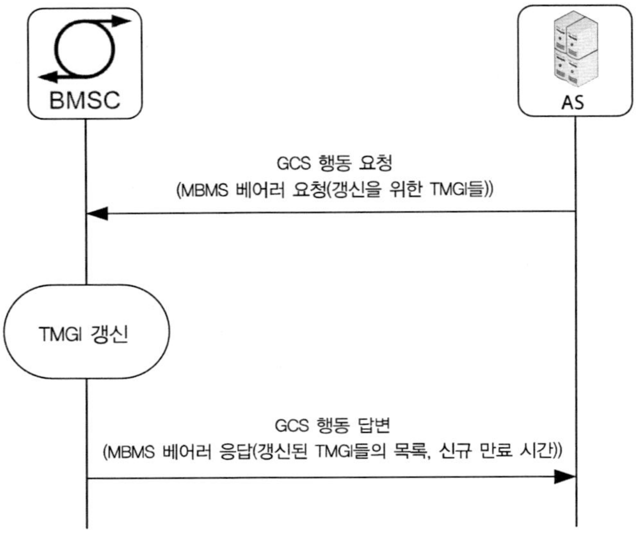

그림 5.17 타이머의 갱신

GCS AS는 그림 5.17에 나타난 절차에 따라 TMGI에 대한 갱신 요청을 할 수 있다.

GCS AS는 BM-SC로 GAR 명령을 보낸다. 포함된 TMGI-Allocation-Request AVP는 만료시간들이 갱신되어야 하는 TMGI들을 지시한다. 만약 갱신이 요구되는 TMGI들의 수가 0이라면, 모든 GCS AS에 현재 할당된 모든 TMGI들이 갱신되어야 한다.

BM-SC GAA 명령의 TMGI-Allocation-Response AVP를 GCS AS로 보내어 새로운 만료시간과 갱신되어야 하는 TMGI의 목록을 지시한다. 제공된 만료시간은 갱신된 TMGI들 모두에게 공통이다.

GCS AS는 또한, GAR명령 내의 TMGI-Deallocation-Request AVP를 사용하여, 이미 할당된 TMGI들은 더 이상 필요 없음을 BM-SC에게 명시적으로 알릴 수 있다. 만약 그 TMGI들 중 하나라도 여전히 활성화되어 있다면(즉, 해당 TMGI의 MBMS 전송이 지속되고 있는 경우), BM-SC는 상응하는 MBMS 베어러를 명시적 통지 없이 비활성화할 것이다. 그러나, 명시적인 지시(즉, 상응하는 TMGI를 할당 해제하기 전에 MBMS 전송을 비활성화하는 것)는 네트워크가 정확히 설계되고 구축되었음을 확증하는데 사용될 수 있는데 반해, 비명시적인 비활성화 절차는 자원들이 붙잡혀 있는 것을 피하는데 사용될 수 있다. 그러므로, BM-SC가 해제를 요청하기 이전에, GCS AS가 MBMS 전송 세션을 항상 비활성화하는 것이 바람직하다.

5.9 액세스 제어

우선순위 및 점유 제어(Priority와 preemption)는 PS LTE 네트워크에 있어서 필수적인 기능들이다. 그렇지만, 이 기능들은 단말이 무선 인터페이스 상으로 연결 요청을 이미 보낼 수 있을 경우에 한하여 네트워크에 의해 적용될 수 있다. 대형 사고 시, 많은 사용자들은 동시에 LTE 네트워크에 접속을 시도할 것이다. 이는 무선 액세스 레벨에서 혼잡을 야기할 수 있는데, 결과적으로 몇몇 단말들은 자원 부족으로 인하여 접속이 거절될 것이고 최악의 경우 몇몇은 네트워크로부터 회신을 받지도 못할 것이다. 네트워크에 접속하지 못했던 단말들은 재시도를 해야 할 것이다. 접속 등급(Access Class) 개념으로, 단말들은 서로 다른 등급으로 구분되는데, 이는 사업자들로 하여금 부하가 높거나 혼잡 상황 하에서 특정 등급에 속한 단말들이 (무선) 네트워크에 접속하는 것을 제한하도록 한다. AC0에서 AC15로 정의된 접속 등급 값들은 USIM(Universal Subscriber Identity Module)에 저장된다. AC0에서 AC9는 보통 클래스들로서 임의로 할당되는데 반해, AC10에서 AC15는 특수 목적들로 사용된다(상세 내용은 아래에서 설명).

AC는 요청 지시자(request indicator)를 결정하는데, 이는 단말이 LTE 무선 네트워크에의 접속을 얻는데 사용될 수 있다. 더욱 구체적으로, 단말의 AC 값은, 무선 연결의 설정을 위해 eNB로 보내지는 RRC Connection Request 내에 사용되는, RRC establishment cause를 결정하기 위한 중요한 기준이다(3GPP TS 24.301 [15]와 3GPP TS 36.331 [11] 참고). 만약 단말이 AC11에서 AC15에 속한다면 RRC Connection Request 내의 설정 이유로서 "HighPriorityAccess"를 제공할 수 있다. eNB는 그같은 단말(들)로부터의 연결요청에 우선순위를 정하기 위해 RRC establishment cause를 사용한다. 이는 높은 우선순위의 사용자들로부터 "High-priority access AC11-AC15" indication을 가진 요청들이, 일반 사용자들로부터의 요청들 보다 네트워크에서 더 높은 우선순위로 취급될 것임을 의미한다.

게다가, 네트워크가 매우 혼잡한 상황에서, 네트워크를 극심한 장애 혹은 장비의 작동중단으로부터 보호하고 동시에 "우선순위가 높은" 단말(들)이 네트워크 접속을 위해서 무선 자원들을 확실히 얻을 수 있도록 하기 위해서, 사업자는 한 개 이상의 eNB들에서 ACB(Access Class Barring)를 활성화시켜야 할 수도 있다. ACB는 cell 단위로 적용될 수 있다. 특정 단말이 무선 액세스에 대해 접속이 금지될 것인지 아닌지는 그 단말의 접속 등급에 의해 결정된다.

그러므로, 공공 안전망에서는, 공공 안전망 사용자들이 부하가 높은 상황에서 조차도 "high-priority"단말의 접속을 허용하는 방법을 통해 네트워크의 접속을 얻을 수 있도록 접속 등급을 할당하는 것은 중요하다. 예를 들면, 공공 안전망 사용자가 서비스 연속성을 보장하기 위해서 MBMS 전송으로부터 유니캐스트 전송으로 전환할 때에는 네트워크로의 접속은 필수적이다. 네트워크가 공공 안전망 사용자들과 일반 사용자들에 의해 동시에 사용되는 경우에 접속 제어는 더욱 중요하다.

그러나, 공공 안전망 사용자들에게 접속 등급을 할당하는 것은 상용 사용자들에게 접속 등급을 할당하는 것 같이 단순하지 않다. 보통의 상용 LTE 네트워크에서는, 사용자는 0에서 9까지의 Access Class가 임의로 할당된다. 만약 사용자가 PLMN 스탭, 공공서비스 등과 같이 높은 우선순위의 그룹에 속해 있다면, 그들은 11에서 15 사이의 추가적인 Access Class에 할당될 것이다. 그러므로, 상용 LTE 네트워크에서 일반 사용자와 우선순위가 높은 사용자 간의 관계는 어느 정도 고정적이다. 공공 안전망에서는, 이런 경우에 해당되지 않을 수 있다. 공공 안전망들은 많은 다양한 기관들(예를 들어, 경찰, 소방, 의료, 공익사업)에 의해 공유될 것으로 예상되며, 각각의 특정한 사고는 특정한 기관으로 하여금 가장 중요한 공공 안전망 사용자로 지시할 수도 있다(예를 들면, 퍼레이드 준비를 위해서는 경찰서에게, 산불에 대해서는 소방관에게, 의료 긴급상황을 다루기 위해서는 의료시설에게 높은 우선순위가 부여). 바꾸어 말하면, 공공안전 활동과 사고들은 매우 역동적이며, 한 사용자에게 하나의 고정된 접속등급을 할당하는 것은 모든 활동에 필요한 요구사항들을 만족시킬 수 없을 것이다. 그러므로, 특정 사용자들에게 극도로 혼잡한 상황에서도 LTE 네트워크에 접속을 허용하도록 어떻게 ACB가 LTE 네트워크들에서 작동하는지를 이해하는 것은 중요하다. 그러므로, 이 기능의 설명을 다음과 같이 제공한다.

모든 단말들은 임의로 할당된 0에서 9 사이의 10개의 Access Class들 중의 하나의 멤버인데, 이는 USIM 상에 사전 설정되어 있다. 게다가, 단말에는 11에서 15사이의 다섯 개의 특수 Access Class들이 하나 이상 설정될 수 있다. 3GPP TS 22.011 [16]에서는, Access Class들이 다음과 같이 정의된다:

- Access Class 15 – PLMN 스탭
- Access Class 14 – 긴급 서비스(예, 경찰, 소방 혹은 의료)
- Access Class 13 – 공공서비스(예, 수도와 가스 공급업체)
- Access Class 12 – 보안 서비스
- Access Class 11 – PLMN용도

PLMN 사업자는 SMS 기반의 전송기술로서 OTA(Over-the-Air) 권한설정 방법을 통해, USIM 상의 어떤 Access Class들이라도 (재)할당할 수 있다. AC11과 AC15는 HPLMN에서만 유효한 반면, AC12에서 AC14는 모국(home country)의 HPLMN과 VPLMN에서 유효하다. 단말이 모국에 있는 경우에는 IMSI의 MCC(Mobile Country Code)가 서빙 PLMN의 MCC와 일치한다. 한 국가는 보통 단일 MCC 값에 의해 식별되는데, 예외적으로 MCC 값들 310부터 316까지는 한 국가(미국)을 나타내며, MCC 값들 404에서 406까지도 한 국가(인도)를 나타내는 것이 있다. AC10은 긴급통화들을 통제하는 특별한 class이며, USIM에는 할당되지 않는다. AC10은, access class 0에서 9까지의 단말들이 긴급통화를 위해 네트워크 접속이 가능한지 여부를 무선 상으로 표시한다. Access class 11에서 15를 가진 단말들에 대해, 만약 "Access Class 10"과 단말의 Access Class(11에서 15사이)가 차단된다면, 긴급호들은 허용되지 않는다. 그렇지 않다면, 긴급호들은 이러한 단말들에 대해 허용된다.

Access Class Barring은 AC11에서 AC15에 대해 개별적으로 적용될 수 있다. 다시 말하면, 네트워크는 AC14를 가진 단말들을 네크워크에 액세스하도록 허용하는데 반해, AC11, AC12, AC13과 AC15의 단말들의 액세스는 차단할 수 있다. 그러나, ACB는 AC0에서 AC9에 대해서는 개별적으로 조절될 수 없다. Access Class 0부터 9까지의 모든 단말(들)은 활성화되었을 때에 ACB의 대상이 된다.

ACB의 활성화를 더 상세하게 사용하고 서비스의 중단을 감소시키기 위해서, 3GPP는 Release 12에서 SCM(Smart Congestion Mitigation) for LTE라 불리는 기능을 도입하였다. 이 기능을 사용하여, 네트워크는 특정 애플리케이션 혹은 서비스가 AC barring으로부터 면제되는지 여부를 지시할 수 있다(통상적으로 "ACB skip"이라 불림). 다시 말하면, 네트워크는 특정 애플리케이션 혹은 서비스(예, multimedia telephony voice, video 혹은 SMS)에 대해 "ACB skip indicator"를 브로드캐스트할 수 있고, 다른 애플리케이션과 서비스가 ACB에 의해 거부되었을 때에도 그 같은 애플리케이션과 서비스에 대한 액세스는 허용한다. 그래서, ACB가 활성화되었을 때, 단말은 애플리케이션 혹은 서비스가 네트워크에 의해 브로드캐스트되는 "ACB skip indicator"를 기반으로 네트워크에의 접속을 허용하는지를 확인해야 한다(상세한 내용은 3GPP TS 24.301 [15] 및 3GPP TS 36.331 [11]를 참고). 그것을 바탕으로, 단말은 eNB에의 무선연결을 설정하는 요청을 보낼 수 있는지의 여부를 결정할 수 있다.

5.10 Mission Critical Push To Talk

MCPTT는 단말과 네트워크에서 특정한 애플리케이션을 필요로 하는 서비스이다. 이것은 기존의 LMR 시스템에 의해 제공되었던 PTT 서비스의 행태를 모방하여 제공한다. PTT 애플리케이션은 둘 이상의 사용자들이 통신에 참여할 수 있게 하는 중재 방법을 제공한다.

사용자들은 전송 허가를 요청해야 하는데, 전통적으로 그들의 단말기 상의 버튼을 누름으로써 가능하다. 특정 시간 동안에 단 한 사람만 말할 수 있으며, 다른 모든 사람들은 단순히 청취자들이 된다.

LTE를 기반으로 한 공공안전 통신의 구축 시나리오를 고려해 보면, 여러 시나리오에서 LTE 기반의 공공안전 통신망은 기존의 공공안전 통신망(예를 들어, P.25 혹은 TETRA 기반의 시스템)과 병행하여 운용될 것이며, 따라서 공공안전용 단말은 LTE와 기존의 기술 모두를 지원할 수 있어야 하며, 긴급구조원들은 예를 들어 커버리지 혹은 부하 조건에 따라서 두 가지를 모두 사용할 것이다. 쉽게 사용할 수 있도록, 단말은 시스템 간을 자동적으로 이동하고, 사용자는 현재 LTE 혹은 기존의 기술이 사용되고 있는지 인지하지 못할 것으로 예상된다. 이러한 경우, MCPTT 서비스 동작이 잘 알려진 서비스를 유사하게 모방하는 것은 매우 중요한데, 사용자들로 하여금 하나 혹은 다른 네트워크에서 운용할 때에 서로 다른 동작에 의해 혼동되지 않도록 하기 위함이다.

이것이 가능하도록, P.25와 TETRA 커뮤니티들은 모두 MCPTT 서비스의 정의에 관한 3GPP 활동에 적극적으로 참가하고 있으며, 자신들의 의견과 구체적인 요구사항들을 3GPP에 제공하고 있는데, 서로 다른 공공 안전망 시스템 하에서 운용하고 있을 때에도 사용자들에 대한 끊김 없는 서비스를 구현하기 위함이다.

서비스 요구사항들은 3GPP Release 13 내의 3GPP TS 22.179 [17]에 취합되어 있다.

stage 1 기술 규격에 대한 작업은 2014년 9월 3GPP SA Plenary #65 회의에서 승인되었으며, stage 2와 3 작업은 Release 13 기간 내에 결론지어질 것으로 예상된다. 추가 개선내용은 미래의 release들에서 정의될 것이다.

일반적으로, 3GPP는 Release 12 내의 서비스 레이어 규격작업을 다른 그룹들 혹은 심지어 개별 회사의 구현의 몫으로 남겨 놓았다. 그러나, 전 세계적으로 통합되고 표준화된 MCPTT 서비스 아키텍처가 자리 잡히는 것에 대한 공공안전 커뮤니티의 강력한 의지가 있었기 때문에, Release 13의 3GPP가 이번 한 번 만은 서비스 레이어 표준화 영역에 참가하는 것으로 결정하였다. 그러나, P.25와 TETRA 커뮤니티들의 서로 다른 관점들을 먼저 하나의 요구사항들로 우선 모으는 것에는 상당한 시간이 걸릴 것으로 보인다.

MCPTT 서비스는 다양한 옵션들과 요구사항들을 지원해야 하기 때문에 복잡한 시스템으로 이어질 것으로 예측된다.

MCPTT 서비스(혹은 단순히 MCPTT)는, 우선순위 및 점유 제어 메커니즘, 위치 서비스, 기타 등 EPS에 의해 제공되는 다른 기능과 병행하여, 앞서 설명된 GCSE와 ProSe를 활용한다. 그림 5.18은 MCPTT, GCSE 그리고 ProSe 간의 관계에 대한 개요를 제공한다.

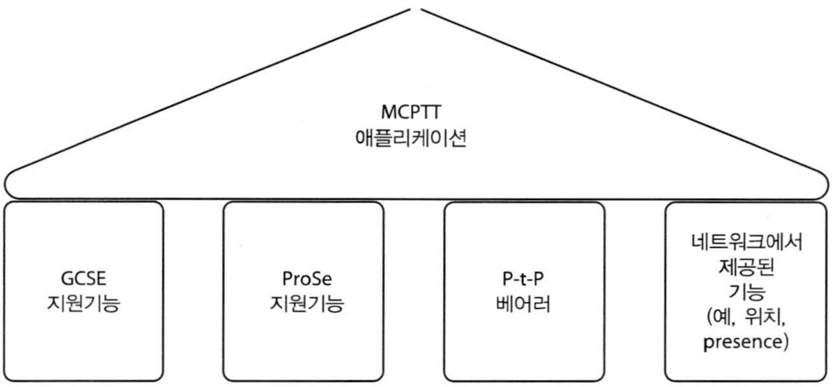

그림 5.18 ProSe 및 GCSE에 대한 MCPTT의 관계

MCPTT는 E-UTRAN 네트워크 커버리지에 속한 단말 상에서 작동할 것이나, 또한 어떤 네트워크 인프라의 개입도 없는 ProSe 통신을 사용하는 단말 상에서 작동하기도 하고, 혹은 MCPTT가 지원되는 다른 단말들에 대한 ProSe 릴레이로서 작동하는 단말 상에서 작동하기도 할 것이다. 최종 사용자의 서비스 경험은, MCPTT가 네트워크 커버리지 하의 단말 상에서 사용되는 경우나 네트워크 커버리지가 없는 ProSe를 기반으로 하는 것에 무관하게 동일해야만 한다.

MCPTT는 공공설비나 철도회사들의 피고용자들 같은 비-공공 안전망 사용자들에 의해서도 사용될 수 있다.

5.10.1 MCPTT 서비스 설명

이 항은 3GPP TS 22.179 [17]로부터 발췌된 내용을 기반으로 하고 있다. MCPTT에 대한 가장 중요한 요구사항들을 기술한다.

MCPTT는 여러 사용자들 간의 통신(그룹 통화)을 지원하는 목적을 가지고 있는데, 여기서 각 사용자는 중재 방법을 통해 말할 권한을 획득하는 능력을 가지고 있다. MCPTT는 사용자 한 쌍 간의 "개별 통화" 또한 지원한다. MCPTT는, 사용자들 간의 실질적인 통신 경로(즉, 사용자 평면)을 설정, 유지, 종료하기 위하여, LTE/SAE에 의해 제공된 기술들 위에 구축될 것으로 예상된다.

MCPTT는 사용자들로 하여금 "말할 권한"을 요청하는 것을 허용하고, 경쟁관계에 있는 요청들 간의 중재를 위한 메커니즘을 제공한다. 이는 "발언권(floor) 제어"라고 불린다. 복수의 요청이 있는 경우에, 어느 사용자의 요청이 수락되고 어느 사용자들의 요청들이 거부되는가 혹은 보류되는가에 대한 결정은 그들의 우선순위와 같은 여러 특성을 기반으로 이루어진다. MCPTT는 높은 우선순위를 가진 한 사용자(예로서, 긴급 조건하에서)에게 현재의 발언을 중단하는 방법을 제공한다. MCPTT는 또한 한 사용자가 발언을 할 수 있는 시간을 제한하는 메커니즘을 제공하는데, 이로써 동등 혹은 낮은 우선순위의 사용자들이 발언권을 얻는 기회를 허용한다.

MCPTT는 사용자에게 복수의 호들을 동시에 모니터링할 수 있는 수단을 제공하며, 사용자가 선택된 호로 초점을 전환하는 것을 가능하게 한다. 한 사용자가 이미 설정된 MCPTT 그룹 통화에 참가할 수도 있다; 이는 "지연 호 참여(late call entry)"로 알려져 있다. 게다가, MCPTT는 현재의 발언권자의 신원을 청취자들에게 제공하고 사용자들에게 위치 추정을 제공한다.

공공 안전망의 멤버들은 그룹들로 조직된다. 함께 일하는 사람들은 동일한 MCPTT 그룹 내에서 통신하고, 그룹 통신은 그들이 빨리 조직화하도록 돕는다.

다른 업무들을 하는 사람들은 자주 별도의 그룹들 내에서 통신한다. 통신 구조들과 MCPTT 그룹들은 대형 사고와 대형 이벤트들의 통제를 다루기 위해 준비된다.

따라서, 서로 다른 조직들 혹은 다른 국가들 간의 공공안전 요원들 간의 조율을 위한 MCPTT 그룹들과 절차들이 필요하다. 그 결과, 공공안전 요원들이 사용할 수 있는 큰 규모의 MCPTT 그룹들(예, 100 이상)이 야기되는데, 공공안전 요원이 이러한 그룹들 중의 어떤 그룹들에 그 순간에 가입하고 싶은지("연계 그룹(Affiliated Group)"), 즉 어떤 그룹들로부터 통신을 수신할 것인지에 대해 선택할 수 있다. 게다가, 공공안전 사용자는 그의 통신이 어느 그룹으로 전송될 것인지도 선택할 수 있다. 이는 소위 선택 그룹(Selected Group)이라고 불린다.

5.10.2 MCPTT 통화의 종류

MCPTT를 위한 애플리케이션은 "방송 그룹 통화(Broadcast Group Call)," "긴급 그룹 통화(Emergency Group Call)," 그리고 "임박 위험 그룹 통화(Imminent Peril Group Call)" 등을 포함한 다수의 "특수" 그룹 통화를 지원해야 한다.

방송그룹 통화에 대해서," 방송"이란 무선에 사용된 분배 메커니즘을 나타내는 것이 아니라 MCPTT를 시작하는 사용자가 MCPTT 수신 사용자들로부터 아무런 응답도 기대하지 않는다는 사실을 나타낸다. 따라서, 수신자들은 방송그룹 통화에 응답할 수가 없다. 시스템 통화는 방송그룹 통화의 특별한 경우인데, 동적으로 정의된 지리적 영역에 있는 모든 사용자들에게 전송된다.

긴급 그룹 통화는, 예를 들어 생명에 위협을 느끼거나 긴급한 상황 하에 있는 사용자가 도움을 요청하기 위해서 시작되는데, 시스템 통화들과 다른 MCPTT 긴급 그룹 통화들을 제외한다면 다른 모든 MCPTT 그룹 전송보다도 최고의 우선순위를 가진다.

임박 위험 그룹 통화는, 예를 들어 산불이 야영객들을 곧 둘러싸려고 하거나, 학교 인근에서 탱커 트럭이 조만간 폭발하려고 하거나, 차량 폭파의 현장에 있는 부상자들 같은 즉각적인 위협의 사태에서 우선시되는 호들이다. 임박 위험 그룹 통화는, 시스템 통화, 긴급그룹 통화, 그리고 다른 임박 위험 그룹 통화를 제외하고는, 다른 모든 MCPTT 그룹 통신들보다 우선시 된다.

개별 통화는, 발언권 제어와 함께 MCPTT 서비스를 사용하는, 한 쌍의 MCPTT 사용자 간의 호를 말한다. 개별 통화는, MCPTT 사용자의 신원과 별칭 정보, 위치 정보, 암호화, 사생활과 관리 통제와 같은, MCPTT 그룹 통화의 다양한 기능들의 장점을 활용한다.

5.10.3 MCPTT 우선순위(Priorities)

3GPP의 우선순위 및 QoS 모델은 MCPTT의 필요를 충족시키는 데에는 부족함이 있다.

MCPTT의 우선순위 및 QoS는 상황에 따른다. MCPTT는 MCPTT 호에 대해 실시간의 우선순위 및 QoS 경험을 제공하는 것을 목적으로 하고 있는데, 이는 공공안전 사용자들은 그들의 우선순위를 결정할 때의 이유가 되는 중요한 동적 운용조건들을 가지기 때문이다. 예를 들면, 구조요원이 참가하고 있는 사고의 종류 혹은 그들의 전체적인 근무조 역할은, LTE 시스템으로부터 자원을 획득하는 한 사용자의 능력에 큰 영향을 준다.

MCPTT 우선순위 모델은 다음의 3가지 영역으로 정의된다: 세션 간 혹은 세션 내의 우선순위 선정, 시스템 간 우선순위 선정, 네트워크 내(EPS와 단말 간)의 우선순위 선정. 애플리케이션 레이어에서, "MCPTT Priority and QoS Control" 프로세스라 불리는 기능 개체는 각각 MCPTT에 참가하는 사용자들과 그룹에 관하여 사전 설정된 정적 정보뿐만 아니라, MCPTT 호에 대해 적절한 우선순위와 QoS를 동적으로 설정하는데 사용되는 동적(혹은 상황) 정보를 요청한다.

"사용자 정적 특성(User Static Attributes)"은 사용자가 일선 혹은 이선 현장 요원인지, 감독관인지, 지령자인지, 관리자인지 등, 여러 범주에 의거해 사용자를 분류하는 정보를 가지고 있고, 또한 해당 사용자에 대해 사전 설정된 시스템 전체의 개별 우선순위 레벨을 가지고 있다.

"그룹 정적 특성(Group Static Attributes)"은 사용자들의 개별적인 우선순위 특성들과 무관하게, 이 그룹과 관련된 통신의 모든 참가자들에게 보장된 최소한의 우선순위 특성들 같은, 그룹과 그 소유하는 기관의 특성과 형태에 관한 정보를 가지고 있다.

"사용자 동적 특성(User Dynamic Attributes)"은 여러 다른 사람들 중에 사용자의 동작 상태, 사용자가 연루될 수도 있는 사고의 형태(예, MCPTT긴급 혹은 임박한 위험) 또는 호가 진행 중이거나 호와 호 사이에서도 언제든지 바뀔 수 있는 여러 다른 파라미터들도 포함할 것이다.

"그룹 동적 특성(Group Dynamic Attributes)"은, 그룹이 현재 관련되어 있는 사고의 형태(예, MCPTT긴급 혹은 임박한 위험)와 또한 언제든 변경될 수 있는 다른 여러 파라미터들을 포함한다.

5.10.4 공유형 MCPTT 단말

지금까지는 3GPP의 기본적인 작업 가정은 단말과 사용자 간의 일대일 관계였다. 이 모델은 공유 가능한 MCPTT 단말들에 대해서 단말의 풀을 허용하는 것으로 확장될 필요가 있는데, 각 단말들은 다른 것들과의 교환이 가능하고, 사용자들은 임시로 배타적인 사용을 위해 해당 풀로부터 한 개 혹은 그 이상의 단말을 임의로 선택한다. 공유 가능한 MCPTT 단말은 단말 상의 MCPTT 애플리케이션에 접속을 얻는 모든 사람에 의해 사용될 수 있으며, 그리하여 인가된 MCPTT 사용자가 된다. 이미 사용중인 공유 가능한 MCPTT 단말에 로그인(sign-in)한 MCPTT 사용자는, 다른 MCPTT 사용자의 로그오프(sign-off)를 일으킨다.

MCPTT 사용자는 동시에 복수 개의 MCPTT 단말들에 할당될 수가 있는데, MCPTT 서비스 관점에서는, MCPTT 사용자의 연계적 관점에서 개별적으로 혹은 집합적으로 할당될 수 있다. 다시 말하면, 긴급요원의 아이디는 USIM에 연동되지 않는다. 예를 들면, 그룹 내의 각 긴급요원들은 LTE가 지원되는 단말을 수령할텐데, 각 사용자는 그 후 사용자 고유의 아이디와 암호를 사용하여 애플리케이션에 로그인할 것이고, 단말은 우선순위 레벨에 따라 각자의 요구에 맞추어진 애플리케이션을 실행할 것이다.

5.10.5 On & Off Network 운용 모드

앞에서 언급한 대로, MCPTT는 두 개의 모드로 운용할 수 있다. 첫 번째 모드는, MCPTT가 EPS와(제한적이지는 않지만) 특히 GCSE를 활용하는 "네트워크 기반 운용 모드(on network operation mode)"이다. 두 번째 운용 모드는, ProSe 직접(UE-to-UE) 통신 경로를 사용하는 "네트워크 독립 운용 모드(off-network mode)"이다. ProSe 직접 통신 경로는 네트워크 인프라를 통하지 않는다.

따라서, MCPTT 요구사항들은 on-network operation의 경우, off network operation의 경우, 그리고 두 가지 운용모드 모두에 적용되는 경우 적합하도록 구분되어 있다.

5.10.6 기존 PTT 시스템과의 연동

중대 업무(Mission critical) 사용자들은 현재 광범위한 협대역 mission critical PTT 서비스들을 이용하고 있다. P.25(TIA-102표준)와 TETRA(ETSI표준)는 디지털 공공안전 PTT 시스템들이다. 게다가, “기존 시스템” 즉 “전통적인 아날로그” 시스템들은 세계적으로 공통적으로 사용된다. 이러한 시스템들은 MCPTT와 유사하게 PTT와 관련된 서비스들을 제공하는데, 그룹 통화, 개별 통화, 방송통화, 동적인 그룹 관리, 그 외 다른 서비스들을 포함한다.

MCPTT는 이러한 비-MCPTT 시스템들과의 연동을 계획하고 있다.

References

[1] 3GPP TS 22.468: "Group Communication System Enablers for LTE(GCSE_LTE); Stage 1".

[2] 3GPP TS 33.246: "Security of Multimedia Broadcast/Multicast Service(MBMS)".

[3] 3GPP TS 23.246: "Multimedia Broadcast/Multicast Service(MBMS); Architecture and Functional Description".

[4] 3GPP TS 32.273: "Charging management; Multimedia Broadcast and Multicast Service (MBMS) charging".

[5] 3GPP TS 23.203: "Policy and charging control Architecture".

[6] 3GPP TS 29.468: "Group Communication System Enablers for LTE(GCSE_LTE); MB2 Reference Point".

[7] RFC 3588: "Diameter Base Protocol".

[8] RFC 2784: "Generic Routing Encapsulation(GRE)".

[9] 3GPP TS 29.061: "Interworking between the Public Land Mobile Network(PLMN) Supporting Packet Based Services and Packet Data Networks(PDN)".

[10] 3GPP TS 36.300: "Evolved Universal Terrestrial Radio Access(E-UTRA) and Evolved Universal Terrestrial Radio Access(E-UTRAN); Overall Description".

[11] 3GPP TS 36.331: "Evolved Universal Terrestrial Radio Access(E-UTRA); Radio Resource Control(RRC)".

[12] 3GPP TS 36.304: "Evolved Universal Terrestrial Radio Access(E-UTRA); User Equipment (UE) Procedures in Idle Mode".

[13] 3GPP TR 36.868: "Study on Group Communication for E-UTRA".

[14] 3GPP TS 23.468: "Group Communication System Enablers for LTE(GCSE_LTE); Stage 2".

[15] 3GPP TS 24.301: "Non-Access-Stratum(NAS) protocol for Evolved Packet System(EPS); Stage 3".

[16] 3GPP TS 22.011: "Service accessibility".

[17] 3GPP TS 22.179: "Mission Critical Push to Talk MCPTT(Release 13)".

CHAPTER

06 요약과 전망

6.1 LTE의 역할

오늘날에는 LTE(Long-Term Evolution)가 이동 광대역 통신 시스템에 대한 실질적인 세계표준이며, 비록 새로운 무선 기술(5G)에 대한 산업계의 연구가 계속 진행 중이지만, 다가오는 십 년 동안에도 현재의 위치를 유지할 것으로 예상된다. 상용 네트워크 사업자들에게는, 스펙트럼의 유연성과 효율성, 단순화된 아키텍처로 인한 OPEX(Operational Expenditure)와 CAPEX(Capital Expenditure)의 절감, 결과적으로 모든 네트워크 인터페이스에 대한 IP (Internet Protocol)의 도입 등이 핵심 사항들이다(즉, 더 이상 IP(Internet Protocol)와 비 IP -예를 들어, ITU-T signaling system No.7 기반의 프로토콜들- 에 대한 운용전문가들의 팀을 보유할 필요가 없다).

LTE를 도입한 공공 안전망은 이러한 장점들의 혜택을 받을 것이다. 그들은 안정성, 유연성, 보안성, 대량 구축된 풍부한 기능 등에 대해 검증된 모바일 시스템을 구축할 수 있다(전망에 의하면, 2020년 말까지 25억의 LTE 가입자들이 예상). 실질적으로 전 세계적인 모바일 광대역 표준이므로, 출하된 칩셋, 단말, 네트워크 장비의 관점에서 규모의 경제를 제공한다. 3GPP(3rd Generation Partnership Project) 같은 강력한 표준화 기관들의 지원을 힘입어 LTE 시스템에 필요한 변경들은 빠르게 제공되는데, 이는 모든 주요 단말 및 장비 제조업체들의 공감대에 기반하여 이루어진다. LTE의 개발은 완료와는 거리가 멀다. 3GPP는 전체 시스템을 지속적으로 개선하고 최적화하고 있다. 새로운 기능들이 각 릴리스에 추가되고, 새로운 주파수들이 기존의 LTE 대역에 추가되며, LTE-A(LTE Advanced) 및 [y1] CA(Carrier Aggregation)와 MIMO(Multiple-Input-Multiple-Output) 등의 기술을 통해 대역폭도 증가하고 있다. 사실, 3GPP의 노력은 LTE의 향상에 매우 집중되어 있으며, UMTS(Universal Mobile Telecommunications System)나 GPRS(General Packet Radio Service)같은 예전의 기술들에 대해서는 더 이상 그렇지 않다. 이러한 요구들은 네트워크 사업자들로 하여금, 3GPP의 필수적인 자원들을 에러를 수정하거나 최적화하고 LTE를 진화시키는데 사용할 수 있다는 확신을 준다. Release 12에서 공공안전을 목적으로 LTE를 최적화했다는 사실은, 새로운 요구사항들을 받아 들이고 새로운 use case들에 대해 LTE를 최적화하고 수정하는 3GPP의 능력과 의지를 입증한 것이다. 다른 예들은, LTE M2M(Machine-to-Machine)통신과 IoT(Internet-of-Things)에 관한 새로운 시장의 기회들에 대해 LTE를 맞추기 위한 최적화 등이 있다. NFV(Network Function Virtualization)와 SDN(Software Defined Networking)기술의 도입으로 인한 LTE의 향후 진화(더 엄밀히 말하여 EPC(Evolved Packet Core))는, 네트워크 자원 및 용량의 증설/감소(scale up과 down)을 용이하게 함으로써, 공공 안전망 사업자들로 하여금 구축의 유연성을 증대하고 CAPEX와 OPEX의 감소를 통한 이득을 제공할 것이다. 페이징 최적화와 같이 Release13에서 3GPP가 작업하고 있는 다른 기능들은, 공공 안전망이 음성 통화의 우선순위를 높이도록 도와주어서, 호 셋업 시간을 단축시키고 엄격한 지연 요구사항들을 만족시키도록 지원할 것이다. 그 같은 기능의 확장은 공공 안전망에게는 "무상으로" 이루어질 것인데, LTE는 국제 표준화기구에 의해서 규격화된 시스템이기 때문이다.

네트워크 공유와 (국내/해외) 로밍 기능은 공공 안전망 사업자들로 하여금 국내 일부 지역에서만 전용 네트워크를 구축하고, 나머지는 상용 LTE 사업자들과의 공유 및 로밍 계약을 통해 해당 사업자의 네트워크(특히 무선 액세스) 인프라를 사용하는 것을 가능케 할 것이다. 이는 국가적인 규모의 공공 안전망을 구축할 때에 상당한 비용감소로 이어지게 할 수 있다. 반면에, 상용사업자들은 네트워크 용량, 인프라, 노우하우를 공공안전 커뮤니티에 제공함으로써 이득을 얻을 수 있다.

최종 사용자는, 웹 브라우징, 음성과 영상통화, 영상 스트리밍, 온라인 게임 등과 같은 IP기반의 서비스를 빠르고 안정적으로 이용하는 것에 주로 관심이 있다. LTE는 이러한 종류의 서비스들에 액세스를 제공하기 위해 넓은 대역폭과 낮은 지연뿐 아니라 이동경향성(nomadicity), 이동성, 국제적인 로밍계약 등의 표준화된 셀룰라 시스템의 장점을 함께 제공한다. 많은 사람들에게, 새롭고 획기적인 과금 구조들과 조합된 LTE는 "always-on"(예, 언제든지 인터넷에 접속된)된다는 상상을 현실로 이끌었다. LTE가 더 많은 나라들에서 구축되었을 때, 이 상상은 미래에 더욱 더 많은 사람들에게 현실이 될 것이다.

6.2 Public Safety 기능들

이 책을 통해서 설명된 것처럼, LTE는 매일의 생활에서 사람들의 안전을 확장시키는 다양한 능력들을 제공한다. 비록 이 책이 "공공 안전망"을 위한 LTE에 초점을 맞추고 있지만, 우리는 LTE 네트워크에서 사용되는 공공안전에 관련된 다른 기능들에 관한 통찰력 또한 제공하였다. 일반 대중에게 가장 중요한 기능들 중의 하나는 확실히 비상통화 기능이다. 특별히 향후에3GPP의 IMS(IP Multimedia Subsystem)를 통해 이 기능이 제공되었을 때, 응급 콜센터들과 통화하기 위해서 응급 음성통화를 셋업하도록 하는 것뿐만 아니라 영상통화, 메시지 혹은 음성, 비디오클립들 같은 다른 미디어도 사용할 수 있도록 한다. 강화된 위치 서비스들(예를 들면, 위치기반 서비스, A-GPS(Assisted Global Positioning System))와 결합되어, 이런 새로운 종류의 멀티미디어 응급 서비스들은 응급상황에 처한 사람들에 대해 보다 정확하고 빠른 지원을 가능하게 할 것이다.

구조 요원들이 사고 혹은 재난이 발생한 현장에 도착하기도 전에, 사진과 비디오가 멀티미디어 응급서비스를 통해 응급 서비스 센터와 궁극적으로 사고현장으로 오고 있는 구조 요원들에게 송신되고, 구조요원들이 더욱 정확한 정보(예를 들면, 사고 혹은 재난현장에 도착했을 때 어떤 상황이 예상되는지 등)를 가지고 준비할 수 있도록 지원할 것이다. 이는 사고에 휘말린 사람들의 생명뿐만 아니라 구조요원들의 생명 또한 구할 수가 있는데, 왜냐하면 현장에 관한 더 명확하고 정확한 시각을 미리 가질 수가 있기 때문이다.

EU(European Union)에서 도입될 eCall 시스템(상세정보는 참고문헌 [1] 참조)은 사고에 휘말린 자동차들로부터 정보를 자동적으로 응급 센터로 보내게 된다. 자동차의 위치, 승객의 수, 사고 전의 속도와 같은 정보를 제공하는 것 외에, eCall은 차량의 승객들이 전화를 할 수 없을 때에도 구조요원들에게 직접 통화를 할 수 있다. eCall이 LTE와 IMS를 통해 가능하게 되면, 고속으로 더욱 많은 데이터가 응급 센터 혹은 데이터 센터로 송신될 수 있을 것이다. 미래에 더 많은 센서와 카메라를 장착하게 될 차량은 정밀한 사진 혹은 실시간 동영상을 응급 서비스센터 혹은 구조요원에게 직접 송신할 수 있을 것이다. 차량의 eCall과 유사한 기능들이 건물 혹은 비좁은 공간에 대해서도 예견된다. 예를 들어, 만약 집 혹은 공공건물에서 화재가 감지된다면, 화재경보뿐만 아니라 진행 중인 화재와 방의 사진 혹은 실시간 동영상이 보내질 수 있다. 이는 사고현장의 도착 이전과 이후에 소방관들이 그들의 활동을 조정하는데 도움이 될 것이다.

PWS(Public Warning System, 공공경보 시스템)는 정부 당국이 LTE 상으로 조만간 재해(쓰나미, 지진, 혹은 화산 폭발)가 발생할 지역의 주민들에게 경고 메시지를 보내도록 한다. 또다시, LTE같은 이동 광대역 시스템과 조합된 공공경보 시스템은, 사람들로 하여금 그들에게 닥칠 위험을 사전에 알리는 더욱 강력한 수단이고, 재해 지역과 정도에 대한 더욱 상세한 데이터가 위험에 처한 사람들에게 전달될 수 있다.

앞을 내다보면, 우리는 안전과 관련된 정보들을 사용자들에게 전달하는 새로운 스마트폰 애플리케이션들이 출시될 것으로 가정한다: 앱이 등록된 기관뿐만 아니라, 재난 혹은 사고지역에 가까운 다른 사용자들로부터의 정보가 직접 수신되고, 현재 상황에 대해 모두에게 혹은 친구에게만 실시간으로 알려준다. 이는 그들이 어디에 있든 간에 참가자들에게 안전과 관련된 정보를 제공하는 새로운 종류의 소셜 네트워크를 생성하는 것으로 이어질 수 있다.

6.3 공공안전을 위한 LTE

ProSe(Proximity Services)와 GCSE(Group Communication System Enablers)는 LTE 상으로 공공안전 통신을 지원하도록 하기 위해 3GPP가 표준화한, 두드러지는 두 가지 기능들이다. Proximity 서비스를 사용하여, 소방 경찰 그리고 다른 공공안전 요원들이 네트워크 커버리지가 없는 환경에서도 각자 속한 그룹의 멤버들을 감지하고 서로 통신할 수 있다. LTE 주파수를 이용한 D2D(device-to-device) 통신의 원칙은 3GPP에서는 새로운 종류의 기능이다. 상용 네트워크 사업자는 국가 기관에 의해 할당된 허가된 주파수 대역을 사용하여, 일반적으로 오직 자신의 네트워크를 통해서만 그들의 서비스를 제공한다. 워키토키 기능(즉, 1대1 혹은 1대다 통신)과 같은 형태는 네트워크 커버리지 내에 아무 단말도 없거나 혹은 단말이 얼마 없는, 그런 재난 지역에 있는 공공안전 요원들을 위해서는 필수적이다. 커버리지 내의 단말들은 커버리지가 없는 단말들에 대해서 통신 릴레이로서 동작할 수 있다. 1장과 5장에 기술된 MBMS(Multimedia Broadcast/Multicast Service)를 기반으로 한 그룹통신 enabler는, 주어진 시간 동안 오직 한 사람만 다른 전체의 그룹 멤버들에게 발언하는 PTT(Push-to-Talk) 통신을 통해 효율적인 자원사용 방법을 제공해 준다는 것에서 중요하다. MBMS 기능에는, 짧게 쏟아지는 발언이 특정 지역(한 셀과 같은 작은 지역)에 빠르고 효율적인 방식으로 전달될 수 있도록 하는 어느 정도의 개선이 필요했다. 빠르고 효율적인 통신은 낮은("입에서 귀로") 지연과 네트워크 자원의 낭비가 없는 통신을 의미하는데, 그래서 예를 들면 소방과 경찰같은 다수의 별도 그룹들이, 다른 사람들의 통신이 여전히 가능한 가운데에서도, 특정 지역의 네트워크를 사용할 수 있다는 것이다. 공공안전의 중요한 측면은 하위의 네트워크와 상위의 애플리케이션의 안정성이다. LTE는 각 노드((Mobility Management Entity(MME), Serving Gateway(SGW), Packet Data Network Gateway(PGW), Policy and Charging Rules Function(PCRF), Multimedia Broadcast/

Multicast Service Gateway(MBMS GW)) 레벨 별 복구기능을 통하여 내재된 안정성과 강인함을 제공한다. 복구 기능들은 MME, SGW, 혹은 MBMS GW같은 노드에서 특정 context 데이터와 세션들을 복구하는 프로토콜 레벨의 능력을 제공한다.

PTT 애플리케이션 자체는 3GPP Release 12 활동의 일부분이 아니다. 오히려 PTT는 기존의 공공안전 시스템의 구성요소인데, 그와 같은 시스템은 P25(Project 25, 북미의 공공안전 기관에 의해 사용되는 디지털 무선 표준)와 TETRA(Terrestrial Trunked Radio, ETSI에 의해 표준화된 시간 분할 다중화 시스템)와 같이 협대역 이동전화 시스템을 기반으로 하였다. 결과적으로, Release 12에는 규격화된 그룹통신 시스템 enabler의 위에 PTT 애플리케이션을 개발하고자 하는 강한 요구가 있다.

MCPTT(Mission Critical Push-To-Talk)라고 알려진 애플리케이션은 3GPP Release 13에서 현재 작업이 진행 중이다. 이 작업의 완료시기는 2015년 후반으로 예상된다. MCPTT에 대한 서비스 요구사항들은 3GPP TS 22.179 [2]에 정리되어 있다. 이러한 요구사항들은 발언권 제어, 그룹 통화, 그룹 통화 공지, 그룹 관리, 그룹 통화 우선순위 관리같은 PTT 기능의 일반적인 내용으로 구성되어 있으나, 그룹 통화에서 허용되는 지연 값, P25와 TETRA같은 기존의 시스템과의 연동 가능성 등과 같은 요구사항들도 포함된다. MCPTT 서비스에 대한 까다로운 지연 관련 요구사항들은, 엄격한 QoS(낮은 패킷 지연)와 priority에 대한 요구사항을 만족시키는 MCPTT 시그널링과 사용자 평면을 위한 특별 베어러 QoS(Quality of Service)의 사용을 요구할 수 있다. MCPTT를 OMA(Open Mobile Alliance)가 공공안전 분야에서 mission critical 통신을 지원하기 위해 확장하고 최적화한 PoC(Push-To-Talk-Over-Cellular) 애플리케이션에 기반으로 하는 것을 고려할 수 있다. 명백하게, MCPTT 애플리케이션은 3GPP Release 12에서 정의된 GCSE(Group Communication System Enabler) 상에서 동작하고, 관련된 인터페이스들을 구현해야 하는데, 다시 말하면 MCPTT 응용서버는 BM-SC(제어 및 사용자평면을 위한 MB2 인터페이스)에 대해 3GPP에 규정된 인터페이스들을 구현해야 한다. OMA PoC 제어평면은 SIP를 기반으로 하고 있으며, 이것은 특히 IMS기반의 MCPTT 서비스와 VoLTE를 동일한 단말 및 칩셋에 통합하기 쉽도록 지원해 주는, IMS의 기능(예를 들어, IMS의 보안, 등록, 세션 수립 등의 재사용 관련)과 연관되어 있다. OMA PoC는 어떻게 PoC클라이언트가 PoC 서버에 서비스를 등록하는가, 어떻게 PoC(on-demand 혹은 사전수립된) 세션을 시작하는가, 어떻게 세션에 참가하거나 떠나는가, 어떻게 세션을 종료하는가를 정의하였다. OMA PoC 사용자 평면 규격은, 예를 들어 PoC 클라이언트가 'talk와 multimedia burst를 다른 클라이언트들에게 송신하는 권한'을 요청하는 프로토콜들을 정의한다. 최신의 OMA PoC enabler 규격 버전2.1은 참고문헌 [3]에서 찾을 수 있다.

게다가, MCPTT는 device-to-device 혹은 device-to-network 릴레이 통신이 요구될 때에 ProSe 기능들을 이용해야 한다. 디바이스 간 MCPTT 통신의 릴레이에 관한 몇몇 가능한 솔루션들이 논의되고 있다: 2계층(즉, 링크 계층 상의 릴레이) 또는 3계층 릴레이(즉, IP 계층 상의 릴레이, 예를 들어, 잘 알려진 IPv6 prefix delegation feature의 사용을 가능케 해줌), 릴레이 단말 상에서 작동하는 애플리케이션 게이트웨이(즉, MCPTT gateway/proxy function), 혹은 멀티캐스트 전송의 릴레이(즉, 멀티캐스트 채널 상에서 수신한 데이터를 또 다른 멀티캐스트 채널 상으로 주변의 단말들에게 전달하는 식으로 기지국처럼 동작하는 릴레이 단말).

3GPP는 또한 "공공안전을 위한 단독 기지국 운용 모드(IOPS: Isolated E-UTRAN Operation for Public Safety)"라 불리는 또 다른 기능의 작업을 시작했다. IOPS의 사용 예는 3GPP TR 22.897 [4]에 나열되어 있다. IOPS에 관한 요구사항들은 3GPP TS 22.346 [5]에서 찾아볼 수 있다. 이 책을 저술할 당시에는 stage 2(architecture work) 및 stage 3(protocol work)이 아직 시작되지 않아서 IOPS에 대한 설명은 향후 변경될 수 있다.

IOPS는 네트워크가 온전히 동작하지 않더라도 공공안전 사용자들에게 서비스를 제공하는 것을 목표로 하는데, 예를 들면 eNB가 다른 네트워크 부분들로부터 연결이 단절되었을 때, "고립된 E-UTRAN"을 구성한다. 이런 상황들은 지진이나 쓰나미 같은 자연재해가 발생했을 때 대부분 발생하게 된다. 이런 환경에서는, 공공안전 사용자들이 mission critical 통신을 지속적으로 사용할 수 있는 능력을 확보하는 것이 가장 중요하다.

IOPS는 또한 백홀의 연결 없이도 지역을 지원하는 무선 액세스 네트워크를 빨리 형성하는 능력을 제공하는 것도 목표로 하고 있는데, 이는 한 개 이상의 추가적인 이동가능한 eNB(NeNB: Nomadic eNB)를 단독 모드로 구축함으로써 가능하다. 이는 커버리지가 없거나 극히 제한적인 지역에서 사용되는 것을 의도하고 있는데, 예로서 멀리 떨어져 있는 지역에서 산불이 발생한 경우를 들 수 있다. 이러한 경우에, 고립된 E-UTRAN은 한 개 이상의 NeNB들로 구성될 수 있다. NeNB는 운용자의 통제 하에서 고립된 E-UTRAN 운영을 개시할 수 있어야 한다(구체적인 구현 내용은 3GPP에서 작업 중). NeNB에서 기인한 고립된 E-UTRAN은 eNB로부터 기인한 고립된 E-UTRAN과 유사하게 커버리지 지역에서의 공공안전 단말들의 지원, NeNB들 간의 통신, 제한된 백홀 연결성을 지원할 것으로 예상된다.

IOPS 기능은 또한, 정상 백홀 통신이 제공되지는 않지만, 그 대안으로서 단지 시그널링 트래픽만 지원하면서 사용자평면 트래픽은 거의 혹은 아예 지원하지 않는 형태의(이상적이지 않은) 제한된 대역폭 백홀이 사용되는, 고정되었거나 이동 가능한 기지국이 포함된 시나리오에 대해 다루는 것도 목표로 하고 있다.

고립된 E-UTRAN은 단독 혹은 복수의 eNB로 구성되거나, 단독 혹은 복수의 NeNB로 구성되거나, 혹은 eNB와 NeNB의 혼합된 그룹으로 구성될 수 있다. 이러한 eNB와 NeNB의 조합이 발생하는 경우는, 재해로 인하여 서비스 중단이 발생하고, 고립된 E-UTRAN 지역에 커버리지와 용량을 개선하기 위하여 추가적인 NeNB가 투입되는 경우가 될 수 있다. (N)eNB들이 서로 연결되어 '복수의 (N)eNB들로 이루어진 고립된 E-UTRAN'은 하나의 고립된 (N)eNB에 의해 제공되는 커버리지의 영역을 넘어서는 단말들 간의 통신을 지원한다. 고립된 E-UTRAN의 커버리지 하에 있는 단말들은, 공공안전 사용자들에게 제한된 수준의 음성, 데이터 및 그룹통신 서비스들을 제공할 것으로 예상된다. IOPS는 고립된 E-UTRAN들이 서로 연합되어 더 큰 네트워크 형태가 되면서도 여전히 고립된 E-UTRAN인 경우를 지원해야 하는데, 자연재해 후에 복구가 진행되고 eNB 간의 연결들이 차례차례 다시 복구되고 있는 시기를 예로 들 수 있다.

고립된 E-UTRAN의 커버리지 하에서, MCPTT 사용자들은 공공안전 통신을 위하여, 고립된 E-UTRAN을 이용한 제한적인 서비스들을 제공받아야 한다. EPC가 없기 때문에, 이러한 그룹에의 그룹 멤버십과 가입은, 고립된 E-UTRAN 시나리오에서의 동작 시에 효력을 발휘할 수 있도록 사전 준비가 되어야 한다. 이 시나리오 하에서는 그룹의 동적인 설정이 불가능하기 때문에, 이러한 그룹들은 상당히 일반적이어야 할 것으로 보인다(예를 들면, 몇몇은 다른 기관들의 사용자들도 포함). 예를 들면, 경찰, 소방 의료요원을 포함하여 정의된 그룹이 있을 수 있는데, 일반적으로 현장에서, 그리고 꼭 필요한 경우에 생성된다.

공공안전 사용자는, 지령자(지령자는(N)eNB에 직접 혹은 단말을 거쳐서 연결될 수 있다), 고립된 E-UTRAN의 커버리지 하의 그룹 멤버들, 혹은 고립된 E-UTRAN의 커버리지 하의 모든 단말들에 연락할 수 있도록 MCPTT 응급그룹통화를 시작할 수 있는 방법을 제공받아야 한다.

고립된 e-UTRAN 동작 중에는, 각 그룹은, 그룹의 모든 인가된 멤버들이 무선 자원이 가능한 한도 내에서 참가하는 것이 허용되는 한 개 이상의 MCPTT 음성그룹통신을 시작할 수 있다.

6.4 전망

우리는 3GPP가 공공안전 커뮤니티에 필요한 기능과 enabler를 제공하기 위해, 하나의 릴리스 주기 내에서 주목할 만한 노력을 했음을 보았다. 이러한 기능들은, Proximity Service라고 불리는 LTE 상의 device-to-device communication과 Group Communication System Enabler이다. 후자는 LTE를 위한 MBMS를 기반으로 하고 있다. 일정상의 제한으로 인하여, 이러한 기능들의 모든 측면이 Release 12 일정 내에 개발될 수 없었다. 차기 3GPP Release를 통해, MCPTT 애플리케이션, 그리고 Proximity service와 그룹 통신의 강화 및 최적화가 수행되고 있다. 비록 특정 지역(예, 미국의 몇몇 주 등)의 시험 네트워크들이 2014년에도 이미 운용되었지만, 본격적인 공공 안전망의 구축은 2015년에 시작될 것으로 예상하고 있다. 공공안전(기관 대 기관) 통신을 위한 LTE에 관하여, 진행 중이거나 계획된 3GPP 작업 항목의 현재상황은 참고 문헌 [6]에 기재된 링크에서 찾을 수 있다. LTE 기술 기반의 공공안전 네트워크가 구축되면, 새로운 요구사항들이 제기되어 3GPP 혹은 OMA같은 다른 표준화 기관에 의해, 새로운 기능으로서 표준화될 것이다. LTE와 같은 표준적인 광대역 무선 시스템이 어떻게 비용 효율적인 방식으로 신뢰할 수 있는 네트워크를 구축하는 데 도움을 줄 수 있는지 확인하는 것은 흥미로울 것이다.

이 네트워크 및 그 사용자들은, 지난 수년간 스마트폰이 사람들이 서로 통신하는 방식을 현격하게 바꾸었던 것처럼, 무선/네트워크 기술 및 단말로부터 혜택을 입을 것이다.

References

[1] European Union regulation:
http://ec.europa.eu/enterprise/sectors/automotive/safety/ecall/index_en.htm.

[2] 3GPP TS 22.179: “3rd Generation Partnership Project; Technical Specification Group Services and System Aspects; Mission Critical Push to Talk MCPTT(Release 13)”.

[3] OMA Push to Talk Over Cellular V2.1 Enabler:
http://technical.openmobilealliance.org/Technical/technical-information/release-program/current-releases/poc-v2-1.

[4] 3GPP TR 22.897: “3rd Generation Partnership Project; Technical Specification Group Services and System Aspects; Study on Isolated Evolved Universal Terrestrial Radio Access Network(E-UTRAN) Operation for Public Safety(Release 13)”.

[5] 3GPP TS 22.346: “3rd Generation Partnership Project; Technical Specification Group Services and System Aspects; Isolated E-UTRAN Operation for Public Safety(Release 13)”.

[6] 3GPP Work Items on LTE for Public Safety(Authority-to-Authority) Communications:
http://www.3gpp.org/ftp/information/work_plan/description_releases/Previous_versions/.

Appendix A

A.1 호처리

A.1.1 Attach

단말은 Internet connectivity와 같은 EPS(Evolved Packet System) 서비스를 받기 위해서 네트워크에 등록할 필요가 있다. 이 등록은 network attachment라고 불리는데, 간단히 attach라고 한다. "Always-on" IP(Internet Protocol) connectivity는, attach동안에, EPC가 소위 default EPC bearer를 수립함으로써 실행된다(그림 A.1 참조).

1. UE가 Radio Resource Control(RRC) connection setup complete message 내에 포함된 Attach Request를 송신함으로써 Attach절차를 시작한다. RRC 메시지는 eNodeB에게 보내진다. UE는, 만약 가능하다면, Attach 내의 GUTI(Globally Unique Temporary Identity)를 제공한다. 만약 GUTI가 가능하지 않다면, IMSI(International Mobile Subscriber Identity)를 제공한다. 만약 USIM(Universal Subscriber Identity Module)이 없는 UE가 Emergency 서비스를 위해 Attach procedure를 시작한다면, IMEI(International Mobile Equipment Identity)를 제공할 수도 있다. AttachType은 초기 Attach, Handover, Emergency일 수 있다. 만약 단말이 유효한 보안 파라메타들을 가지고 있다면, Attach Request는 integrity protect된 상태이다.
2. eNodeB가 Attach Request를 선택된 MME(Mobility Management Entity)(오래된 GUMMEI (Globally Unique Mobile Management Entity Identifier)에서 도출되었거나, 혹은 MME 선택기능을 기반으로 피 선택)에게 S-1 MME control message를 통해 전송한다.

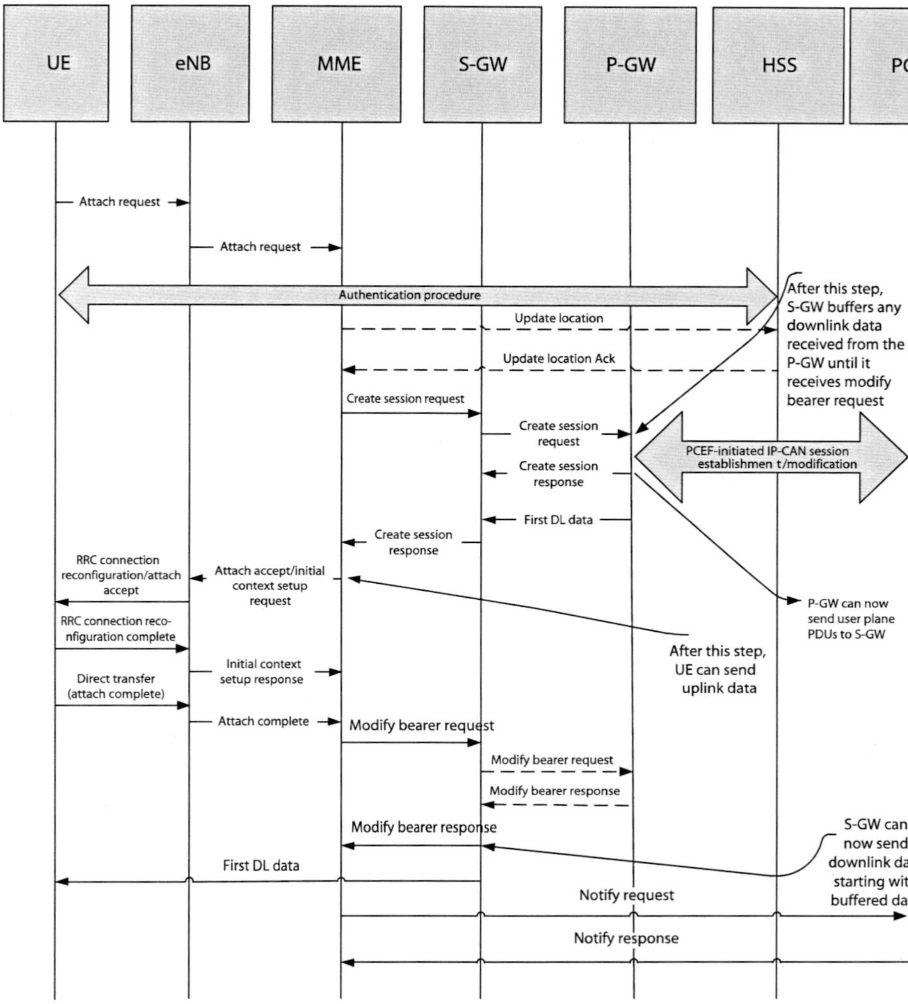

그림 A.1 EPS Attach

3. 만약 UE context가 네트워크(오래된 혹은 신규의 MME) 내에 존재하지 않고 Attach Request가 integrity protect되어 있지 않거나, 혹은 만약 integrity check가 실패했다면, integrity protection을 실행시키기 위한 authentication과 NAS(Network Access Server) security setup과 NAS ciphering은 필수적이다. 그렇지 않다면, Attach 절차 동안에 optional이다. MME는 단말을 authenticate하기 위한 이 절차를 시작하며, UE를 위한 authentication vector를 획득하기 위해 HSS(Hoem Subscriber Server)를 포함시킨다.

4. MME는 주어진 IMSI에 대한 기록들을 업데이트 하기 위해서 Update Location Request message를 HSS로 송신한다. 만약 아래의 어떤 조건이라도 true라면, 이 메시지가 보내진다:
   a. 지난 detach 이후 MME가 변경되었다.
   b. MME 내의 UE에 대한 유효한 subscription context가 없다.
   c. ME identity가 변경되고, UE IMSI를 제공한다.
   d. UE가 MME 내의 유효한 context를 참조하고 있지 않은 오래된 GUTI를 제공하거나, 혹은
   e. UE가 emergency attach를 수행하지 않는다.
5. HSS가 Update Location Ack와 함께 Update Location message를 받았음을 알린다(acknowledge).
6. MME가 S-GW(Serving Gateway)와 P-GW(Packet Data Network Gateway)를 선택하고, UE와 연계된 default bearer에 대한 EPS Bearer Identity를 할당한다. 그리고 선택된 S-GW에 Create Session Request를 보내어 UE에 대한 default bearer들의 생성을 시작한다.
7. S-GW는 EPS Bearer table에 새로운 entry를 생성하고, P-GW에 Create Session Request를 송신한다.
8. 만약 능동적인 policy control(PCC, Policy and Charging Control)이 도입되어 있고 handover indication이 존재하지 않는다면, P-GW는 IP-Connectivity Access Network(IP-CAN) Session Establishment procedure를 수행하고 그렇게 함으로써 UE에 대한 default PCC rule을 획득한다. 만약 PCC가 도입되어 있고 handover indication이 존재한다면, P-GW는 PCRF에게 새로운 access type을 보고한다. 만약 PCC가 도입되어 있지 않다면, P-GW는 아마 local QoS(Quality of Service) policy들을 적용할 것이다. 이러한 조건들 중 어느 하나를 통해서 default bearer와의 연계 혹은 조합으로, 어느 정도의 UE에 대한 dedicated bearer들의 수립(establishment)이 가능하게 된다.
9. P-GW는 EPS bearer context table에 새로운 entry를 생성하고, General Packet Radio Service (GPRS) Charging Correlation Identifier를 만들어 낸다. 이는 P-GW로 하여금, 사용자평면 packet들을 S-GW와 PDN(Packet Data Network)(예, internet) 간으로 전송하게 하고, 또한 새로운 charging session을 시작하도록 허용한다. P-GW는 Create Session Response와 함께 S-GW에 응답한다. 만약 Handover Indication이 존재한다면, P-GW는 downlink path가 바뀔 때까지는 downlink packet들을 S-GW로 송신하지 않는다. S-GW는 Create Session Response와 함께 MME에 응답한다.

10. MME는 eNodeB에 의해 사용될 UE AMBR을 결정하는데, 이는 subscribed UE-AMBR과 default APN에 대한 APN-AMBR(APN Aggregate Maximum Bit Rate)을 기반으로 한다. MME는 Attach Accept와 함께 UE에 응답한다. 만약 새로운 MME가 새로운 GUTI를 할당한다면, GUTI가 여기에 포함된다. 이 메시지는 S1-MME control message Initial Context Setup Request에 포함되어 있다. S1 control message는 또한 UE에 대한 AS security context information, Handover Restriction List, EPS Bearer QoS, UE-AMBR, EPS Bearer Identity, Tunnel Endpoint Identifier(TEID)와 사용자평면 traffic에 대한 S-GW의 주소를 포함한다.

11. eNodeB는, Attach Accept와 함께 EPS Radio Bearer Identity를 포함한 RRC Connection Reconfiguration message를 UE에게 보낸다. Default bearer와 연관된 APN이 UE로 제공된다. Attach procedure 동안에, UE에 대한 IP address allocation procedure가 개시된다.

12. UE가 eNodeB로 RRC Connection Reconfiguration complete message를 보내고, eNodeB는 MME로 Initial Context Response message를 보낸다. Initial Context Response message는 eNodeB의 TEID와 S1-U reference point 상의 downlink traffic에 사용된 eNodeB의 address를 포함한다.

13. UE는 eNodeB로 Attach Complete를 포함한 Direct Transfer message를 송신한다.

14. ENodeB는 새로운 MME로 Attach Complete message를 전달하는데, 이는 NAS Transport message에 들어 있다. UE는 이제 eNodeB로 uplink data packet들을 보낼 수 있는데, 그것들은 S-GW 및 P-GW로 보내질 것이다.

15. MME는 S-GW로 Modify Bearer Request message를 보낸다. 이는 EPS bearer ID, eNodeB address, 그리고 eNodeB TEID를 포함한다.

16. S-GW는 UE가 non-3GPP(3rd Generation Partnership Program) access를 통해 연결되었을 경우에만, P-GW로 Modify Bearer Request를 보낸다. 이는 Handover Indication의 유무에 기반하여 결정된다. 만약 Handover Indication이 존재한다면, S-GW는 P-GW로 Modify Bearer Request message를 보내는데, 이는 P-GW로 하여금 non-3GPP IP access로부터 3GPP access system로 packet들을 보내도록 유도하고, S-GW로 즉시 default와 모든 dedicated EPS bearer들에 설정된 packet들을 보내기 시작하기 위함이다.

17. P-GW는 S-GW로 Modify Bearer Response를 송신하고, MME로 Modify Bearer Response를 보낸다. Bearer들은 이제 수립되고, uplink와 downlink packet들을 교환할 준비가 되었다.

18. MME는, HSS를 APN와 P-GW pair로 업데이트 하기 위해서, HSS로 Notify Request를 보낸다. HSS는 APN과 P-GW identity pair를 저장하고, MME로 Notify Response를 송신한다.

A.1.2 Detach

Detach 절차는 UE가 network에 network에 더 이상 access하고 싶지 않음을 알리고, network가 UE에게 network의 access를 더 이상 가지고 있지 않음을 알리도록 한다(그림 A.2 참조).

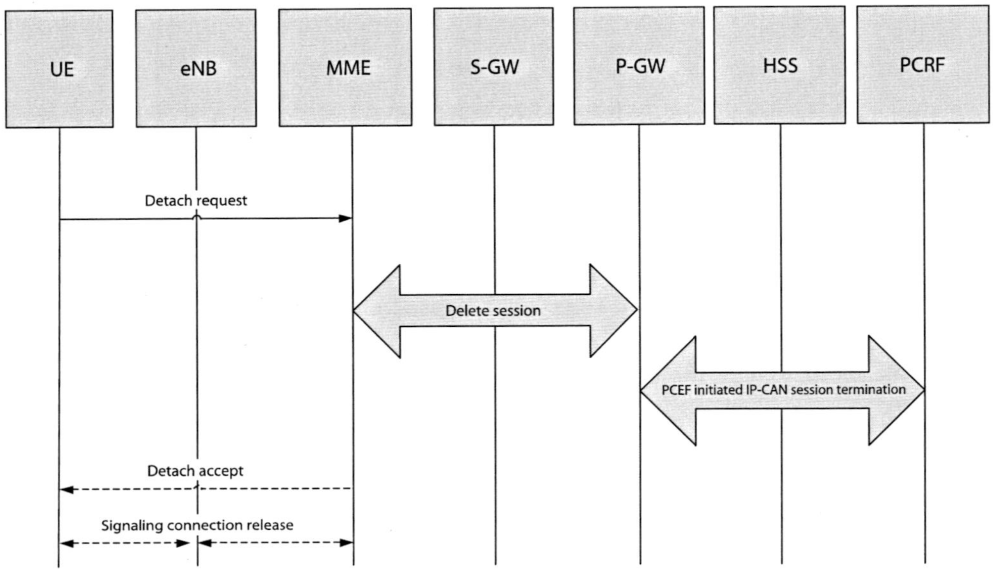

그림 A.2 EPS Detach

1. UE는 MME에게 Detach Request를 송신함으로써 Detach 프로세스를 시작하고, detach가 전원 off가 이유인지의 여부를 알린다.
2. MME는 S-GW에 Delete Session Request를 송신함으로써 수립된 session들의 삭제를 시작하는데, 차례로 그 것을 P-GW에 송신하여 UE에 대한 모든 베어러들을 비활성화시킨다. P-GW와 S-GW 모두 자원들을 해제시키고, Delete Session Request를 받았음을 확인한다.
3. 만약 PCC가 network에 도입되어 있다면, EPS 베어러들이 해제되었다는 것을 알리기 위하여, P-GW는 PCRF와 함께 PCEF(Policy Charging Enforcement Function)-initiated IP-CAN Session Termination Procedure를 이용한다.
4. 만약 Detach가switch off로 인한 것이 아니라면, MMW는 UE로 Detach Accept를 송신한다.
5. MME는 eNodeB로 cause value set을 Detach로 하여 S1 Release Command를 보냄으로써, UE에 대한 S1-MME signaling connection을 해제한다. 이는 S1-MME interface 상의 logical S1-AP signaling connection들의 해제와, UE에 대한 S1-U 상의 S1 bearer들의 해제를 촉발시킨다. UE는 UE와 MME 공히, ECM-CONNECTED에서 ECM-IDLE state로 이동한다. eNodeB에서 UE-related context information이 삭제된다.

더욱 상세한 내용은 3GPP TS 23.401 [1]에 기재되어 있다.

A.1.3 Tracking Area Update

UE가 성공적으로 attach되었다면, UE는 지속적으로 network에 현재의 위치에 관해 알려주어야 할 필요가 있는데, UE로의 signaling connection이 해제된 idle mode인 경우에도 downlink signaling과 사용자 data가 도달 가능하도록 하기 위함이다. Network가 계속 알 수 있도록, UE는 TAU(Tracking Area Update)를 수행한다(그림 A.3 참조).

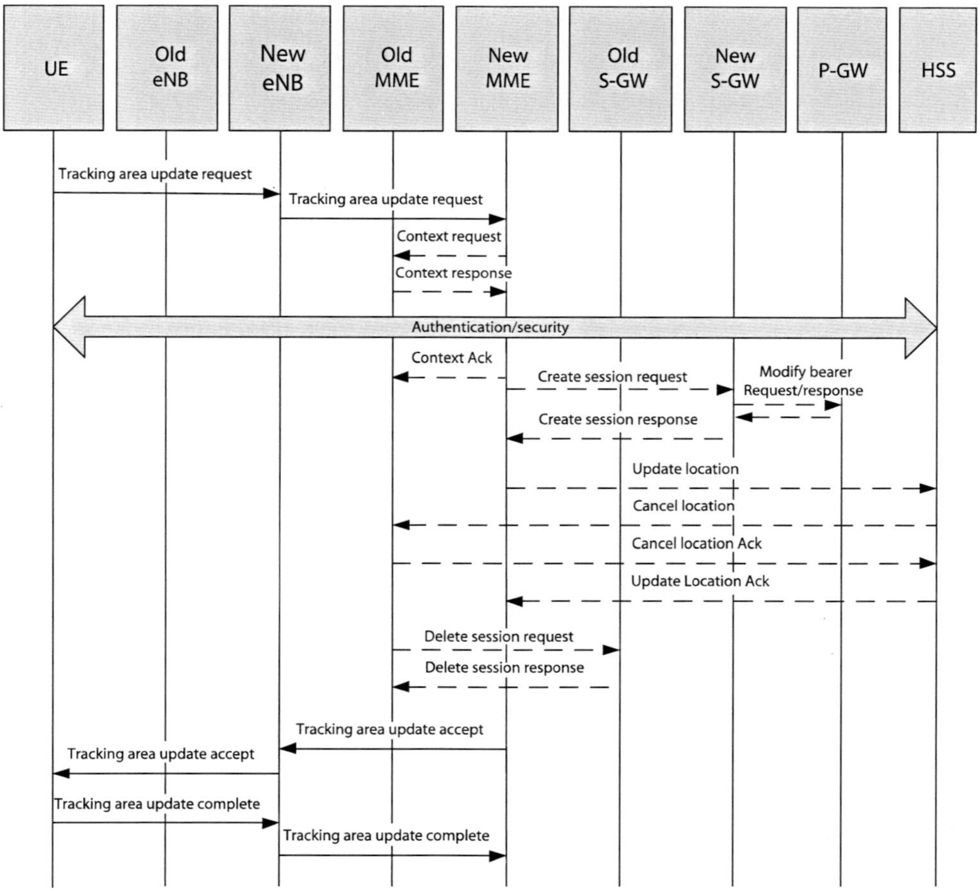

그림 A.3 Tracking Area Update with MME and S-GW change

1. UE가 새로운 eNB에 RRC message의 내에 TAU request를 포함시켜서 송신하는데, 이는 tracking area가 변경되었거나 혹은 periodic TAU timer가 만료된 것 등이 원인이 된다. TAU는 오래된 GUTI, 지난번에 방문했던 TAI(Tracking Area Identity), EPS bearer status와 같은 정보를 포함한다.

2. eNodeB는 GUMMEI와 selected network와 같은 RRC 파라메터들로부터 MME를 얻어낸다. eNodeB는 새로운 MME로 TAU request를 전송한다.
3. 새로운 MME는 GUTI를 사용하여 예전의 MME를 얻어내고, 옛 MME에 Context Request message를 보냄으로써 user context information을 얻어낸다. 새로운 MME는 옛 MME에게, GPRS Tunneling Protocol(GTP) message Context Request와 함께 integrity protection를 포함한 complete NAS message TAU Request를 제공함으로써, message의 integrity를 확인한다. 옛 MME는, EPS security context, mobility management, session management information을 가진 UE의 context data를 포함한 Context Response로서 답변한다. 만약 옛 MME가, Context Response message 내에서, integrity check가 성공적이지 못했음을 나타낸다면, 새로운 MME는 UE를 인증하게 된다.
4. 이 경우에, 새로운 MME는 S-GW를 relocate하는 결정을 하는데, 왜냐하면, 옛 MME가 그 UE를 더 이상 지원할 수 없기 때문이다. 새로운 MME는 옛 MME로 S-GW change indication과 함께 Context Acknowledge를 보낸다.
5. 새로운 MME는 새로운 S-GW에게로, IMSI, bearer context data, P-GW address, 각 PDN connection에 대한 MME Address와 함께, Create Session Request를 보낸다.
6. 새로운 S-GW는 P-GW들에게 Modify Bearer Request per PDN connection을 보냄으로써 radio access type change(WLAN에서 E-UTRAN의 변경 등)를 알린다. P-GW들은 그들의 bearer context들을 업데이트하고, Modify Bearer Response을 송신한다.
7. S-GW는 새로운 MME에게, 자신의 address, 사용자평면, 및 제어평면 connection addresses와 함께 Create Session Response를 보낸다.
8. 만약 새로운 MME가 UE에 대한 subscription data를 가지고 있지 않다면, 그 MME는 HSS에 Update Location Request를 송신한다. MME registration이 HSS에서 업데이트 되는데, UE에 대한 serving node로서 HSS에 MME address가 저장된다. 그 대신에 HSS는 옛 MME로 Cancel Location를 보내고, 새로운 MME로는 subscription data를 포함한 Update Location Ack를 보낸다.
9. 옛 MME는 옛 S-GW에게 Delete Session Request를 송신함으로써 bearer resource들을 삭제한다.
10. 마지막으로, 새로운 MME는 UE에게GUTI, TAI list 및 EPS bearer status와 함께 TAU accept를 보낸다. 만약 MME가 변경되었다면, 새로운 MME는 새 MME를 식별할 수 있는 새로운 GUTI를 포함할 것이다. 만약 새로운 GUTI가 할당되었다면, UE는 NAS message TAU Complete와 함께 receipt of the identity를 확인해 주어야 한다.

더욱 상세한 내용은 3GPP TS 23.401 [1]에 기재되어 있다.

A.1.4 Paging

paging procedure(그림 A.4 참조)는 network가 UE에 establishment of a NAS signaling connection을 요청함으로써 시작된다. UE가 RRC-IDLE인 경우, UE는 paging message들을 모니터링하는데, 이 모니터링의 주기는 “DRX cycle in idle mode”에 의해 결정된다.

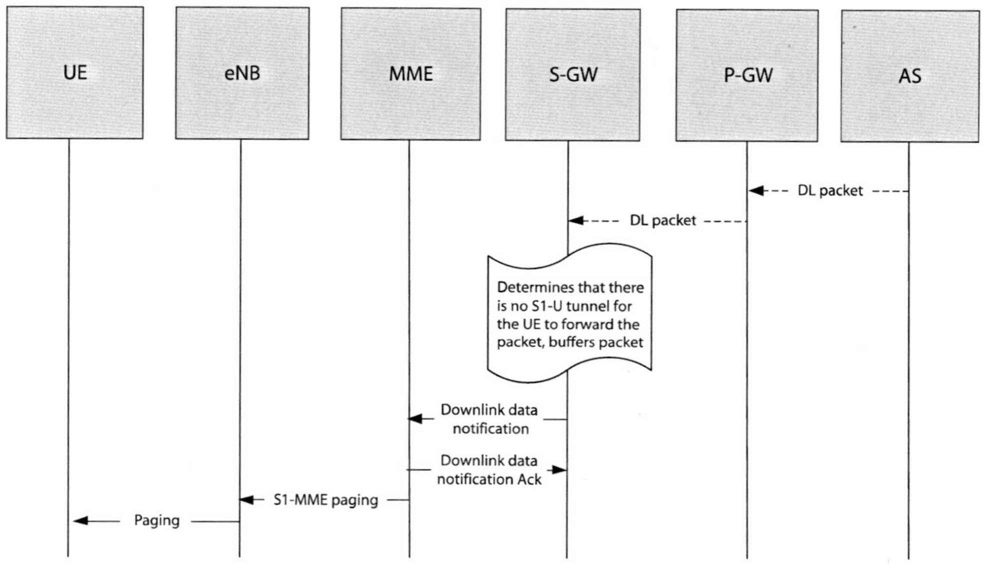

그림 A.4 Paging triggered by a DL packet

1. P-GW는 external source(예, Application Server) 로부터 UE에 대한 downlink IP packet을 받는다.
2. P-GW는 해당되는 S-GW로 downlink IP packet을 전달한다. Packet의 route는 packet filters, Downlink Traffic Flow Template(DL TFT), TEID 같은 flow attribute들에 의해 결정된다.
3. S-GW는 packet을 수신하고, 해당되는 S1-U tunnel이 수립되지 않았는지 알아낸다. 이와 같이, packet을 완충시키고, 그의 context data로부터 UE를 지원하는 해당 MME를 결정한다. S-GW는 주어진 UE에 대한 제어평면 connectivity를 가진 MME에 DDN(Downlink Data Notification)을 보낸다. ARP(Address Resolution Protocol)와 EPS Bearer ID는 항상 Downlink Data Notification에 설정된다. MME는 Downlink Data Notification Ack message와 함께 응답한다. Priority indicator, 즉 ARP는 Downlink Data Notification을 촉발시키는 bearer로부터 얻어진다.

4. MME는 Downlink Data Notification message를 수신한다. 그것은 UE가 MME에 등록되어 있는지를 알아낸다. MME는 paging strategy(즉, 저장된 TAI list의 모든 TAI에서의 paging, 마지막으로 알려진 eNB 혹은 마지막으로 알려진 TAI 내의 초기 paging에 의한 순차적인 paging, 등)를 결정하기 위해 EPS bearer ID, ARP와 같은 파라메터를 사용한다. 그래서, S1-AP 상으로 eNB에의 paging message를 시작하게 한다.
5. eNB는 UE의 idle mode paging DRX cycle을 근거로 paging을 시작한다.

더욱 상세한 내용은 3GPP TS 23.401 [1]과 3GPP TS 24.301 [2]에 기재되어 있다.

A.1.5 Service Request

Service Request는, pending UL data 혹은 signaling messages를 기반으로 하거나, 혹은 network으로 부터의 paging message에 대한 응답으로서, UE에 의해 보내질 수 있다. Service Request (그림 A.5 참조)는 일반적으로 NAS signaling connection 설정을 요청하기 위해 송신된다.

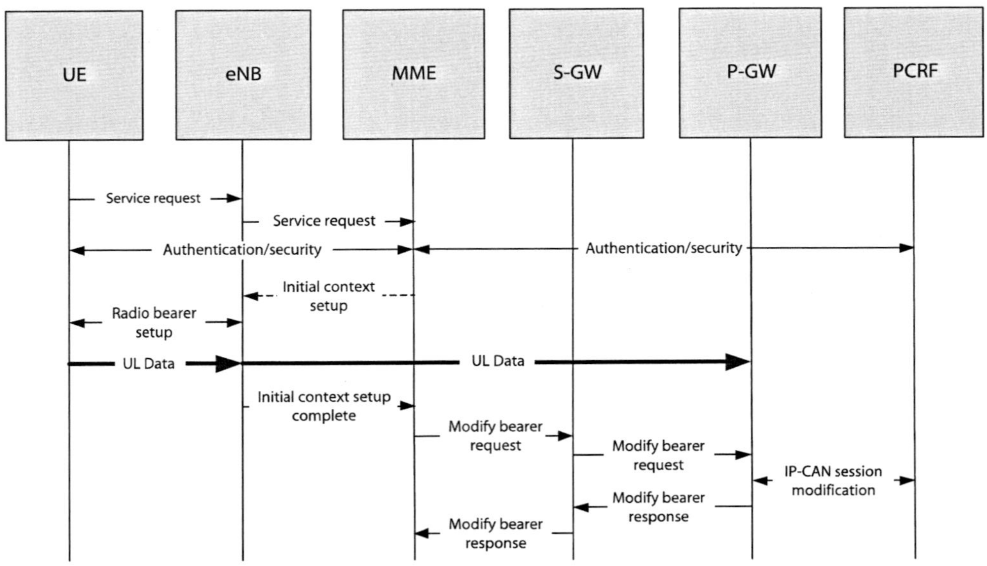

그림 A.5 Service Request

1. UE는 MME로 NAS message Service Request를 송신한다. NAS message는 eNB에 보내지는 RRC message 내에 캡슐화된다.
2. eNB는 MME로 NAS message를 보낸다. NAS message는 S1-AP Initial UE message 내에 포함되어 있다. Initial UE message는 또한 cell의 TAI와 ECGI 및 S-TMSI도 포함하고 있다. MME는 UE context를 위치시키기 위해서 S-TMSI를 사용할 수 있다.

3. NAS authentication/security procedure가 실행될 수 있다. 이는 Service Request procedure 중의 선택적인 단계이다.
4. MME는 eNB로 S1-AP Initial Context Setup Request를 송신한다. 그 안에는, 예를 들어 S-GW address, S1-TEID(들), EPS Bearer QoS(들), Security Context, 그리고 MME Signaling Connection ID가 포함되어 있다. 이 단계에서는 모든 active EPS bearer들에 대해서 radio와 S1 bearer들이 활성화된다. eNB는 UE context에 Security Context, MME Signaling Connection Id, EPS Bearer QoS(들) 그리고 S1-TEID(들)을 저장한다.
5. eNB는 radio bearer establishment procedure를 수행한다. User plane security가 이 단계에서 수립된다. user plane radio bearer들이 설정될 때, UE와 network 간의 EPS bearer state synchronization이 수행되는데, 다시 말하면, UE는 radio bearer들이 설정되지 않은 모든 EPS bearer들을 국부적으로 삭제하며, default EPS bearer를 위한 radio bearer가 설정되지 않는다면, UE는 default EPS bearer와 연관된 모든 EPS bearer들을 국부적으로 비활성화시킨다.
6. UE로 부터의 UL data는 이제 eNB에 의해 S-GW와 P-GW로 전송될 수 있다.
7. eNodeB는 MME로 S1-AP Initial Context Setup Complete를 송신한다. 그것에는 eNB address, DL에 대한 S1 TEID(들), accepted EPS bearer들의 목록, rejected EPS bearer들의 목록이 포함되어 있다.
8. MME는 S-GW에게 PDN connection별로 Modify Bearer Request를 보낸다. 이는 eNB에 의해서 제공되는 S1 TEID(들)과 같은 파라메터들을 포함한다. S-GW는 이제 UE에 대해 DL data를 전송할 수 있다. 만약 default EPS bearer가 eNB에 의해서 받아들여지지 않으면, 그 default bearer에 연관된 모든 EPS bearer들은 허용되지 않는 베어러들로 다루어져야 한다. MME는 bearer release procedure를 촉발시킴으로써 허용되지 않는 베어러들을 해제시킨다.
9. 만약 RAT type change가 P-GW에 의해서 요청되어서, 그 RAT type이 변경되었다면, S-GW는 P-GW로 PDN connection 당 Modify Bearer Request를 보내야 한다. 만약 S-GW가 허용되지 않는 베어러에 대한 DL packet을 받았다면, S-GW는 그 DL packet를 버리고 MME로 Downlink Data Notification을 보내지 않는다.
10. 만약 dynamic PCC가 적용되었다면, P-GW는 Radio Access Type(RAT) type에 따른 PCC rule(들)을 얻기 위해 PCRF와 상호작용을 한다. 만약 dynamic PCC가 적용되지 않았다면, P-GW는 local QoS policy들을 적용할 수도 있다.
11. P-GW는 S-GW로 Modify Bearer Response를 보낸다.
12. S-GW는 MME로 Modify Bearer Response를 보낸다.

더욱 상세한 내용은 3GPP TS 23.401 [1]와 3GPP TS 24.301 [2]에 기재되어 있다.

A.1.6 X2-Based Handover

만약 양쪽의 eNodeB들이 동일한 MME에 접속되어 있다면, source eNodeB와 target eNodeB는 handover preparation과 execution을 위한 S1AP signaling을, X2 interface를 통하여 직접 교환할 수 있다. 여기서는 X2-based handover에 관하여 논의한다(그림 A.6 참조).

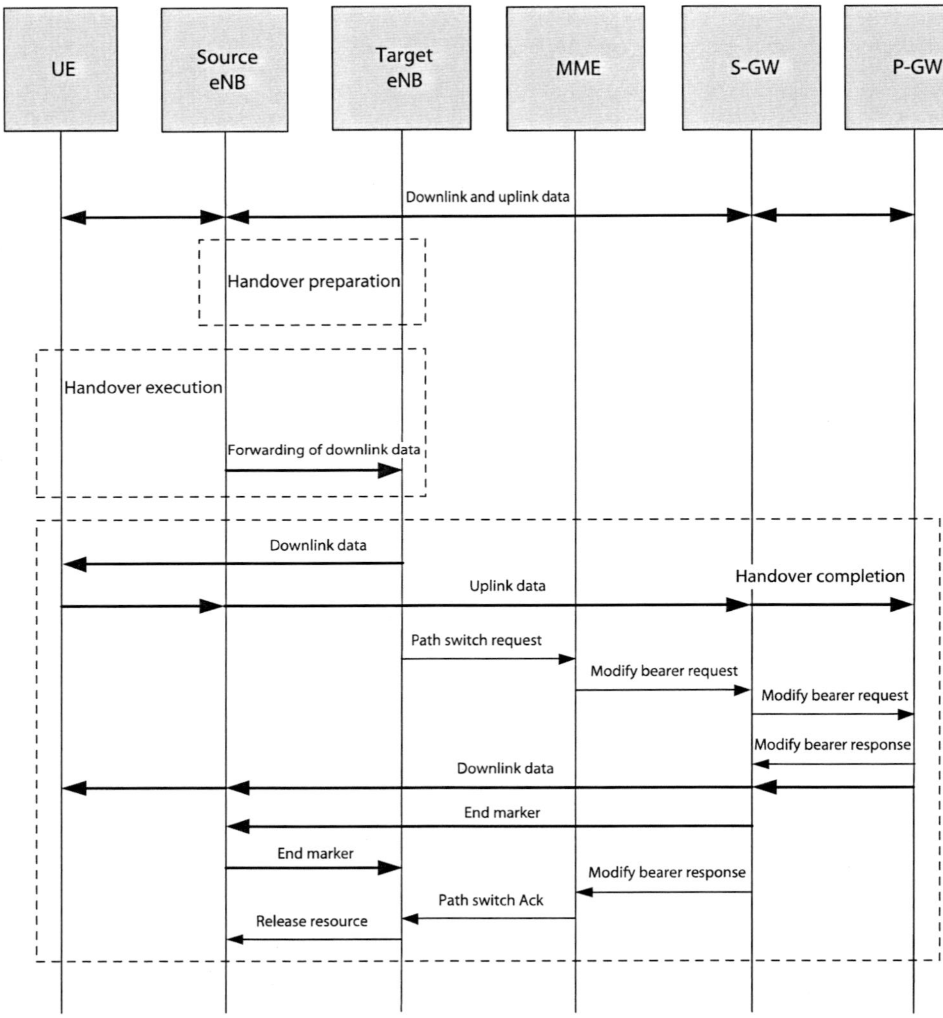

그림 A.6 X2-based handover without S-GW change

1. Source eNodeB가 handover가 요구된다는 것을 알았다면(예, 신호강도 측정 등을 기반으로), 소위 handover preparation procedure를 시작하게 된다. 이 procedure 내에서, source eNodeB는 UE로 handover command를 보낸다. handover 실행 중에, user data는, EPC가 관여하지 않은 상태로, source eNodeB에서 target eNodeB로 보내질 수 있다.

2. handover 실행 후에, target eNodeB는 MME로 UE가 cell을 변경했음을 알리기 위해서 target cell의 TAI와 ECGI와 EPS bearer들의 목록을 포함한 Path Switch request를 송신한다.
3 MME는 S-GW가 UE를 지원할 수 있다는 것을 알고, target eNodeB에 의해 허용된 각각의 PDN connection에 대해서 Modify Bearer Request를 S-GW로 송신한다.
4. MME는 허용되지 않은 dedicated bearer들을 해제한다. 만약 S-GW가 허용되지 않은 베어러에 대한 DL packet을 수신한다면, 그 packet을 버린다. 만약 PDN connection의 default bearer가 target eNodeB에 의해 허용되지 않고 multiple PDN connection들이 활성화되어 있다면, MME는 default bearer가 허용되지 않은 모든 PDN connection들을 해제한다.
5. 만약 요구된다면, S-GW는 P-GW들에게 Modify Bearer Request를 보내어 변경된 사용자 위치 혹은 시간대를 알린다. 이 메시지는 PDN connection별로 보내진다.
6. S-GW는 target eNodeB로 DL packet들을 송신한다. Modify Bearer Response가 MME로 보내진다.
7. target eNodeB에서 packet들의 재배열을 허용하기 위해서, S-GW는 path를 변경한 후 즉시 옛 path 상으로 "end marker" packet들을 송신한다.
8. MME가 Path Switch Request Ack를 가지고 Path Switch Request를 확인한다. 만약 UE-AMBR가 변경되었다면, MME는 target eNodeB에게로 UE-AMBR의 변경된 값을 Path Switch Request Ack message 내에 보낸다. 만약 어떤 베어러들이 Switch 되지 않았다면, MME는 그 실패한 베어러들을 Path Switch Request Ack를 통해 알려야 한다. 실패한 dedicated bearer들에 대한 자원들은 해제된다. Target eNodeB는 해당되는 bearer context data 또한 삭제한다.
9. Target eNodeB는 source eNodeB로 Release Resource를 송신한다.
10. 마지막으로, UE는 TAI와 다른 TAU triggering criteria에 의해 새로운 eNodeB로 TAU request를 송신할 수도 있다.

더욱 상세한 내용은 3GPP TS 23.401 [1]와 3GPP TS 36.300 [3]에 기재되어 있다.

A.1.7 S1-Based Handover

S1-based handover는 X2-based handover가 사용될 수 없는 경우에 사용되는데, 예를 들면, source eNodeB와 target eNodeB가 다른 MME들에 의해 지원되거나 혹은 직접 X2 connection이 없는 경우이다. handover preparation 중 (그림 A.7 참조), 관련된 MME(들)을 통해 source eNodeB와 target eNodeB 간에 signaling information이 교환되는데, 다시 말하면 메시지들이 S1 interface를 거치거나, MME(들) 간의 S10 interface를 거쳐 송신된다.

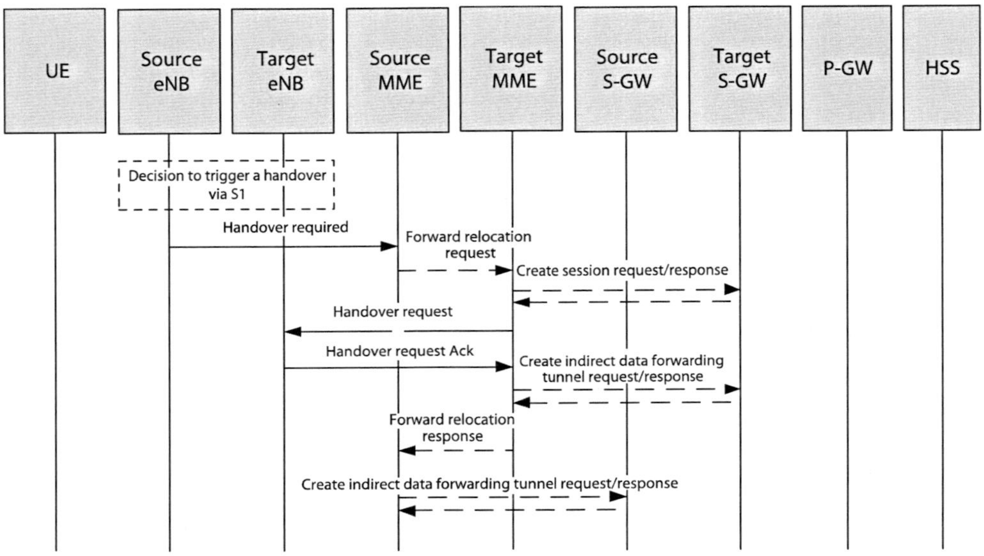

그림 A.7 S1-based handover – preparation phase

1. Source eNodeB는 target eNodeB로의 S1-based handover를 시작할 것을 결정하는데, 예를 들면, target eNodeB로의 X2 connectinon이 없는 경우이다.
2. Source eNodeB는 source MME로, target eNodeB identity와 target TAI를 포함한 Handover Request를 송신한다.
3. 만약 MME가 변경되었다면, source MME는 target MME로 MME UE context및 target TAI와 함께 Forward Relocation Request를 보낸다. target TAI는 target MME에 의하여 S-GW relocation이 필요한지 여부를 결정하고, 새로운 S-GW를 선택하는데 사용된다. MME UE context는 IMSI, ME identity, UE security context, AMBR, S-GW address, 그리고 EPS bearer context data(예, P-GW addresses, APN, 및 S-GW addresses)를 포함한다. 만약 MME가 변경되었다면, target MME는 S-GW가 변경되어야 하는지를 결정하는데, 그렇지 않으면 source MME가 S-GW의 변경 필요여부를 결정한다.

4. 만약 새로운 S-GW가 선택되었다면, target MME는 target S-GW로 PDN connection 당 Create Session Request를 보낸다. target S-GW는 uplink traffic에 대해서 S-GW address들과 TEID들을 할당하고 target MME로 Create Session Response를 보낸다.
5. Target MME는 target eNodeB로 EPS Bearers to setup and AMBR을 포함한 Handover Request를 보낸다. 이 message는 target eNodeB에서 UE context를 생성하는데, 여기에는 bearer들과 security context에 관한 정보가 포함된다. 각 bearer들에 대해서, setup할 EPS bearer는 사용자평면과 bearer QoS에 대한 S-GW address와 uplink TEID를 포함한다.
6. Target eNodeB는, setup될 EPS bearer들과 setup하는 것이 실패한 EPS bearer들의 list와 함께, Handover Request Acknowledge을 target MME로 보낸다. EPS Bearer setup list는, S1-U reference point 상의 downlink traffic을 위해 target eNodeB에 할당된 address들과 TEID들과 필요하다면 전송된 data를 수신하기 위한 address들과 TEID들의 list를 포함한다.
   만약 UE-AMBR이 변경되었다면, MME는 새로운 UE-AMBR을 재계산하고, 변경된 UE-AMBR value를 target eNodeB로 알려야 한다. 만약 어떤 default EPS bearer들도 target eNodeB에 의하여 받아들여지지 않았다면, target MME는 handover를 거절한다.
7. 만약 indirect forwarding이 적용되었고 S-GW가 변경되었다면, target MME는 Create Indirect Data Forwarding Tunnel Request를 S-GW로 보냄으로써 forwarding parameter들을 설정한다. S-GW는 target MME로 Create Indirect Data Forwarding Tunnel Response를 보낸다. 만약 S-GW가 변경되지 않았다면, indirect forwarding은 나중에 설정될 수 있다.
8. 만약 MME가 변경되었다면, target MME는 source MME에 Forward Relocation Response를 송신한다. Indirect forwarding에 대하여, 이 메시지는 indirect forwarding을 위한 S-GW address와 TEID들을 포함하고 있다.
9. 만약 indirect forwarding이 적용되었다면, source MME는 S-GW로 Create Indirect Data Forwarding Tunnel Request를 송신한다. 만약 S-GW가 변경되었다면, target S-GW에 대한 tunnel identifier를 포함한다. S-GW는 source MME로 Create Indirect Data Forwarding Tunnel Response와 함께 응답한다.

S1 HO execution phase에 대한 절차(그림 A.8):

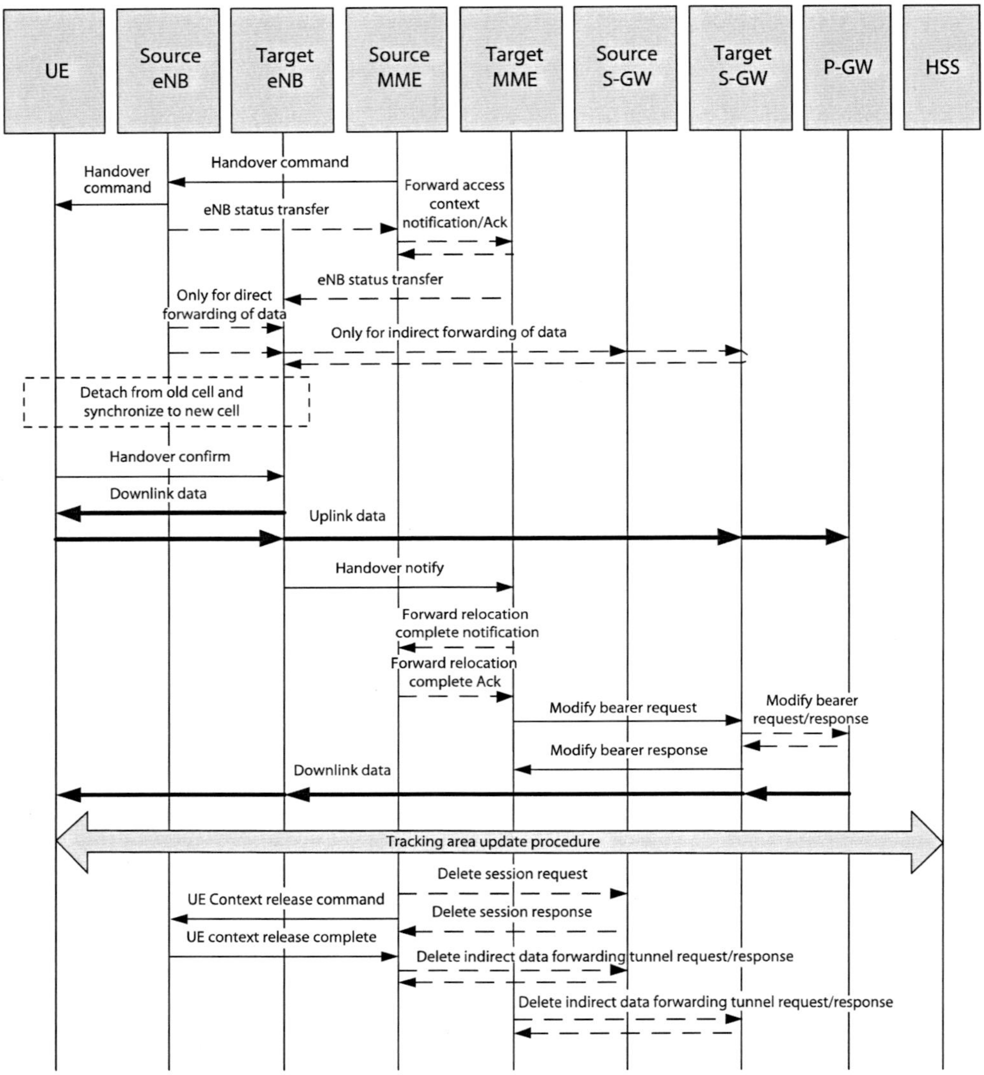

그림 A.8 S1-based handover – execution phase

1. Handover preparation phase가 완료되었다면, source MME는 forwarding될 수도 있고 release 될 수도 있는 bearer들의 목록을 포함한 Handover Command를 송신한다. Forwarding될 수도 있는 bearer들의 목록은 forwarding을 위해 할당된 address들과 TEID들의 목록을 포함한다. Handover Command는 UE로 보내진다. 이 메시지를 수신하면, UE는 target cell에서 해당되는 EPS radio bearer들을 수신하지 못한 모든 EPS bearer들은 삭제한다.

2. Source eNodeB는 MME를 거쳐 target eNodeB로, radio bearer들의 상태를 전달하기 위해 Status Transfer를 송신할 수도 있다. MME relocation의 경우, source MME는 이 정보를 Forward Access Context Notification를 통해 target MME로 송신한다. source 혹은 target MME는 그 정보를 target eNodeB로 보낸다.
3. Source eNodeB는 source S-GW로부터 받은 downlink data를 data forwarding될 bearer에 대한 target eNodeB로 전달한다.
4. UE가 target cell로 동기화된 후, UE는 Handover Confirm을 target eNodeB로 보낸다. source eNodeB로부터 전달된 Downlink packet들은 UE로 보내진다. Uplink packet들은 target S-GW 그리고 P-GW에 전송된다. Target eNodeB는 TAI and ECGI와 함께 Handover Notify를 target MME로 보낸다.
5. 만약 MME가 relocated되었다면, target MME는 Forward Relocation Complete Notification를 source MME로 보낸다. Source MME는 Forward Relocation Complete Acknowledge를 target MME로 보낸다.
6. MME는, accepted bearer들에 대한 downlink traffic을 위해 할당된 eNodeB address와 TEID를 포함한 Modify Bearer Request를, 각 PDN connection(release될 필요가 있는 PDN connection들도 포함하여)에 대한 target S-GW로 보낸다.
7. MME는 받아들여지지 않은 dedicated bearer들을 해제한다. 만약 S-GW가 받아들여지지 않은 bearer들에 대한 DL packet을 수신한다면, 그 packet은 버린다.
8. 만약 PDN connection의 default bearer가 target eNodeB에 의해 받아들여지지 않고, 다른 활성화된 PDN connection들이 있다면, MME는 이 connection을 해제시킨다.
9. 만약 S-GW가 relocate된다면, target S-GW는 downlink traffic에 대한 베어러 당 address들과 TEID들을 할당한다. 그 target S-GW는, P-GW들로의 각 PDN connection 당 사용자평면 및 TEID들에 대한 address들을 포함하고 있는, Modify Bearer Request를 송신한다. S-GW는 심지어 허용되지 않은 베어러에 대한 S5/S8 interface들 상의 downlink TEID들도 할당한다. P-GW는 그의 context data를 업데이트 하고, charging ID 및 MSISDN와 함께 Modify Bearer Response를 target S-GW로 되돌려 준다.

   P-GW는 downlink packets을 target S-GW로 보내는데, 그것은 target eNodeB로 전송될 것이다. 만약 S-GW가 relocated되지 않았다면, user location 혹은 time zone같은 필수적인 정보들을 Modify Bearer Request에 의해 P-GW들로 보낸다. 이 메시지는 Modify Bearer Response와 함께 P-GW에 의해 답변된다. 만약 S-GW가 relocated되었다면, P-GW가, target eNodeB에서 packet들의 재정렬을 허용하기 위해서, 하나 혹은 그 이상의 "end marker packet들"을 예전의 경로로 송신할 것이다. source S-GW는 "end marker packet들"을 source eNodeB로 전달한다.

10. S-GW는, uplink traffic에 대한 address와 TEID들과 함께, Modify Bearer Response 혹은 Modify Access Bearers Response를 MME로 회신한다. 만약 S-GW가 변하지 않는다면, 경로를 바꾼 이후에 하나 혹은 그 이상의 "end marker packet들"을 예전의 경로 상으로 보낼 것이다.
11. UE는 TAU를 시작할 수 있다. Target MME는 TAU procedure의 부분집합에 불과한데, 예를 들면, source와 target MME 간에는 context data가 이동되지 않는다.
12. Source MME는 UE Context Release Command를 source eNodeB로 송신한다. Source eNodeB는 UE와 관련된 그의 자원들을 해제하고, UE Context Release Complete로 응답한다. 만약 source MME가 Forward Relocation Response message에서 S-GW change indication을 수신한다면, Delete Session Request를 source S-GW로 보냄으로써 EPS bearer resource들을 삭제한다. source S-GW는 Delete Session Response와 함께 수신을 확인한다.
13. 만약 indirect forwarding이 사용된다면, source MME가 Delete Indirect Data Forwarding Tunnel Request(source 혹은 target, 혹은 양쪽 모두)를 S-GW로 보내어 임시자원들을 해제한다.

더욱 상세한 내용은 3GPP TS 23.401 [1]와 3GPP TS 36.300 [3]에 기재되어 있다.

A.1.8 MBMS Session Start

BM-SC는 DL data를 송신할 준비가 되었을 때 MBMS Session Start procedure(그림 A.9 참조)를 개시한다. 이는 MBMS data의 전송에 대한 네트워크 내의 모든 필요한 베어러 자원들을 활성화시키는 요청이며, 이해관계가 있는 UE들에게 data 전송의 임박한 시작을 알리는 요청이다.

1 BM-SC가 MBMS session들을 시작하기 위해서 Session Start Request toward MBMS GW(들)을 송신한다. 그것은 downlink data 전송이 곧 닥칠 것임을 알리고, 세션에 관련이 있는 속성들을 제공한다. 몇몇 주요한 속성들은 TMGI, Flow ID, QoS, MBMS 서비스 지역, 세션의 기간, MBMS data transfer까지의 시간, 그리고 MBMS data transfer start이다. 게다가, BM-SC는 또한 세션에 관련된 MME(들)의 목록을 제공한다. MBMS GW는 Session Start Response message와 함께 응답한다.

2. MBMS GW는 세션에 관한 MBMS bearer context를 생성한다. BM-SC로부터 수신한 세션 속성을 포함한 Session Start Request를 송신한다. 게다가, BM-SC로부터 제공된 transport network IP multicast address, multicast source의 IP address, 그리고 MME들의 목록으로의 GTP TEID도 포함한다. Data는 IP multicast를 사용하여 eNB(들)로 전송된다. 이는 서비스 영역 내에서의 eNB(들)로의 multiple GTP tunnel들 내에서 user data의 중복을 피하게 한다.

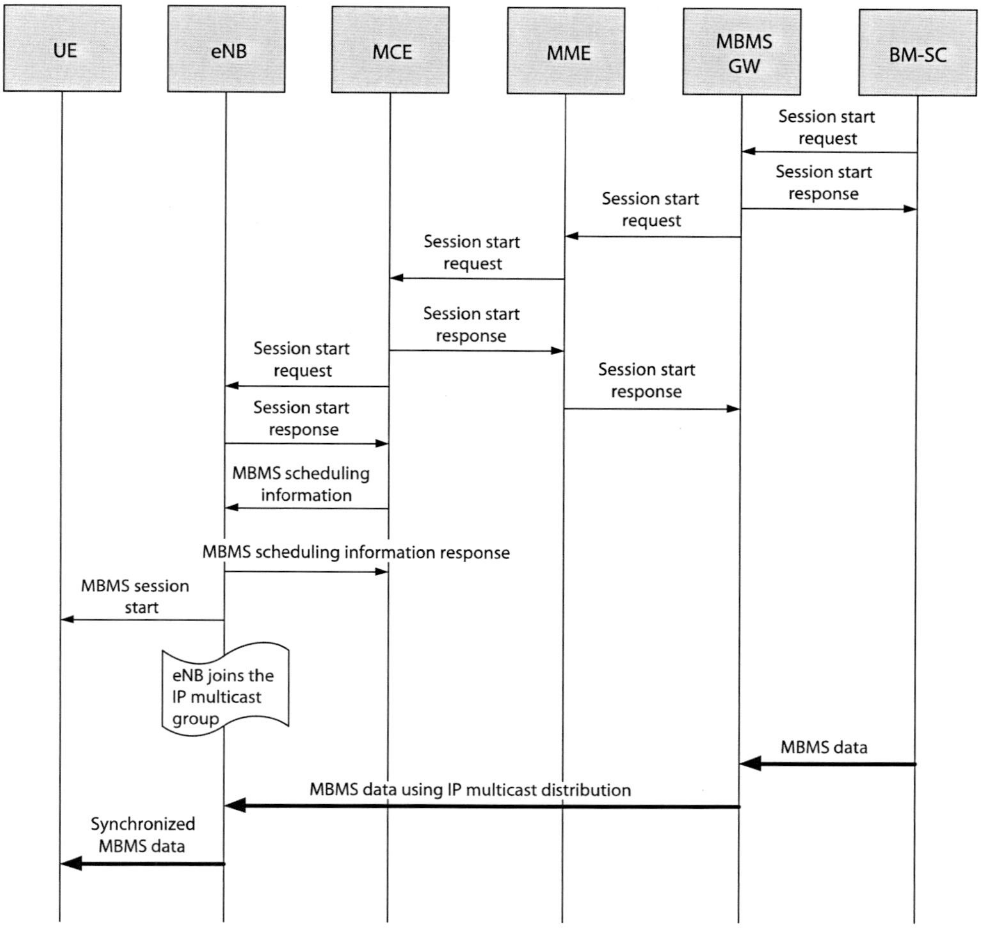

그림 A.9 MBMS Session Start

3. MME는 그 세션에 대한 MBMS context를 생성한다. 그것은 MBMS GW로부터 수신한 모든 세션 속성들과 함께 Session Request를 송신한다. Session Request는 모든 connected MCE(Multicell Coordination Entity)(들)로 보내질 수도 있고 서비스 지역에 기반하여 특정 MCE(들)에게만 보내질 수도 있다.
4. E-UTRAN network는 MBMS data의 전송을 위해 필요한 radio resource들을 이해관계가 있는 UE들에 대해 설정한다. MCE는 radio resource들이 통제하는 지역 내에서 새로운 MBMS 서비스(들)의 설정에 충분한지를 체크한다. 만약 resource가 가능하다면, MCE는 target service area 내의 eNB들에게 MBMS Session Start를 송신한다. 만약 그렇지 않다면, MCE는 MBMS service(들)의 radio bearer들을 설정하지 않기로 결정하고, MBMS Session Start Request를 관련된 eNB들에게 전송하지 않는다. 또한, ARP에 따라서, 진행 중인 MBMS service(들)의 radio bearer(들)로부터 무선 자원들을 빼앗기로 결정하기도 한다.

MCE는 MME로부터의 MBMS Session Start Request의 수신을 확인한다.

5. MCE는 targeted MBMS service area 내의 eNB들에게 MBMS Session Start를 송신한다. eNB는 MBMS Session Start message를 수신했음을 확인한다.
6. MCE는, MBMS service's configuration information을 운반하는 updated Multicast Control Channel(MCCH) information을 포함한 MBMS scheduling information message를 eNB에게 송신한다. eNB들은 이 메시지의 수신을 확인한다.
7. eNB는, MBMS service's configuration information을 운반하는 MCCH change notification 및 updated MCCH information에 의해 MBMS Session Start를 UE에게 알린다. eNB는 MBMS GW로부터 downlink user plane data를 수신하기 위해 IP multicast group에 참가한다.
8. BM-SC는 MBMS data를 MBMS-GW로 보내기 시작한다. MBMS GW는, 모든 참가하는 eNB들에게, IP multicast distribution을 사용하여 data를 송신한다.
9. eNB는 모든 이해관계가 있는 UE(들)에게 동기화된 방식으로 MBMS user data를 전송한다.

더욱 상세한 내용은 3GPP TS 23.246 [4]와 3GPP TS 36.300 [3]에 기재되어 있다.

A.1.9 MBMS Session Stop

BM-SC는 MBMS 세션의 terminate가 고려될 때에 MBMS Session Stop procedure(그림 A.10 참조)를 개시한다.

1. BM-SC는 세션의 종료를 알리기 위해서 Session Stop Request를 MBMS GW(들)에게 보내고, bearer plane resource들은 해제될 수 있다. MBMS context는 TMGI와 Flow ID에 의해서 고유하게 식별될 수 있다. BM-SC는 MBMS Bearer Context의 상태를 "Standby"로 설정한다.
2. Broadcast MBMS bearer service인 경우에 MBMS GW는 MBMS bearer context를 해제하고, Session Stop Response와 함께 BM-SC로 응답한다.
3. MBMS GW는, 전에 Session Start Request가 보내졌던, MME(들)에게 Session Stop Request를 전달하고, MBMS bearer context의 상태는 "Standby"로 설정한다.
4. MME는 MBMS bearer context의 상태를 "Standby"로 설정하고, Session Stop Response와 함께 MBMS GW에 응답한다.
5. MME는, 전에 Session Start Request가 보내졌던, MCE(들)에게 Session Stop Request를 전달한다.
6. 각 MCE는 MME에게 Session Stop Response와 함께 응답한다. MME는 MBMS bearer context를 해제한다.

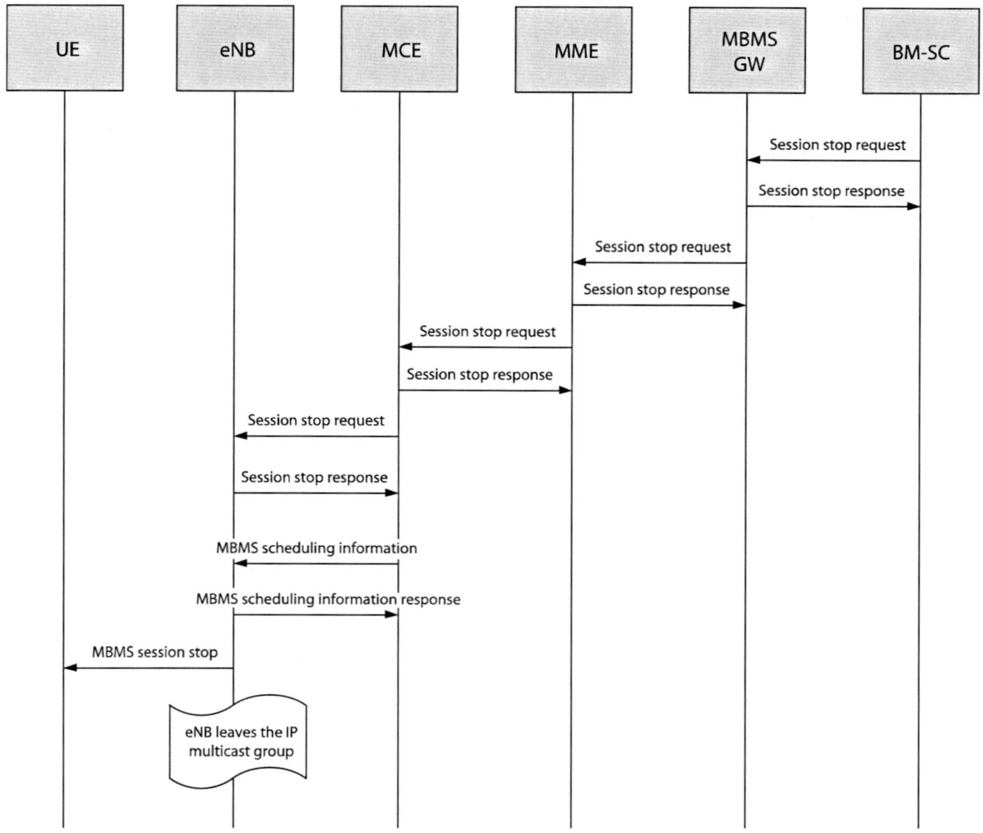

그림 A.10 MBMS Session Stop

7. 각 MCE는 Session Stop을 eNB들에게 전달한다. eNB는 MBMS Session Stop의 수신을 확인한다.
8. MCE는, MBMS service의 configuration information을 운반하는 updated MCCH information을 포함한, MBMS scheduling information message를 eNB들에게 보낸다. eNB는 이 메시지의 수신을 확인한다.
9. eNB는, updated MCCH message로부터 정지된 세션과 관련된 모든 서비스 configuration을 삭제함으로써, MBMS session stop을 UE에게 알린다. 상응하는 E-RAB이 해제되고, eNB는 IP multicast group을 떠난다.

더욱 상세한 내용은 3GPP TS 23.246 [4]와 3GPP TS 36.300 [3]에 기재되어 있다.

A.1.10 MBMS Session Update

BM-SC는, 진행 중인 MBMS session의 service area 혹은 bearer ARP 값 같은 속성이 변경되어야 하는 경우에, MBMS Session Update procedure(그림 A.11 참조)를 개시한다.

이 절차는 eNB에게, service area에 참가하거나 혹은 떠나라고 알리거나, 혹은 현재 진행 중인 그룹통신 서비스의 우선순위를 변경하라고 알리는 데에 사용될 수 있다.

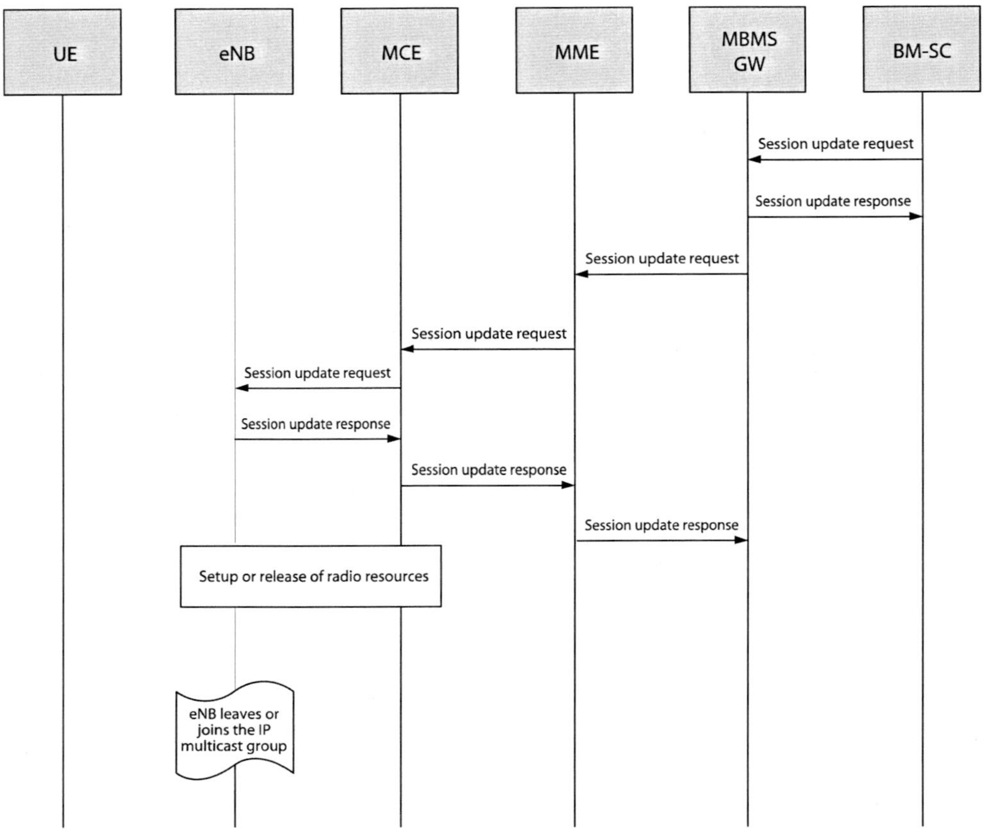

그림 A.11 MBMS Session Update

1. BM-SC는 Session Update Request를 MBMS GW에 보내는데, 다음과 같은 정보가 포함되어 있다; TMGI, Flow Identifier, session identifier, QoS, service area, estimated session duration, time to data transfer, data transfer start, 그리고 MBMS control plane node들의 list. TMGI와 session identifier는 진행 중인 세션을 알리는 데에 사용된다. ARP 파라메터를 제외하고, 모든 다른 QoS parameters들은 MBMS Session Start Request에 있는 것과 동일해야 한다. 만약 업데이트되어야 한다면, ARP parameter는 다를 수 있다. Service area와 MBMS

control plane node들의 목록은 새로운 MBMS service area를 정의할 수 있다. 예상되는 session duration은 세션의 남는 부분(remaining part of the session)에 상응하는 값으로 설정되어야 한다. MBMS GW는 Session Update Response를 BM-SC로 보낸다.

2. MBMS GW는 MBMS Session Start Request를 새롭게 추가된 MME들에게 보내고, MBMS Session Stop Request를 removed MME들에게 보내며, MBMS Session Update Request를 control plane node list 상의 모든 다른 MME들에게 보낸다.
3. MME는, MBMS GW로부터 수신된 새로운 세션 속성들을 포함하는 MBMS Session Update Request를 송신한다. 이는 Session Update Request가 모든 connected MCE(들)에게 보내지던가 혹은 service area에 따라 특정 MCE(들)에게만 보내진다. MCE(들)은 궁극적으로 그 service area에 속한 eNB(들)에게 그것을 전송한다. 만약 새롭게 MBMS service area에 추가된 최소한 하나의 node가 Session Update Request, proposed IP multicast, backbone distribution에 대한 source address를 허용한다면, MME는 MBMS GW로의 MBMS Session Update Response 내에 IP multicast distribution이 허용되었다는 통지를 포함한다. 만약 그 node들 중의 최소한 하나라도 이러한 address들을 허용하지 않았다면, MME는 이 node들에 대해서 일반적인 point-to-point MBMS bearer establishment procedure를 사용하고, MBMS GW가 사용해야만 하는 bearer plane에 대한 tunnel identifier를 제공하는 MBMS Session Update Response와 함께 응답한다.
4. 만약 E-UTRAN network가, MBMS Session Update Request 내에 지시된 TMGI와 함께 MBMS bearer context를 가지지 않는다면, MBMS bearer context를 생성한다. 그렇지 않으면 E-UTRAN은 existing context를 업데이트 한다. E-UTRAN은 Session Update Response와 함께 MME로 응답한다. MME는 MBMS bearer context 내의 session attribute들을 업데이트하고, MBMS GW로 응답한다.
5. E-UTRAN network는 MBMS data의 전송을 위해서 radio resource들을 설정하거나 혹은 해제한다. 만약 ARP parameter가 업데이트되었다면, MCE는 radio resource들에 대해 필요한 변경들이 해당되는 MBSFN area 내의 모든 eNodeB들에게 동기화되었는지 확인해야 한다. E-UTRAN에 대해서는, (만약 있다면) MBMS data transfer start parameter를 사용하여radio resource set up이 schedule되는데, 그렇지 않다면(만약 있다면) time to MBMS data transfer parameter를 사용한다.
6. eNodeB들은 MBMS GW에 의해 할당된 received user plane IP multicast address로, IP multicast Join 혹은 Leave messages를 송신한다.

더욱 상세한 내용은 3GPP TS 23.246 [4]와 3GPP TS 36.300 [3]에 기재되어 있다.

A.1.11 UE-requested PDN Connectivity

EPS는 별도의 P-GW들 혹은 단독의 P-GW을 사용하여, multiple PDN들을 통한 IP traffic의 동시교환을 지원한다. 이는 network policy들에 의해 통제되며, user subscription에 정의되어 있다. 그러므로, 한 개 이상의 PDN들에 대해 multiple PDN connection들을 허용하기 위하여, EPS는 UE-initiated connectivity establishment를 지원한다. 이 절차는 해당 UE에 대한 dedicated EPS bearer(들)의 설정을 야기시킬 수도 있다. Attach procedure 중에, PDN connectivity request는 attach request 내에 편승하게 된다. 만약 UE가 추가적인 PDN connection을 요청한다면, 이는 성공적인 보통의 Attach에 의해 수행되며, UE는 stand-alone PDN connectivity request message를 시작할 수 있다. 이런 경우, Activate EPS Default Bearer Context procedure는 UE requested PDN Connectivity request message(그림 A.12 참조)의 응답으로 시작된다.

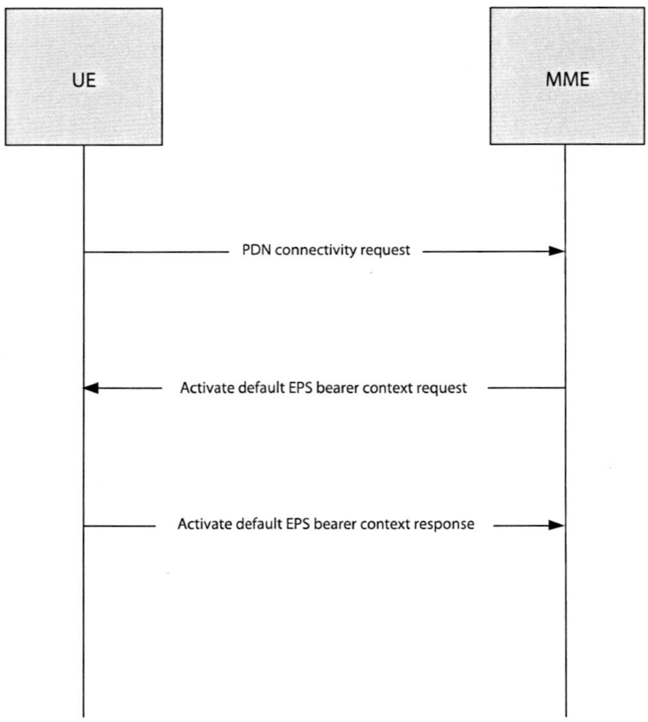

그림 A.12 UE-requested PDN Connectivity

1. UE가 PDN Connectivity Request를 보냄으로써 추가적인 PDN Connectivity request procedure가 개시된다. 이는 요청되는 PDN의 type을 정의한다. 만약 emergency service를 위한 PDN connectivity를 요청한다면, 이는 request type에 정의된다.

2. 만약 MME가 emergency attached UE로부터 PDN Connectivity Request를 수신하거나 혹은 PDN Connectivity Request가 normal service를 위한 것이고 mobility 혹은 access restriction이 그 UE로 하여금 normal service에 access하기를 허용하지 않는다면, MME는 이 요청을 거절한다. 만약 PDN connection이 보통으로 attach된 UE에 의해서 emergency service를 위해 요청된 것이라면, MME는 APN을 근거로 한 VPLMN으로부터 P-GW를 선택하거나 혹은 MME 내에 저장된 configured data로부터 통계적으로 configure된 P-GW를 선택한다. S-GW와 P-GW를 선택할 때에, MME는 S-GW및 P-GW와 함께 UE에 대한 session creation을 시작하며, Activate Default EPS Bearer Context Request로 그 UE에 응답한다. Network은, default bearer activation procedure의 일부로서, 그 UE에 대한 IP address를 할당한다.
3. UE는 Activate Default EPS Bearer Context Accept로 응답한다.

더욱 상세한 내용은 3GPP TS 23.401 [1]와 3GPP TS 24.301 [2]에 기재되어 있다.

A.1.12 Dedicated Bearer Context Activation

이 절차를 사용하여, network는 특별한 QoS 요구사항들을 만족하는 UE를 위한 dedicated bearer를 설정할 수 있다. 예를 들면, network는 VoLTE 호의 설정을 감지하고, dedicated voice bearer를 설정하는 것을 결정할 수 있다(그림 A.13 참조).

1. 만약 dynamic PCC가 도입되었다면, dedicated bearer activation procedure를 위해서 IP-CAN session modification procedure가 시작될 수 있다.
2. EPS Bearer QoS를 할당하기 위해서, P-GW는 QoS policy를 사용한다. 이는 S-GW로 Create Bearer Request를 송신한다.
3. S-GW는 Create Bearer Request를 MME로 보낸다. 만약 UE가 ECM-IDLE state에 있다면, MME는, steps 4-7이 그 procedure에 포함되거나 혹은 단독으로 수행되는, Network Triggered Service Request procedure를 시작할 것이다.
4. MME는, 아직 그 UE에 할당되지 않은 EPS Bearer Identity를 선택한다. MME는 Session Management Request를 만든다. MME는 linked EPS bearer identity로서 default bearer의 EPS bearer identity를 포함한다. MME는 Session Management request message를 포함하는 Bearer Setup Request를 eNodeB로 보낸다.
5. eNodeB는 EPS Bearer QoS를 Radio Bearer QoS로 맵핑한다. 그리고 RRC Connection Reconfiguration message는 UE로 전달된다. 그 UE는 EPS bearer identity를 저장한다. Session Management request에 포함된 linked EPS bearer identity는, 어느 default bearer, IP address, 및 PDN에 그 dedicated bearer가 연결되어 있는지를 UE에 알려준다.

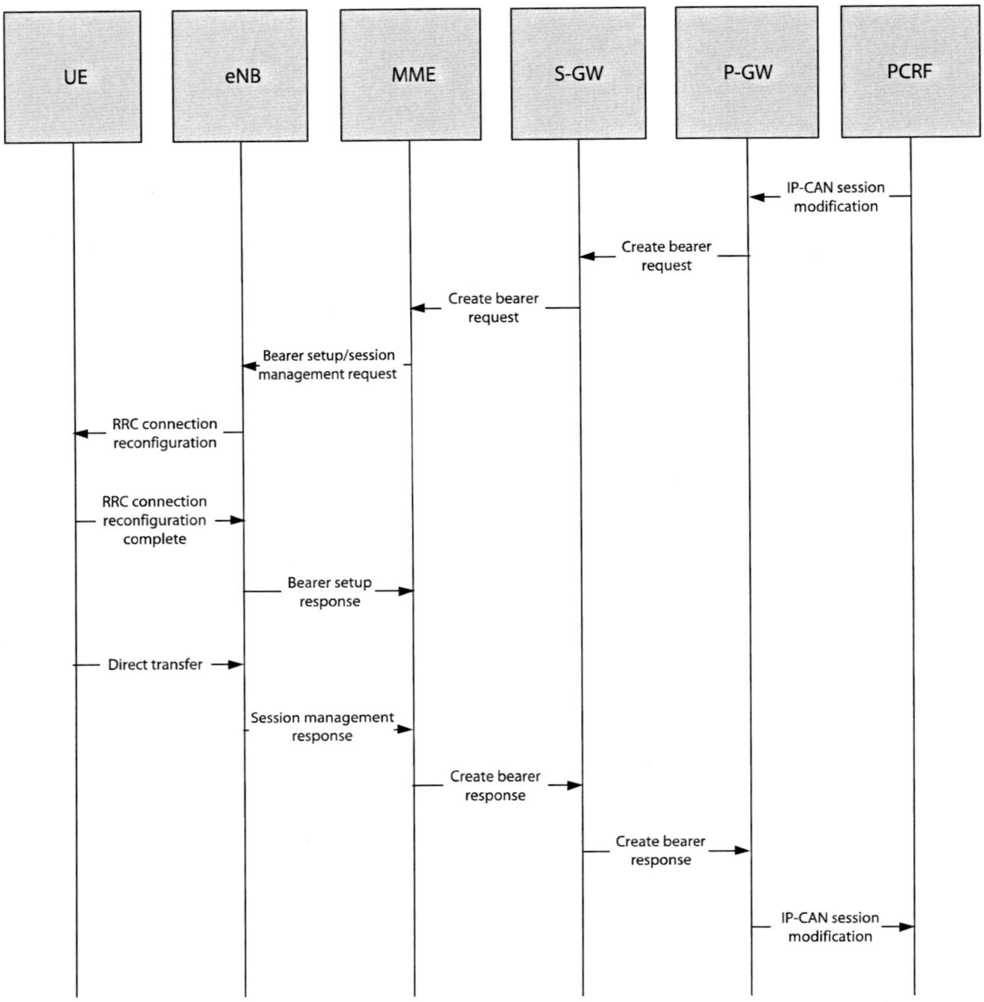

그림 A.13 Network-initiated Dedicated Bearer Context Activation

6. RRC connection reconfiguration complete message와 함께, UE는 radio bearer activation을 eNodeB에 확인해 준다.
7. Bearer Setup Response를 통해, eNodeB는 bearer activation을 MME에 확인해 준다. eNodeB는 요청된 EPS Bearer QoS가 할당될 수 있는지의 여부를 알려준다.
8. UE는 EPS Bearer Identity를 포함한 Session Management Response를 만든다. 그리고 나서 UE는 Session Management Response를 포함한 Direct Transfer를 eNodeB에게로 보낸다.
9. eNodeB는 Uplink NAS Transport message를 MME로 보낸다.
10. Bearer Setup Response(step 7)와 Session Management Response(step 9)를 수신하는 즉시, MME는 Create Bearer Response를 보냄으로써 MME acknowledges the bearer activation을 S-GW에 확인하여 알린다.

11. S-GW는 Create Bearer Response를 보냄으로써 bearer activation을 P-GW에 확인하여 알린다.
12. 만약 PCRF에 의하여 dedicated bearer activation procedure가 되었다면, P-GW는 요청된 QoS policy가 강제될 수 있는지 여부를 PCRF에게 알리고, PCRF-Initiated IP-CAN Session Modification procedure를 마친다.

더욱 상세한 내용은 3GPP TS 23.401 [1]와 3GPP TS 24.301 [2]에 기재되어 있다.

A.2 3GPP 참조점

다음 목록은 이 책에서 사용된 참조점들을 나열하였다.

Bp CGF로부터 Billing Domain으로의 CDR file transfer에 대한 Reference point. 3GPP TS 32.251 [28] 참조

Cx Call Session Control Function(CSCF)와 DIAMETER 기반의 HSS 간의 Reference point. 예를 들면, 이reference point는 IMS 가입자를 인증하고 권한을 부여하는 데에 사용된다. 3GPP TS 32.228 [16] 및 3GPP TS 32.229 [17] 참조

Ga Serving GPRS Support Node(SGSN)와 GTP 기반의 CDR transfer를 위한 Charging Gateway Function(CGF) 간의 Reference point. 3GPP TS 32.295 [29] 참조

Gm Session Initiation Protocol(SIP) signaling message들을 교환하기 위한, UE와P-CSCF 간의 Reference. 3GPP TS 23.228 [5] 참조

Gx QoS, policy 및 charging rule들을 PCRF로 부터 P-GW 내에 위치한 PCEF로 전송하며, DIAMETER를 기반으로 되어 있다. QoS rule들은 only in case S5에서 GTP가 사용될 때에만 제공된다(Gxc 참조). 3GPP TS 29.212 [12] 참조

Gxa QoS rule들을 PCRF로부터 trusted non-3GPP accesses system으로 전송한다. DIAMETER를 기반으로 하고 있다. 3GPP TS 29.212 [12] 참조

Gxb QoS rule들을 PCRF로부터 ePDG로 전송한다. 이 reference point 아직 규격화되어 있지 않다.

Gxc Bearer들이 P-GW 대신에 S-GW에서 terminate 되는 시나리오들 같이, PMIP가 S5에서 사용되는 경우에, QoS rule들을 PCRF에서 S-GW로 전송한다. DIAMETER를 기반으로 하고 있다. 3GPP TS 29.212 [12]참조. Gxc는 S5에서 GTP가 사용되면 쓸모가 없다.

Gy 실시간으로 network resource들의 사용을 인증하고 charging과 resource usage information을 보고하기 위한, P-GW/PCEF와 OCS 간의 Reference point(예, UL와 DL의 사용된 data volume). Gy는 DIAMETER를 기반으로 한다(Ro 참조). 3GPP TS 32.251 [28] 참조

Gz network resource들의 사용이 완료된 후에 charging 관련 data (charging record들)를 제공하기 위한, P-GW/PCEF와 OFCS 간의 Reference point. 3GPP TS 32.295 [29] 참조

ISC IMS에서 서비스를 제공하기 위한 S-CSCF와SIP기반의 AS 간의 Reference point. 3GPP TS 23.228 [5] 참조

M1 user plane packet들의 IP multicast delivery를 위한 MBMS GW와 eNodeB 간의 Reference point. M1에 사용된 protocol은 GTPv1-U. 3GPP TS 36.300 [3] 및 36.445 [33] 참조

M2 multicell transmission mode eNodeB들에 대한radio configuration data와 MBMS session control signaling의 전송을 위하여, MCE와 eNodeB 간의 Reference point. M2에 사용된 protocol은 M2-AP(M2 Application Protocol)이다. 3GPP TS 36.300 [3] 및 36.443 [31] 참조

M3 MBMS session control signaling을 위한 MME와 MCE 간의 Reference point. M3 상에 사용된 protocol은 M3-AP(M3 Application Protocol)이다. 3GPP TS 36.300 [3] 및 36.444 [32] 참조

MB2 GCS AS와 DIAMETER를 기반으로 한 BM-SC 사이의 Reference point. MB2는 MBMS bearer 서비스에 대한 액세스를 제공한다. 이는 제어평면(MB2-C)과 사용자평면(MB2-U)으로 구성된다. 3GPP TS 29.468 [26] 참조

Mg IMS와 circuit switched network들 간의 interworking을 위한 session signaling message들을 교환하기 위한, MGCF와 SIP기반의 CSCF 간의 Reference point. 3GPP TS 23.228 [5] 참조

Mw SIP signaling message들을 교환하기 위한, 두 CSCF들 간의 Reference point(e.g., P-CSCF/I-CSCF와 S-CSCF). 3GPP TS 23.228 [5] 참조

Mz HPLMN(Home Public Land Mobile Network)의 BM-SC와 VPLMN의 BM-SC 간의 Reference point. DIAMETER를 기반으로 하고 있다. Mz는 현재, GPRS/UMTS만을 지원하며, EPS에 대해서는 지원하지 않는다. 3GPP TS 29.061 [10] 참조

PC1 UE 내의 ProSe application과 server내의 ProSe application 간의 Reference point. application level signaling requirement들을 정의하기 위해 사용된다. 아직 3GPP에서 규격화되지 않았다.

PC2 EPC-level discovery를 위한 ProSe AS와 ProSe Function 간의 Reference point. 3GPP TS 29.343 [23] 참조

PC3 UE와 ProSe Direct Discovery와EPC-level ProSe Discovery를 인증하는데 사용되는 ProSe Function 간의 Reference point. 3GPP TS 24.334 [9] 참조

PC4a HSS와 ProSe Function 간의 Reference point. ProSe Direct Discovery and ProSe Direct Communication에 대한 access를 인증하기 위한 subscription information을 제공하는데 사용된다. 3GPP TS 29.344 [24] 참조

PC4b SUPL Location Platform과 ProSe Function 간의 Reference point. OMA LIF MLP [34] 참조

PC5 ProSe-enabled UE들 간의 Reference point. ProSe Direct Discovery, ProSe Direct Communication, 및 ProSe UE-to-Network Relay를 위한 control 및 user plane communication에 사용된다. 3GPP TS 24.334 [9] 참조

PC6 다른 PLMN들의 ProSe Function들 간의 Reference point, 혹은 HPLMN 내의 ProSe Function과 Local PLMN 내의 ProSe Function들 간의 Reference point. 3GPP TS 29.345 [25] 참조

PC7 HPLMN 내의 ProSe Function과 VPLMN 내의 ProSe Function들 간의 Reference point.

ProSe service authorization의 HPLMN control 을 위하여 사용된다. 3GPP TS 29.345 [25] 참조

Rf DIAMETER Accounting application 기반의 charging event들을 전달하기 위한, S-GW 혹은 BM-SC에서의, offline charging에 대한 Reference point. 3GPP TS 32.240 [27] 참조

Ro DIAMETER Credit Control application 기반의 charging event들을 전달하기 위한, PCEF, TDF, ePDG, BM-SC 및 OCS 간의 online charging에 대한 Reference point. Ro는 Gy를 위해 정의된 기능도 포함한다. 3GPP TS 32.240 [27] 참조

Rx	Rx reference point는 application layer information을 PCRF제 제공하는데, 이는 새로운 multimedia session들과 차례로 적절한 EPS bearer들을 설정하기 위함이다. Rx는 DIAMETER를 기반으로 한다. 3GPP TS 29.214 [13] 참조
S1-MME	bearer management, paging 및 handover signaling을 위하여, eNodeB와 MME 간의 control plane message들을 운반한다. S1-MME 상에 사용된 protocol(S1-C라고도 불림)은 S1-AP(S1 Application Protocol)이다. 3GPP TS 36.414 [30] 참조
S1-U	bearer user plane tunneling을 위하여, eNodeB와 S-GW 간의 user plane packet들을 운반한다. S1-U 상에 사용된 protocol은 GTPv1-U이다. 3GPP TS 29.281 [22] 참조
S2a/b/c	UE가 non-3GPP access system에 attach되었을 때에, 이런 reference point들은 control과 user plane traffic을 교환하기 위해 사용된다. 그들은 PMIPv6 혹은 GTPv2(S2a and S2b) 그리고 DSMIPv6(S2c)에 기반한다. 3GPP TS 29.274 [20], 3GPP TS 29.275 [21], 3GPP TS 24.303 [7], 3GPP TS 24.304 [8] 참조
S5	이 reference point는 user plane packet들을 전달하고 S-GW와 P-GW 간의 user plane tunnel들을 관리하는데 사용된다. S5는 GTPv2-C를 기반으로 하거나 혹은 그 대신에 PMIPv6를 기반으로 하기도 한다. 대부분의 사업자들은 S5를 위해서 GTP를 선택했는데, 그 이유는 이미 2G/3G PS domain에 사용되었고, 다른 network들로의 연동문제를 피하기 위함이다. GTP에 대해서는 3GPP TS 29.274 [20], PMIP에 대해서는 3GPP TS 29.275 [21] 참조
S6a	EPS에의 user access를 인증하고 권한을 부여하기 위한 subscription과 authentication data 의 전송이 가능하도록 하는 MME와 HSS 간의 interface이다. DIAMETER를 기반으로 한다. 3GPP TS 29.272 [18] 참조
S9	subscriber의 home network에서 visited network로 policy와 QoS관련 data를 제공하기 위한, H-PCRF와 V-PCRF 간의 Reference point이다. DIAMETER를 기반으로 한다. 3GPP TS 29.215 [14] 참조
S10	MME relocation과 information transfer를 위한, MME들 간의 Reference point이며, GTPv2-C를 기반으로 한다. 3GPP TS 29.274 [20] 참조
S11	MME와 S-GW 간의 Reference point이며, 신규 혹은 기존의 세션들을 관리하기 위해, handover 중에 S-GW를 변경하기 위해, direct 혹은 indirect forwarding tunnel들을 설정하기 위해, 그리고 paging을 야기시키기 위해 사용된다. S11은 GTPv2-C를 기반으로 한다. 3GPP TS 29.274 [20] 참조

SBc warning message delivery와 control function들을 위한, CBC와 MME 간의 Reference point이다. 이 interface에 사용된 protocol은 SBc Application Protocol (SBc-AP)이다. 3GPP TS 29.168 [11] 참조

SGi P-GW와 PDN 간의 reference point이다. 이 interface상의 Protocol들은, 예를 들면, IPv4, IPv6, RADIUS, DIAMETER, 및 DHCP이다. 3GPP TS 29.061 [10] 참조

SGi-mb IP unicast 혹은 IP multicast를 통한 data delivery를 위한, BM-SC와MBMS GW 간의 Reference point. 3GPP TS 29.061 [10] 참조

SGmb MBMS session과 service area control을 위한, BM-SC와 MBMS GW 간의 Reference point. DIAMETER를 기반으로 한다. 3GPP TS 29.061 [10] 참조

Sm MBMS session control을 위한 MBMS GW와MME 간의 Reference point. GTPv2-C를 기반으로 한다. 3GPP TS 29.274 [20] 참조

Sp PCRF와 SPR 간의 Reference point. 3GPP에서 표준화 되어있지 않다.

STa 이 reference point는 신뢰할 수 있는 non-3GPP access system과 3GPP AAA server를 연결하고, access authentication, authorization, mobility parameters, 및 charging 관련 information을 안전한 방법으로 전달한다. 이interface상에서 사용된 protocol은 DIAMETER(DIAMETER EAP 및 NAS application들을 포함)이다. 3GPP TS 29.273 [19] 참조

SWa 이 reference point는 신뢰할 수 없는 non-3GPP access system과 3GPP AAA server를 연결하고, access authentication, authorization, 및 charging 관련 information을 안전한 방법으로 전달한다. 이 interface상에서 사용된 protocol은 DIAMETER (DIAMETER EAP 및 NAS application들을 포함)이다. 3GPP TS 29.273 [19] 참조

SWm 이 reference point는 3GPP AAA server와 ePDG 사이에 위치하고, AAA signaling을 위해 사용된다(mobility parameter들의 전송, tunnel authentication, 및 data의 authorization). 이 reference point는 또한 MAG-AAA interface functionality를 포함한다. 이 interface상에서 사용된 protocol은 DIAMETER(DIAMETER EAP 및 NAS application들을 포함)이다. 3GPP TS 29.273 [19] 참조

SWn 신뢰할 수 없는 non-3GPP access system과 ePDG 간의 reference point이다. UE-initiated tunnel을 위한 이 interface 상의 packet들은 ePDG로 전송된다. 이는 순수하게 IP-based interface이다. 3GPP TS 29.273 [19] 참조

SWu IPSec tunnel들을 설정하고 관리하기 위한, UE and ePDG 간의 direct reference point.

SWu의 기능은 UE-initiated tunnel establishment, tunnel 내와 tunnel 해제시의 user data packet transmission, 그리고 신뢰할 수 없는 non-3GPP IP access system들 간의 handover 중에 IPSec tunnel들의 fast update에 대한 지원을 포함한다. 3GPP TS 24.302 [6] 참조

SWx used PDN connection들, APN, 그리고 HSS에의 AAA server address에 관한 정보를 제공하기 위한, AAA server와 HSS 간의 Reference point. SWx는 DIAMETER를 기반으로 한다. 3GPP TS 29.273 [19] 참조

Sy PCRF와 OCS 간의 Reference point. 3GPP TS 29.219 [15] 참조

References

[1] 3GPPTS 23.401: "GPRS enhancements for E-UTRAN access".

[2] 3GPP TS 24.301: "Non-Access-Stratum(NAS) Protocol for Evolved Packet System(EPS); Stage 3".

[3] 3GPP TS 36.300: "Evolved Universal Terrestrial Radio Access(E-UTRA) and Evolved Universal Terrestrial Radio Access(E-UTRAN); Overall Description".

[4] 3GPP TS 23.246: "Multimedia Broadcast/Multicast Service(MBMS); Architecture and Functional Description".

[5] 3GPP TS 23.228: "IP Multimedia Subsystem(IMS)"

[6] 3GPP TS 24.302: "Access to the 3GPP Evolved Packet Core(EPC) via non-3GPP access networks; Stage 3".

[7] 3GPP TS 24.303: "Mobility Management based on Dual-Stack Mobile IPv6(DSMIPv6)-Stage 3".

[8] 3GPP TS 24.304: "Mobility management based on Mobile IPv4; User Equipment(UE)-foreign agent interface; Stage 3".

[9] 3GPP TS 24.334: "Proximity-services(ProSe) User Equipment(UE) to ProSe function protocol aspects; Stage 3".

[10] 3GPP TS 29.061: "Interworking between the Public Land Mobile Network(PLMN) supporting packet based services and Packet Data Networks(PDN)".

[11] 3GPP TS 29.168: "Cell Broadcast Centre interfaces with the Evolved Packet Core; Stage 3".

[12] 3GPP TS 29.212: "Policy and Charging Control(PCC); Reference points".

[13] 3GPP TS 29.214: "Policy and charging control over Rx reference point".

[14] 3GPP TS 29.215: "Policy and Charging Control(PCC) over S9 reference point; Stage 3".

[15] 3GPP TS 29.219: "Policy and charging control: Spending limit reporting over Sy reference point".

[16] 3GPP TS 29.228: "IP Multimedia(IM) Subsystem Cx and Dx Interfaces; Signalling flows and message contents".

[17] 3GPP TS 29.229: "Cx and Dx interfaces based on the Diameter protocol; Protocol details".

[18] 3GPP TS 29.272: "Evolved Packet System(EPS); Mobility Management Entity(MME) and Serving GPRS Support Node(SGSN) related interfaces based on Diameter protocol".

[19] 3GPP TS 29.273: "Evolved Packet System(EPS); 3GPP EPS AAA interfaces".

[20] 3GPP TS 29.274: "3GPP Evolved Packet System(EPS); Evolved General Packet Radio Service(GPRS) Tunnelling Protocol for Control plane(GTPv2-C); Stage 3".

[21] 3GPP TS 29.275: "Proxy Mobile IPv6(PMIPv6) based Mobility and Tunnelling protocols; Stage 3".

[22] 3GPP TS 29.281: "General Packet Radio System(GPRS) Tunnelling Protocol User Plane(GTPv1-U)".

[23] 3GPP TS 29.343: "Proximity-services(ProSe) function to ProSe application server aspects (PC2); Stage 3".

[24] 3GPP TS 29.344: "Proximity-services(ProSe) function to Home Subscriber Server(HSS) aspects; Stage 3".

[25] 3GPP TS 29.345: "Inter-Proximity-services(Prose) function signalling aspects; Stage 3".

[26] 3GPP TS 29.468: "Group Communication System Enablers for LTE(GCSE_LTE); MB2 reference point; Stage 3".

[27] 3GPP TS 32.240: "Telecommunication management; Charging management; Charging architecture and principles".

[28] 3GPP TS 32.251: "Telecommunication management; Charging management; Packet Switched (PS) domain charging".

[29] 3GPP TS 32.295: "Telecommunication management; Charging management; Charging Data Record(CDR) transfer".

[30] 3GPP TS 36.413: "Evolved Universal Terrestrial Radio Access Network(E-UTRAN); S1 Application Protocol(S1AP)".

[31] 3GPP TS 36.443: "Evolved Universal Terrestrial Radio Access Network(E-UTRAN); M2 Application Protocol(M2AP)".

[32] 3GPP TS 36.444: "Evolved Universal Terrestrial Radio Access Network(E-UTRAN); M3 Application Protocol(M3AP)".

[33] 3GPP TS 36.445: "Evolved Universal Terrestrial Radio Access Network(E-UTRAN); M1 data transport".

[34] OMA LIF TS 101 v2.0.0, Mobile Location Protocol, draft v.2.0, Location Inter-operability Forum(LIF), 2001.

[35] 3GPP TS 23.468: "Group Communication System Enablers for LTE(GCSE_LTE); Stage 2".

Index

정가 29,000원

재난안전망을 위한 PS-LTE 기술

2016년 1월 3일 초판 인쇄
2016년 1월 10일 초판 발행
저 자: RAINER LIEBHART, DEVAKI CHANDRAMOULI,
CURT WONG, JURGEN MERKEL
역 자: 권용석 · 육영수 · 이성준 · 조봉열
발행자: 우명찬 · 송 준
발행처: 홍릉과학출판사
주 소: 서울시 강북구 인수봉로 50길 10
01093
등 록: 1976년 10월 21일 제5-66호
전 화: (02) 999-2274~5, 903-7037
팩 스: (02) 905-6729
e-mail: hongpub@hongpub.co.kr
http://www.hongpub.co.kr
ISBN: 979-11-5600-408-0

역자와의 협의하에 인지생략